제2판

암반역학의 원리

이인모 저

암반역학이 토질역학과 근본적으로 다른 하나는 암반은 재료 자체가 불연속면 또는 절리에 의해 잘려져 있다는 점이다. 절리와 절리 사이의 암석은 강재료와 같이 단일 재료역학으로 거동하게 되나, 절리면이 존재하는 경우, 전체의 거동이 불연속면에서의 거동에 의해 지배되는 경우가 많다.

씨아이알

머리말

저자의 첫 번째 저서인 '토질역학의 원리'에 이어서, 금번에 '암반역학의 원리'를 내놓게 되었다. 우리나라는 산지로 이루어져 있기 때문에 각 토목공사에서 늘상 암반을 접하게 되며 특히 터널 및 지하공간에 관한 대형 프로젝트들을 접하면서 암반역학의 중요성은 날로 증대하게 되었다. 이에 저자는 토목공학의 학부과정에서 암반역학 강좌개설의 필요성을 느끼고 약 7년여에 걸쳐 학부 4학년을 대상으로 강의하던 자료들을 모아서 교재로 출간하게 된 것이다.

이 교재는 그 제목이 말해주듯이 암반역학의 기본적인 원리를 서술하는 데 주안점을 두었으므로 설계용 핸드북과는 거리가 먼 책임을 밝혀둔다. 따라서 본 서는 기본적으로 학부용 교재로서 또는 자습서로서 암반역학의 원리를 이해하고자 하는 독자들에게 유익이 있음을 밝혀둔다. 또한 이 책은 토목공학을 전공한 학생들의 강의용에 중점을 두었으므로 기본적으로 재료역학 및 토질역학을 이미 수강한 학생들의 수준에 맞는 교재임을 밝혀두며, 또한 본 저자의 저서인 '토질역학의 원리' 내용을 본 교재에서 필요에 따라 인용하였으니, 독자들의 이해를 바란다. 또한 이 책의 내용 중에 부분적으로 학부수준을 넘는 내용도 포함되어 있음을 밝혀둔다. 실무에 현재 종사하고 있는 지반공학 기술자들만큼은 반드시 알아야 되는 주제들을 삽입하였기 때문이다. 학부수준을 넘는 내용들은 그 제목 끝부분에 따로 표기(*)해 놓았으므로, 학부강의 목적으로는 이 단원들은 건너뛰고 다루어도 전체의 흐름을 이해하는 데 문제가 되지 않을 것이다.

저자를 늘상 사랑하시고 학문의 길로 인도하여 주신 하나님께 감사드리며, 하나같이 충직하여 언제나 저자를 믿고 따라주며 교정을 헌신적으로 도와준 고려대학교 지반연구실의 모든 제자들과 이제껏 저자를 이끌어주시고 도와준 모든 분들에게 큰 고마움을 전한다. 매일 서재에만 박혀 있는 남편을 인내로 참아준 아내와 사랑하는 아들 요한이에게도 고마운 마음을 전한다.

도서출판 새론과 씨아이알의 합병으로 인하여, 2판은 도서출판 씨아이알에서 이루어지게 되었다. 그간 수고 많으셨던 새론의 한민석 사장님과, 새로이 2판의 출간을 헌신적으로 도와주신 김성배 사장님을 비롯한 도서출판 씨아이알 직원께도 감사드린다.

이 책이 암반공학에 관심 있는 토목공학도들에게 조금이라도 유익이 된다면 그간에 저자가 흘렸던 땀방울이 조금도 헛되지 않을 것이며, 저자에게는 더할 나위 없는 큰 기쁨이 될 것이다.

안암동에서
저자 씀

목 차

제1장
서 론

제1장
서 론

1.1 서 론

저자의 저서인 "토질역학의 원리"(새론출판사 발행)의 서두에 지반공학(geotechnical engineering)은 소위 'in-situ mechanics'라고 하였다. 구조공학과 달리 지반공학은 원래부터 존재하고 있던 지반에서 일어나는 문제들을 다루기 때문이다. 역학의 시작점이 有이며, 有에서 새로운 有를 창조하거나, 터널과 지하공간과 같이 有로부터 오히려 無로 되는 현상을 규명하는 공학이 지반공학이다. 이러한 관점에서 지반공학의 두 부류인 토질역학(soil mechanics)과 암반역학(rock mechanics)은 같은 줄기에서 접근하면 보다 쉽게 암반역학을 이해할 수 있을 것이다.

'In-situ mechanics'라는 관점에서는 동일하나, 토질역학과 암반역학은 다음의 관점에서 다르게 취급되어야 한다. 토질역학은 소위 3상역학이거나, 또는 지하수위하에 존재하는 경우에도 2상역학이다. 구조역학과 달리 흙입자와 물이라는 두 개의 재료를 동시에 분석하여야 한다. 예를 들어서 한 입자에 작용하는 수직응력이 둘이라는 점이다(유효응력과 수압). 이에 반하여 암반역학의 경우는 암석 자체만을 재료로 하는 1상역학으로 작용하는 경우가 대부분이다. 물론 암반에 불연속면이 존재하고 이 불연속면에 물이 차 있는 경우 수압을 고려해야 하나, 이 물은 기하학적으로 다른 물체로 보아야지, 암석 자체가 2상으로 거동한다고 볼 필요는 없다.

암반역학이 토질역학과 근본적으로 다른 하나는 암반은 재료 자체가 불연속면 또는 절리(joint)에 의해 잘려져 있다는 점이다. 절리와 절리 사이의 암석(intact rock)은 강재료와 같이 단일 재료역학으로 거동하게 되나, 절리면이 존재하는 경우, 전체의 거동이 이 불연속면에서의 거동에 의해 지배되는 경우가 많다.

따라서 토질역학은 재료적으로 2상(또는 3상)거동을 하는 데 반하여 암반역학은 기하학적으로(geometrically) 2상구조를 갖는 역학으로 볼 수 있다. 이 불연속면에서의 역학이 다른 재료에서는 볼 수 없는 암반만의 독특한 현상이다.

암반역학은 암석/암반의 구성요소에 따라 다음의 세 가지 관점에서 분석되어야 한다.

(1) 암석(intact rock) – 불연속면이 없이 암석 자체를 분석하는 경우로서, 공학적대상이 완전히 신선암(intact rock)으로 이루어진 경우
(2) 불연속면역학(discontinuity) – 대상지역에 몇 개의 불연속면이 존재하는 경우, 대상 암반은 대부분 불연속면의 성질에 의하여 지배받게 된다.
(3) 암반(rock mass) – 불연속면이 아주 많이 발달하여 불연속면들을 포함한 전체 암반 덩어리의 거동이 중요한 경우

암반역학이란 위의 세 가지 관점을 총 망라한 역학으로서 이 책에서는 위의 세 관점 중 어디에 해당되는지를 계속하여 명기하고자 한다.

1.2 응력지배와 지질구조 지배

앞절에서 설명한 바와 같이 암반역학은 그 대상에 따라 세 가지 관점을 갖고 있다. 이 중 절리가 없는 암석(intact rock)인 경우나 또는 절리가 무수히 많이 존재하여 오히려 토질역학과 같이 기하학적으로 단일재료로 간주될 수 있는 경우는 여타의 역학과 같이 연속체로 가정할 수 있으며, 연속체역학에 근간을 둔 응력해석(stress analysis)으로 역학을 검토하게 된다.

이에 반하여, 몇 개의 절리만이 존재하는 경우는 전술한 대로 절리의 거동이 중요하다. 이 절리의 구조와 방향성 등을 근간으로 해석하는 방법을 지질구조해석(structural geology analysis)이라고 한다. 여기에서의 구조라는 것은 구조역학의 구조가 아니고 절리의 분포 등을 연구하는 구조지질학(structural geology)적 관점을 살펴본다는 의미로 사용된 용어임을 독자들은 주지하여야 할 것이다.

암반역학 분야에서는 특히 대상지역의 지질과 지질공학적 이해가 선행되어야 하며, 가장 중요한 요소임을 밝혀둔다. 필자를 비롯한 토목기술자들에게 가장 부족한 부분이 지질학에 대한 이해 부족으로 생각된다. 따라서 다음 장에서는 우선 토목기술자들이 기본적으로 알고 있어야

되는 지질학의 기본을 서술하고자 한다.

1.3 광물과 암석의 용어

암석을 구성하고 있는 기본광물(이를 조암광물이라고 함)과 암석의 영어명에 대한 우리말 용어를 다음 표 1.1에 열거해 놓았다. 이 용어들은 무조건 외워야 함을 밝혀둔다.

표 1.1 조암광물 및 암석의 이름

영문	국문(한자)	영문	국문(한자)	영문	국문(한자)
agate	마노(瑪瑙)	feldspar	장석(長石)	obsidian	흑요석(黑曜石)
albite	조장석(曹長石)	felsite	규장암(硅長岩)	olivine	감람석(橄欖石)
amphibole	각섬석(角閃石)	flint	수석(燧石)	orthoclase	정장석(正長石)
amphibolite	각섬암(角閃岩)	fluorite	형석(螢石)	peridotite	감람석(橄欖石)
andesite	안산암(安山岩)	gabbro	반려암(班糲岩)	phyllite	천매암
anorthite	회장석(灰長石)	galena	방연석(方鉛石)	plagioclase	사장석(斜長石)
apatite	인회석(燐晦石)	garnet	석류석(石榴石)	pyrite	황철광(黃鐵鑛)
arkose	아코오스	gneiss	편마암(片麻岩)	pyroxene	휘석(輝石)
asbestos	석면(石綿)	goethite	갈철광(褐鐵鑛)	porphyry	반암(斑岩)
augite	휘석(輝石)	graphite	토상흑연	pumice	경석(輕石)
basalt	현무암(玄武岩)	graywacke	경사암(硬砂岩)	quartz	석영(石英)
biotite	흑운모(黑雲母)	gypsum	석고(石膏)	quartzite	규암(珪岩)
breccia	각력암(角礫岩)	granite	화강암(花崗岩)	rhyolite	유문암(流紋岩)
calcite	방해석(方解石)	granodiorite	화강섬록암 (花崗閃綠岩)	sandstone	사암(砂岩)
chalcopyrite	황동광(黃銅鑛)			schist	편암(片岩)
chalk	백악(白堊)	halite	암염(岩塩)	scoria	분석
chert	각암(角岩)	hematite	적철광(赤鐵鑛)	serpentine	사문암(蛇紋岩)
chlorite	녹니석(綠泥石)	hornblende	각섬석(角閃石)	shale	셰일
corundum	강옥(鋼玉)	jasper	벽옥(碧玉)	slate	판암(板岩)
conglomerate	역암(礫岩)	kaolinite	카올리나이트	siltstone	미사암(微砂岩)
diabase	휘록암(輝綠岩)	limestone	석회석(石灰石)	sphalerite	섬아연광(閃亞鉛鑛)
diamond	금강석(金剛石)	limonite	갈철광(褐鐵鑛)	sulfur	유황(硫黃)
dacite	석영안산암 (石英安山岩)	magnetite	자철광(磁鐵鑛)	syenite	섬장암(閃長岩)
		marl	이회암	talc	활석(滑石)
diorite	섬록암(閃綠岩)	marble	대리암(大理岩)	topaz	황옥(黃玉)
dolomite	백운석(白雲石)	mica	운모(雲母)	trachyte	조면암(繰綿岩)
dolostone	고회암	mudstone	이암(泥岩)	tuff	응회암(凝灰岩)
dunite	더나이트	muscovite	백운모(白雲母)	zircon	지르콘

참고문헌

각 장의 공통 참고 문헌

- 이인모(2000), 토질역학의 원리, 새론출판사
- Goodman, R. E.(1989), Introduction to Rock Mechanics. 2nd Ed., John Wiley & Sons, New York
- Hudson, J. A. and Harrison, J. P.(1997), Engineering Rock Mechanics—An Introduction to the Principles, Pergamon, Oxford

제2장

응용지질학 개론

제2장
응용지질학 개론

2.1 서 론

암반역학은 'in-situ mechanics'로서 자연상태 그대로의 역학을 연구하는 분야이다. 따라서, 자연적으로 존재하는 암반의 지질학적 평가를 해야 하는 것이 선결과제로 볼 수 있다. 따라서 본 장에서는 토목기술자로서 기본적으로 알고 있어야 되는 응용지질학의 기본적인 사항을 서술하고자 한다.

2.2 조암광물

개개의 암석은 수많은 광물입자가 모여서 형성되며, 이때 암석을 구성하고 있는 주요 광물을 조암광물(rock forming minerals)이라고 한다. 광물은 다음의 요건을 만족하여야 한다.

(1) 결정체의 고체일 것(crystalline solid)
(2) 자연적으로 존재할 것(occur naturally)
(3) 유기물성분이 없을 것(inorganic)
(4) 원소의 화합물일 것(definite chemical composition)

2.2.1 조암광물의 성분에 따른 구분

조암광물은 그 구성성분에 따라 크게 다음의 세 가지로 대별할 수 있다.

1) 규산염 광물(silicates)

규소(Si)와 산소(O)가 결합하여 silica tetrahedron (SiO_4)을 이루며, 이것이 기본 구조이다. 이에 대한 사항은 점토광물의 기본구조와 같다. 이 silica tetrahedron의 결합모양에 따라 다음과 같은 여러 종류들이 있다(그림 2.1을 참조할 것).

(1) 단일구조(isolated silicate structure)
- 각각의 silica tetrahedron이 자체의 단일구조로 되어 있는 경우[그림 2.1(a)]
- (Fe, Mg)$_2$ SiO$_4$
- 예: 감람석(olivine) – 감람석은 단일구조가 서로 붙어서 형성된 광물이므로 손톱으로 구조를 떼어낼 수 있을 정도임

(2) 일렬구조(single chain structure)
- tetrahedron이 일렬로 붙어 있는 구조[그림 2.1(b)]
- 예: 휘석(pyroxene, augite)

(3) 이열구조(double chain structure)
- tetrahedron이 2열로 연결되어 있는 구조[그림 2.1(c)]
- 예: 각섬석(amphibole, hornblende)

(4) 박판구조(sheet silicate structure)
- tetrahedron이 2면으로 계속 연결되어 있는 구조[그림 2.1(d)]
- 예: 운모(mica group) ; 흑운모(biotite), 백운모(muscovite)

(5) 3차원 결합구조(framework silicate structure)
- tetrahedron이 세 공간 모두에 완전히 연결되어 있는 구조로 어느 방향이든지 단단히 연결되어 있다[그림 2.1(e)]
- 예: 석영(quartz ; SiO_2), 장석(feldspar ; (Si, Al)O_2)

2) 탄산염 광물(cabonate group)

탄산염($CaCO_3$)을 포함하고 있는 광물을 말하며, 이에 속하는 대표적 조암광물은 다음의 두 가지이다.

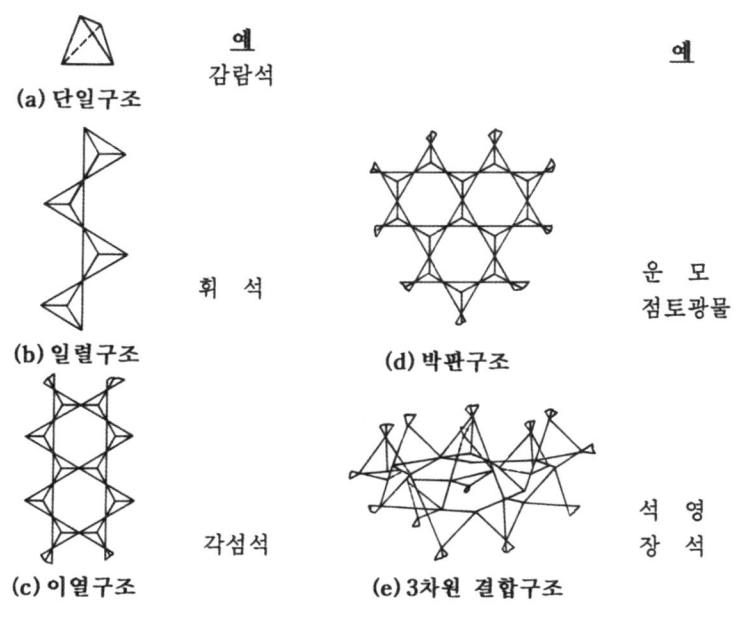

그림 2.1 규산염 광물의 구조

- 방해석(calcite ; $CaCO_3$)
- 백운석(dolomite ; $CaMg(CO_3)_2$)

이 탄산염 광물은 퇴적암인 석회석(limestone)과 이의 변성암인 대리암(marble)을 이루는 조암광물이 된다.

3) 염(salts)

염성분을 포함하고 있는 조암광물로서 이 광물에는 다음의 두 종류가 있다.
- 황산염 그룹(sulfate group): 석고(gypsum, $CaSO_4 \cdot 2H_2O$)
- 녹니석 그룹(chloride group): 암염(halite, NaCl)

2.2.2 지구에 분포하는 정도에 따른 분류

지구표면에 존재하는 정도에 따라 조암광물을 다음의 세 부류로 분류할 수 있을 것이다.

1) 가장 많이 존재하는 조암광물(지구표면에 90% 이상 분포)

- 장석 그룹(feldspar group)

  사장석(plagioclase): Ca 규산염 또는 Na, Al 규산염

  정장석(orthoclase): K, Al 규산염

- 휘석 그룹(pyroxene group)

  휘석(augite): Fe, Mg 규산염

- 각섬석 그룹(amphibole group)

  각섬석(hornblende): Fe, Mg, Al 규산염 복합수화물

- 석영(quartz)

  silica(SiO_2)

- 운모 그룹(mica group)

  백운모(muscovite): K, Al 규산염 복합수화물

  흑운모(biotite): K, Fe, Mg, Al 규산염 복합수화물

2) 그 외에 존재하는 조암광물

- 규산염 그룹(silicate group)

  - 감람석(olivine): Mg, Fe 규산염, 특히 맨틀(mantle)에 많이 존재함, 단일 규산염구조

  - 석류석(garnet): 단일 규산염구조

  - 점토광물

- 비규산염 그룹(nonsilicates)

  - 방해석(calcite): $CaCO_3$

  - 백운석(dolomite): $CaMg(CO_3)_2$

  - 석고(gypsum): $CaSO_4 \cdot 2H_2O$

3) 지구 표면에 간헐적으로 존재하는 조암광물

- 암염(halite): NaCl

- 다이아몬드(diamond): C

- 금(gold): Au

- 적철광(hemetite): 이온 산화물(Fe_2O_3)

- 자철광(magnetite): 이온 산화물(Fe_3O_4)

- 황동광(chalcopyrite): Cu, Fe 황화물

    – 섬아연광(sphalerite): Zn 황화물

    – 방연석(galena): Pb 황화물

2.2.3 조암광물의 물리적 성질

암석을 구성하고 있는 광물을 구별하기 위하여 광물의 물리적 성질을 조사하여야 하며, 이의 종류는 다음과 같다.

1) 광택(luster)

광물의 표면에서 빛이 반사될 때의 나타나는 모습을 말하며 크게 다음의 두 가지로 구별된다.

    (1) 금속성의 광택(metallic luster)

    (2) 비금속성의 광택(non-metallic luster)

        비금속성의 광택은 세분하여 유리광택(vitreous), 수지광택(resinous), 진주광택(pearly), 실크광택(silky), 무광택(dull, earthy) 등으로 구별될 수 있다.

2) 색깔(color)

광물 그대로의 색깔을 말한다. 예를 들어 유황(sulfur)은 샛노란색을 띠고 있어 색깔만으로도 쉽게 구별할 수 있다.

3) 경도(hardness)

광물의 딱딱한 정도를 말하며, Mohs의 경도계로 표시한다(표 2.1). 경도가 1인 활석이 가장 연하며, 경도가 10인 다이아몬드가 가장 단단하다.

표 2.1 Mohs 경도계의 표준광물

경도	표준광물	경도	표준광물
1	활석(talc)	6	정장석(orthoclase)
2	석고(gypsum)	7	석영(quartz)
3	방해석(calcite)	8	황옥(topaz)
4	형석(fluorite)	9	강옥(corundum)
5	인회석(apatite)	10	금강석(diamond)

4) 벽개(cleavage)

광물은 외부에서 힘을 받으면, 일정한 방향으로 쪼개지는 성질을 갖고 있으며, 이를 벽개라고 한다. 벽개는 한 방향으로만 일어나는 경우도 있고, 여러 면의 벽개면을 갖고 있는 광물도 존재한다. 벽개의 종류는 다음과 같다[그림 2.2 참조].

(1) 1방향 벽개: 흑운모(biotite), 백운모(muscovite)[그림 2.2(a)]
(2) 2방향 벽개(각도 90°): 장석(feldspar), 휘석(pyroxene)[그림 2.2(b)]
(3) 2방향 벽개(각도≠90°): 각섬석(amphibole)[그림 2.2(c)]
(4) 3방향 벽개(각도 90°): 암염(halite), 방연석(galena)[그림 2.2(d)]
(5) 3방향 벽개(각도≠90°): 방해석(calcite), 마름모 형태임[그림 2.2(e)]

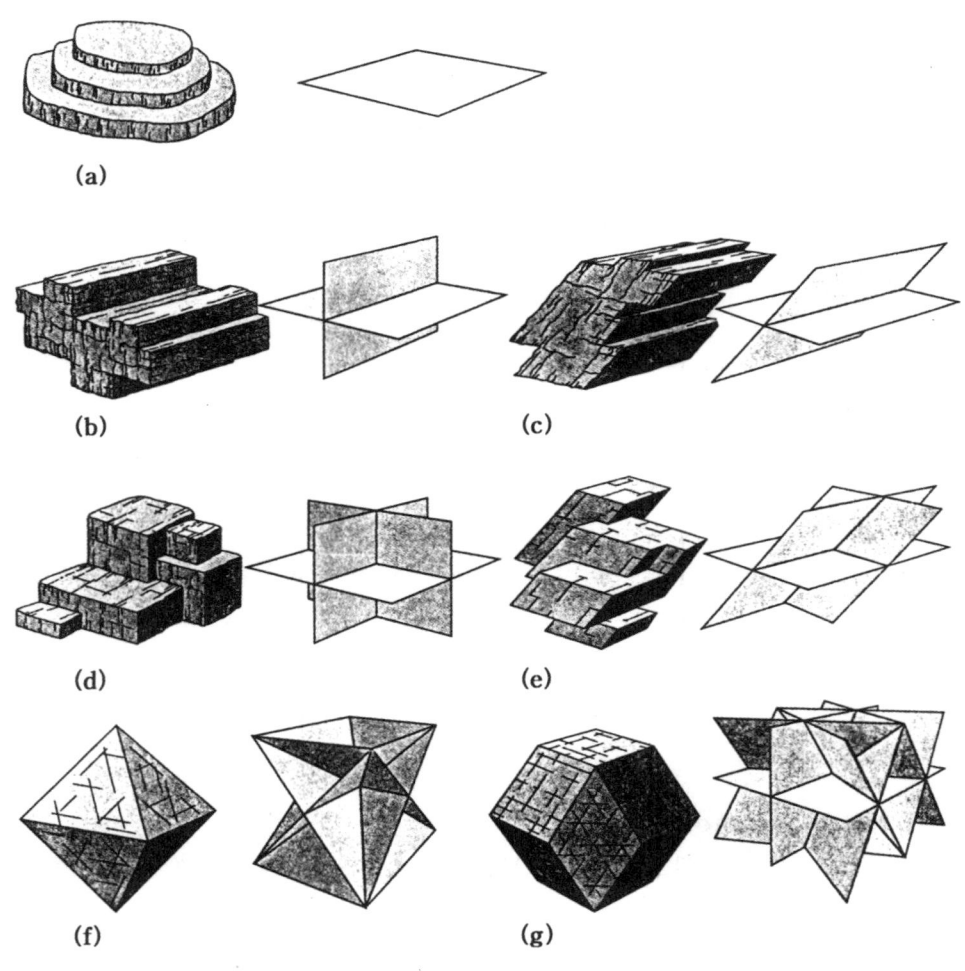

(a)

(b)   (c)

(d)   (e)

(f)   (g)

그림 2.2 벽개의 형태

(6) 4방향 벽개(각도 90°): 다이아몬드, 형석(fluorite)[그림 2.2(f)]

(7) 6방향 벽개(각도 90°): 섬아연광(sphalerite)[그림 2.2(g)]

5) 조흔(streak)

광물의 분말가루의 색깔을 조흔이라 하며, 광물자체의 색깔과 분말가루의 색깔이 다를 수도 있다.

6) 비중(specific gravity)

광물의 비중을 나타내며 가장 흔한 석영, 장석의 비중은 2.6~2.7 정도이며, 작게는 토상흑연 (graphite), 석고(gypsum)와 같이 2.2~2.3 정도밖에 되지 않는 것도 있고, 철성분이 있는 광물 인 방연석(galena)은 비중이 7.6 정도에 이른다. 대표적 광물들의 비중을 표 2.2에 정리해 놓았다.

표 2.2 주요 조암광물의 비중

광물명	비중
석영(quartz)	2.65
장석류(feldspars)	2.57~2.76
운모(mica)	2.76~3.2
휘석(augite)	3.2~3.4
각섬석(hornblende)	3.0~3.47
감람석(olivine)	3.27~3.87
사문석(serpentine)	2.2~2.65
점토(kaolinite)	2.6

7) 투명성(diaphaneity)

광물이 빛을 통과시킬 수 있는 능력의 정도를 말하는 것으로 다음의 세 가지로 분류할 수 있다.

- 투명(transparent)
- 반투명(translucent)
- 불투명(opaque)

8) 저항성(tenacity)

외부힘이나 모멘트에 의해 광물의 저항도를 나타낸다.

- 깨지기 쉬운(취성의) 광물(brittle)
- 탄성형 광물(elastic)
- 유연성 광물(flexible) 등으로 구분한다.

9) 결정체의 형태(crystal form)

광물 결정체의 모양에 의해서 광물을 구별할 수도 있으며 그림 2.3에 결정체의 형태들을 정리해 놓았다.

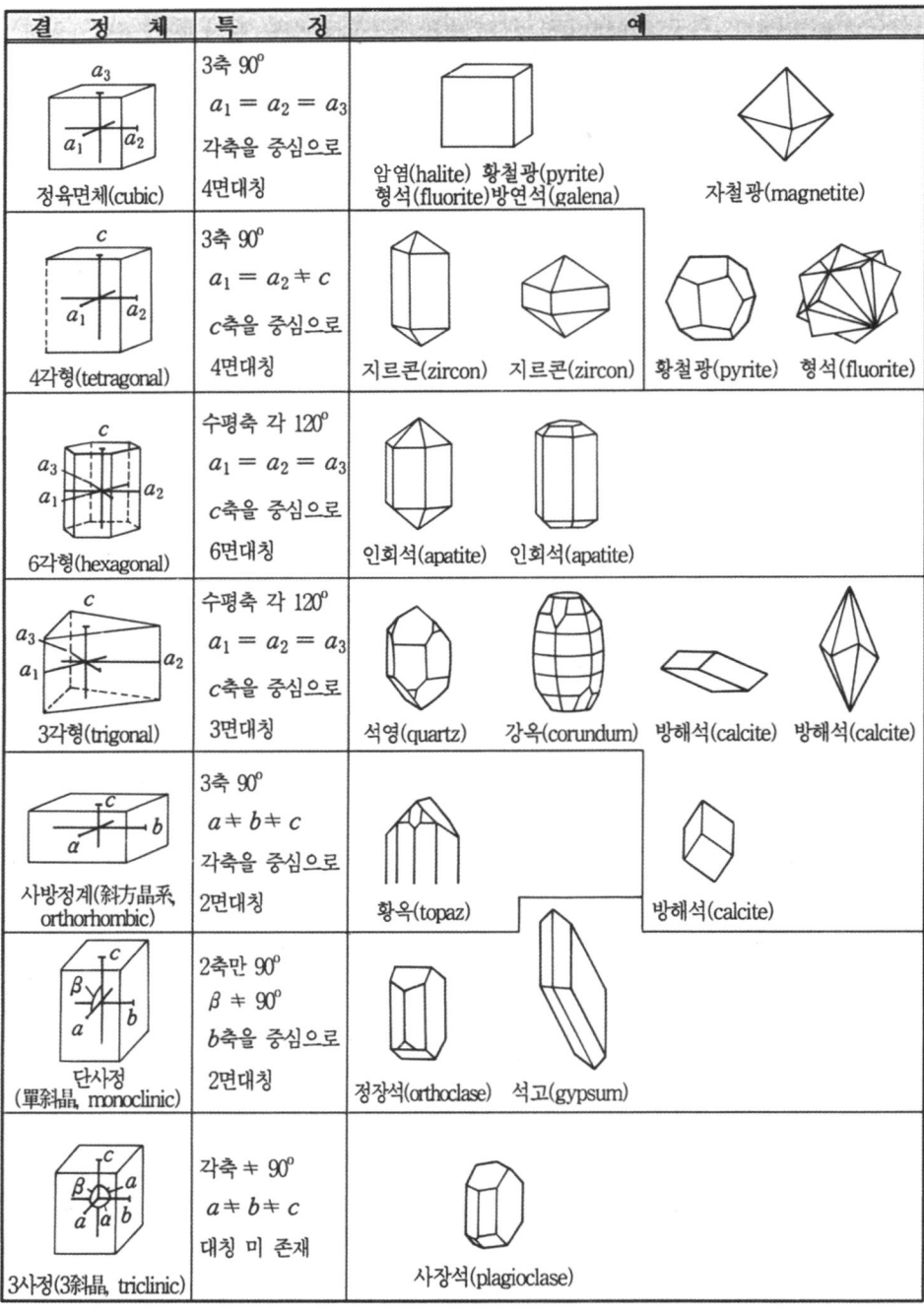

결정체	특징	예
정육면체(cubic)	3축 90° $a_1 = a_2 = a_3$ 각축을 중심으로 4면대칭	암염(halite) 황철광(pyrite) 형석(fluorite) 방연석(galena) / 자철광(magnetite)
4각형(tetragonal)	3축 90° $a_1 = a_2 \neq c$ c축을 중심으로 4면대칭	지르콘(zircon) 지르콘(zircon) 황철광(pyrite) 형석(fluorite)
6각형(hexagonal)	수평축 각 120° $a_1 = a_2 = a_3$ c축을 중심으로 6면대칭	인회석(apatite) 인회석(apatite)
3각형(trigonal)	수평축 각 120° $a_1 = a_2 = a_3$ c축을 중심으로 3면대칭	석영(quartz) 강옥(corundum) 방해석(calcite) 방해석(calcite)
사방정계(斜方晶系, orthorhombic)	3축 90° $a \neq b \neq c$ 각축을 중심으로 2면대칭	황옥(topaz) 방해석(calcite)
단사정(單斜晶, monoclinic)	2축만 90° $\beta \neq 90°$ b축을 중심으로 2면대칭	정장석(orthoclase) 석고(gypsum)
3사정(3斜晶, triclinic)	각축 $\neq 90°$ $a \neq b \neq c$ 대칭 미 존재	사장석(plagioclase)

그림 2.3 광물 결정체의 형태들

표 2.3 조암광물을 구별하기 위한 분류표

비금속성, 옅은색 →I	**강함** (유리를 긁음)	**벽개 있음**	유리광택, 색깔 흰색~핑크색, 경도 6, 벽개 2평면(90°) 조흔흰색, G_s=2.56, 결정체	정장석 (orthoclase)
			유리광택, 색깔 흰색~회색~붉은 적갈색, 경도 6, 벽개 2평면(90°), 조흔흰색, G_s=2.6~2.75, 줄무늬 있음	사장석 (plagioclase)
		벽개 없음	유리광택, 무색 또는 흰색, 경도 7, 조가비 모양의 미세균열 조흔흰색, G_s=2.65, 6각형 결정체, massive 함	석영 (quartz)
			왁스광택, 색깔 흰색~노랑~갈색~회색, 경도 7 조흔흰색, G_s=2.65, 조가비 모양의 미세균열	수석/각암 (flint/chert)
			왁스광택, 줄무늬색깔, 경도 7, 조흔흰색, G_s=2.65	마노(agate)
	약함 (유리를 긁지 못함)	**벽개 있음**	유리광택, 색깔 녹색, 경도 6.5-7, 조흔흰색~회색 G_s=3.2~3.4, 단립구조 모양	감람석 (olivine)
			유리광택, 무색 또는 흰색~회색~갈색~적색, 경도 2.5, 완전3 방향 벽개(90°), 조흔흰색, G_s=2.5, 짠맛	암염 (halite)
			유리광택, 무색(투명성) 또는 흰색, 경도 3, 마름모형 벽개. 조흔흰색~회색, G_s=2.7, 산과 반응, 2중굴절	방해석 (calcite)
			유리광택, 무색 또는 흰색~회색~녹색~노란갈색, 경도 3.5~4, 마름모형 벽개, 조흔흰색, G_s=2.85~3.2, 결정체, 쌍정의 (twinning), 분말은 산과 반응	백운석 (dolomite)
			유리광택 또는 진주광택, 무색 또는 흰색~회색~노란오렌지색~ 옅은 갈색, 경도 2, 1방향 벽개, 섬유질 미세균열, 조흔흰색, G_s=2.32, 결정체, 쌍정의(twinning)	석고 (gypsum)
			진주광택 또는 무광택, 희미한 녹색(흰색~회색 존재), 경도 1, 완전한 1방향 벽개 있음, 조흔흰색, G_s=2.82, 비누 같음	활석 (talc)
			유리, 실크, 진주광택, 무색(녹색~회색~갈색 혼재), 경도 2.5~ 4, 완전한 1방향 벽개 있음, 조흔흰색, G_s=2.8~2.9	백운모 (muscovite)
			왁스광택 또는 실크광택, 색깔 다양(녹색 혼재), 경도 2.5, 섬유 질로 구분됨, 조흔흰색, G_s=2.5~2.6	석면 (asbestos)
			유리광택, 무색, 경도 4, 완전한 4방향 벽개(8면체), 조흔흰색, G_s=3.18	형석 (fluorite)
			무광택, 흰색(얼룩 있음), 경도 2, 조흔흰색, G_s=2.6, 습기가 있을 시 흙냄새(곰팡이 냄새)	카올리나이트 (kaolinite)
		벽개 없음	진주광택 또는 무광택, 희미한 녹색(회색 혼재), 경도 1, 조흔흰 색, G_s=2.82, 비누 같음	활석 (talc)
			지반빛깔 광택, 흰색 또는 여러 색, 경도 3이하, 조흔흰색, G_s=2.7, 산과 반응	방해석 (calcite)
			지반빛깔 광택, 흰색 또는 여러 색, 경도 3.5-4, 조흔흰색, G_s=2.85~3.2, 분말은 산과 반응	백운석 (dolomite)
			지반빛깔 광택, 흰색, 경도 2, 조흔흰색, G_s=2.32	석고 (gypsum)
			유리광택, 검은색, 경도 5~6, 2방향 벽개(90°), 조흔흰색~회색, G_s=3.2~3.6, 분리될 수 있음	휘석 (augite)

표 2.3 조암광물을 구별하기 위한 분류표(계속)

비금속성, 진한색 →Ⅱ	강함 (유리를 긁음)	벽개 있음	유리광택, 검은색, 경도 5–6, 2방향 벽개(90°와 124°), G_s=3–3.4, 6면의 결정체	각섬석 (hornblende)
			유리광택, 흰색~회색~적갈색, 경도 6, 2방향 벽개(90°), 벽개면에 줄무늬 있음, 조흔흰색, G_s=2.6~2.75, 벽개표면에 색깔 다양	사장석 (plagioclase)
		벽개 없음	다이아몬드 같은 광택 또는 유리광택, 일반적으로 갈색, 경도 9, G_s=4.0, 술통모양의 결정체	강옥 (corundum)
			유리광택, 또는 수지광택, 일반적으로 검정, 적색~적갈색, 경도 6.5~7.5, 조흔흰색~회색, G_s=3.6–4.3, 미세균열이 벽개와 흡사, 깨지기 쉬움(취성)	석류석 (garnet)
			유리광택, 녹색(가끔 노란색), 경도 6.5~7, 조흔흰색 또는 회색, G_s=3.2~3.4, 단립구조 모양	감람석 (olivine)
			유리광택, 회색 또는 회색~검은색, 경도 7, 조흔흰색, G_s=2.65, 조가비 모양의 미세균열, 결정체, massive 함.	석영 (quartz)
			왁스광택 또는 무광택, 적색~적갈색~갈색, 경도 7, 조흔흰색 또는 회색, G_s=2.6	벽옥(jasper)
			왁스광택 또는 무광택, 회색~검은색, 경도 7, 조흔흰색, G_s=2.6, 조가비 모양의 미세균열	수석/각암 (flint/chert)
	약함 (유리를 긁지 못함)	벽개 있음	유리광택 또는 진주광택, 검은 녹색, 갈색~검은색, 경도 2.5~4.0, 완전한 1방향 벽개, 조흔흰색~회색, G_s=2.9~3.1	흑운모 (biotite)
			수지광택, 노란갈색~검은 갈색, 경도 3.5~4.0, 6방향 벽개, 조흔 갈색~옅은 노란색~흰색, G_s=3.9–4.1, 벽개표면 보임 쌍정의	섬아연광 (sphalerite)
			유리광택~지반빛깔 광택, 녹색~초록검은색, 경도 2.5, 완전한 1방향 벽개, 조흔흰색~연한녹색, G_s=2.7~3.3, 미끄러운 느낌 존재	녹니석 (chlorite)
		벽개 없음	반금속성 광택~지반빛깔 광택, 적색~적갈색, 경도 5~6 이하, 조흔적색, G_s=5.0~6.0, 지반과 비슷함	적철광 (hematite)
			유리광택~반수지광택, 녹색~청색~갈색~자주색, 경도 5, 조흔흰색, G_s=3.15~3.2, 결정체	인회석 (apatite)
			지반빛깔 광택, 노랑~노란갈색~갈색을 띤 검정, 경도 1, 조흔 갈색을 띤 노랑~오렌지색의 노랑, G_s=3.3~3.4, 지반덩어리(earthy masses)	갈철광 (limonite)

표 2.3 조암광물을 구별하기 위한 분류표(계속)

		금속광택, 검은색, 경도 6, 벽개 없음, 조흔검정, $G_s=5.2$, 자성의(magnetic)	자철광 (magnetite)
		금속광택, 검은회색~검정색, 경도 1~2, 완전한 1방향 벽개, 조흔검정, $G_s=2.1~2.25$, 기름진 느낌(greasy), 손가락에 의한 얼룩 생김	토상흑연 (graphite)
	조흔: 검은색 어두운 녹색	금속광택, 경도 6~6.5, 벽개 없음, 조흔 녹색이나 갈색을 띤 검정, $G_s=5.0$, 입방 결정체	황철광 (pyrite)
		금속광택, 놋쇠색의 노랑~청동색이나 자주색으로 변질, 경도 3.5~4, 벽개 없음, 조흔 녹색을 띤 검정, $G_s=4.1~4.3$, massive 함	황동광 (chalcopyrite)
금속성광택		옅은 금속광택, 눈부신 납회색, 경도 2.5, 완전한 입방 벽개, 조흔 납회색, $G_s=7.5~7.6$	방연석 (galena)
→Ⅲ	조흔: 적색	금속광택, 철회색, 경도 5~6, 벽개 없음, 조흔 적색~적갈색, $G_s=5.6$, 가끔 운모 모양 또는 엽리 보임, 취성의	적철광 (hematite)
		금속광택~무광택, 노란갈색~검은 갈색~검정, 경도 6, 벽개 있음, 조흔 갈색을 띤 노랑~오렌지색의 노랑, $G_s=3.3~4.3$, 취성의	갈철광 (goethite)
	조흔: 노랑 갈색 또는 흰색	반금속광택~수지광택, 노란색~노란갈색~검은 갈색, 경도 3.5~4, 6방향 벽개, 조흔 갈색~옅은 노랑~흰색, $G_s=3.9-4.1$, 벽개 표면 노출, 쌍정의(twinning)	섬아연광 (sphalerite)

10) 기타의 특수한 성질들

(1) 2중 굴절: 방해석(calcite)에 빛을 통과시키면 2중으로 굴절하며 통과한다.

(2) 맛: 암염(halite)은 소금성분 때문에 짠 맛이 있다.

(3) 향기(odor)

광물에 따라 향기가 있는 것도 있다. 캐올리나이트(kaolinite)에 습기가 생기면 곰팡이 냄새가 난다.

(4) 화학적 반응(chemical reactien)

방해석(calcite)이 산과 반응하면 거품이 생긴다.

2.2.4 조암광물 구별법

암석을 구성하고 있는 조암광물의 종류를 알아야 암석의 종류와 성질을 알 수 있다. 지질학과에서 광물을 구별하는 실험으로서 이름을 모르는 광물을 학생들에게 나누어 주고, 여러 조사를 통하여 광물의 이름을 알아맞히는 실험과정이 있다. 비록 우리 토목기술자들이 이런 실험은 할 수 없다 하더라도 어떤 방법으로 광물을 구별하는지의 개략은 알 필요가 있다고 생각한다. 광물을 구별하는 개략적인 순서는 다음과 같다(표 2.3 참조).

(1) 주어진 광물이 금속성인지, 비금속성인지 우선 대별한다(표 2.3에서 I, II 또는 III).
(2) 광물의 경도와 벽개 여부를 판단한다.
(3) 조흔(특히 III인 경우), 색깔, 광택 등의 평가로 광물을 구별한다.

2.2.5 대표적 조암광물의 사진

비록 지질학과의 경우처럼 광물식별을 위한 실험을 실시할 수는 없으나, 독자들의 눈에 익도록 대표적인 조암광물의 사진을 사진 2.1에 수록해 놓았다. 사진과 표 2.3을 견주어가며 광물의 종류 및 특징을 익혀야 할 것이다.

(참고) 본 교재로 암반역학을 강의하시는 선생님께.
가능하시면, 지질학과에 알아보셔서 적절한 광물 및 암석 세트를 구입하시어 직접 학생들이 만져볼 수 있도록 하면 좋을 것입니다. 필자는 강의를 목적으로 광물 및 암석 세트를 구입하여 학생들로 하여금 직접 보고 외울 수 있도록 유도합니다.
(Ward's Natural Science Establishment Co.에서 판매하는 Physical Geology Reference Set 사용)

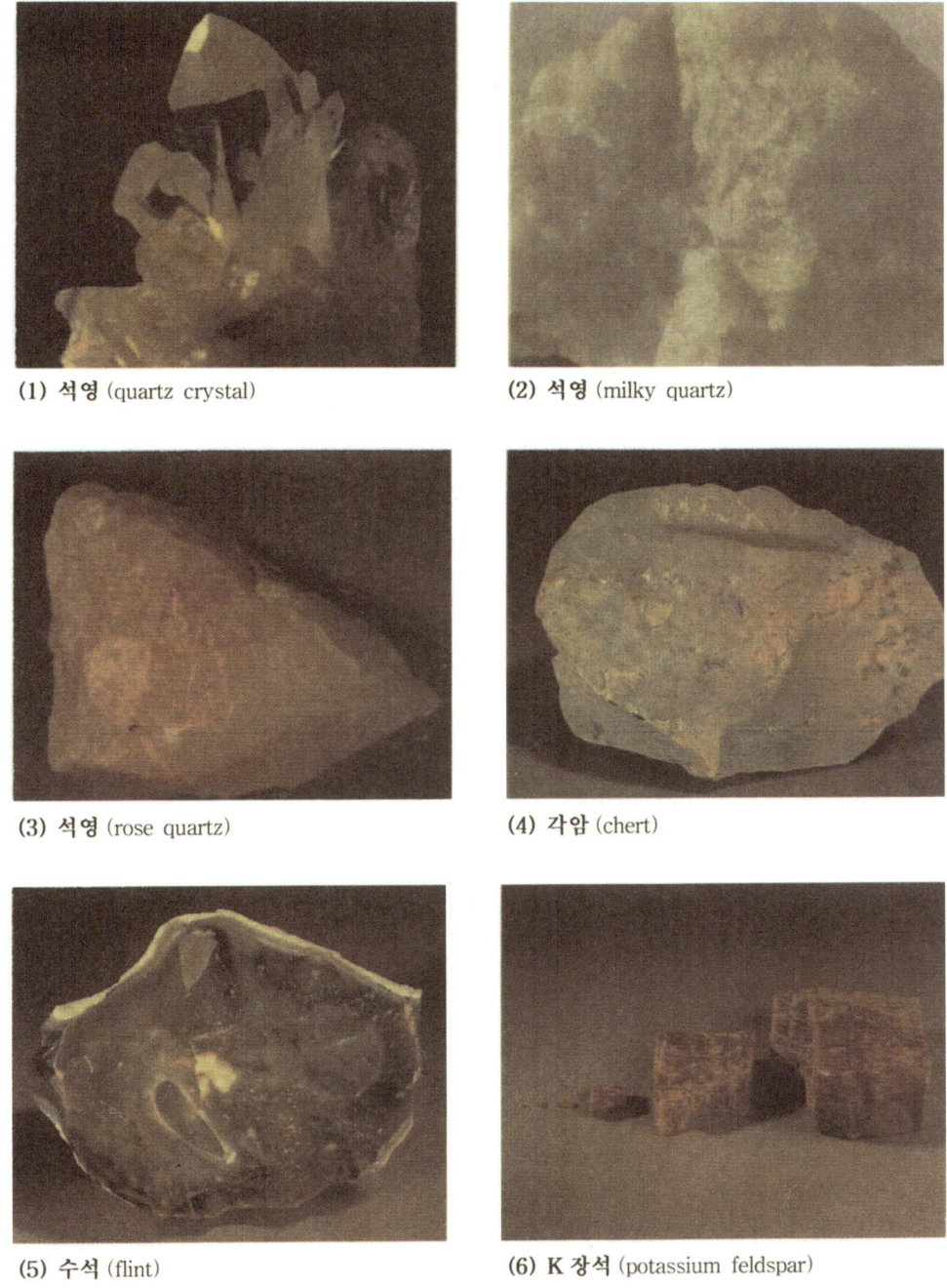

(1) 석영 (quartz crystal)

(2) 석영 (milky quartz)

(3) 석영 (rose quartz)

(4) 각암 (chert)

(5) 수석 (flint)

(6) K 장석 (potassium feldspar)

사진 2.1 조암광물

(7) 사장석 (plagioclase)

(8) 방해석 (rhombohedrons of clear calcite)

(9) 방해석 (calcite-double refraction)

(10) 백운석 (dolomite)

(11) 감람석 (olivine)

(12) 휘석 (pyroxene)

사진 2.1 (계속)

(13) 각섬석 (amphibole)

(14) 백운모 (muscovite)

(15) 흑운모 (biotite)

(16) 녹니석 (chlorite)

(17) 활석 (talc)

(18) 석고 (gypsum)

사진 2.1 (계속)

(19) 카올리나이트 (kaolinite)

(20) 암염 (halite)

(21) 사문암 (serpentine)

(22) 석류석 (garnet)

(23) 황철광 (pyrite)

(24) 황동광 (chalcopyrite)

사진 2.1 (계속)

(25) 방연석 (galena)

(26) 토상흑연 (graphite)

(27) 섬아연광 (sphalerite)

(28) 자철광 (magnetite)

(29) 적철광 (hematite)

(30) 갈철광 (limonite)

사진 2.1 (계속)

2.3 암석론

암석은 1개 이상의 조암광물이 집합된 집합체이며 잘 알려진 대로 다음의 3종류로 대별된다.

(1) 화성암

　마그마가 식고 고결되어 생성된 암

(2) 퇴적암

　운반 퇴적된 흙이 오히려 암으로 형성된 것으로 다음의 세 경우가 있을 수 있다.

　• 퇴적토가 석화(石花)되어 암으로 변하는 경우(lithification이라고 함)

　• 용액 중 침전물이 응고되어 암으로 변하는 경우

　• 수목류, 동물 등이 그대로 퇴적되어 암으로 되는 경우

(3) 변성암

　화성암, 퇴적암 등이 고온, 고압을 받아서 구성입자의 크기나 광물구성성분 등이 새로
　생성된 암을 말한다.

　위의 세 가지 암은 순환작용을 한다. 순환작용이 그림 2.4에 그려져 있다. 마그마가 식어서
화성암이 되며, 화성암이 풍화되거나 변성암이 풍화, 침식되면 퇴적물이 된다. 퇴적물이 침강
하여 암으로 된 것이 퇴적암이다. 화성암, 퇴적암이 변성작용을 받으면 변성암이 되며, 변성암
이 고온을 받을 때 용융되면 마그마로 되돌아가는 등 순환작용을 한다.

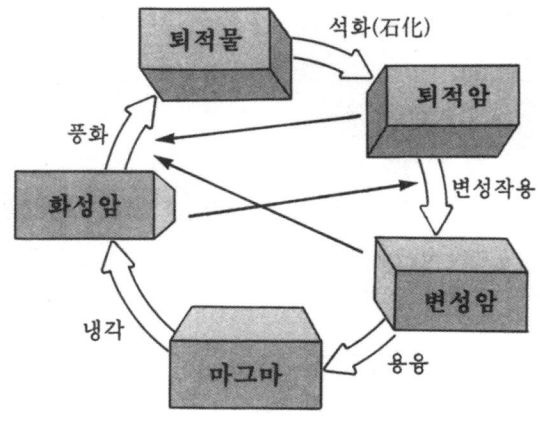

그림 2.4 암석의 순환작용

2.3.1 화성암

화성암은 상부맨틀(온도 1000~1500℃)에서 마그마가 식어서 고결되어 생성된 것으로 지구표면하에 존재하는 것은 마그마(magma)라고 하고, 지표면 밖으로 나온 것은 용암(lava)이라고 한다.

지질학적으로는 화성암의 분류를 산출상태, 화학성분, 암석조직 등에 의하여 분류하기도 하나 다음과 같이 광물입자의 크기와 화학성분의 두 가지를 근간으로 대별하여 정리하는 것이 공학적인 관점에서 무리가 없을 것으로 생각된다.

1) 광물입자의 크기(texture)

(1) 세립질(aphanitic) 또는 비현정질(非顯晶質)
- 광물입자의 크기가 1mm 이하인 경우
- 분출암(extrusive rock)의 경우, 또는 화산암(volcanic rock)의 경우 급속히 냉각되어 형성
- 관입암(intrusive rock)의 경우도 급속 냉각하는 경우는 세립질이 됨
- 유리질(glassy texture)로 되는 경우도 있음(예: 흑요암(obsidian))

(2) 조립질(phaneritic) 또는 현정질(顯晶質)
- 광물입자의 크기가 1mm 이상인 경우
- 심성암(plutonic)의 경우, 또는 관입암(intrusive rock)의 경우 중 천천히 냉각되는 경우 형성됨

(3) 반상조직(porphyritic)
- 분출암인 경우 세립질이나 유리질이 대부분을 차지하나 가끔씩 큰 결정체(큰 반점과 같이)가 존재하는 경우이며 이 조직으로 된 암은 '…반암'으로 불린다. 암명이 반암으로 끝나면 '점박이 암'으로 생각하면 된다.
- 큰 결정체를 반정(phenocryst)이라고 한다.

(4) 거정(巨晶)조직(pegmatitic)
- 결정체가 아주 큰 조직을 말함(몇 cm-m)
- 큰 화강질 마그마가 응고될 때 형성됨

(5) 화성쇄설성(pyroclastic)
- 분출된 것이 결합된 구조로서 분출된 것이 새로이 결합되었다는 의미에서 퇴적암으로 분류되기도 함

– 응회암(tuff): 세립의 pyroclastic 입자인 경우

– 화산각력암(volcanic breccia): 화산암의 큰 입자들로 이루어진 암

(6) 기공질(vesicular)

– 암석에 숨구멍과 같은 구멍이 난 것을 말한다.

– 예를 들어서 제주도에 편재해 있는 현무암은 숨구멍이 많기 때문에 정확히 표현하면 기공질 현무암(vesicular basalt)으로 보아야 한다.

2) 화학성분(composition)

암석을 구성하고 있는 조암광물의 종류에 따라 화성암의 색깔이 흰 빛을 띨 수도 있고, 검은 색에 가까울 수도 있다.

(1) 담색(felsic) – 무색이거나 색깔이 옅은 광물로 이루어진 경우(SiO_2 다량 보유)

– 석영

– K 장석

– 백운모

– Na 사장석 등이 주요 조암광물임

(2) 검은색(mafic) – 검은색이나 유색광물로 이루어진 경우

– 흑운모

– 휘석

– 각섬석

– Ca 사장석

– 감람석 등이 주요 조암광물이며, 대부분 검은색을 띠나 감람석은 녹색을 띰

3) 화성암의 분류

이제까지 설명한 입자의 크기와 화학성분을 조합하여 화성암을 분류할 수 있다. 보통 횡축으로는 색깔의 정도를 종축에는 입자의 크기를 나타낸다. 즉, 다음과 같은 개념을 근간으로 화성암을 분류한다.

이제까지 설명한 것에 근거하여 화성암을 분류한 것이 표 2.4에 표시되어 있다.

표 2.4 화성암의 분류도

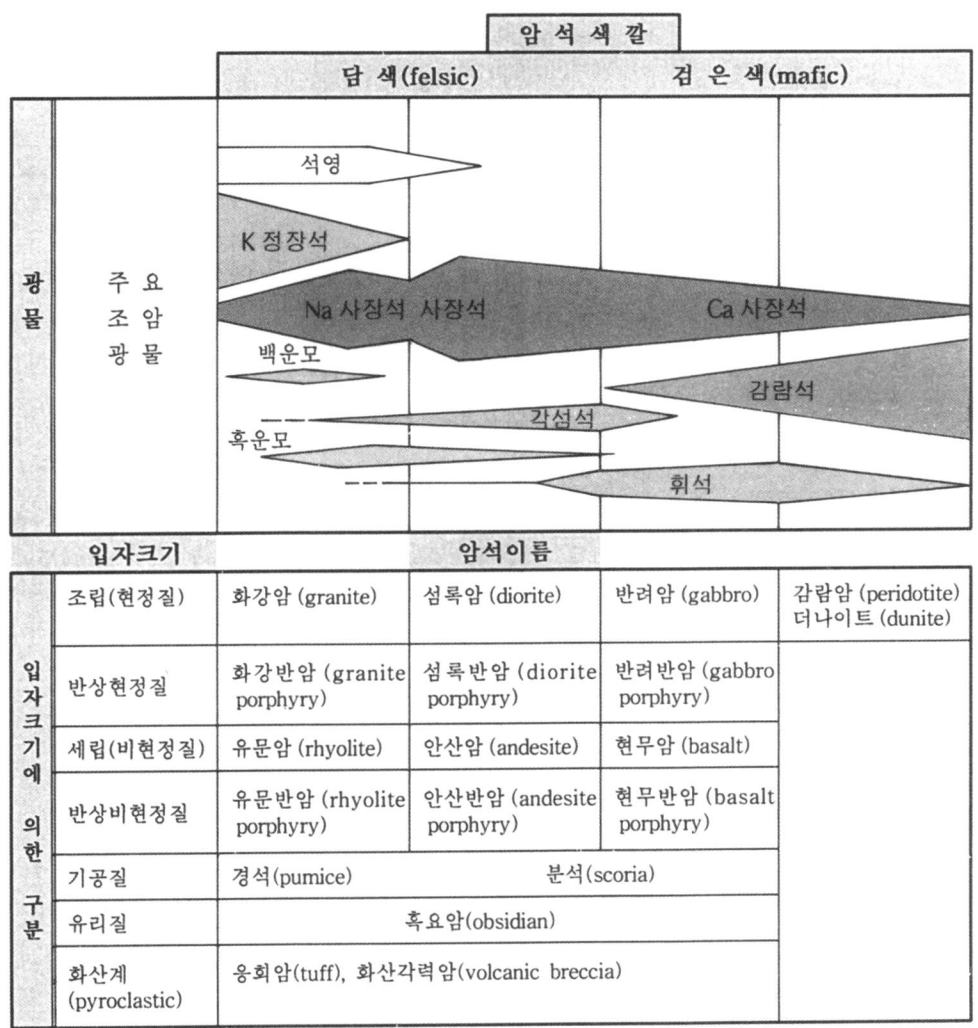

예를 들어서 화강암은 암의 색깔이 밝고 입자는 크게 볼 수 있으며, 반대로 현무암은 검은색이고 입자는 작을 것이다. 감람암의 주요 구성성분은 감람석이므로 감람암의 색깔은 녹색을 띠고, 입자는 굵은 편이다.

<u>그 외의 화성암</u>

• 화강암계열과 섬록암계열 사이에 두 종류의 암을 추가로 설정하기도 한다. 즉, 다음과 같
  이 요약할 수 있다.

표 2.4(a) 화성암의 확장

	담색		검은색	
조립	화강암	화강섬록암(granodiorite)	섬장암(syenite)	섬록암
세립	유문암	석영안산암(dacite)	조면암(trachyte)	안산암

• 규장암(felsite) – 비현정질의 암맥으로 형성된 암

4) 대표적인 화성암의 사진

대표적인 화성암들의 사진을 정리하여 사진 2.2에 수록해 놓았다. 조암광물과 마찬가지로
독자들은 이 사진들을 반복하여 익혀서 암의 형태에 익숙해져야 할 것이다.

(1) 화강암 (pink granite)

(2) 화강암 (white granite)

(3) 섬록암 (diorite)

(4) 반려암 (gabbro)

(5) 화강반암 (granite porphyry)

(6) 유문암 (rhyolite)

사진 2.2 화성암

(7) 안산암 (andesite)

(8) 안산반암 (andesite porphyry)

(9) 현무암 (basalt)

(10) 기공질 현무암 (vesicular basalt)

(11) 현무반암 (basalt porphyry)

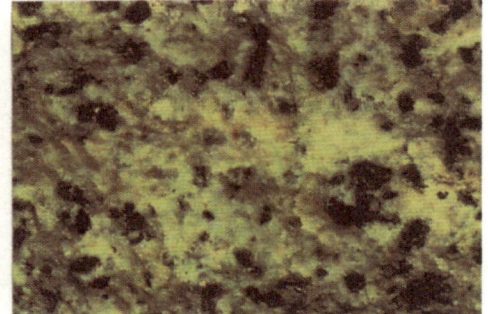

(12) 섬록암 (diorite)

사진 2.2 (계속)

(13) 감람석 (peridotite)

(14) 흑요암 (obsidian)

(15) 경석 (pumice)

(16) 경석 (pumice)

(17) 분석 (scoria)

(18) 응회암 (tuff)

사진 2.2 (계속)

2.3.2 퇴적암

풍화작용과 침식작용을 받아 원암에서 분리된 퇴적물(sediments) 또는 용액으로부터 침전된 침전물이 석화 또는 고체화되어 생성된 암을 퇴적암이라고 한다.

1) 퇴적암의 생성과정

퇴적암이 생성되기 위하여는 다음의 여러 과정을 거치게 된다.

(1) 운반 및 퇴적
- 강, 해류, 바람, 빙하에 의하여 퇴적물이 운반, 퇴적된다.
- 강물에 의하여 운반되는 경우는 자갈과 같이 무거운 것은 상류에서 퇴적되고 모래, 실트, 점토순으로 갈수록 쉽게 운반되므로 하류에서 퇴적된다.
- 빙하가 녹아서 빙하수와 함께 운반되는 경우는 강물의 경우와 같이 입자크기별로 퇴적되는 것이 아니라 조·세립토가 혼재하여 퇴적된다(예: 모레인(morain), glacial till 등).

(2) 석화(lithification)

퇴적물이 퇴적암으로 변해가는 과정을 총칭하여 석화(石花)라고 하며, 다음의 세 단계를 거치게 된다. 퇴적암으로 되는 과정을 그림 2.5에 표시해 놓았다.

- 다짐작용(compaction) – 퇴적물이 자중에 의해 간극수가 탈수되어 자중압밀되는 현상
- 시멘트결합(cementation) – 용액 중에 존재하는 Ca^{++}와 $2HCO_3^-$ 가 결합하여 칼슘카보네이트($CaCO_3$)가 형성되는 것을 시멘트결합이라고 하며, 이 시멘트결합에 의하여 퇴적된 퇴적물을 완전히 결합시켜주게 된다. 이를 수식으로 표현하면 다음과 같다.

$$Ca^{++} + 2HCO_3^- \rightarrow CaCO_3 + H_2O + CO_2$$
$$\uparrow 시멘트결합$$

- 결정체화(crystallization)
결합된 결합체가 완전히 결정체로 되는 과정을 말한다.

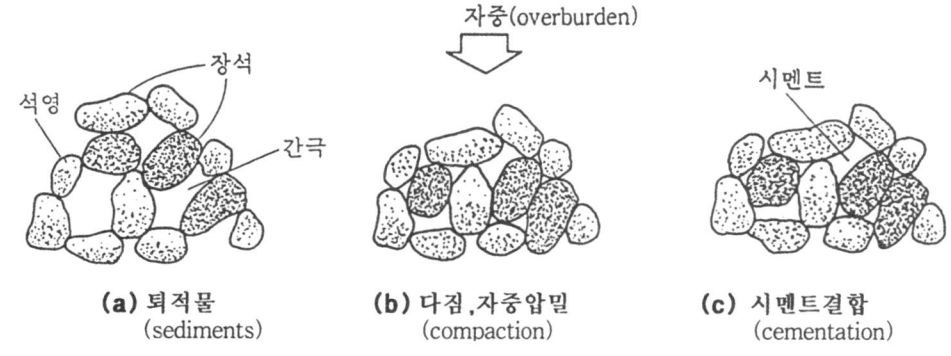

그림 2.5 모래입자의 석화과정(lithification of sand grains)

2) 퇴적암의 특징

퇴적암은 순서적으로 퇴적된 퇴적물이 결합하여 생성된 암으로서 층상으로 발달된 층리(bedding)로 이루어져 있는 것이 가장 큰 특징이다. 이외에도 물결자국(ripple mark), 화석(fossil) 등도 퇴적암에서만 볼 수 있는 것들이다.

3) 퇴적암의 분류

퇴적암은 퇴적물의 종류에 따라 쇄설성 퇴적암, 유기적 퇴적암으로 나누어진다(퇴적암의 상세분류는 표 2.5에 표시하였다).

(1) 쇄설성 퇴적암(clastic rocks)

퇴적되어 석화될 때까지 고체상으로 된 퇴적물이 결합되어 생성된 암이다.

- 수성쇄설암(aqueous clastic rocks) – 유수작용으로 퇴적암이 형성된 경우이며, 입자의 크기에 따라 다음과 같이 나뉜다.
  - 입자크기 2mm 이상: 역암(conglomerate), 각력암(breccia)
  - 입자크기 1/16mm~2mm: 사암(sandstone), 아코오스(arkose)
  - 입자크기 1/256~1/16mm: 미사암(siltstone)
  - 입자크기 1/256mm 이하: 이암(mudstone), 셰일(shale)
- 풍성 쇄설암(aerolian clastic rocks) – 바람에 생긴 쇄설물이 암이 된 것
- 빙성 쇄설암(glacial deposit) – 빙하에 의해 운반된 쇄설물이 굳어진 암석
- 화성 쇄설암(pyroclastic rocks) – 화산분출 때 생성된 화산쇄설물로 만들어진 암석으로 지질학자에 따라 화성암의 일종으로 보기도 하고, 퇴적암으로 분류하기도 한다.

(2) 화학적 퇴적암

암석 또는 암편이 용해되어 용액화되었던 성분이 다시 침전되고 고체화되어 생성된 암으로 다음의 두 종류로 대별된다.

- 탄산염암(carbonate): 화학적 침전으로 이루어진 암
  - 석회암(limestone)이 대부분임

$$Ca(HCO_3)_2 \rightarrow CaCO_3 + CO_2 + H_2O$$

  - 고회암(dolostone) − 석회암에 마그네슘 성분이 첨가된 것

$$Mg^{++} + 2CaCO_3 \rightarrow CaMg(CO_3)_2 + Ca^{++}$$

- 증발 잔류암(evaporates): 물속에 용해되었던 물질이 물의 증발로 침전되어 만들어진 암
  - 암염(rock salt); 주로 $NaCl$로 구성
  - 석고(gypsum); 주로 $CaSO_4$로 구성
  - 쳐트(chert); 주로 SiO_2로 구성

(3) 유기적 퇴적암

생물체의 유해가 무수히 쌓여서 된 퇴적암으로 생물체의 종류에 따라 여러 종류가 있으며 표 2.5를 참조하면 된다.

표 2.5 퇴적암의 종류와 특징

성인	암석분류		설명
쇄설성퇴적암	수성쇄설암 (aqueous clastic rocks)	역암 (conglomerate)	둥근 자갈들의 사이를 모래나 점토가 충진하여 교결케된 자갈콘크리트 같은 암석이다. 자갈의 양은 전체 퇴적물의 30% 이상이 되어야 한다.
		각력암 (breccia)	각력이 모래나 점토로 교결된 암석이다. 각력은 수마작용을 받지 않고 거의 원형대로 들어 있다.
		사암 (sandstone)	모래가 고결된 암석으로 그 구성입자는 모래나, 자갈 또는 점토가 소량 들어 있을 수 있다. 모래의 주 구성광물은 석영, 장석, 암편이다.
		미사암 (siltstone)	실트를 주로 한 암석이다. 실트는 석영, 장석, 운모, 기타광물의 작은 입자로 된 퇴적물이다.
		이암(mudstone), 셰일(shale)	점토와 실트 크기의 입자로 구성된 암석으로서 미사암과 합하여 전 퇴적암의 55%를 차지하는 가장 흔한 암석이다. 셰일은 층리가 발달되어 보통 성층면을 따라 잘 쪼개지는 성질, 즉 박리성(fissility)이 있다. 이암은 층리가 없는 구조이다.
	풍성쇄설암 (aerolian clastic rocks)	풍성사암	사막에서 사구의 모래가 고결되어 만들어진 사암이다.
		황토	황갈색의 세립질 암석으로 바람에 먼 곳까지 불려가다가 풍속이 약해진 곳에 쌓인 것이다.
	화성쇄설암 (pyroclastic rocks)		화산분출 때에 분출된 입자들에는 직경 64mm 이상인 화산탄과 화산암괴, 4~32mm인 화산력, 4mm 이하인 화산회가 있다. 이러한 화산 쇄설물로 만들어진 암에는 응회암(tuff), 화산각력암(volcanic breccia), 집괴암(agglomerate)이 있다.
	빙설쇄설암 (glacial deposit)	빙성암 (tillite)	주로 직경 수십 m의 큰 암괴로부터 점토까지의 여러 크기의 입자들을 포함함이 특징이다.
화학적퇴적암	탄산염암 (carbonate)	석회암 (limestone)	석회암에는 화학적 침전으로 이루어진 것과 유기적으로 형성된 것이 있다. 무기적인 석회암은 $Ca(HCO_3)_2 \Leftrightarrow CaCO_3 + CO_2 \uparrow + H_2O$ 의 화학반응으로 생성된다.
		고회암 (dolostone)	고회암은 양적으로 석회암보다 적으며 석회암층중에 간간이 협재된다. 석회암이 고회암으로 변하는데는 Mg가 섞인 해수와 물이 혼합된 것의 작용이 가장 효과적이다.
	증발잔류암 (evaporate)	암염 (rock salt)	배수강이 없는 호수나 대양과의 연락이 불량한 좁고 긴 바다의 물이 증발할 때에 침전된 것이며 엽리가 발달되어 있다.
		석고(gypsum)및 경석고(anhydrite)	석고는 녹기 어려운 물질이므로 그 용액은 가장 먼저 침전을 일으킨다. 경석고는 지하 깊은 곳에 들어 있고 석고는 지표 부근에 접근한 경석고의 층이 물과 작용하여 석고층으로 변하는 것으로 보인다.
		쳐트 (chert)	규질의 화학적 침전물로서 치밀하게 굳은 암석으로 SiO_2 함량은 95%에 달한다. 쳐트 중에서 지층을 이룬 것이 층상 쳐트(bedded chert)이고 석회암 중에 불규칙한 모양으로 층상을 보이지 않는 것은 단괴상 쳐트이다.
유기적퇴적암	석회암(limestone)		석회암은 무기적으로 침전되어 형성되기도 하며 유기적인 성인에 의하여서도 생성되기도 한다.
	백악(chalk)		주로 코콜리스(coccolith)라는 단세포식물, 유공충, 성게, 조개껍질로 이루어져 있다. 성분은 석회암과 같으나 다공질이어서 가볍고 연함이 특징이다.
	규조토(diatomaceous earth)		해중에 사는 하등의 현미경적 해조인 규조의 유해가 무수히 쌓여서 만들어진 백색의 지층이다. 다공질이며 좋은 단열재이다.
	각암(chert)		무기적 쳐트 중에 다수의 생물의 규질유해가 들어 있으며 그 중 많은 것은 방산충으로서 이를 방산충 쳐트(radiolarian chert)라고 한다.
	석탄(coal)		셀룰로스($C_6H_{10}O_5$)와 리그닌($C_9H_{24}O_{10}$)을 주성분으로 한 수목이 두껍게 쌓여서 만들어진 층이 그 위에 쌓인 지층의 압력으로 탄화되어 생성된 것이다.
	아스팔트(asphalt)		석유에 가까운 화학성분을 가진 점성의 물질로서 원유에서 휘발유 성분이 증발된 이후에 남은 것이다.

4) 대표적 퇴적암의 사진

사진 2.3을 참고하라.

(1) 역암 (conglomerate)   **(2) 각력암** (breccia)

(3) 각력암 (breccia)   **(4) 아코오스** (arkose)

(5) 사암 (sandstone)   **(6) 셰일** (shale)

사진 2.3 퇴적암

(7) 셰일 (shale)

(8) 석회암 (fossiliferous limestone)

(9) 석회암 (crystalline limestone)

(10) 석회암 (microcrystalline limestone)

(11) 석회암 (oolitic limestone)

(12) 백악 (chalk)

사진 2.3 (계속)

(13) 코퀴나 (coquina)-조개껍질로 구성

(14) 석고 (rock gypsum)

(15) 암염 (rock salt)

(16) 각암 (chert)

(17) 석탄 (coal)

(18) 빙성암 (tillite)

사진 2.3 (계속)

2.3.3 변성암

1) 변성암의 생성과정

변성작용(metamorphism): 화성암이나 퇴적암이 고온, 고압하에 놓이게 되면 입자의 크기나 광물 자체가 새로운 암석으로 변하게 되는데, 이를 변성작용이라 하며, 변성작용으로 생긴 암이 변성암이다. 변성작용에는 접촉변성작용과 광역변성작용이 있으며, 이에 따라 변성암의 종류가 결정된다.

2) 변성암의 분류

변성암의 상세분류는 표 2.6을 참조하라.

(1) 접촉변성암(contact metamorphic rock)
  - 기존 암석이 마그마와의 접촉에 의하여 열에 의하여 발생하는 접촉변성작용(contact metamorphism)으로 생성된 암을 말한다.
  - 비교적 얕은 지역에서 발생되며, 변성되는 면적도 적다.
  - 접촉변성암은 호온펠스(hornfels)가 주종을 이룬다(표 2.6 참조).
(2) 광역변성암(regional metamorphic rock)
  - 주로 지하 깊은 곳에서 암석이 고온·고압하에서 광범위한 범위에 변성작용을 하는 광역변성작용(regional metamorphism)으로 생성된 암을 말한다.
  - 광역변성작용의 특징은 다음과 같다.
    - 엽리(foliation)가 발달한다. 엽리란 암에 평행구조가 형성되는 것을 말한다.
    - 소성변형(plastic flow)에 의하여 암속에 존재하는 입자들이 찌그러질 수 있다. 예로서, 역암이 변형되면 자갈이 납작하게 변한 변성역암(metamorphosed conglomerate)이 된다(그림 2.6 참조).
  - 엽리(foliation)의 크기와 모양에 따라, 암의 종류가 결정된다.
    - 편마조직(gneissic): 뚜렷한 띠를 보이는 경우(그림 2.7)
    - 편리(shistose): 바늘(needle)모양의 띠가 형성된 경우(그림 2.8)
    - 천매조직, 점판벽개(phyllitic, slaty): 평행한 얇은 판으로 쪼개어지는 경우이며, 점판벽개의 경우 육안으로 보이지 않는다(그림 2.9).
(3) 파쇄암류
단층운동에 따른 압쇄작용에 의하여 생성된 암으로 표 2.6에 종류와 특징이 정리되어 있다.

표 2.6 변성암의 종류와 특징

성인	암석분류	설명
파쇄암	압쇄암 (mylonite)	0.01m~0.1mm의 작은 가루로 부서진 상태로 굳어진 변성암으로서 재결정이 일어나지 않은 경우와 어느 정도의 재결정이 진행된 경우가 있다. 압쇄암은 암렬대에서 심한 기계적인 압쇄작용(mylonitization)을 받은 암석에 생긴다.
	천매압쇄암 (phyllite-mylonite)	이는 압쇄된 입자의 크기가 평균 1mm인 파쇄암으로서 재결정도 잘 진행된다.
	안구편마암 (augen gneiss)	검은 광물과 담색광물이 호층(alternation)을 이루며 호상구조(banded structure)를 잘 보여주는 완전히 재결성된 편마암으로서 변성되기 전에 있던 자형의 큰 광물의 결정이 눈(augen)모양의 단면을 나타내는 반상변정(porphyroclast)을 포함하는 암석이다.
광역변성암	편마암 (gneiss)	입도가 큰 두 종류 이상의 광물들이 불완전하고 불규칙한 호층을 이루며 편마구조를 보여주는 변성암이다. 편마암에는 화성암에서 유도된 것 및 퇴적암에서 유도된 것이 있다.
	편암 (schist)	가장 분포가 넓은 변성암으로서 육안으로 결정이 구별되나 편마암보다는 작은 결정들로 되어 있는 변성암이다. 편리에 따라 비교적 잘 쪼개지나 그 면은 완전히 평탄치 못하고 파상을 이루는 일도 있다.
	천매암 (phyllite)	변성정도가 편암보다 낮고 슬레이트보다는 높은 변성암으로서 구성광물의 입자는 육안으로 식별이 곤란할 정도로 작다. 편리면은 강한 광택을 발하는데 이는 운모의 미립에 의한 것이다.
	판암 (slate)	입도가 작은 변성암으로서 보통 육안으로 식별할 수 있는 광물이 발견되지 않는다 현미경하에서도 극히 작은 석영립과 식별이 불가능한 물질이 보일 정도이다. 슬레이트의 특징은 쪼개짐이 잘 발달되어 있어 평행한 얇은 판으로 잘 쪼개지는 데 있다.
접촉변성암	호온펠스 (hornfels)	호온펠스는 주로 셰일로부터 변성된 접촉변성암으로서 흑색 세립(1mm 이하의 입자)의 치밀, 견고한 암석을 말한다. 그러나 광의로는 완전히 재결성된 입상조직(1mm 이하)을 가진 접촉변성암을 총칭한다. 편리의 발달은 없거나 불량하다.
	점토암질의 호온펠스	셰일의 열변성으로 만들어진 호온펠스는 육안적으로 암적갈색의 치밀한 암석으로서 양적으로 가장 많으며 협의의 호온펠스는 이에 속한다.
	석회암질의 호온펠스	순수한 석회암에는 흑색 내지 회색인 것이 많다. 이런 석회암이 고열을 받아 변성케되면 유백색으로 변한다. 이는 흑색의 색소인 탄소가 축출되고 방해석의 입자로 재결성되기 때문이다.
기타변성암	규암 (quartzite)	석영립을 주성분으로 하는 사암이 큰 압력을 받으면 석영립들이 서로 껴안은 굳은 규암이 생성된다. 규암의 파면에는 모래 알갱이들의 원형이 나타나지 않고 석영의 깨짐면과 비슷한 비교적 미끈한 파면을 보여준다.
	대리암 (marble)	석회암이나 고회암은 압력과 열의 작용으로 방해석의 결정들의 집합체인 결정질 석회암(crystalline 또는 saccharoidal limestone), 즉 대리암으로 생성된다. 대리석은 석재의 상품명이다.
	무연탄과 토상흑연 (anthracite, graphite)	석탄이 압력과 열의 작용을 받으면 먼저 무연탄으로 변하고 다음에는 토상흑연으로 변성된다.
	편암	응회암(tuff)이 변성작용을 받으면 천매암, 더 나아가서는 편암으로 되는 일이 있다. 셰일에서 변한 것과 구별이 곤란한 경우도 있다.
	사문암(serpentinite)	더나이트(dunite)나 감람암(peridotite) 같은 초고철질 암석(감람석, 각섬석, 휘석으로 됨)이 열수 작용을 받아 생성된 변성암이며 일정한 결정이 보이지 않는다.

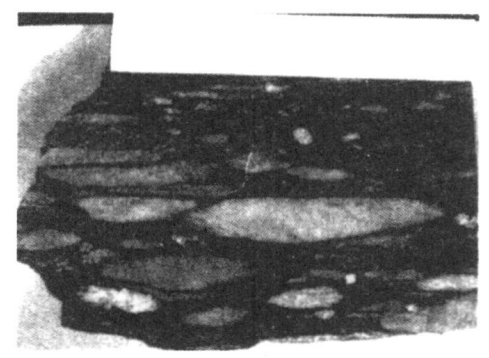

그림 2.6 변성역암(metamorphosed conglomerate)

그림 2.7 편마조직(gneissic)

운모 등과 같은 접시모양의 광물

각섬석과 같은
바늘모양의
광물

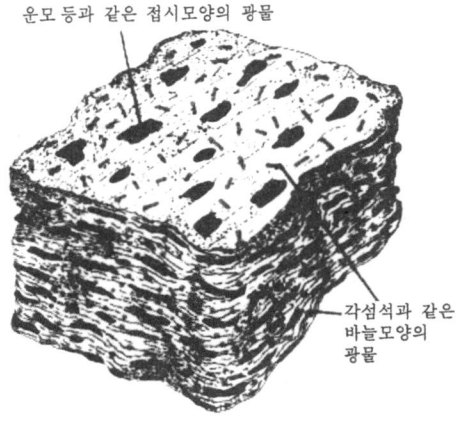

그림 2.8 편리조직(schistose texture)

그림 2.9 천매조직(phyllitic)

(4) 기타 변성암

독특한 변성암으로 변한 암석을 말하며 표 2.6에 정리되어 있다. 다음과 같이 쉽게 정리하여도 좋을 것이다.

- 석영질 사암(sandstone with guartz) → 규암(quartzite)
- 석회석(limestone) → 대리암(marble)
- 석탄(c) → 무연탄(anthracite) → 토상흑연(graphite)
- 더나이트(dunite), 감람암(peridotite) → 사문암(serpentinite)
- 응회암(tuff), 현무암(basalt) → 각섬암(amphibolite)

3) 대표적인 변성암의 사진

사진 2.4를 참조하라.

(1) 편암 (schist)

(2) 편암 (green schist)

(3) 편마암 (gneiss)

(4) 편마암 (gneiss)

(5) 편마암 (gneiss)

(6) 변성역암 (metaconglomerate)

사진 2.4 변성암

(7) 변성역암 (metaconglomerate)

(8) 규암 (quartzite)

(9) 규암 (quartzite)

(10) 대리암 (pink marble)

(11) 대리암 (marble)

(12) 판암 (slate)

사진 2.4 (계속)

2.4 지질도 및 지질구조

2.4.1 불연속면의 조사 및 표시

암석론에서 서술한 대로 암반 내에는 수많은 불연속면(discontinuity)이 존재한다. 퇴적암에 존재하는 층리(bedding), 변성암에 존재하는 엽리(foliation), 그리고 절리, 단층 등이 있다. 이 면구조 또는 선구조의 방향, 연장성, 규모, 발달상태 등을 파악하는 것이 암반역학에서 무엇보다도 중요하다. 면구조 및 선구조의 방향성 및 경사정도는 소위 주향(strike)과 경사(dip)로 표현된다. 측정 대상면과 수평면과의 교선방향을 주향이라 하고, 측정할 면의 수평면에 대한 최대 경사각을 경사라 한다. 불연속면의 조사방법 및 결과의 정리방법들은 제5장 불연속면 역학편에서 상세히 기술할 것이다. 아울러 야외에서 불연속면의 주향과 경사를 측정하게 되고 이를 그림 2.10에서 표시된 방법으로 기재한다.

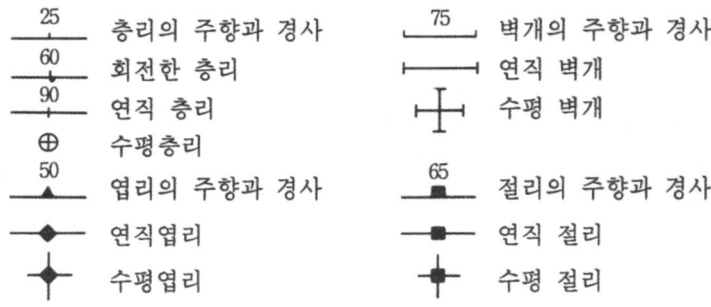

그림 2.10 불연속면의 면구조 기호

2.4.2 지질도

지질도는 야외에서 조사하고 측정, 기재한 모든 자료들을 종합하여 지형도상에 기호와 색깔로 표시한 것을 말한다.

지질도에 포함되는 것은 다음과 같다(지질도의 예가 그림 2.11에 표시되어 있다).

• 불연속면(그림 2.10의 기호 사용)
• 암석의 표시
   퇴적암 – 푸른색
   화성암 – 붉은색
   변성암 – 갈색

• 지층구분은 기호로 표시

예) JbGr = Jurassic biotite granite(쥐라기에 형성된 흑운모 화강암)

• 지질단면도가 2개 이상 작성되어야 한다. 지질도와 단면도의 예가 그림 2.12에 표시되어 있다.

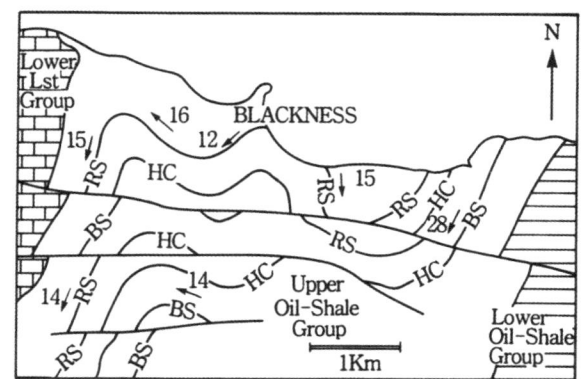

BS = Broxburn Shale,　HC = Houston Coal,　RS = Raeburn Shale

그림 2.11 지질도의 예

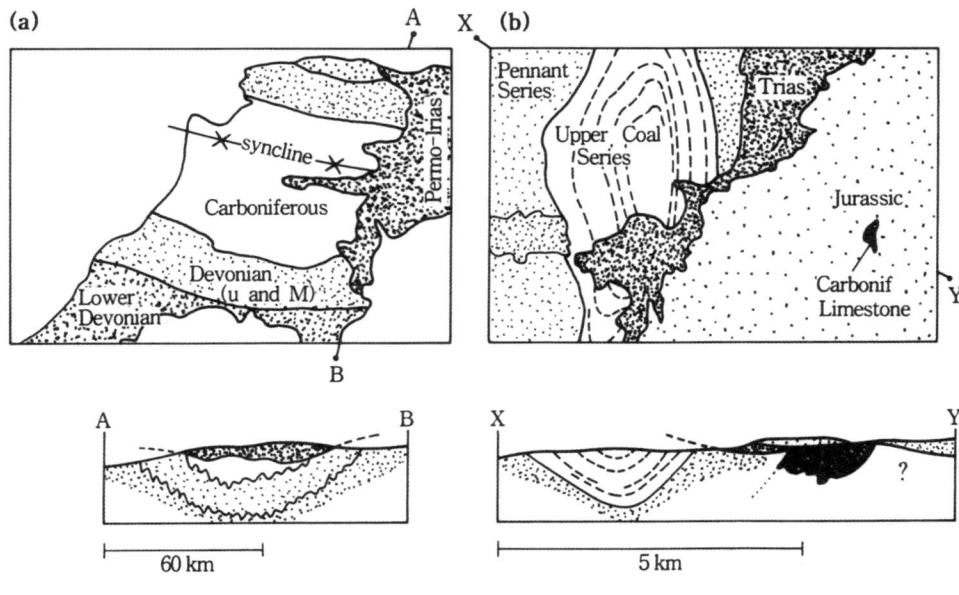

그림 2.12 지질도와 단면도의 예

2.4.3 지질구조

암석이 일단 형성되면 생성 당시의 지구도 응력장의 지배하에 놓이게 되어 지층은 계속 변화한다. 이 변화에는 습곡, 변성작용, 침식, 융기, 단층작용 등 여러 가지가 있다. 이 중 가장 중요한 것은 단층과 습곡으로 다음에 이들의 개략을 소개할 것이다.

1) 단층

지각 중에 생긴 틈을 경계로 하여 그 양측의 지괴가 상대적으로 어긋나는 현상을 단층(fault)이라고 하며, 공학적으로 가장 중요한 지층조건이 된다.

(1) 단층에 대한 여러 용어
- 단층활면(slikenside) – 단층면이 계속적인 마찰로서 흡사 거울처럼 반들반들하게 된 면
- 단층대(fault zone) – 단층이 두껍게 이루어진 단층군
- 단층점토(fault clay), 단층각력(fault breccia) – 단층면 사이에 끼어 있는 점토나 각력
- 상반(hanging wall), 하반(foot wall) – 단층 위쪽의 암반이 상반, 아래쪽 암반은 하반임
(2) 단층의 종류(그림 2.13 참조)
- 주향이동 단층(strike-slip fault) – 단층의 경사가 거의 수직이며, 단층의 양방향 움직임이 수평인 단층
- 정단층(normal fault), 역단층(reverse fault) – 단층면이 경사지고 단층면의 경사방향으로 단층의 상하반이 이동하는 경우
- 사교 단층(oblique fault) – 단층면이 경사지고 단층면의 주향과 경사방향에 어긋나게 단층의 상하반이 이동할 경우
- 트러스트 단층(thrust fault) – 단층면의 경사가 거의 수평에 가까울 정도로 저각이며, 단층의 이동거리가 큰 단층

2) 습곡

수평으로 퇴적된 지층이 횡압력을 받으면 암석이 물결처럼 굴곡된 단면을 보여주게 된다. 이를 습곡(fold)이라한다. 습곡에는 다음의 두 가지 종류가 있다(그림 2.14).
- 배사(anticline) – 습곡이 위로 향하여 구부러진 것
- 향사(syncline) – 습곡이 아래로 향하여 구부러진 것

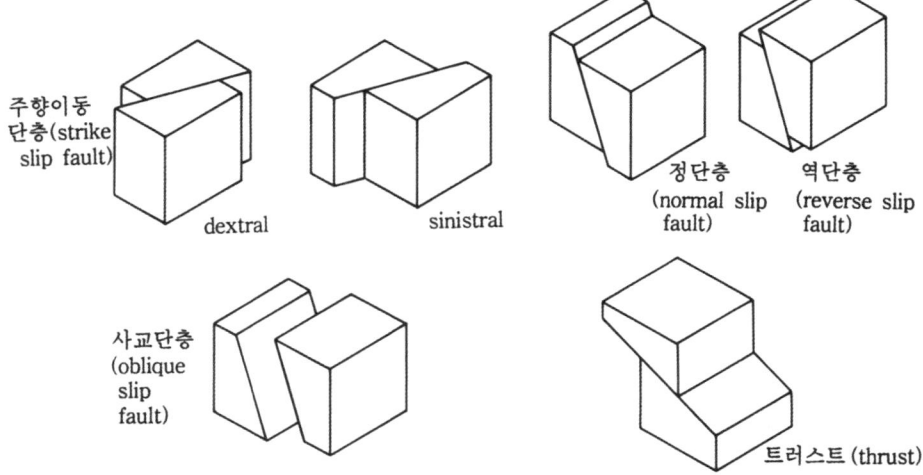

주향이동
단층(strike
slip fault)

dextral

sinistral

정단층
(normal slip
fault)

역단층
(reverse slip
fault)

사교단층
(oblique
slip
fault)

트러스트(thrust)

그림 2.13 단층의 종류

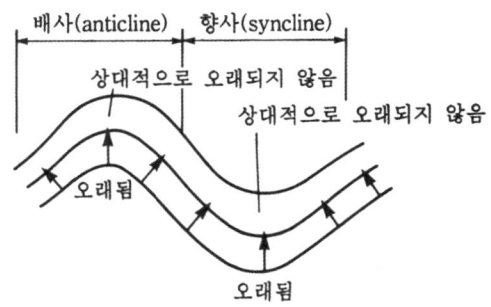

배사(anticline) 향사(syncline)

상대적으로 오래되지 않음

상대적으로 오래되지 않음

오래됨

오래됨

그림 2.14 습곡에서의 향사와 배사

습곡의 각 부에 대한 명칭은 그림 2.15에 표시되어 있다.

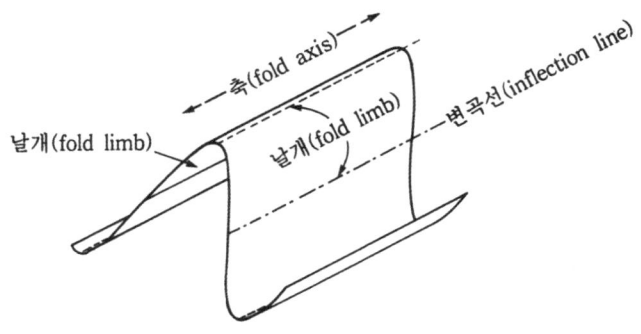

축(fold axis)

변곡선(inflection line)

날개(fold limb)

날개(fold limb)

그림 2.15 습곡 각 부의 명칭

3) 파쇄작용과 절리

암석의 변형작용에는 연성변형작용(ductile deformation)과 취성변형작용(brittle deformation)이 있다.

- 연성변형 – 지하심부 암반은 높은 압력과 온도하에 있으며 이러한 암이 응력을 받으면 연성변형의 일종인 압쇄작용(mylonitization)이 발생하여 재결정된다.
- 취성변형 – 지표면 근처의 암에 응력이 작용되면 암은 취성작용을 일으키어 깨지게 된다. 이 깨진 면이 절리이다. 이때 전단응력으로 생긴 절리가 전단절리(shear joint), 인장력으로 생긴 절리가 인장절리(tension joint)이다.

2.5 한국지질의 특성

2.5.1 개관

한국의 지질은 선캄브리아 이언(Eon)의 지층에서 신생대층에 이르기까지 다양하게 분포한다. 이들 중 한반도의 기반을 이루는 선캄브리아 이언의 변성암류와 고생대 및 중생대의 심성암류는 여러 번에 걸친 지각변동과 백악기 이후에 일어난 융기와 침식작용에 의하여 크게 노출되어서 우리나라 지질의 반 이상을 차지한다.

한반도의 북쪽에는 선캄브리아 이언의 변성암류와 고생대 지층이 우세하게 분포하고 있는데 반하여, 남쪽에는 중생대 지층도 함께 넓게 분포한다. 특히 중생대 화강암의 저반이 북쪽에는 무질서하게 산재하는 데 반해 남쪽에서는 중국방향의 옥천대에 나란하게 큰 규모의 저반을 이룬다. 중생대층의 넓은 분포지는 한반도의 동남쪽인 영남지방과 남해안 지역에 있다. 따라서 선캄브리아 이언의 변성암류와 고생대층은 중국대륙의 화북지방의 것과 잘 대비되고, 백악기와 신생대층은 일본열도의 것과 잘 대비된다. 신생대 제3기층은 동해안을 따라서 작은 조각으로 10여 곳에 분포하며, 서해안에서는 두 곳에서 발견된다. 이러한 현상들은 전체적으로 보아 한반도의 지질이 북쪽에서 남쪽으로 갈수록 젊어지는 경향을 보여준다. 신생대 제4기의 화산암은 제주도, 울릉도, 백령도, 추가령 열곡, 길주–명천 지구대, 백두산 부근에 분포한다. 다음의 표 2.7은 한국의 지질계통표이다.

> **Note**　여기에서 서술한 한국지질에 관한 사항은 많은 부분이 지반공학회지의 강좌로 실렸던 노병돈, 임명혁(1998)에서 전재하였으며, 저자에 감사한다.

표 2.7 한국의 지질계통표

地質時代			地質系統(南韓)			地殼變動, 火成活動, 變成作用, 其他	舊地質系統		
新生代	第四紀	現世	第四系	(沖積層)		局地沈積堆積 火山活動:알칼리 火山岩類	第四系	(沖積層)	
		플라이스토世		新陽里層				(洪積層)	
	第三紀	플라이오世	第三系	西歸浦層		火山活動	第三系	明川統	
		마이오世		延日層群				龍洞統	
		올리고世		陽北層群		陸盆		鳳山統	
		에오世				← 傾斜			
		파레오世				← 佛國寺花崗岩			
中生代	白堊紀		慶尙累層群	楡川層群	楡川層群	火山活動 陸成層 雲門寺火山岩 朱砂山火山岩 採藥山火山岩 鶴峰火山岩	慶尙系	佛國寺統	
				新羅層群	河陽層群			新羅統	
				洛東層群	新洞層群			洛東統	
	쥬라紀		大同層群	卵谷層		大寶造山運動, 大寶花崗岩	大同系	柳京統	
				藍浦層群		松林變動, 火成活動		犀姸統	
古生代	트라이아스紀		黃池層群	東古層	平安累層群	沃川層群(上部) ← 火成活動 陸成層 ← 海退 海成層 ← 海侵	平安系	綠岩統	
	페름紀		鐵岩層群	古汚層				高坊山統	
				道土谷層					
				威白山層					
				長省層				寺洞統	
				밤치層					
	石炭紀		古木層群	(中間層)				紅店統	
				黔川層					
				晚項層					
	데본紀					造陸運動(陸化?)			
	사일루리아紀		檜洞里層			沃川層群(下部) ← 海侵			
	오오도비스紀		上層群	大石灰岩層		海成層	朝鮮系	大石灰岩統	
	캠브리아紀		三層群						
				陽德層群		← 海侵		陽德統	
原生代	後期		漣川層群			← 地變	祥原系	純峴統	先캠브리아系
	中期		泰安層			火成活動, 廣域變成作用 (花崗片麻岩)		祠堂隅統	
	前期		春川累層群	春城層群	智異山變成岩複台體	(花崗片麻岩),(花崗岩化作用) 地變, 火成活動, 廣域變成作用		直峴統	
				長樂層群				花崗片麻岩系 結晶片岩系	
始生代			京畿變成岩複合體 瑞山層群	嶺南累層群					

한반도의 남쪽은 그림 2.16에서 보는 바와 같이, 크게 경기육괴 지역, 영남육괴 지역, 옥천 구조대 지역, 경상누층군 지역(경상분지 지역), 연약암반 지역(연일분지 지역), 섬 및 기타 지역으로 나눌 수 있다. 한반도의 지질도 개괄이 그림 2.17에 표시되어 있다.

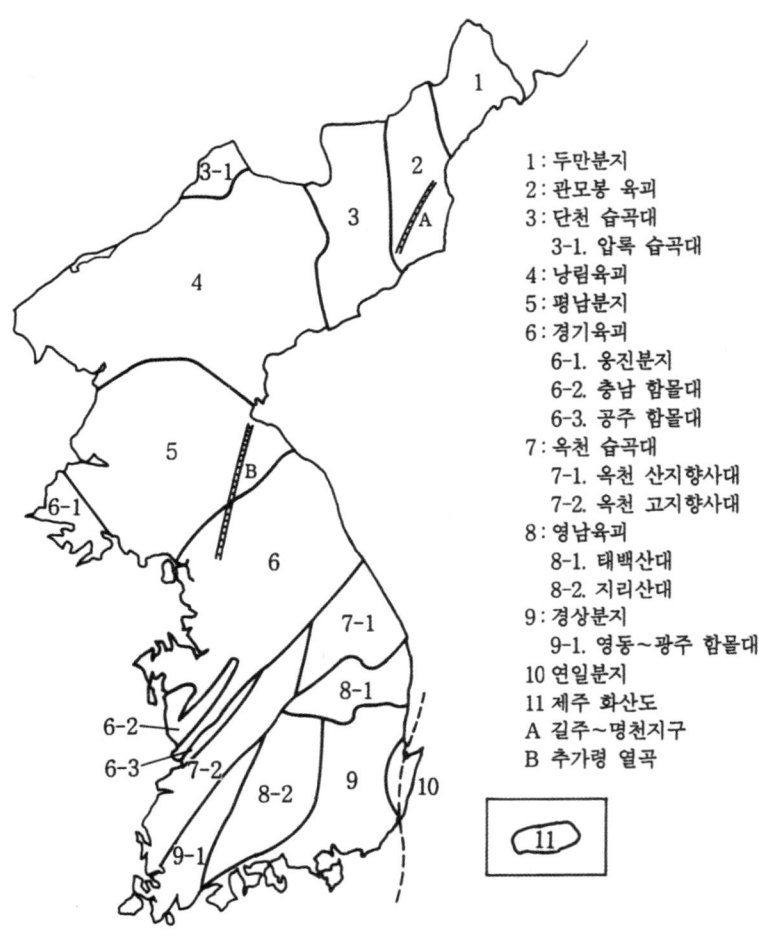

1 : 두만분지
2 : 관모봉 육괴
3 : 단천 습곡대
　3-1. 압록 습곡대
4 : 낭림육괴
5 : 평남분지
6 : 경기육괴
　6-1. 옹진분지
　6-2. 충남 함몰대
　6-3. 공주 함몰대
7 : 옥천 습곡대
　7-1. 옥천 산지향사대
　7-2. 옥천 고지향사대
8 : 영남육괴
　8-1. 태백산대
　8-2. 지리산대
9 : 경상분지
　9-1. 영동~광주 함몰대
10 연일분지
11 제주 화산도
A 길주~명천지구
B 추가령 열곡

그림 2.16 한반도의 지질구조

2.5.2 경기육괴 지역

경기육괴(陸塊)는 영남육괴와 더불어 한반도 선탄브리아계의 기저부를 형성하는데(그림 2.16) 대부분이 변성암류로서 주로 화강암질편마암(granitic gneiss) 및 이에 협재되는 편암 (shist)과 규암(quartzite)으로 이루어진 변성암복합체이다(그림 2.17).

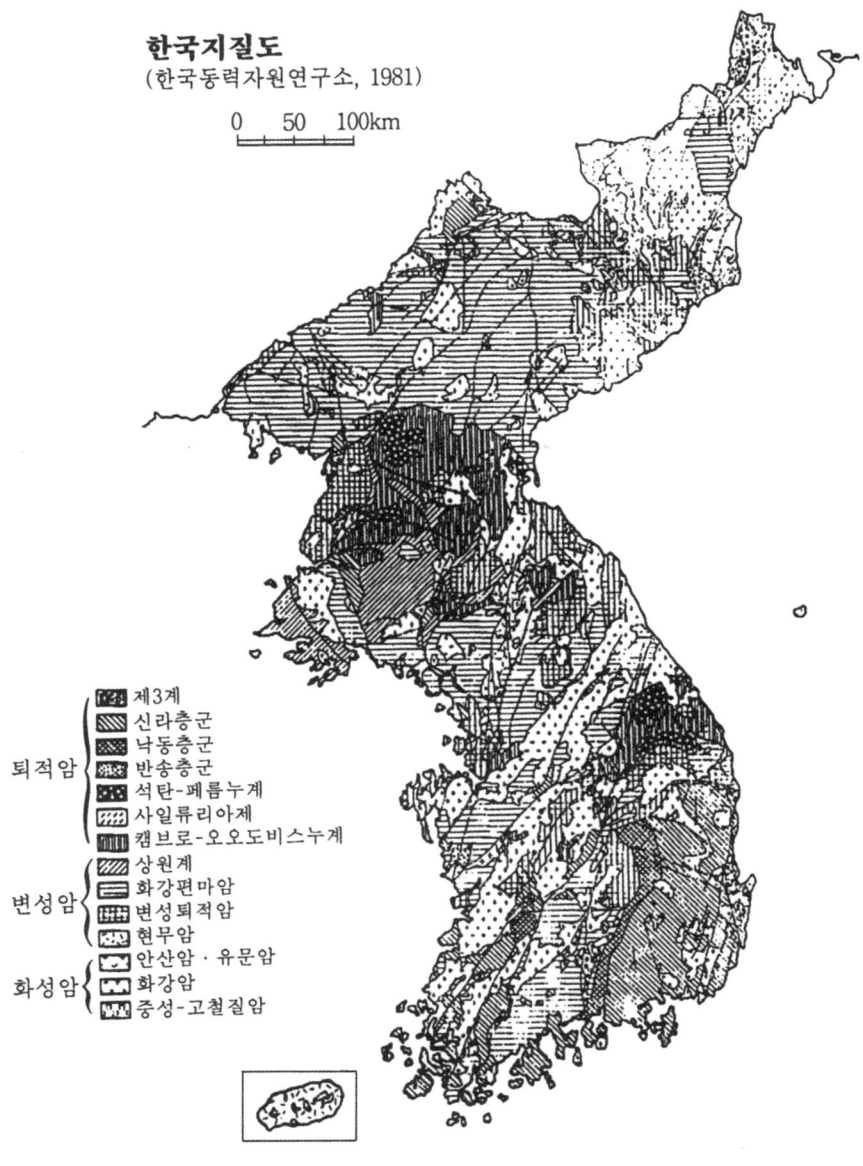

한국지질도
(한국동력자원연구소, 1981)

0   50   100km

퇴적암
- 제3계
- 신라층군
- 낙동층군
- 반송층군
- 석탄-페름누계
- 사일류리아제
- 캄브로-오오도비스누계

변성암
- 상원계
- 화강편마암
- 변성퇴적암
- 현무암

화성암
- 안산암·유문암
- 화강암
- 중성-고철질암

그림 2.17 한반도의 지질도

2.5.3 영남육괴 지역

영남육괴를 이루는 것은 변성퇴적암류로 경기육괴와 마찬가지로 주로 편마암류와 편암류이다. 지리산을 중심으로 한 육괴의 서남부는 주로 화강편마암으로 이루어져 있으며, 육괴의 북동부는 각종의 호상편마암(banded gneiss), 미그마타이트질 편마암(migmatitic gneiss) 및 편암류로 구성된다.

2.5.4 옥천구조대 지역

옥천대는 남한 중부에 약 80km의 폭을 가지고 남서해안에서 북동해안까지 거의 북동방향으로 연장된 지대이다. 옥천구조대에 분포하는 지질은 크게 구조대의 북동부와 남서부로 구분할 수 있는데, 북동부에는 주로 고생대층이 분포하며 중생대층이 좁은 대상으로 약간 분포한다. 하부 고생대층은 석회암을 주로 하고 고회암(dolostone)과 석회질퇴적암으로 구성되어 있으며, 상부 고생대층은 쇄설퇴적층이며, 중생대층은 쥐라기와 백악기의 쇄설퇴적암층으로 되어 있다. 이들 암석들은 약간 변성되어 사암은 규암에, 셰일은 점판암에 가깝게 되었고 탄산염암(carbonate)류는 재결정작용(recrystallization)을 받은 정도로 변성되어 있다.

옥천구조대 남서부에는 소위 옥천계로 알려진 변성퇴적암류가 분포하는데 그 변성도는 상당히 높은 편이다. 이들 변성암류는 천매암, 녹니석편암(chlorite schist), 운모편암(mica schist), 규암, 각섬암(amphibolite)으로 구성되어 있어 북동부의 고생대−중생대층과는 층서, 암상, 변성도에 있어서 현저한 차이를 나타낸다.

2.5.5 경상누층군 지역

한반도에는 중생대 쥐라기 후기에 있었던 대보조산운동 이후 백악기에 걸쳐 화산암류를 수반한 두꺼운 퇴적층이 형성되었는데 이 퇴적누층을 경상계 또는 경상누층군이라 한다.

경상누층군은 주로 경상남북도에 발달해 있어 이 지역의 경상누층군 분포지를 경상분지라고 한다. 이에 대비되는 상부 중생대층은 경상분지 이외에 전라남북도에 각 일부, 충청북도 영동, 괴산지역, 강원도 통리지역 등에 각각 산재하여 분포된다.

경상누층군은 주로 역암(conglomerate), 사암(sandstone), 셰일, 이암(mudstone) 및 이회암(marl)의 호층으로 구성되어 있다. 경상누층군의 하부에는 얇은 석탄층이 불연속적으로 협재되어 있으며, 상부에는 화산암류가 발달되어 있다. 경상분지 내에서 경상누층군의 총 두께는 약 8,000m∼10,000m에 달한다. 양산단층이 이 경상누층군에 존재한다.

2.5.6 연약암반 지역

연약암반 지역은 우리나라의 신생대 제3기층이나 제4기층에 해당한다. 주 분포지는 동해안을 따라 소규모로 산재 분포한다. 이들은 강원도 북평지역, 경북 영해지역, 경북 포항지역, 경북 영일지역, 경남 울산지역 및 제주도 서귀포지역에 주로 분포하며 포항−영일지역이 가장 넓다.

이들 신생대층들은 퇴적분지에서 퇴적물이 퇴적된 후 채 고결되지 않은 상태에서 지반의 융기 등의 작용을 받은 상태이며, 현재 동해안 일대에서 주로 나타난다. 신생대층 중 특히 이암(mudstone)의 경우는 주 구성광물이 몬모릴로나이트, 일라이트, 카올리나이트 등의 점토광물로 구성되어 있기 때문에, 이들 광물의 특성상 지표에 드러나면 풍화가 급속히 진행되며, 일부는 마모현상(slaking)도 일어나는 극히 불안정한 연약암반층이다.

연약암반 지역의 주 구성암석은 이암(mudstone), 미사암(siltstone), 응회암(tuff), 현무암(basalt), 용암류(lava), 화산암류, 기타 미고결 퇴적층 등이다.

2.5.7 섬 및 기타지역

제주도 서귀포, 성산포, 모슬포 지역을 제외하고는 제주도 대부분이 신생대 제4기 화산암류와 화산분출물로서 수 m 두께의 현무암 아래에 수 m 두께의 화산쇄설물이 교대로 반복 분포하는 경우가 많아 연약지반과 암반이 수 m씩 반복 출현한다. 더불어 용암류가 분포하는 지역은 암반 내에 공동(cavity)이 곳곳에 분포하고 있어 매우 불안정한 지반으로 분류할 수 있다. 이들 암반에 분포하는 불연속면 또한 현무암의 수축, 냉각 시 형성된 주상절리이므로 그 틈이 매우 넓고 연장성이 양호한 인장절리이다.

울릉도 또한 제주도와 비슷한 지질을 보이나, 울릉도 특유의 화산암류 아래에 화산성 자갈층이 수 m씩 분포하고 있는 경우가 많아 이들 자갈층을 따라 지표의 구조물이나 지반이 이동하는 경우가 많다. 불연속면은 제주도의 것과 비슷한 양상이다.

기타 남해나 서해의 수많은 섬들은 대부분이 중생대 화산암류와 응회암 및 사암, 셰일 등이 가장 많은 분포를 보이고 일부 섬들은 화강암류도 분포한다.

2.6 암석/암반의 물리적 성질

2.6.1 서론

토질역학에서도 본격적인 역학에 들어가기 전에 기본적으로 알아야 하는 흙의 물리적 성질들이 있듯이 암반역학에서 또한 마찬가지이다. 기본적인 것들을 나열하여 보면 간극률, 비중 및 단위중량, 투수계수, 암석의 강도, 암석의 마모율 등이 있으며, 이 외에도 암석의 열역학적 성질, 암석의 경도 등도 있다. 본 절에서는 기본적인 정수(index properties)들을 정리하고자 한다.

이 책의 서론에서, 암반역학은 경우에 따라 암석, 불연속면역학, 암반의 세 경우로 구별하여 분석한다고 하였다. 이 개념을 다시 한 번 부연하여 설명하고자 한다.

그림 2.18에서와 같이, 우리가 관심을 가지고 있는 지역의 면적 또는 체적의 크기에 따라 다음과 같이 나뉠 수 있다.

(1) 아주 좁은 체적이 대상인 경우: 신선암(intact rock)이 존재하므로 암석역학이 적용되며 이는 연속체역학의 개념으로 접근하면 된다(절리를 고려할 필요 없음).

(2) 적당한 체적이 관심대상이라 체적 안에 수개의 절리(1~5개 정도)가 있는 경우: 암반의 거동을 좌우하는 것은 암석 자체가 아니라, 불연속면의 성질로 볼 수 있다. 따라서, 이 경우의 대부분의 분석은 불연속면역학으로 하여야 한다.

(3) 대상체적 안에 수많은 불연속면이 있는 경우: 우리의 관심대상지역에 절리가 수많이 발달되어 있는 경우는 오히려 토질역학과 비슷한 개념으로 전체를 연속체역학으로 접근하면 된다. 그림 2.18에서 보면 지하공동이나 암반사면의 규모에 비하여 절리가 너무 많이 발달되어 있으므로 암반역학(rock mass)으로서 연속체로 분석하면 된다. 즉, 토질역학의 이론을 그대로 적용할 수 있다.

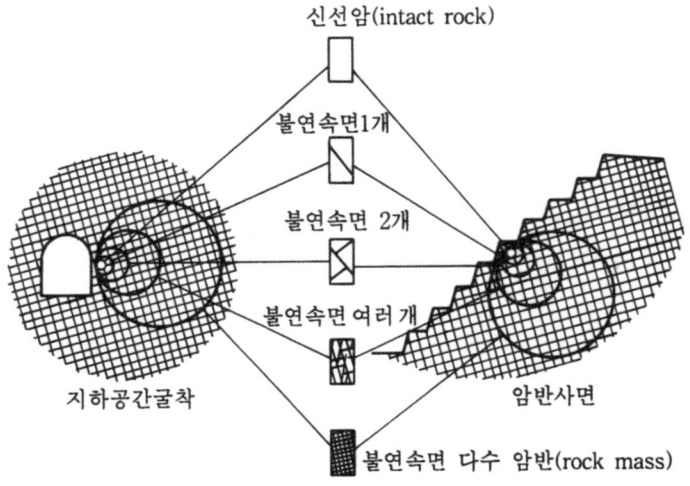

그림 2.18 대상체적의 크기에 따른 암석/암반의 고려방안

   그림 2.19에 대상체적의 크기에 따른 임의의 암반정수(rock property)의 변화 양상을 보여
준다. 대상체적이 0에 가까울 때부터 상당한 체적에 이를 때까지 정수값이 크게 변화함을 알
수 있다. 체적이 '0'에 가까울 때의 정수는 신선암의 정수(intact rock property)이며, 대상체
적이 어느 값을 넘어가면 역시 정수값이 비교적 일정해지게 되는데, 이때의 체적을 대표단위
체적(REV, Representative Elementary Volume)이라고 한다. 단위체적을 넘는 암반체를
다룰 때를 암반(rock mass)이라고 보면 될 것이다. 체적이 '0'~REV 사이에 존재하는 경우는
정수값의 변화가 심한 편인데 주로 암반에 존재하는 불연속면의 영향 때문이다. 이 구간이 소
위 불연속역학으로 취급해야 하는 것으로 보면 무리가 없을 것이다.
   예를 들어서 설명하면, A곡선[그림 2.19(b)]은 대표적으로 투수계수를 나타내는 곡선으로
볼 수 있다. 암석 자체의 투수성은 아주 작으나 대상체적이 증가할수록 절리의 숫자가 많아서
투수계수가 증가하다가 REV 이상이 되면 많은 절리에 의하여 흡사 토질에서와 같이 일정한

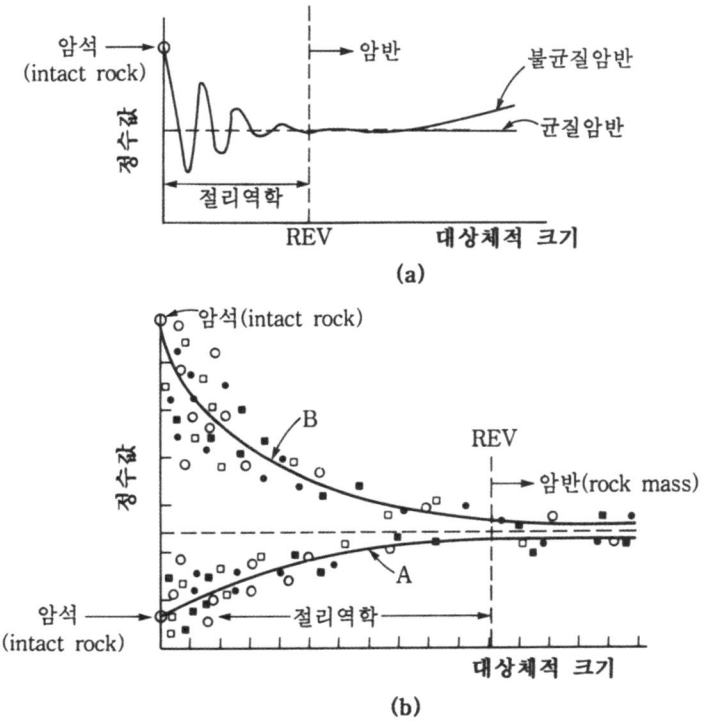

그림 2.19 대상체적의 크기에 따른 암석/암반정수의 변화(대표단위체적 개념)

투수계수로 볼 수 있다. '0'~REV 사이에서는 엄격히 말하며 암반(rock mass) 사이로의 흐름으로 볼 수 없고 불연속면에서의 흐름으로 보아야 한다. B곡선은 강도를 나타내는 곡선으로 보면 된다. 신선한 암(intact rock)의 강도는 크나 절리가 존재할수록 절리 사이의 전단강도에 의하여 지배를 받으므로 점점 강도가 작아지다가 REV 이상의 체적이 되면 역시 토질의 경우와 마찬가지로 암반의 강도로 보면 될 것이다. '0'~REV 사이에서는 불연속면의 전단강도가 실제 거동을 좌우하므로 불연속면역학으로 풀어야 한다.

앞으로 서술하는 모든 암석/암반의 정수들은 위의 세 가지 범주 중 어디에 해당되는지 우선적으로 구별하는 것이 필요하다.

2.6.2 기본 물성치

1) 간극률

간극률 n는 다음 식으로 정의되며 토질역학에서의 간극률과 동일하다. 다만 여기에서의 간극률은 암석 자체의 간극률로 보면 옳을 것이다.

$$n = \frac{V_v}{V} \tag{2.1}$$

여기서, V : 암석의 전체적
V_v : 암석에서 간극의 체적

각종 암석들에 대한 간극률이 표 2.8에 정리되어 있다. 암석의 간극률에서 특기사항을 기술하면 다음과 같다.

- 퇴적암은 자중압밀에 의하여 형성되므로 심부로 갈수록 간극률이 작아진다.
- 퇴적암, 특히 백악(chalk)의 간극률이 크다.
- 화성암은 일반적으로 간극률이 매우 작다. 다만, 풍화가 진행될수록 간극률이 증가한다.
- 간극률은 암석의 강도나 마모율과 밀접한 관계가 있다.

표 2.8 암석의 간극률

암석	시대	깊이	간극률(%)
사암	캄브리아기	4000m	0.7
사암	쥐라기		1.9
사암	캄브리아기	지표면	11.0
사암	트라이아스기	지표면	22.0
사암	쥐라기	지표면	15.5
사암	백악기	지표면	34.0
백운석	오오도비스기	3000m	0.4
석회석	오오도비스기	지표면	0.46
백운석	사일루리아기	지표면	2.9
백악	백악기	지표면	28.8
석회석	현세	지표면	43.0
셰일	선캄브리아기	지표면	1.6
셰일	백악기	180m	33.5
셰일	백악기	750m	25.4
셰일	백악기	1000m	21.1
셰일	백악기	1800m	7.6
화강암(신선암)			0~1
화강암(풍화)			1~5
화강풍화토			20.0
대리암			0.3
대리암			1.1
층리구조의 응회암			40.0
응회암			14.0
반려암			0.2

2) 비중, 단위중량

비중(G_s)은 (암석의 무게/그 암석의 부피에 해당되는 물의 무게)로 정의되고 반면에 단위중량(γ)은 (암석의 무게/그 암석의 부피)로 정의되어 토질의 경우는 늘상 흙의 단위중량은 흙입자 알갱이의 비중보다 작았다(저자의 저서인 '토질역학의 원리' p.29를 참조).

그러나 암석의 경우 빈 공간 없이 암석은 다 붙어 있기 때문에 암석의 단위중량은 암석의 비중보다 많이 작지 않다. 비중과 단위중량 사이에는 다음의 관계가 있다.

$$\gamma_{dry} = G_s \gamma_w (1-n) \tag{2.2}$$

여기서, γ_{dry}: 건조단위중량(t/m^3 또는 kN/m^3)

γ_w: 물의 단위중량= $1t/m^3 = 9.81kN/m^3$

암석의 대표적인 단위중량 값들을 표 2.9에 나타내었다.

표 2.9 암석의 단위중량

암석		건조단위중량(kN/m³)
섬장암(syenite)		25.5~26.5
화강암(granite)		26.0
섬록암(diorite)		27.9
반려암(gabbro)		29.4
석고(gypsum)		22.5
암염(rock salt)		20.6
석회석(limestone)		20.9
대리암(marble)		27.0
셰일(shale)	300m 깊이	22.1
	900m 깊이	24.7
	1500m 깊이	25.7
석영운모편암(guartz mica schist)		27.6
각섬암(amphibolite)		29.3
유문암(rhyolite)		23.2
현무암(basalt)		27.1

3) 투수계수

투수계수에 대한 정의는 '토질역학의 원리'를 참조하기 바란다. 암석/암반의 투수계수는 실험실시험을 실시하느냐 현장실험을 실시하느냐에 따라, 그 기본적인 개념이 다르다. 실험실에서 구한 투수계수는 암석 자체의 투수계수로서 대부분의 암석은 불투수성에 가깝다(물론 일부 사암과 같이 퇴적암의 투수계수는 상당히 큰 경우도 있다).

현장실험으로부터 구한 투수계수는 REV 이상의 암반을 대상으로 하기 때문에 암반의 투수계수로 볼 수 있으며 절리로 인한 투수성을 포함한 연고로 투수계수가 실내실험결과에 비해 상당히 크다. 대표적인 암석/암반에 대한 투수계수를 표 2.10에 표시하였다.

표 2.10 암석/암반의 투수계수

암석	투수계수(cm/s)	
	실험실시험	현장시험
사암	$3\times10^{-3}\sim8\times10^{-8}$	$1\times10^{-3}\sim3\times10^{-8}$
셰일	$10^{-9}\sim5\times10^{-13}$	$10^{-8}\sim10^{-11}$
셰일	5×10^{-12}	$2\times10^{-9}\sim5\times10^{-11}$
석회석, 백운석	$10^{-5}\sim10^{-13}$	$10^{-3}\sim10^{-7}$
현무암	10^{-12}	$10^{-2}\sim10^{-7}$
화강암	$10^{-7}\sim10^{-11}$	$10^{-4}\sim10^{-9}$
편암	10^{-8}	2×10^{-7}
미세균열을 띠고 있는 편암	$1\times10^{-4}\sim3\times10^{-4}$	

전절에서 서술한 대로 대상암반의 체적이 '0'～REV 사이인 경우 절리 사이로의 흐름을 고려하여야 할 경우도 있다. 불연속면의 틈새(fracture aperture)를 e라 할 때 불연속면에서의 투수계수는 다음과 같이 간극의 세제곱에 비례하는 것으로 알려져 있다.

$$k \propto f\left(e^3\right) \tag{2.3}$$

사실상 공학적인 관점에서 대상암반의 모든 불연속면의 생성형태를 조사, 규명하는 것은 불가능하므로, 투수분석에 관한한 불연속면 흐름을 개별적으로 전부 고려하는 것은 드물고 대상암반의 체적이 REV 이상인 한 암반의 등가투수계수값을 이용하여 토질역학에서와 마찬가지 방법으로 'Darcy의 법칙＋연속성 법칙'에 근거한 투수분석을 하는 경우가 대부분이다.

4) 암석의 마모저항시험

암석이 마모 또는 풍화되는 정도가 중요한 문제가 될 수 있다. 예를 들어서 셰일(shale)이 공기 중에 노출될 때 쉽게 풍화되어 자주 공학적 문제를 야기하는 것으로 알려져 있다. 암석의 마모 정도를 가늠하는 암석실험에는 여러 가지가 있으나, 이 중 가장 많이 행해지는 시험이 Franklin이 제안한 침수－건조 반복에 대한 저항시험(slaking durability test)이다. 이 실험의 개요는 다음과 같다.

암석을 드럼 속에 넣고 물속에 잠긴 상태로, 20회/분당의 속도로 10분 동안 회전시킨 후 다시 건조시킨다. 다시 위의 작업을 반복한다(총 5회 반복한다). 이 실험의 결과로서는 침수－건조 반복시험계수 I_d(slake durability index ; 마모 저항도)로서 마모에 대한 저항정도를 가늠한다. I_d의 정의는 다음과 같다.

I_d(마모 저항도): 반복실험을 완성한 후에 드럼에 남아 있는 암석의 중량에 대한 초기암석중량비($\times 100\%$)

I_d 값에 따른 마모저항도의 분류표가 표 2.11에 표시되어 있다.

표 2.11 암석의 마모저항도 분류

분류	첫 10분 회전 후 잔류량 (중량비)$\times 100\%$	2회의 회전 후 잔류량 (중량비)$\times 100\%$
매우 큰 저항성	> 99	> 98
큰 저항성	98~99	95~98
비교적 큰 저항성	95~98	85~95
중간의 저항성	85~95	60~85
작은 저항성	60~85	30~60
매우 작은 저항성	< 60	< 30

2.6.3 강도

본 절에서 서술하는 암석의 물리적 성질로서의 강도는 암반역학에서 큰 축을 이루는 전단강도를 본격적으로 다루기 전에, 간이실험으로서 암석강도의 상대적인 고저를 가늠할 수 있는 것을 말하며, 여기에는 점하중 강도시험과 슈미트햄머 시험이 있다.

1) 점하중 강도시험(point load test)

점하중 강도시험은 다음 그림 2.20에서와 같이 암시료에 점하중(point load)을 가하여 시편이 갈라질 때의 하중 P를 측정하는 시험이다. 특징을 설명하면 다음과 같다.

- 암시편의 직경 $D=50\,\text{mm}$가 표준이며, 직경의 대소가 하중에 영향을 미친다.
- 불규칙한 모양의 시료에 대하여도 실험이 가능하기 때문에 현장에서의 암석에 대하여 손쉽게 실시할 수 있는 시험이다.
- 시험결과는 점하중 강도계수, I_s(point load index)로 나타내며 I_s 는 다음 식으로 구한다.

$$I_s = \frac{P}{D^2} \ (\text{단위 MN/m}^2) \tag{2.4}$$

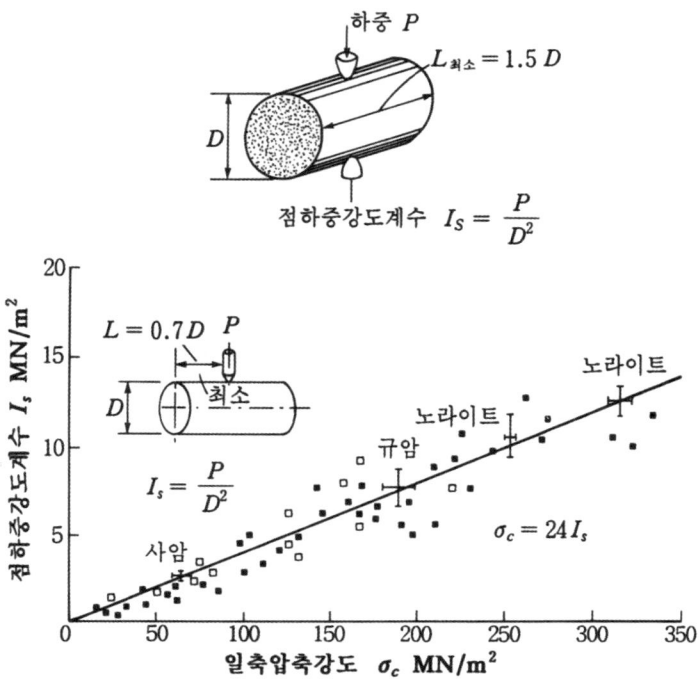

그림 2.20 점하중 강도계수 I_s와 암석의 일축압축강도와의 관계

- 암석의 일축압축강도 σ_c(uniaxial compressive strength)와 I_s 사이에는 그림 2.20에서 와 같이 비례관계에 있는 것으로 알려져 있으며, 이를 수식으로 표현하면 다음과 같다.

$$\sigma_c = 24\ I_s \ (\text{단위 MN/m}^2) \tag{2.5}$$

2) 슈미트햄머 시험(Schmidt hammer test)

슈미트햄머를 이용하여 반발계수를 구하는 실험이며, 이 값으로부터 암석의 일축압축강도 σ_c를 구할 수 있는 상관계수 도표가 그림 2.21에 표시되어 있다.

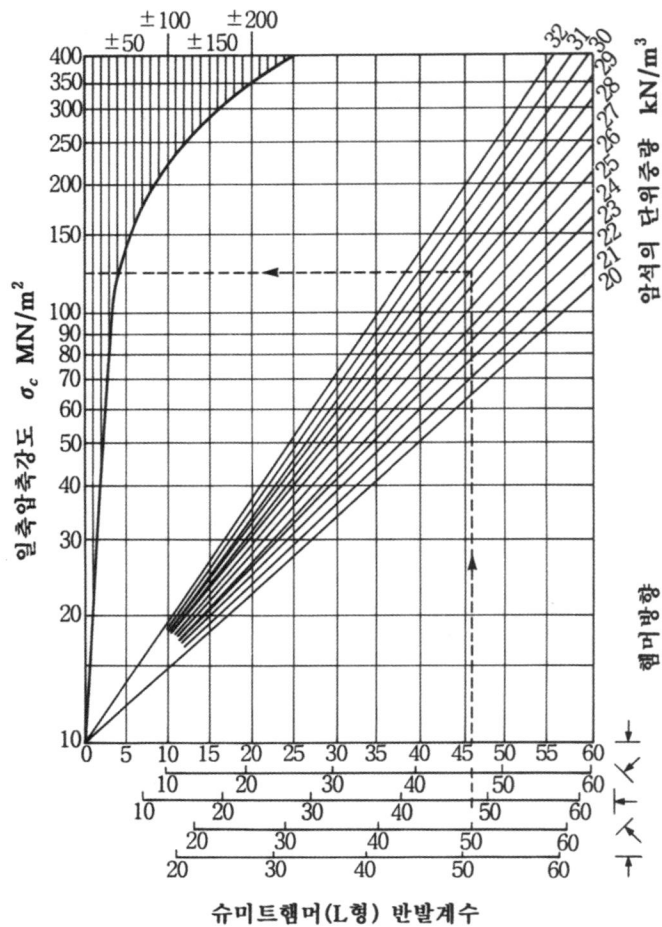

그림 2.21 슈미트햄머 반발계수와 암석의 일축압축강도 관계식

참고문헌

- 정창희(1989), 지질학 개론, 박영사
- 신희순, 선우춘, 이두화(2000), 토목기술자를 위한 지반조사 및 암반분류, 구미서관
- 노병돈, 임명혁(1998), 토목기술자를 위한 암반공학(I), 한국지반공학회지, 14권, 1호, pp128~144
- Plummer, C.C. and McGeary, D.(1993), Physical Geology, 6th Ed., Wm. C. Brown, Dubuque
- Zumberge, J.H. and Rutford, R.H.(1991), Laboratory Manual for Physical Geology, Wm. C. Brown, Dubuque

제3장

지중응력분포와
초기지중응력

제3장

지중응력분포와
초기지중응력

Note 이 단원을 공부하기 전에 가능하면 독자들은 필자의 저서인 '토질역학의 원리' 중 5장 지중응력 분포 편을 숙지할 것을 권장한다.

3.1 서 론

3.1.1 초기지중응력과 지중응력 증가

지반공학은 'in-situ mechanics'로서 창세전부터 지중응력을 갖고 있다는 것이 구조공학과 상이한 점이라고 1장에서 서술하였다. 따라서, 지반공학에서의 지중응력은 다음의 두 요소로 이루어진다.

(1) 지반 자체가 처음부터 갖고 있던 응력으로서 토질역학에서는 자중에 의하여 생긴다는 개념으로 상재압력이라고 한다. 즉, 토질역학에서는 다음 그림과 같이 z 깊이에 있는 흙입자는

- 연직방향으로 $\sigma_v = rz$
- 수평방향으로 $\sigma_h = K_o \, rz$

의 응력을 받고 있으며, K_o 값은 대부분의 토질에서 1보다 작으며, 느슨한 흙인 경우 $K_o = 1 - \sin \phi$로서 예측할 수 있다고 하였다.

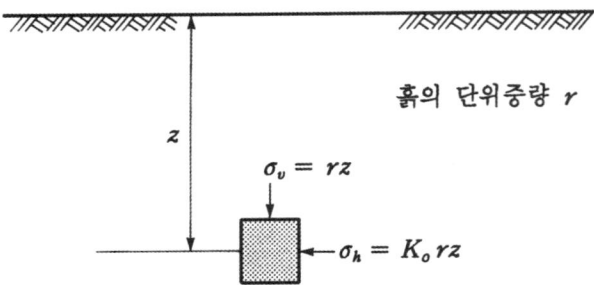

그러나 암반역학에서의 지중응력은 다르다. 처음부터 암반지반이 존재하여 생긴 응력이라는 점에서는 토질역학과 같으나 지중응력이 단순히 흙위의 흙무게에 의하여 생긴다는 상재압력(overburden pressure)개념보다는 처음부터 존재하였었다는 초기응력(initial stress, 또는 virgin stress)의 개념이 더 강하다. 이 책에서는 초기지중응력(initial geostatic stress)으로 용어를 통일하고자 한다. 초기지중응력은 다음의 요소들이 종합되어 발생되게 된다.

초기지중응력의 요소

- 지구의 중력(gravitational stress)
- 지질구조상의 응력(techtonic stress)
- 잔류응력(residual stress)
- 지구응력(terrestrial stress)

따라서, 암반역학에서의 초기지중응력은 위의 요소가 어떻게 작용되어 왔는가에 따라 천차만별로 달라지며, 특히 토질의 경우와 달리 수평방향응력이 연직방향응력에 비하여 작은 값을 띠는 경우도 간혹 있으나 훨씬 크게 작용되는 경우도 많다는 점이다. 따라서, 암반역학에서는 초기지중응력의 적절한 예측이 무엇보다도 중요함을 밝혀둔다. 초기지중응력에 관한 기본사항을 4.2절에서 서술할 것이며, 4.3절에서 초기지중응력을 구하기 위한 시험법의 개요를 설명하고자 한다.

(2) 두 번째 요소는 외부하중으로 인한 지중응력의 증가이다.
토질역학의 경우 다음 그림에서와 같이 외부에 새로이 설치한 구조물(예를 들어 물탱크)로 인하여 지중에 응력의 증가를 가져오며, 이를 지중응력의 증가량이라 하고, 응력의 표시로서 Δ(델타)를 붙였다(예: $\Delta \sigma$).

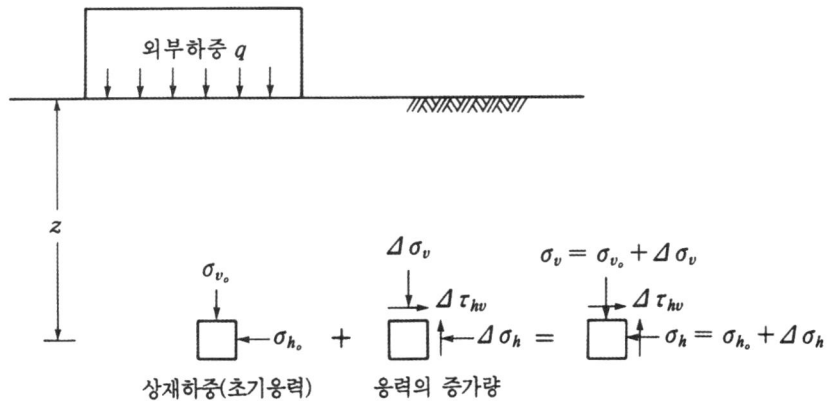

암반역학의 경우에 응력의 변화분은 토질역학의 경우와 많이 다르다. 물론 암반 위에 구조물을 새로 설치하는 경우는 위의 경우와 흡사하나, 암반역학에서의 구조물은 지하구조물(터널이나 유류저장고등)이나 사면구조물이 대부분을 차지한다. 터널을 예로 들어보면 원래부터 존재하던 지반 한가운데에 구조물을 설치하는 것이 아니라 오히려 다음 그림 3.1과 같이 지반의 일부를 제거하여 생기는 응력의 변화이다. 하중을 제거한다는 의미에서 터널을 '음의 구조물'이라고 부르는 사람도 많다. 그림 3.1의 (a)가 터널을 굴착하기 전의 초기지중응력상태이며, 이때의 연직응력= σ_{vo}, 수평응력= σ_{ho} 라고 하자. 그림 3.1의 (b)는 터널을 굴착한 후의 응력상태를 나타내며, 차후의 터널과 지하공간편(제9장)에서 자세히 설명하겠지만, 우선적으로 결과부터 나타내 보면, 3.1(b)에 표시된 것과 같은 응력상태가 된다(이것을 Kirsh의 해라고 한다).

A 입자의 응력변화

연직응력: $\sigma_{vo(A)} \rightarrow \sigma_{v(A)} = 0$로 변화,

$$\Delta \sigma_{v(A)} = \sigma_{v(A)} - \sigma_{vo(A)} = -\sigma_{vo(A)}$$

수평응력: $\sigma_{ho(A)} \rightarrow \sigma_{h(A)} = 3\sigma_{ho(A)} - \sigma_{vo(A)}$로 변화,

$$\Delta \sigma_{h(A)} = \sigma_{h(A)} - \sigma_{ho(A)} = 2\sigma_{ho(A)} - \sigma_{vo(A)}$$

위의 결과를 요약하면 다음과 같다. A 입자는 터널굴착으로 인하여 연직응력(즉, 반경방향응력)은 0으로 줄어들고, 수평응력(즉, 접선방향응력)은 오히려 집중되게 커질 것이다.

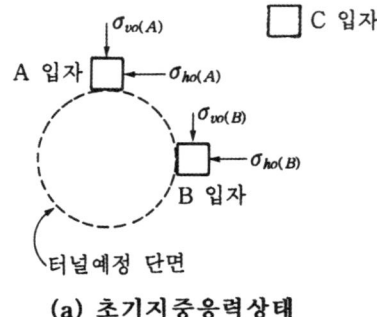

(a) 초기지중응력상태

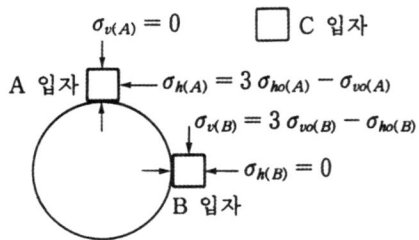

(b) 터널굴착후의 응력상태

그림 3.1 터널굴착 전후의 응력상태

<u>B 입자의 응력변화</u>

연직응력: $\sigma_{vo(B)} \rightarrow \sigma_{v(B)} = 3\,\sigma_{vo(B)} - \sigma_{ho(B)}$로 변화,

$$\Delta\,\sigma_{v(B)} = \sigma_{v(B)} - \sigma_{vo(B)} = 2\,\sigma_{vo(B)} - \sigma_{ho(B)}$$

수평응력: $\sigma_{ho(B)} \rightarrow \sigma_{h(B)} = 0$으로 변화,

$$\Delta\,\sigma_{h(B)} = \sigma_{h(B)} - \sigma_{ho(B)} = -\,\sigma_{ho(B)}$$

B 입자는 터널굴착으로 인하여 연직응력(접선방향응력)은 크게 증가되고, 수평응력(반경방향응력)은 0으로 줄어든다.

위에서 보여준 바와 같이 터널을 굴착하면, 응력이 바뀌게 되고 이로 인하여 입자에 변형도 발생될 것이다. 이 응력변화로 인하여, 암석 또는 암반에 파괴가 발생되는 문제를 다루는 것이 전단강도론이며 이는 제4장에서 설명할 것이다.

반면에 이러한 응력변화로 인하여 암석/암반은 변형을 할 수밖에 없는 바, 이 변형의 기본사항들을 설명하고자 하는 것이 제6장이다.

총응력과 응력의 증가분

'토질역학의 원리' 120쪽의 (Note)에서 설명한 대로 전단강도는 초기의 응력에 증가량을 합한 총 응력이 파괴여부를 결정하는 반면에, 변형을 유발하는 것은 오직 응력의 증가분만임을 독자들은 기본적으로 숙지하고 있어야 할 것이다.

[예제 3.1] 다음 그림과 같이 연직응력과 수평응력이 동일한 지반에 터널을 굴착하여, 응력이 바뀌게 되었다. 다음 물음에 답하라. 단, 암 자체는 절리가 전혀 없는 신선한 암이며, 이 암석의 일축압축강도는 $\sigma_c = 80,000 \, \text{kN/m}^2$이고, 포아송비 $\mu = 0.3$이다.

1) A, B 각 입자에서 터널굴착 후의 응력, 응력의 증가량을 구하라.
2) 각각의 입자의 파괴 여부를 밝혀라. 단, 터널 종방향(즉, 이 책에 직각방향)의 응력은 무시하고 2차원 응력만 고려하라.
3) 이 암석의 탄성 계수 $E = 1,000,000 \, \text{kN/m}^2$이라고 할 때 A, B 각 입자에서 반경방향의 변형률을 구하라.

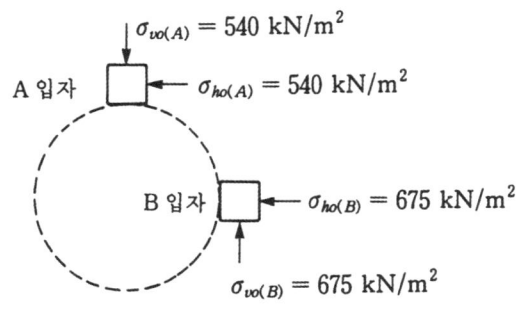

(예제 그림 3.1)

[풀 이]

1) $A : \sigma_{vo(A)} = \sigma_{ho(A)} = 540\,\mathrm{kN/m^2}$

   A 입자는 터널굴착으로 인해 연직응력은 0이 되고 수평응력은 커진다.

   $\sigma_{v(A)} = 0$

   $\sigma_{h(A)} = \sigma_{ho(A)} - \sigma_{vo(A)} = 3 \times 540 - 540 = 1{,}080\,\mathrm{kN/m^2}$

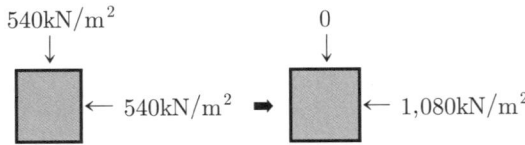

   $B : \sigma_{vo(B)} = \sigma_{ho(B)} = 675\,\mathrm{kN/m^2}$

   B 입자는 터널 굴착으로 인해 수평응력은 0이 되고 연직응력은 커진다.

   $\sigma_{v(B)} = 0$

   $\sigma_{h(B)} = 3\sigma_{ho(B)} - \sigma_{vo(B)} = 3 \times 675 - 675 = 1{,}350\,\mathrm{kN/m^2}$

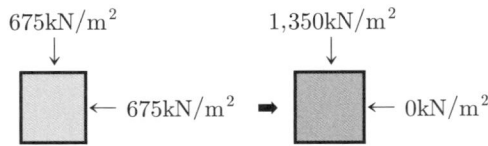

2) $A,\ B$ 두 입자는 터널굴착 후 일축압축상태가 되었다(터널 종방향응력까지 고려하면 2축 압축 상태임).

   $A : 1{,}080\,\mathrm{kN/m^2} < 80{,}000\,\mathrm{kN/m^2}\,(= \sigma_\mathrm{c})$

   $B : 1{,}350\,\mathrm{kN/m^2} < 80{,}000\,\mathrm{kN/m^2}\,(= \sigma_\mathrm{c})$

   각각의 일축압축응력이 주어진 일축압축강도보다 작으므로 안전하다.

3) 먼저 본 문제는 평면변형률(plane strain, $\varepsilon_y = 0$) 조건이다.

$$\varepsilon_y = \frac{1}{E}\left(\Delta\sigma_y - \mu\Delta\sigma_x - \mu\Delta\sigma_z\right) = 0$$

$$\therefore \ \Delta\sigma_y = \mu\left(\Delta\sigma_x + \Delta\sigma_z\right)$$

$$\varepsilon_z = \frac{1}{E}\left\{\Delta\sigma_z - \mu\Delta\sigma_x - \mu\Delta\sigma_y\right\} = \frac{1}{E}\left\{\Delta\sigma_z - \mu\Delta\sigma_x - \mu\left(\Delta\sigma_x + \Delta\sigma_z\right)\right\}$$

$$\varepsilon_x = \frac{1}{E}\left\{\Delta\sigma_x - \mu\Delta\sigma_z - \mu\Delta\sigma_y\right\} = \frac{1}{E}\left\{\Delta\sigma_x - \mu\Delta\sigma_z - \mu\left(\Delta\sigma_x + \Delta\sigma_z\right)\right\}$$

A: 540 ← 540 ➡ 0 ← 1,080 $\Delta\sigma_z = -540\,\mathrm{kN/m^2}$

$\Delta\sigma_x = 540\,\mathrm{kN/m^2}$

$$\therefore \ \varepsilon_z = \frac{1}{1,000,000}\left\{-540 - 0.3\times540 - 0.3^2\left(-540+540\right)\right\}$$

$$= -0.000702$$

(여기서, $\ominus$ 부호는 변형방향이 터널 내부 방향임을 뜻한다)

B: 675 ← 675 ➡ 1350 ← 0 $\Delta\sigma_z = 675\,\mathrm{kN/m^2}$

$\Delta\sigma_x = -675\,\mathrm{kN/m^2}$

$$\therefore \ \varepsilon_x = \frac{1}{1,000,000}\left\{-675 - 0.3\times675 - 0.3^2\left(-675+675\right)\right\}$$

$$= -0.0008775$$

(여기서, $\ominus$ 부호는 변형방향이 터널 내부방향임을 뜻한다)

3.1.2 응력지배 문제와 지질구조지배 문제

제2장에서 상세하게 설명한 대로 암반 역학의 문제는 응력에 의하여 지배되는 문제(stress-controlled)와 지질구조(structurally-controlled)에 의해 지배받는 두 경우가 있다고 하였다. 전자는 암석역학(intact rock)의 경우와 절리가 많이 존재하는 경우인 암반역학(rock mass)의 경우에 해당되며, 후자는 절리가 몇 개 존재하는 경우로서 불연속면역학(disconitinuity)의 경우에 해당된다고 하였다.

앞에서 설명한 응력의 변화에 의하여 발생되는 문제를 다루는 것은 대부분 응력지배문제에 해당된다고 볼 수 있다. 그림 3.2(a)와 같은 사면안정 문제를 생각해 보자. 그림 3.2(a)는 암석사면에 단 하나의 주 절리가 존재하는 경우이다. 이 경우 상식적으로 생각할 수 있듯이 암반사면을 지배하는 주요 요소는 절리면의 방향과 절리면에서의 전단강도일 것이다. 이 경우 파괴를 유발하는 요소는 불연속면 위에 존재하는 암반의 무게 W로 생각하므로 초기지중응력이나 응력변화에 크게 신경을 쓸 필요가 없을 것이다. 불연속면에 대한 특성들이 안정성을 지배하게 된다. 이 불연속면의 방향성 및 강도를 제5장에서 서술할 것이다.

반면에 그림 3.2(b)(c)(d)는 터널 굴착의 경우를 보여주는 것인데 그림 3.2(b)는 신선암인

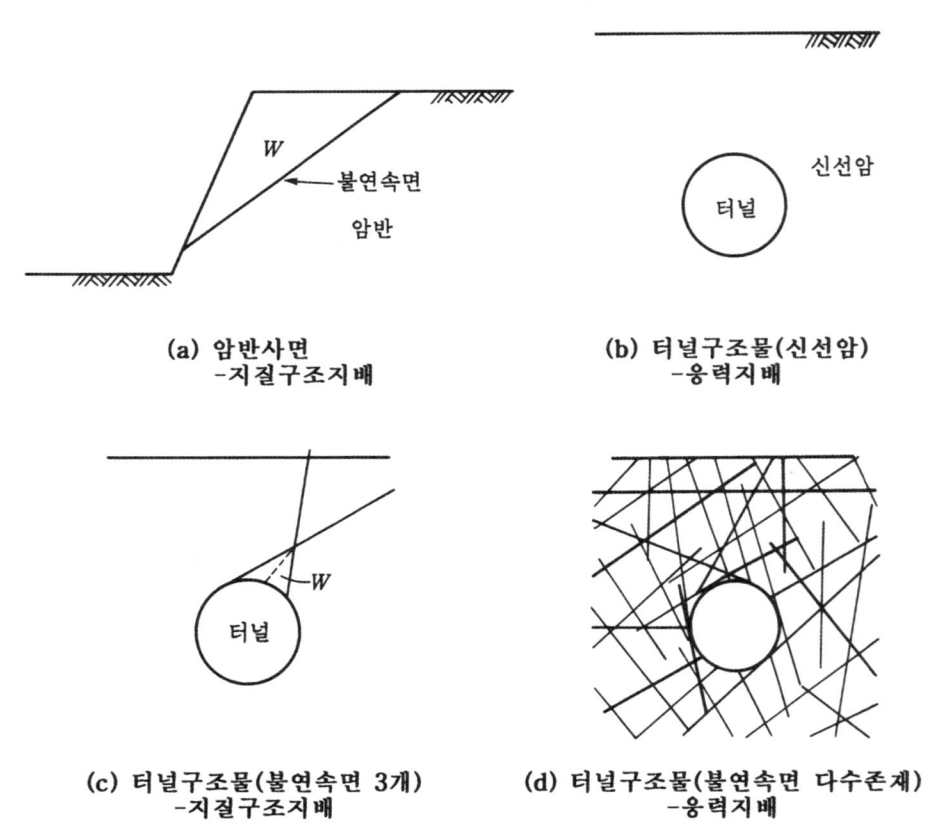

(a) 암반사면
-지질구조지배

(b) 터널구조물(신선암)
-응력지배

(c) 터널구조물(불연속면 3개)
-지질구조지배

(d) 터널구조물(불연속면 다수존재)
-응력지배

그림 3.2 응력지배와 지질구조지배

경우, 3.2(c)는 불연속면 3개로 인하여 블록이 생긴 경우, 3.2(d)는 불연속면이 많이 존재하여 토질역학과 같이 연속체로 가정할 수 있는 경우이다. 그림 3.2(b) 및 (d)의 경우는 응력에 의하여 지배받는 경우로서 해석되어야 하며, 이 경우 다음 절의 내용들이 아주 중요하다. 그러나 그림 3.2(c)의 경우는 초기지중응력의 영향은 거의 고려하지 않고 블록의 무게 W가 파괴를 유발하는 주요 요소이므로 일반적으로 그림 3.2(a)의 암반사면과 같은 선상에서 취급하며, 제5장의 불연속면역학으로 분석하여야 한다.

3.2 초기지중응력의 예측

전 절에서, 초기의 지중응력을 예측하는 것이 암석/암반역학에서 무엇보다도 중요하다고 하였다. 수평응력이 연직응력보다 더 큰 경우도 많고, 수평방향응력도 그 방향에 따라 다르다. 따라서 초기지중응력의 크기와 방향을 알 수 있어야 암반의 거동에 대한 예측이 가능하다.

예를 들어서 다음 그림 3.3과 같이 발파에 의하여 $a-a'$ 방향으로 암석을 쪼개고 싶을 때(이를 presplitting이라고 한다), 주응력의 방향에 따라서 갈라지는 양상이 다르다. 근본적으로 암반은 충격을 받았을 때 최소주응력의 직각방향으로 쪼개지는 성질이 있으므로 그림 3.3(a)와 같이 $a-a'$ 방향이 σ_1과 평행하면 비교적 쉽게 $a-a'$ 면을 따라 암반이 쪼개지나 그림 3.3(b)와 같이 $a-a'$의 방향과 σ_1 방향이 다른 경우는 불규칙한 모양으로 쪼개어진다.

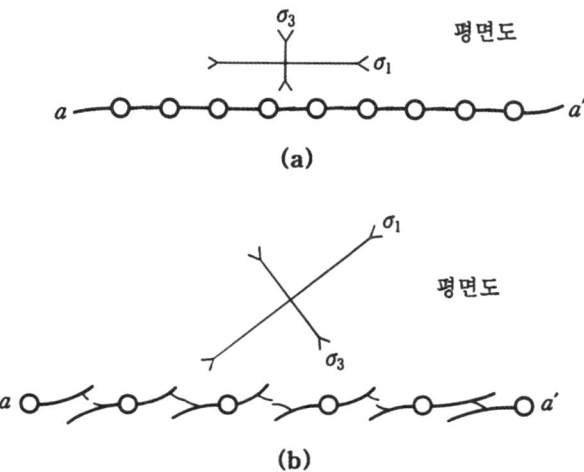

(a)

(b)

그림 3.3 초기지중응력이 프리스플리팅(presplitting) 발파에 미치는 영향

3.2.1 초기연직응력

연직응력은 암반역학의 경우에도 일반적으로 상재압력의 개념으로 취급하며 다음 식으로 계산한다.

$$\sigma_{vo} = \gamma \cdot z \qquad\qquad (3.1)$$

여기서, γ는 암반의 단위중량으로서 대부분의 경우 $\gamma = 2.7\,\mathrm{t/m^3} \fallingdotseq 27\,\mathrm{kN/m^3}$으로 가정한다.

식 (3.1)로 고려되는 연직응력은 토질역학에서의 상재압력과 동일하며 연직방향을 주응력 방향으로 가정하게 되나, 암반역학의 경우는 암반의 지질구조에 따라서 식 (3.1)과 다를 수도 있다. 예를 들어서 식 (3.1)의 기본가정은 그림 3.4(a)와 같으나, 그림 3.4(b)와 같이 계곡부의 경우에는 계곡부에 평행방향 및 수직방향이 주응력 방향이 되며, 계곡부에 평행방향으로 형성된 주응력은 계곡으로 내려갈수록 커지는 것이 일반적이다. 계곡부에 의한 영향은 그림 3.4(c)에서 보여주는 바와 같이 지중 깊은 심도로 갈수록 그림 3.4(a)와 비슷한 양상을 띠게 된다.

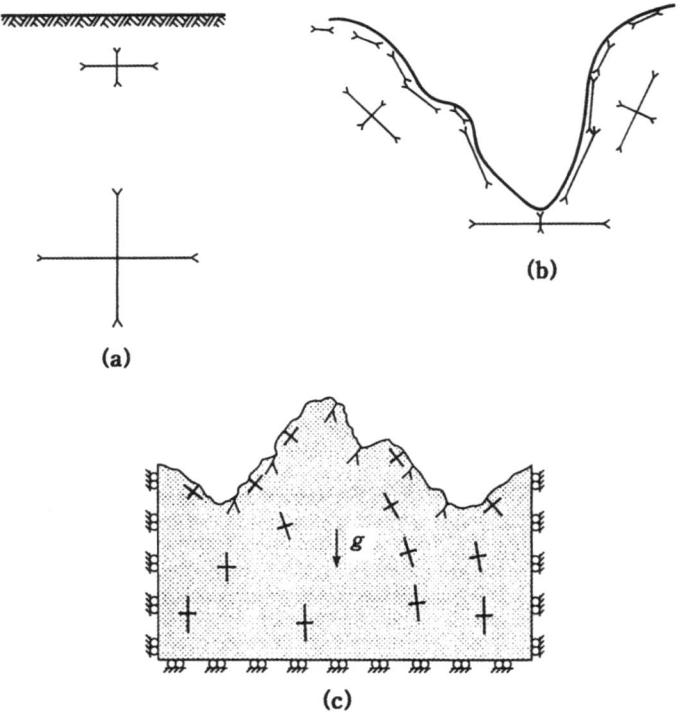

그림 3.4 지반의 형상(topography)이 주응력의 방향에 미치는 영향

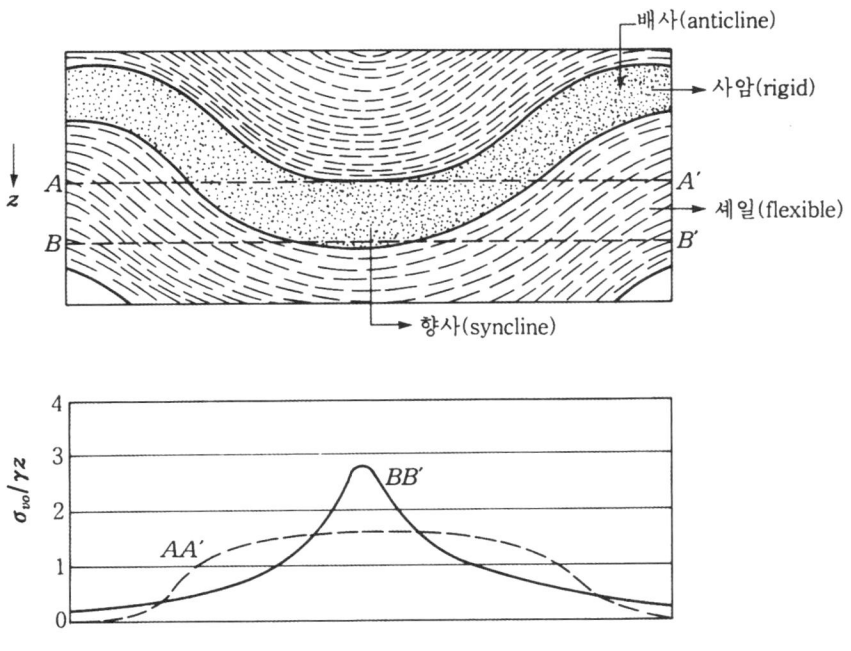

그림 3.5 습곡구조가 초기지중응력에 미치는 영향

또한, 그림 3.5와 같이 습곡구조를 갖는 암반의 경우, 연직응력이 식 (3.1)과 다른 경우가 많다. 습곡구조의 향사부분(syncline)은 압력이 집중되어 연직응력이 식 (3.1)보다 크고, 배사부분(anticline)은 반대로 식 (3.1)보다 작다.

3.2.2 초기수평응력

토질역학의 경우와 마찬가지로 초기수평응력과 초기연직응력의 비를 K_o라 정의한다.

$$K_o = \frac{\sigma_{ho}}{\sigma_{vo}} \tag{3.2}$$

여기서, K_o는 초기수평응력계수(coefficient of initial geostatic stress)라고 하며, 토질역학에서의 용어인 정지토압계수라는 용어로 사용되기도 한다. 이 책에서는 암반역학에서 더 많이 사용되는 초기수평응력계수로 통일할 것이다. 물론 대부분의 경우 수평응력방향도 주응력방향이라 가정한다. 수평방향 주응력은 다음과 같이 두 개이다.

- 최대수평주응력(maximum initial horizontal stress) $= \sigma_{ho,\max}$
- 최소수평주응력(minimum initial horizontal stress) $= \sigma_{ho,\min}$

가끔씩 위의 두 주응력의 평균치를 사용하기도 한다. 즉,

- 평균수평주응력(average initial horizontal stress)

$$= \sigma_{ho,avg} = \frac{\sigma_{ho,\max} + \sigma_{ho,\min}}{2} \tag{3.3}$$

1) 수평응력에 대한 일반사항

(1) 탄성론에 근거한 K_o

탄성론으로부터 수평방향변형률 $\varepsilon_x = \varepsilon_y = 0$ 조건을 이용하면 K_o와 포아송비 사이에는 다음 식의 관계가 있음을 알 수 있었다(토질역학의 원리 pp.258~264 참조 ; 식 8.10).

$$K_o = \frac{\mu}{1 - \mu} \tag{3.4}$$

여기서, μ는 포아송비이다.

결론부터 말하면, 토질역학에서는 상재압력의 개념으로서 식 (3.4)를 이용할 수가 있으나, 암반역학에서의 초기수평응력 예측 목적으로는 사용할 수가 없다는 점이다. 앞 절에서 서술한 대로 암반에서의 초기응력은 지구의 중력 외에도 지질구조상의 응력 등 여러 요소가 복합되어 작용되기 때문이다. 단, 초기예측치로서 식 (3.4)를 이용할 수 있는 암석이 있다. 흙이 침전되고 응고되어 생성된 퇴적암의 경우, 주 생성요인이 상재압력으로서 토질역학의 경우와 흡사하므로 유일하게 식 (3.4)로 예측이 어느 정도 가능하다. 기타의 화성암, 변성암에서의 초기수평응력계수 예측에는 식 (3.4)를 절대로 사용할 수 없다.

(2) 단층운동과 초기수평응력계수

단층현상이 뚜렷한 지역에서의 초기수평응력계수는 단층운동의 원리를 알면 어느정도 예측할 수 있다. 그림 3.6(a)에서와 같이 정단층의 경우 단층면 양쪽이 벌어지는 효과가 있으므로 주동토압계수 K_a에 가까운 값을 가질 것이다. 반대로 그림 3.6(b)와 같이 역단층의 경우 양쪽 암반이 서로 부딪히는 효과가 있으므로 오히려 수동토압계수 K_p에 접근할 것이다.

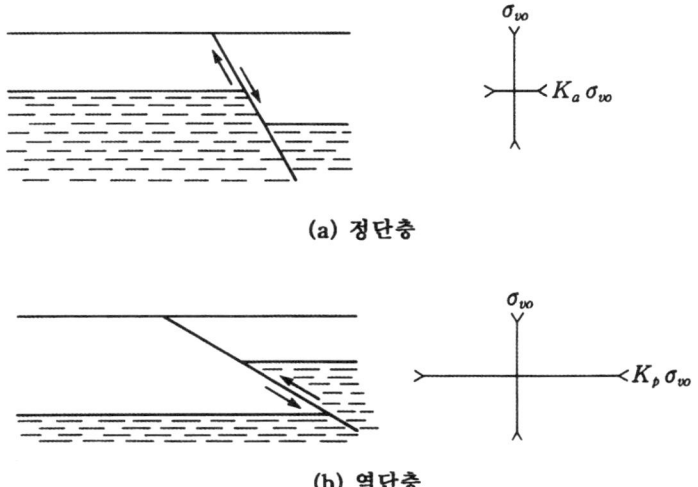

(a) 정단층

(b) 역단층

그림 3.6 단층작용이 초기수평응력계수에 미치는 영향

(3) 침식 작용 시의 수평응력계수

그림 3.7에서와 같이 깊이 z_o에서의 초기지중응력이 $\sigma_{vo} = r\,z_o$, $\sigma_{ho} = K_o\,r\,z_o$인 암반지반에서 깊이 Δz만큼 지반을 걷어내면 응력상태가 변하게 되며, 이때의 초기수평응력계수는 다음과 같이 예측할 수 있다.

- 초기의 응력 $\sigma_{vo} = r\,z_o$

$$\sigma_{ho} = K_o\,r\,z_o$$

- 침식후의 응력 $\sigma_v = \sigma_{vo} - \Delta\sigma_v$

$$= r\,z_o - r\,\Delta z$$

이제 연직응력의 변화량에 대한 수평응력의 변화량은 탄성론으로서 식 (3.4)를 따르므로 $\Delta\sigma_h = \dfrac{\mu}{1-\mu}\,\Delta\sigma_v$가 될 것이다. 따라서, 수평응력은 다음 식과 같이 된다.

$$\sigma_h = \sigma_{ho} - \Delta\sigma_h$$

$$= K_o\,r\,z_o - \frac{\mu}{1-\mu}\cdot r\,\Delta z$$

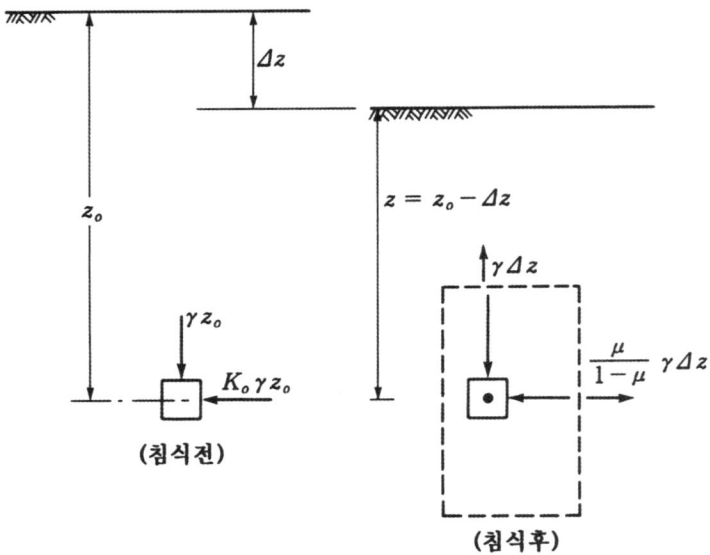

그림 3.7 침식작용이 수평응력계수에 미치는 영향

따라서, 수평응력계수 K는 다음과 같이 변하게 될 것이다.

$$K = \frac{\sigma_h}{\sigma_v} = \frac{K_o\, r\, z_o - \dfrac{\mu}{1-\mu}\, r\, \Delta z}{r\, z_o - r\, \Delta z}$$

$$= \frac{K_o\, r\,(z_o - \Delta z) + r\left[\left(K_o - \dfrac{\mu}{1-\mu}\right)\Delta z\right]}{r\,(z_o - \Delta z)}$$

$$= K_o + \left[\left(K_o - \frac{\mu}{1-\mu}\right)\Delta z\right]\frac{1}{z}, \quad z = z_o - \Delta z \tag{3.5}$$

식 (3.5)가 의미하는 것을 보면, 침식작용으로 인하여 암반층이 얇게 되는 경우의 수평응력 계수는 원래의 수평응력계수에 비하여 더 커지게 됨을 알 수 있다.

(4) 초기수평응력의 방향

수평응력에는 최대 및 최소주응력의 두 가지가 존재한다고 이미 서술하였다. 수평응력의 방향에 대한 일반적인 사항을 설명하면 다음과 같다(그림 3.8 참조).
• 정단층의 경우는 단층면의 수직방향으로 최소수평응력이 작용되게 된다[그림 3.8(a)].

- 역단층의 경우는 단층면의 수직방향으로 최대수평응력이 작용되게 된다[그림 3.8(b)].
- 주향이동단층의 경우는 단층면이 밀려가는 방향에 가깝게 최대수평응력이, 그 직각방향으로 최소수평응력이 작용한다[그림 3.8(c)].
- 다이크(dyke)가 완전히 파쇄된 형태로 있는 경우 파쇄대에 수직방향으로 최소수평응력이 작용한다[그림 3.8(d)].
- 습곡이 작용된 방향이 대부분 최대수평응력의 작용방향이 된다[그림 3.8(e)].

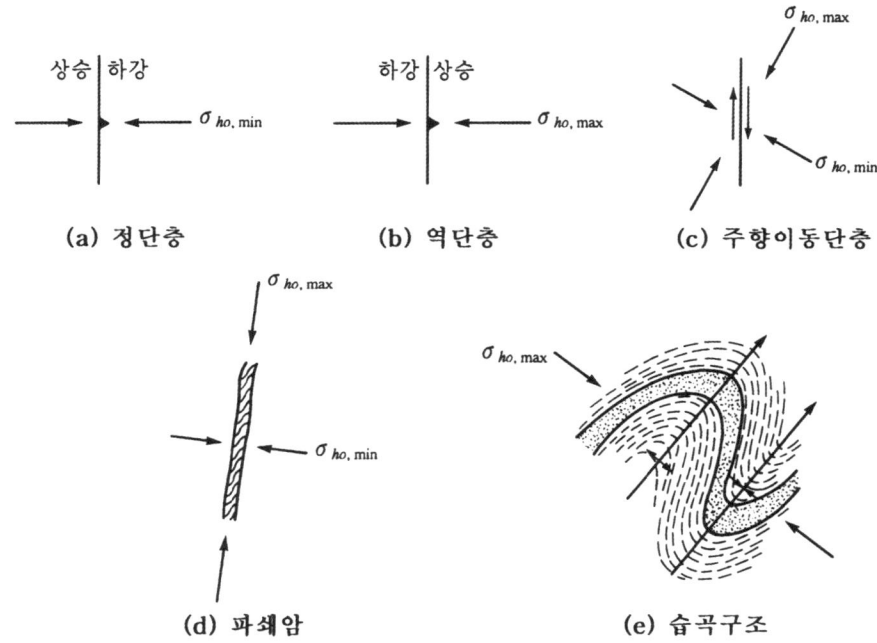

그림 3.8 수평응력의 방향

2) 초기지중응력의 계측치 종합

Hoek 와 Brown(1980)은 전 세계에서 계측된 연직 및 수평응력을 집대성하여 그림으로 발표하였는 바 연직응력은 그림 3.9, 수평응력계수는 그림 3.10에 나타내었다. 연직응력의 경우 초기에 제시한 식 (3.1)이 어느 정도 타당함을 알 수 있으며, 초기 수평응력계수는 다음의 범위에 있음을 말해준다.

$$\frac{100}{z} + 0.3 < K_o < \frac{1500}{z} + 0.5, \ z\text{는 m로 표시} \tag{3.6}$$

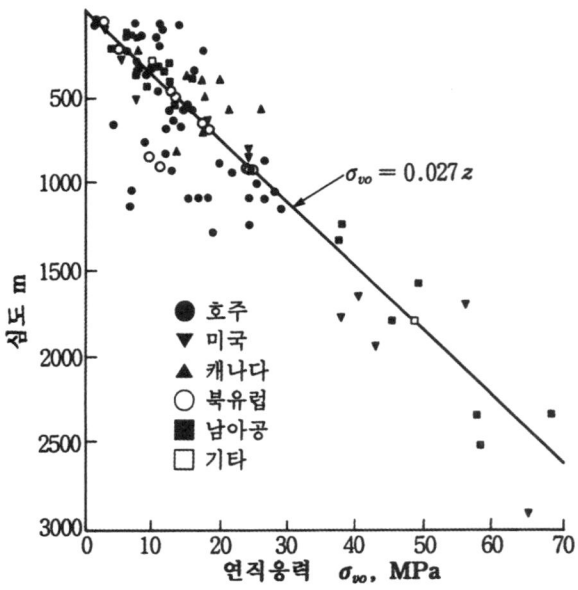

$\sigma_{vo} = 0.027\,z$

호주
미국
캐나다
북유럽
남아공
기타

심도 m

연직응력 σ_{vo}, MPa

그림 3.9 초기연직응력 시험치

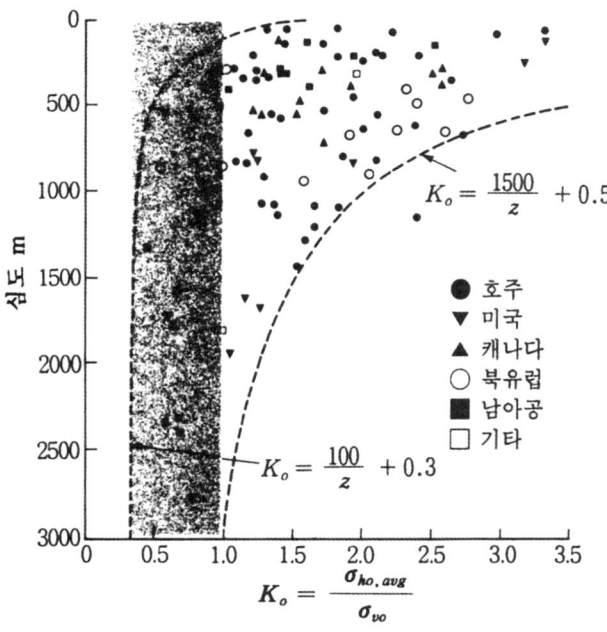

$K_o = \dfrac{1500}{z} + 0.5$

$K_o = \dfrac{100}{z} + 0.3$

호주
미국
캐나다
북유럽
남아공
기타

심도 m

$K_o = \dfrac{\sigma_{ho,\,avg}}{\sigma_{vo}}$

그림 3.10 초기수평응력계수 시험치

우리나라에서도 최근 들어 많은 실험이 행해진 바, 이를 바탕으로 국내실험결과를 정리한
것이 그림 3.11이다. 국내실험결과를 이용하여 이를 수식으로 나타내면 다음과 같다.

$$\sigma_{vo} = \gamma\, z, \ \ \gamma = 27\,\mathrm{kN/m^3} \tag{3.1}$$

$$K_o = 0.889 + \frac{48.04}{z}, \ \ z\text{는 m로 표시} \tag{3.7}$$

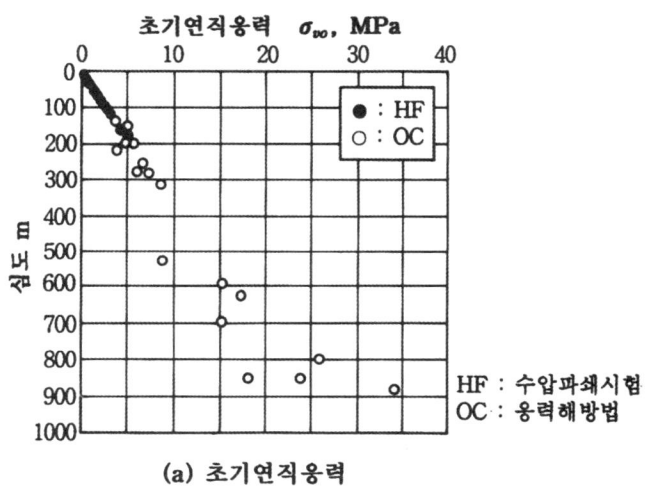

(a) 초기연직응력

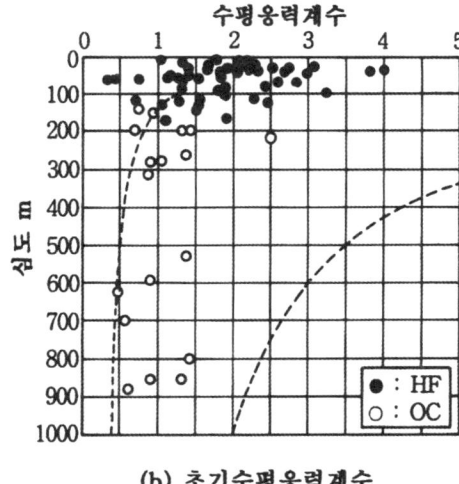

(b) 초기수평응력계수

그림 3.11 초기지중응력의 국내시험결과 종합

3.3 초기지중응력 시험법

초기지중응력을 구하기 위한 시험법에는 크게 나누어 플래트잭법(flatjack test), 수압파쇄법(hydraulic fracturing test), 응력해방법(overcoring method)의 세 종류를 들 수 있으며 다음에 각 시험법의 개요를 설명하고자 한다. 우선 밝혀둘 것은 어느 시험을 막론하고 현장의 암반을 대상으로 실시하는 시험으로서 쉽지가 않으며, 많은 시간과 경비가 소요된다는 점이다.

3.3.1 플래트잭법(flatjack test)

이 시험법은 근본적으로 암반의 표면에서 시행하는 방법이다. 예를 들어서 그림 3.12의 (d)에서와 같이 이미 상당한 정도의 지하구조물을 건설한 다음, 이미 시공된 터널의 벽면에서 행하는 시험법이다. 시험법의 개요는 그림 3.11(b)와 같다. 시험순서는 다음과 같다.

- 먼저 측정핀을 설치한다(초기 간격 d_o).
- 암반을 평평한 얇은 판으로 굴착한다. 이때 응력은 이완되고 측정핀 간격은 d_o에서 점점 작아질 것이다[그림 3.12(b)].
- 플래트잭[그림 3.12(a)]을 굴착면에 삽입하고 압력을 가하여 측정판의 거리가 d_o로 되돌아가게 한다[그림 3.12(c)]. 이때의 플래트잭 압력을 기록한다(p_c). 이 압력은 그 지점에서의 접선응력(σ_θ)이 될 것이다.

이 시험에서 주의할 사항이 있다. 이 시험법으로 구한 압력은 초기응력이 아니라는 점이다. 3.1절에서 서술한 대로 그림 3.12(d)의 터널을 굴착하게 되면, 이로 인하여 응력은 초기지중응력으로부터 변하게 되며, 이 시험법으로 구한 압력은 이 터널 굴착후의 응력이 된다.

따라서, 초기지중응력은 측정된 잭압력으로부터 탄성역학을 이용하여 다시 구해야 한다는 점이다. 가장 단순한 예를 들어보자. 그림 3.1에서와 같이 연직 및 수평응력이 주응력이 되는 현장에 원형터널을 굴착하였다고 하자.

그림 3.12(e)와 같이 천정 및 측벽에서 각각 플래트잭 시험을 실시하여 그 계측값을 각각 $\sigma_{\theta(A)} = \sigma_{h(A)}$, $\sigma_{\theta(B)} = \sigma_{v(B)}$이라 하자. 그림 3.1(b)에서 보면 이 응력은 터널 굴착 후의 응력이며, 우리가 진정 구해야 하는 것은 초기응력인 σ_{vo}, σ_{ho}이다.

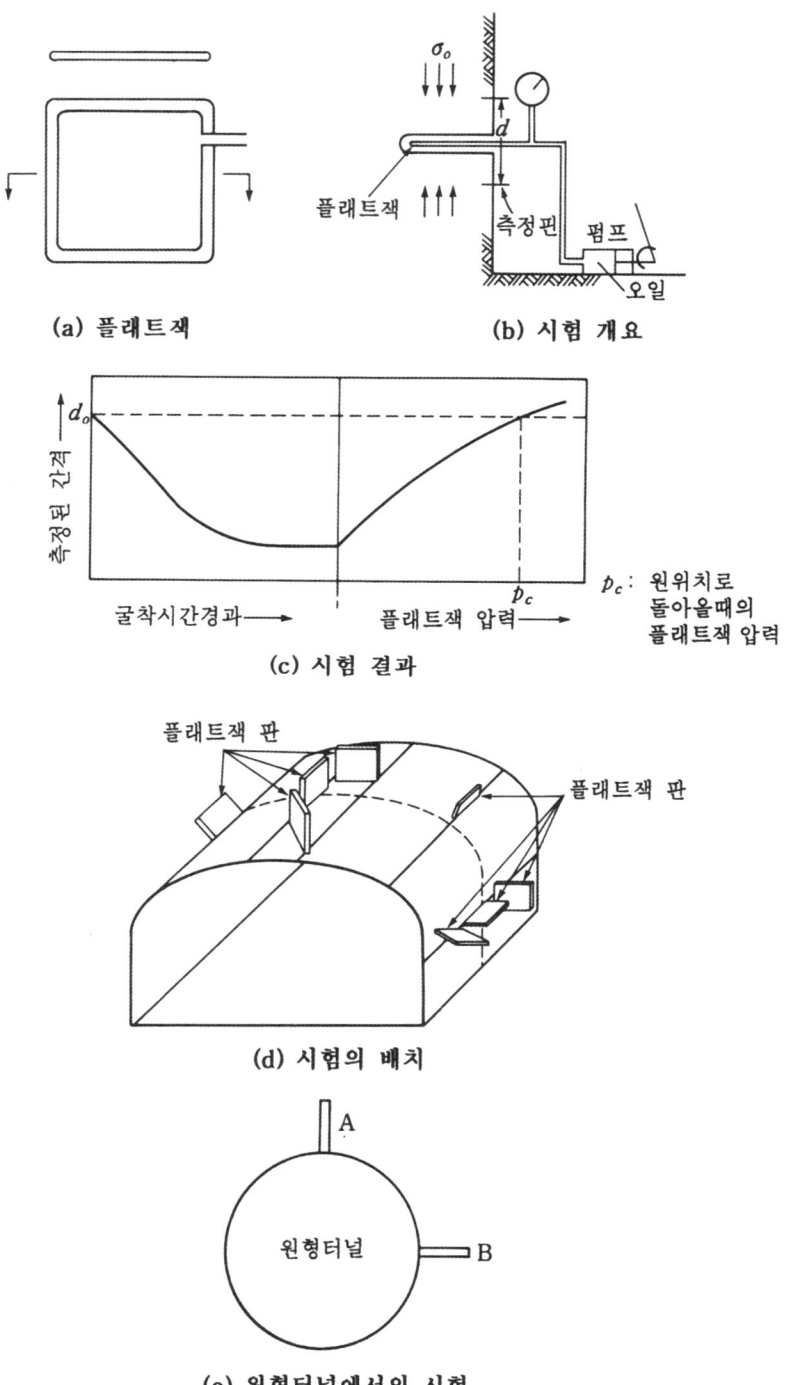

(a) 플래트잭

(b) 시험 개요

(c) 시험 결과

(d) 시험의 배치

(e) 원형터널에서의 시험

그림 3.12 플래트잭(flatjack test) 시험 개요

만일 A점 및 B점에서의 초기응력이 거의 같다고 가정하면 초기응력과 계측응력 사이의 관계식은 다음과 같이 될 것이다.

$$\sigma_{\theta(A)} = 3\,\sigma_{ho} - \sigma_{vo}$$
$$\sigma_{\theta(B)} = 3\,\sigma_{vo} - \sigma_{ho}$$

(3.8)

위의 식을 행렬로 표시하면,

$$\begin{Bmatrix} \sigma_{\theta(A)} \\ \sigma_{\theta(B)} \end{Bmatrix} = \begin{bmatrix} -1 & 3 \\ 3 & -1 \end{bmatrix} \begin{Bmatrix} \sigma_{vo} \\ \sigma_{ho} \end{Bmatrix}$$

(3.9)

따라서, 초기응력은 다음과 같이 구할 수 있다.

$$\sigma_{vo} = \frac{1}{8}\,\sigma_{\theta(A)} + \frac{3}{8}\,\sigma_{\theta(B)}$$
$$\sigma_{ho} = \frac{3}{8}\,\sigma_{\theta(A)} + \frac{1}{8}\,\sigma_{\theta(B)}$$

(3.10)

3.3.2 수압파쇄법(hydraulic fracturing test)

수압파쇄법은 지반조사를 목적으로 굴착하여 놓은 시추공에서 실시하는 시험법으로서 지반조사 시에, 즉 설계 시에 미리 실험할 수 있다는 장점과 시추가 가능한 깊이까지 할 수 있어 비교적 깊은 곳까지 실험할 수 있다는 두 가지 큰 장점을 갖고 있다. 시험법의 개요가 그림 3.13에 표시되어 있다. 시추공에 팩커를 설치하고 안에서 밖으로 압력(p)을 계속 증가시킨다. 이때 시추공은 인장력을 받게 되며 만일 암석의 인장강도 이상이 작용되면 암석은 갈라지게 된다. 이때 암석의 갈라지는 면은 최소주응력에 수직이 될 것이다[그림 3.13(b)].

이때 가해준 압력 p의 시간에 따른 그래프가 그림 3.14에 나타나 있다. 그림에서 내압이 p_B에 이르렀을 때, 암반에 크랙이 가기 시작했다고 하자. 만일 계속하여 압력을 가하고 있으면 크랙은 더 벌어지게 되며 압력은 떨어지게 되어 그림 3.14의 압력 p_s에서 평형상태에 이르게 된다. 이때의 압력을 'shut-in pressure'라고 한다. 만일 압력을 완전히 줄였다가 다시 증가

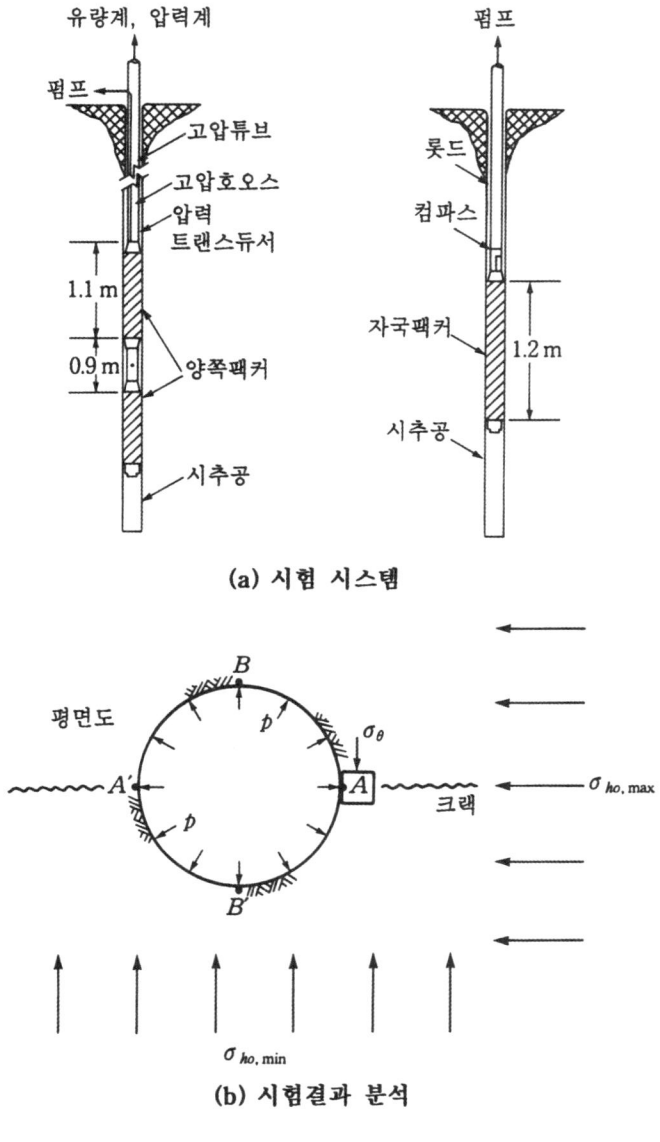

(a) 시험 시스템

(b) 시험결과 분석

그림 3.13 수압파쇄시험 개요

시키면 현장의 암반은 이미 크랙이 형성된 상태이므로 압력이 p_B까지 상승하지 못하고 p_c까지만 상승하게 될 것이다.

그림 3.13(b)를 이용하여 수압파쇄시험으로부터 초기지중응력을 예측하는 방법을 약술하고자 한다. 수압파쇄시험의 첫 번째 가정은, 연직 및 수평방향이 주응력방향이 되고 연직응력은 식 (3.1)이 그대로 적용된다는 것이다. 따라서, 수압파쇄시험으로부터 구할 수 있는 것은 $\sigma_{ho, \max}$와 $\sigma_{ho, \min}$이다.

그림 3.13(b)에서 ([그림 3.13(b)]는 평면도임, 즉 위에서 아래로 내려다본 단면임) 내압 p 를 증가시킬 때, 암반에 크랙이 발생되는 단면은 최소주응력 방향과 직각을 이루므로 AA' 단면이다. 앞절에서 서술한 대로, 시추공작업 후 A 입자에 작용되는 접선응력 σ_θ 는

$$\sigma_\theta = 3\,\sigma_{ho,\,min} - \sigma_{ho,\,max} \tag{3.11}$$

가 된다. 만일, 이때 내압 p 를 작용시키면 접선응력은 다음 식이 될 것이다.

$$\sigma_\theta = 3\,\sigma_{ho,\,min} - \sigma_{ho,\,max} - p \tag{3.12}$$

위의 식에서 암석에 크랙이 형성되는 경우는 p 값이 계속 상승하여 σ_θ 가 암석 자체의 인장강도보다 큰 인장력을 받게 되는 경우일 것이다. 즉, 암석의 인장강도를 σ_t 라 하면, 크랙이 발생될 조건은

$$\sigma_\theta = 3\,\sigma_{ho,\,min} - \sigma_{ho,\,max} - p_B = -\sigma_t \tag{3.13}$$

가 될 것이다.

한편, 일단 크랙이 발생된 경우 크랙부위에서 $\sigma_{ho,\,min}$ 의 압력을 p_s(shut-in pressure)가 저항하여 평형을 누리므로 $\sigma_{ho,\,min}$ 을 다음 식으로 구한다.

$$\sigma_{ho,\,min} = p_s \tag{3.14}$$

위의 식을 식 (3.13)에 대입하면 $\sigma_{ho,\,max}$ 에 대한 수식을 구할 수 있다.

$$\sigma_{ho,\,max} = 3\,\sigma_{ho,\,min} + \sigma_t - p_B \tag{3.15}$$

문제는 암석의 인장강도 σ_t 이다. σ_t 는 다음 장에서 서술하는 브라질리언시험(Brazilian test) 등의 인장강도실험으로부터 구할 수도 있으나 그림 3.14의 수압파쇄시험 결과를 이용하면 쉽게 예측이 가능하다. 그림에서 초기의 파쇄압력 p_B 와 두 번째 압력 시 최대압력 p_c 의 차이가 인장강도가 될 것이다. 즉, 다음 식으로 암석의 인장강도를 구할 수 있다.

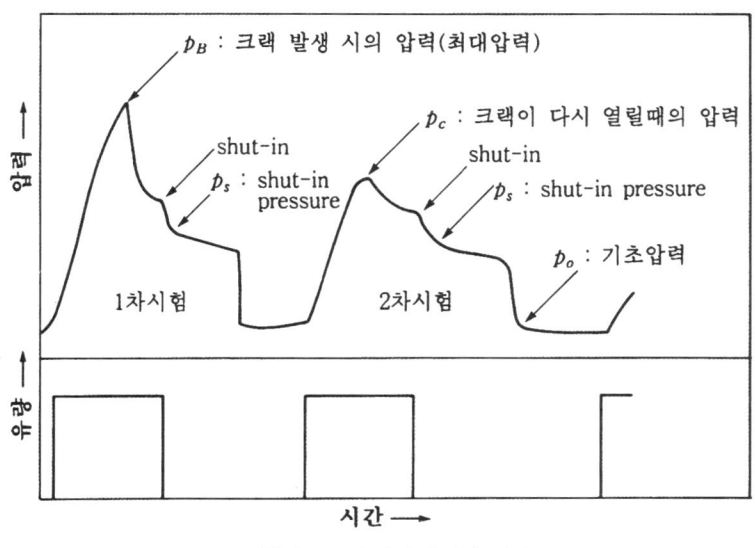

그림 3.14 수압파쇄시험 결과

$$\sigma_t = p_B - p_c \tag{3.16}$$

수압파쇄시험의 문제점

(1) 수압파쇄시험은 불투수성 암반에 주로 적용될 수 있다.

만일 압력을 가할 시, 누수가 발생되면 최대 압력 p_B가 뚜렷이 나타나지 않는다.

(2) 압력 p_B에 의하여 발생된 크랙의 방향성은 자국 팩커(impression packer)를 이용하여 구한다.

(3) 수압파쇄 시 크랙이 연직으로 일어난다는 가정하에서 모든 이론이 전개되었다. 만일 크랙이 수평으로 일어나는 경우는 분석이 그리 간단치 않다. 이 문제에 관심 있는 독자들은 Amadei and Stephanson(1997)의 책을 참고하기 바란다.

[예제 3.2] 화강암으로 이루어진 지반에 2회에 걸쳐 수압파쇄시험을 실시한 결과는 다음과 같다. 단, 이 암석의 인장강도는 10MPa이다.

(예제 표 3.1)

깊이 (m)	크랙 발생 시의 압력(p_B) (MPa)	shut-in pressure(p_s) (MPa)
1) 500	14.0	8.0
2) 1000	24.5	16.0

각각의 지점에서 초기응력을 예측하고, 초기지중응력계수를 구하라.

[풀 이]

<u>시험 1</u>

$\sigma_{vo} = \gamma z \fallingdotseq 0.027 \times 500 = 13.5 \, \text{MPa}$

$\sigma_{ho,\min} = p_s = 8.0 \, \text{MPa}$

$\sigma_{ho,\max} = 3 \, \sigma_{ho,\min} + \sigma_t - p_B$

$\qquad = 3 \times 8.0 + 10 - 14.0 = 20 \, \text{MPa}$

$K_{o,avg} = \dfrac{\dfrac{1}{2} (\sigma_{ho,\min} + \sigma_{ho,\max})}{\sigma_{vo}} = \dfrac{\dfrac{1}{2} (8.0 + 20.0)}{13.5} = 1.04$

<u>시험 2</u>

$\sigma_{vo} \fallingdotseq 0.027 \times 1000 = 27.0 \, \text{MPa}$

$\sigma_{ho,\min} = p_s = 16.0 \, \text{MPa}$

$\sigma_{ho,\max} = 3 \times 16.0 + 10 - 24.5 = 33.5 \, \text{MPa}$

$K_{o,avg} = \dfrac{\dfrac{1}{2} (16.0 + 33.5)}{27.0} = 0.92$

3.3.3 응력해방법(overcoring)

응력해방법은 기본적으로 먼저 암반에 시추공을 뚫고 시추공 안에 변형을 잴 수 있는 게이지를 설치한 다음 시추공 밖으로 더 큰 직경으로 굴착을 하여, 외부의 시추 시 안쪽 시추공 안에 설치되어 있는 변형게이지의 변형양상을 계측하여 이를 토대로 초기지중응력을 예측하는 방법이다[그림 3.14(a)참조].

이 방법 또한 플래트잭 방법과 마찬가지로 지하구조물을 어느 정도 시공해 놓고, 시공된 암반표면에서 시추공을 뚫게 된다. 다만, 지하구조물 시공으로 인한 응력변형효과를 극소화하기 위하여 시추공을 적어도 시공된 터널의 직경 이상 깊이로 시추한 뒤, 그곳의 초기응력을 계측하게 된다.

응력해방법에서 문제가 되는 것은 여하히 시추공 내에 변형게이지를 부착하는가에 있다. 그 변형게이지 부착방법에 따라 크게 두 가지 방법이 가장 많이 쓰인다.

1) 미 광무국 제안법

미 광무국에서 제안한 방법으로서 그림 3.15(b)의 변형게이지를 그림 3.15(a)와 같이 설치하여 공경변화가 게이지에서 측정되도록 하는 방법이다. 보통 6개의 변형게이지로 외부시추 시 변형량을 계측한다.

2) CSIRO 셀 이용법

그림 3.16에서 보여 주는 것과 같은 셀을 시추공 내에 삽입하고 셀과 암반시추공 사이를 아교로 완전 부착하여 암반변형이 그대로 셀 변형으로 나타나도록 하는 방법이다. 보통 셀에서 9~12개의 변형을 계측하게 된다.

응력해방법으로부터 계측된 변형량으로부터 초기지중응력을 계산해 내는 것은 간단치가 않다. 관심 있는 독자들은 참고문헌을 참조하기 바란다(Amadei and Stephanson, 1997).

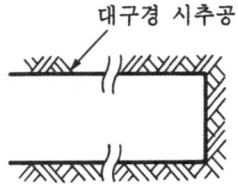

대구경 시추공

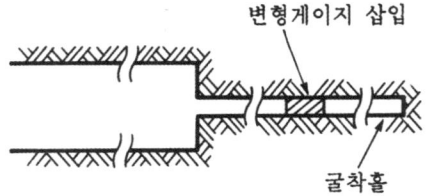

변형게이지 삽입

굴착홀

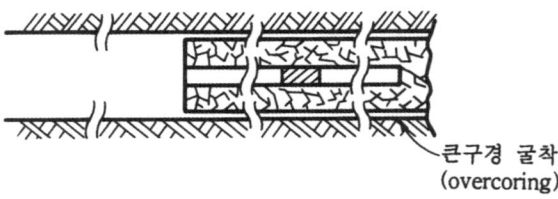

큰구경 굴착
(overcoring)

(a) 시험법 개요

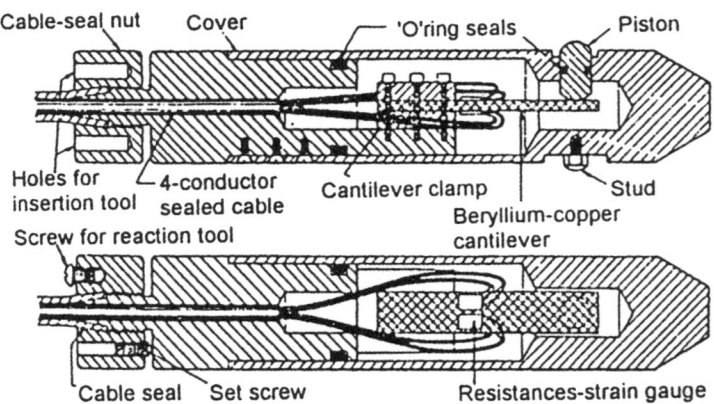

Cable-seal nut   Cover   'O'ring seals   Piston

Holes for
insertion tool   4-conductor
sealed cable   Cantilever clamp   Stud

Beryllium-copper
cantilever

Screw for reaction tool

Cable seal   Set screw   Resistances-strain gauge

(b) 미 광무국 변형게이지

그림 3.15 응력해방법 개요

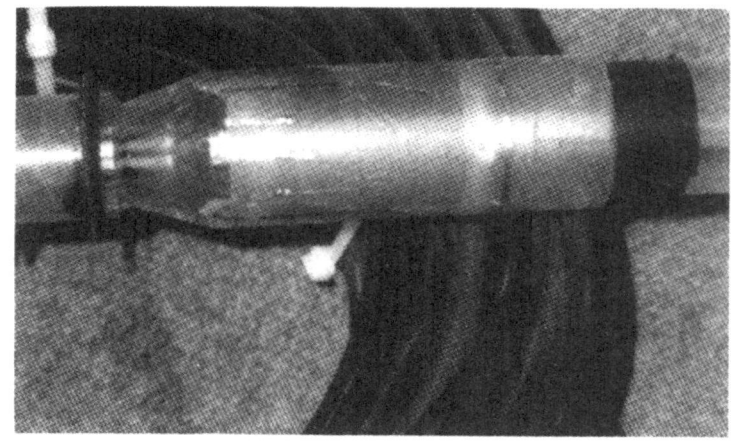

(a) CSIRO 셀

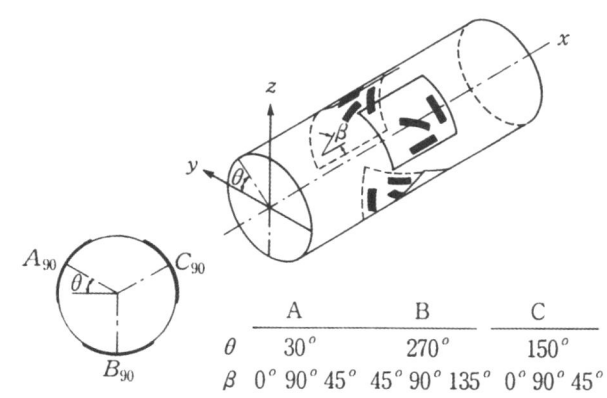

	A	B	C
θ	30°	270°	150°
β	0° 90° 45°	45° 90° 135°	0° 90° 45°

(b) 셀의 변형게이지 형상

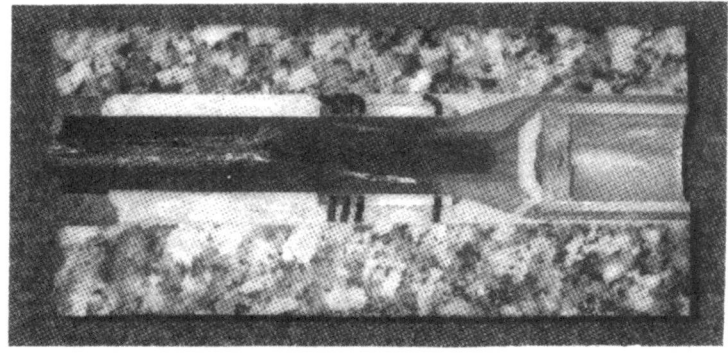

(c) 셀이 암석에 접합된 모양

그림 3.16 CSIRO 셀을 이용한 응력해방법

참고문헌

- Amadei, B. and Stephansson, O. (1997), Rock Stress and its Measurement, Chapman & Hall, London
- Hoek, E. and Brown, E. T. (1980), Underground Excavations in Rock, Institution of Mining and Metallurgy, London

제4장

암석의 강도론과
암반의 파괴기준

암석의 강도론과 암반의 파괴기준

4.1 서 론

제3장의 지중응력편에서 서술한 대로, 지하암반은 초기지중응력을 받게 되고 그림 3.1과 같이 지하구조물 등의 새로운 구조물이 건설될 때, 응력의 변화가 생기게 된다. 예를 들어서 그림 3.1의 A 및 B 입자는 초기의 3축응력조건으로부터 반경방향(radial 방향)의 응력은 0에 접근하는 1축조건(또는 2축조건) 비슷한 응력을 받게 된다. 반면에, C입자는 초기의 3축응력조건에서 터널굴착으로 인한 응력증가량으로 인하여 응력에 변화가 오게 되나, 굴착 후의 응력도 3축조건과 비슷할 것이다. 암석이 흙과 다른 점 중 하나는, 흙은 인장응력을 전혀 받을 수 없으나, 신선한 암석의 경우 콘크리트와 마찬가지로 어느 정도의 인장응력을 받을 수 있다는 것이다. 따라서, 암석의 인장강도도 중요한 역할을 한다.

암석/암반에 응력의 변화가 생기면, 응력증분으로 인하여 지반은 변형을 하게 된다. 암석/암반에 응력을 가할 때의(응력의 증가량이 있을 때) 응력-변형률 곡선의 대표적인 양상을 4.3절에서 서술할 것이다. 변형문제에 대한 상세한 사항은 6장에서 서술할 것이다.

하나의 입자가 응력의 변화로 인하여 새로운 응력으로 자리 잡았을 때, 이 입자가 파괴기준을 초과하는지 아닌지를 평가하는 것이 중요함은 말할 필요가 없을 것이다. 이를 평가하는 잣대가 파괴기준이다. 토질역학에서는 주로 Mohr-Coulomb의 파괴기준이 사용된다는 것을 독자들은 이미 알고 있을 것이다('토질역학의 원리'의 10장 전단강도편을 먼저 공부하면 좋을 것임). 4.4절에서는 이 파괴기준에 대하여 서술하고자 한다.

다음 절에서는 암석의 강도를 구하기 위한 시험의 종류와 특징들을 우선적으로 서술하고자 한다. 원리적인 측면에서 시험의 종류와 그 하중 메커니즘을 나타내면 그림 4.1과 같다. 그림에서 직접전단시험(direct shear)은 암석의 경우는 거의 실시하지 않고 주로 불연속면에서의 강도를 구할 때 수행하는 실험으로서 제5장의 하반부에서 서술할 것이다.

그림 4.1에서 이축압축시험(biaxial compression test)과 다축압축시험(polyaxial compression test)은 지중의 응력변화상태를 가장 잘 나타내는 실험이기는 하나 실험 자체가 매우 어려우므로 잘 사용되지 않는다. 또한 일축인장실험(uniaxial tension)도 암석의 인장강도를 가장 잘 나타내는 실험이기는 하나, 실험의 번거로움으로 잘 사용되지 않으며, 대신 브라질리안시험(Brazilian test)이 주로 행해진다. 따라서, 4.2.2절에서는 일축압축강도시험(uniaxial compression test), 브라질리안시험(Brazilian test), 삼축압축시험(triaxial compression test)에 대하여 주로 서술하고자 한다.

여기에서 한 가지 밝혀둘 것은 그림 4.1에 제시된 시험법 중 직접전단시험을 제외한 시험들은 신선한 암(intact rock) 시편에 대하여 실시하는 것으로서 암석강도에 해당되며 암반강도는 아니라는 점이다. 암반(rock mass)의 강도에 대하여는 4.4절의 파괴기준 편에서 다룰 것이다.

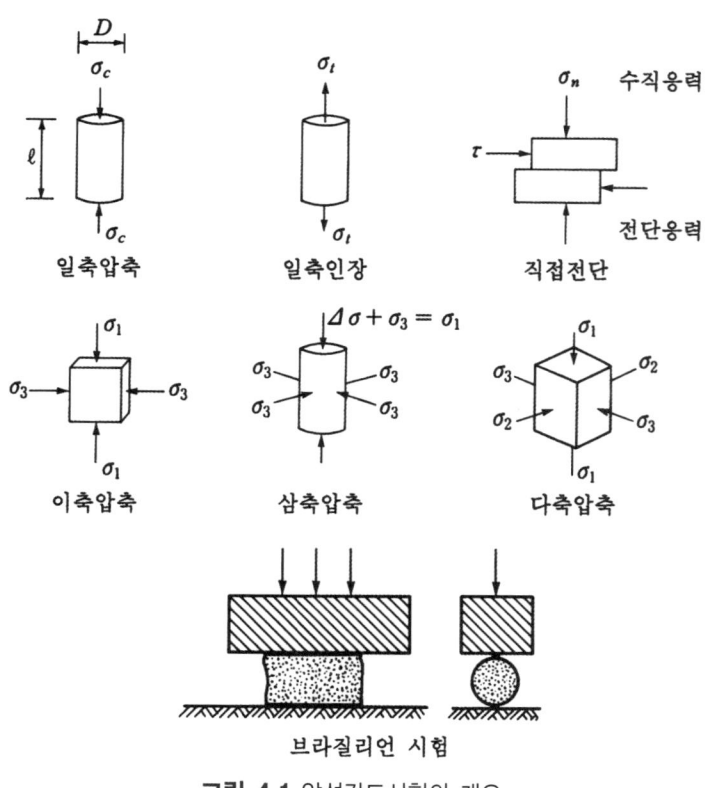

그림 4.1 암석강도시험의 개요

4.2 시험의 개요

4.2.1 일축압축강도시험

일축압축강도시험은 원리적으로 토질역학에서의 시험법과 같다. 시편은 그림 4.1의 첫 번째 그림에서 다음의 조건을 만족하여야 한다. 즉,

$$\frac{\ell}{D} \approx 2.0 \sim 2.5$$

특히 시편의 위아래의 면은 평평하게 하며, 편심을 줄이기 위하여 아교 등으로 캡핑(capping)해주고 일축하중을 가해야 한다. 일축압축파괴 시의 하중을 P 라 하면, 일축압축강도는 다음 식으로 구한다.

$$\sigma_c = \frac{P}{A} \tag{4.1}$$

여기서, A는 시편의 단면적이다.

하중을 가할 때의 응력-변형률 곡선은 4.3절에서 종합적으로 서술하고자 한다. 대표적인 암석들의 일축압축강도가 표 4.1에 표시되어 있다.

표 4.1 암석의 일축압축강도와 인장강도

암석	σ_c(MPa)	σ_c/σ_t	암석	σ_c(MPa)	σ_c/σ_t
사암	73.8	63.0	석영운모편암(90°편리)	55.2	100.4
사암	214.0	26.3	규암	320.0	29.1
미사암	122.7	41.5	대리암	62.0	53.0
석회암	245.0	61.3	대리암	66.9	37.4
석회암	51.0	32.3	화강암	141.1	12.1
석회암	97.9	25.0	화강암	226.0	19.0
백운암	86.9	19.7	휘록암	241.0	21.1
백운암	90.3	29.8	현무암	148.0	11.3
셰일	35.2	167.6	현무암	355.0	24.5
셰일	75.2	36.3	응회암	11.3	10.0
편마암(45°엽리)	162.0	23.5			

주) σ_c: 일축압축강도, σ_t: 인장강도

4.2.2 브라질리언시험

브라질리언시험(Brazilian test)은 일축인장시험의 대용으로, 암석의 인장강도를 구하기 위한 시험법으로서 그림 4.2와 같이 시편을 옆으로 놓고 압축하중을 가하는 시험이다. 하중을 가할 때 그림 4.2(b)에서와 시편 속에서 연직방향의 응력은 당연히 압축응력으로 작용되나, 수평방향으로는 인장응력이 작용되어 이 인장응력을 이용하는 시험법이다.

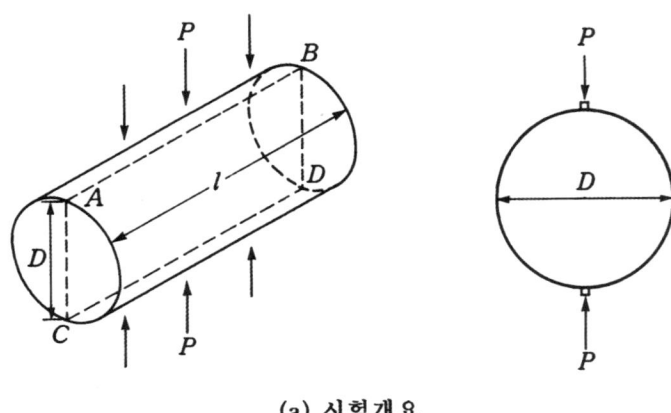

(a) 시험개요

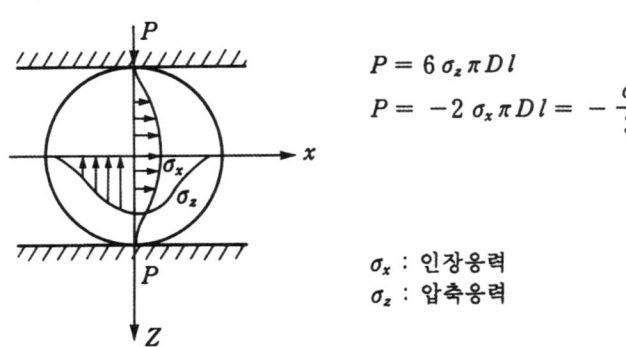

$$P = 6\,\sigma_z\,\pi D l$$
$$P = -2\,\sigma_x\,\pi D l = -\frac{\sigma_z}{3}$$

σ_x : 인장응력
σ_z : 압축응력

(b) 시험시 응력분포

그림 4.2 브라질리언시험의 개요

시편에 작용시킨 하중을 P라 할 때, 인장강도는 다음 식으로 구한다.

$$\sigma_t = \frac{2P}{\pi D \ell} \tag{4.2}$$

여기서, D: 시편 직경

　　　　ℓ : 시편의 길이

일축인장시험은 시편에 존재하는 미세균열(fissures)이 쉽게 결과에 반영되는데 반하여, 간접인장강도시험이라 할 수 있는 브라질리언시험은 그렇지 못하여, 일반적으로 브라질리언시험으로 구한 인장강도 값이 일축인장시험으로 구한 값보다 큰 것으로 알려져 있다. 브라질리언시험에 근거한 암석의 인장강도의 예가 표 4.1에 역시 표시되어 있다.

4.2.3 삼축압축시험

암석에 대한 삼축압축시험법의 원리는 토질역학에서의 시험법과 동일하다. 항상 두 단계로 시험이 이루어지는 바, 이것을 그림으로 표현하면 다음과 같다.

(1) 첫째 단계(구속압력 단계)

시편에 어느 방향에서나 동일한 등방하중을 가하는 단계이다.

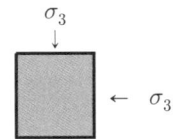

이때, σ_3로 인한 체적변형률 ε_v은 $\varepsilon_v = \varepsilon_1 + 2\varepsilon_3$이다.

여기서, ε_v : 체적변형률

　　　　ε_1 : 연직방향변형률($\varepsilon_1 = \varepsilon_3$)

　　　　ε_3 : 수평방향변형률($\varepsilon_3 = \varepsilon_1$)

구속압력은 현장에서의 초기지중응력을 묘사하기 위한 과정으로 생각하면 된다.

(2) 둘째 단계(축차응력단계)

첫째 단계에서 가한 등방압력 σ_3는 그대로 유지한 채로 축차응력 $\Delta\sigma_d$를 가하여 암석의 파괴를 유도하는 시험이며, 파괴 후에도 계속하여 압력-변형률을 계측하여야 한다.

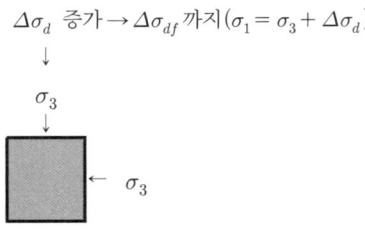

$$\Delta\sigma_d \ \text{증가} \rightarrow \Delta\sigma_{df} \ \text{까지}\,(\sigma_1 = \sigma_3 + \Delta\sigma_d)$$

축차응력을 가할 때의 시험결과는 축차응력 - 연직방향 변형률, 축차응력 - 체적 변형률로 나타날 것이며, 다음 절에서 상세히 서술하고자 한다.

4.3 암석의 응력-변형률 관계

4.3.1 등방하중 작용 시의 응력-체적변형률 곡선

앞 절의 삼축압축시험 중 구속압력 작용 시의 응력-체적변형률 곡선의 개략을 그림 4.3에 나타내었다. 그림에서와 같이 σ_3가 증가함에 따라 체적변형률이 4단계로 달라지게 된다.

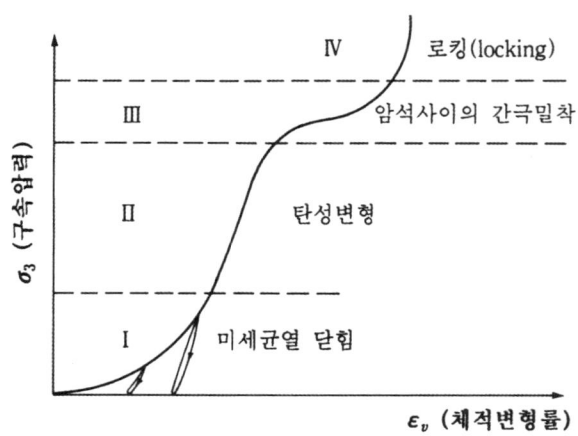

그림 4.3 등방하중 시의 응력-체적변형률 곡선

(1) I 구간: 처음 압력을 가하면 암석에 존재하고 있던 미세균열(fissures)이 완전히 밀착되는 효과로 인하여 체적변형이 많이 발생한다.

(2) II 구간: 탄성으로 작용되는 구간이며, 이때의 기울기가 체적계수, K이다.

(3) III 구간: 고압을 가하게 되면, 등방압력이기는 하나 암석 내부에 존재하는 간극이 완전히 밀착되어 완전고체가 되게 된다.

(4) IV 구간: 암석 자체에 간극이 전혀 없이 완전고체가 되면 등방하중에 큰 저항력을 갖게 될 것이다. 이 단계가 IV 구간이다.

일반적인 정역학하중은 그리 크지 않기 때문에, I, II 구간 정도까지가 한계이나, 발파로 인한 충격하중(shock pressure)은 고압이므로 III, IV 단계가 중요한 역할을 하게 된다.

4.3.2 축차하중 작용 시의 응력–변형률 관계

암석에 축차하중을 가할 때의 응력–변형률–체적변형률 관계의 개략이 그림 4.4에 표시되어 있다. 크게 나누어 그림과 같이 VI 단계로 나눌 수 있다.

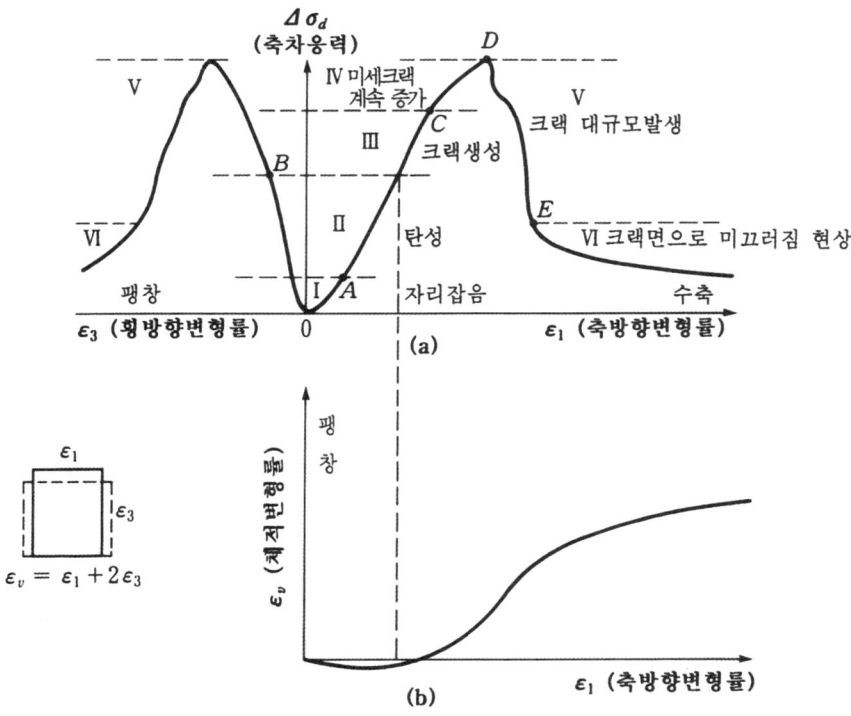

그림 4.4 축차하중 작용 시의 응력–변형률곡선

(1) I 구간: 초기에 미세균열(fissures)이 밀착되므로 변형이 약간 크다.

(2) II 구간: 탄성거동을 하는 구간이다.

(3) III 구간: 축차응력을 어느 정도 가하게 되면, 암석 내부에서 새로이 균열이 생기게 되며, $\Delta\sigma_d \sim \varepsilon_3$ 부분의 'B'점을 시작으로 하여 발생된 균열로 인하여 횡방향 변형률이 증가하게 된다. 또한 그림 4.4(b)에서 보듯이 이 단계에서 부터 균열발생으로 인하여 체적도 팽창하게 된다.

(4) IV 구간: 'C'점은 항복점으로서 축차응력이 항복점을 넘으면 본격적으로 균열수가 증가하게 된다.

(5) V, VI 구간: 축차응력이 $\Delta\sigma_{df}$(D점)에 다다르면, 시편은 파괴에 이르게 된다. 파괴가 되었다고 해서 저항력이 아주 없어지는 것은 아니고 그림에서와 같이 잔류강도는 있게 된다. 암석/암반역학에서 이 잔류강도는 아주 중요한 역할을 하게 됨을 우선 밝혀둔다. 이를 암석파괴 후의 거동(post-failure behavior)이라고 한다.

4.3.3 강도에 영향을 미치는 요소

본 절에서는 그림 4.4에 보여준 축차응력 작용 시의 응력-변형률 양상이나 이의 결과인 강도에 영향을 미치는 요소들을 나열하고 서술할 것이다.

1) 구속응력의 영향

삼축압축시험에서 $\sigma_3 = 0$인 경우가 일축압축강도시험이다. 일축압축강도시험과 같이 구속압력이 작은 경우는 콘크리트와 마찬가지로 취성(brittle)거동을 하게 된다. 즉, 일축압축응력이 압축강도에 도달하자마자 암석은 완전히 쪼개지어 급격하게 응력이 감소하게 된다.

이와 반대로, 구속압력 σ_3를 크게 가하고, 축차하중으로 시편을 파괴시키는 경우 σ_3가 크면 클수록 연성(ductile)경향을 보인다. 즉, 파괴 후에도 상당한 잔류강도를 갖게 된다. 구속응력의 영향은 다음의 두 가지로 요약할 수 있다.

(1) 구속압력이 크면 클수록, 전단강도는 증가한다(이 사실은 토질역학의 경우와 동일하다).

(2) 구속압력이 없는 경우는 취성현상(brittle behavior)을 보이고 그림 4.5의 A시료에서와 같이 연직방향으로 균열이 발달되는 양상으로 파괴되나, B시료에서와 같이 구속압력이 어느 정도 증가되면 마치 토질과 같은 거동을 보이며, 시편은 토질에서와 같은 파괴면을 보인다. 만일 C시료와 같이 구속압력이 큰 경우는 연성(ductile) 또는 소성거동

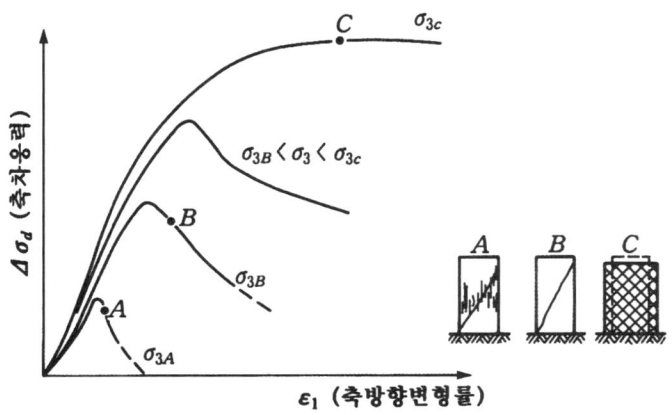

그림 4.5 구속압력이 암석의 강도에 미치는 영향

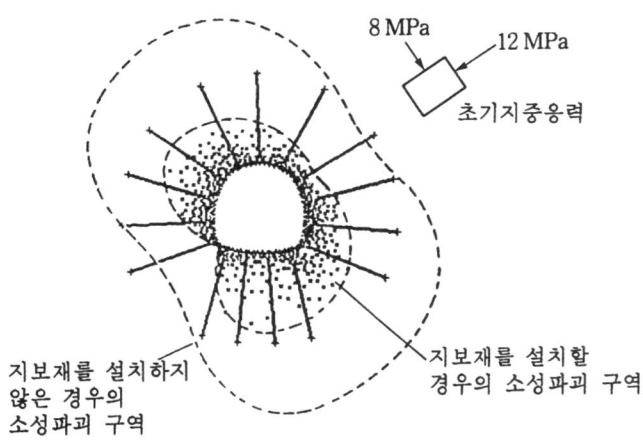

그림 4.6 터널 지보재가 소성파괴 구역에 미치는 영향(토상흑연성 천매암, 지하 600 m 터널)

(plastic behavior)을 보여 파괴점에 이른 후에도 크게 강도저하 현상을 보이지 않으며, 암석의 거동은 연약한 점토의 거동과 마찬가지로 파괴면을 뚜렷이 보이지 않고, 위아래로 찌그러지는 현상만을 보인다. 예를 들어서 그림 3.1에서 A 및 B 입자는 반경(radial) 방향의 응력이 '0'이므로 구속압력이 없기 때문에 강도가 작고 취성현상을 보일 수밖에 없으나, 만일 터널 안쪽에서 내압 p를 가하면 구속압력 상승으로 전단강도도 증가할 뿐 아니라, 터널주위가 비록 파괴기준에 도달하였다 하더라도, 소성거동으로 강도를 어느 정도 계속 유지할 수 있게 된다. 예를 들어서 록볼트(rock bolt) 등으로 터널을 보강하면 터널의 안정성을 가져올 수 있다. 그림 4.6에 보강으로 인한 안정성 증대의 예가 제시되어 있다. 이 현장은 토상흑연성 천매암(graphitic phyllite)에 터널을 설치한 경우로서

만일 터널에 아무 지보재도 설치하지 않은 경우는 외각의 점선 부분까지도 암반이 소성(또는 파괴) 상태에 이르게 되어 불안한 구조가 될 수밖에 없으나, 그림에서와 같이 록볼트(rock bolt) 또는 케이블볼트(cable bolt)로 지보재 보강을 하게 되면 터널 내부로부터 내압을 가한 효과로 인하여 강도가 증가하여 소성파괴구역이 대폭 감소했음을 볼 수있으며, 볼트의 길이는 영향을 받지 않은 구역까지 길게 설치하여, 매다는 효과를 갖게하여 터널구조물이 안정화될 수 있을 것이다.

암석의 종류에 따라 취성파괴형태로부터 연성파괴형태로 바뀌는 구속압력의 크기가 다르다. 대체적인 그 경계점들을 표 4.2에 표시하였다. 표에서 보듯이 암염(rock salt)은 처음부터 연성현상을 보이는 대표적인 암석이며, 화강암의 경우 구속압력이 100MPa($= 1000\text{kg/cm}^2$) 이상이되어야 연성거동을 보인다.

표 4.2 취성(brittle)거동에서 연성(ductile)거동으로 바뀌기 위한 구속압력

암석의 종류	구속압력(MPa)
암염	0
백악	< 10
셰일	0~20
석회석	20~100
사암	> 100
화강암	≫ 100

2) 재하속도의 영향

- 변형률속도(strain rate)의 영향: 암시편에 하중을 가하는 속도(변형률속도)가 암석의 강도와 변형계수에 영향을 미친다. 그림 4.7(a)에서 보면, 변형률이 작을수록, 즉 하중을 천천히 가할수록 암석의 강도는 작아진다.

- 크리프(creep): 그림 4.7(b)에서와 같이 하중을 증가시키다가 A에서 멈추고, 하중을 가한 채로 장기간 계속 놓아두면 변형이 계속 일어나 C점에 이를 것이다. C점은 그림 4.4에서 V, VI 구간에 해당되는 파괴 후의 거동에서 보여주는 응력−변형률 곡선상에 놓여 있는 점이다.

- 반복하중(cyclic loading, fatigue): 그림 4.7(c)에서와 같이 하중을 D점에서 멈추고 계속적으로 반복하중을 가하면 역시 변형률이 증가하여 E점에 이르게 된다. 크리프의 경우와 같이 결국 파괴 후의 거동을 나타내는 곡선상에 놓이게 된다.

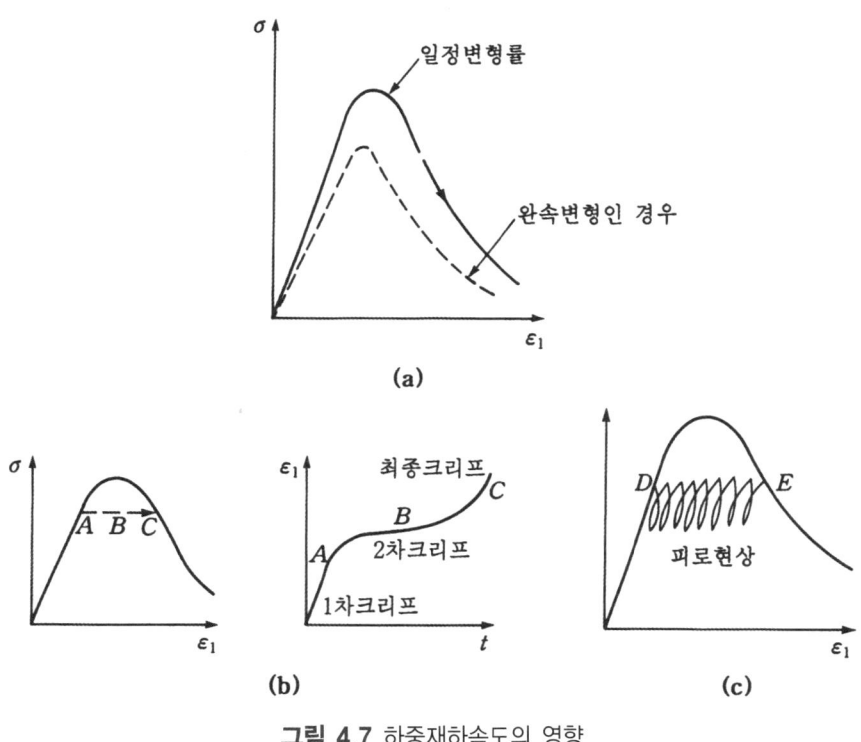

그림 4.7 하중재하속도의 영향

3) 암석 크기의 영향

암석시편의 크기가 크면 클수록 암석 내에 미세균열(fissures)의 숫자가 많아지게 되어 결국 암석의 강도가 작아질 것이다. 이 영향을 가장 잘 보여주는 것이 그림 4.8이다. 암석시편의 직경 $D=50$mm를 기준으로 하고, 여러 직경의 암석시편에 대하여 일축압축강도를 구하여 $D=50$mm일 때의 강도(σ_{c50})와 비교한 것이다. 그림에서 보듯이 당연히 직경이 커질수록 다음의 식으로 일축압축강도가 감소함을 알 수 있다.

$$\sigma_c = \sigma_{c50}\left(\frac{50}{D}\right)^{0.18} \tag{4.3}$$

여기서, σ_c: 암석의 일축압축강도

$\qquad\sigma_{c50}$: $D=50$mm 암석시편의 일축압축강도

$\qquad D$: 암석시편의 직경(단위: mm)

여기에서 분명히 밝혀둘 사항은 그림 4.8에서 제시된 시료들은 근본적으로 주된 절리가 없는 신선암(intact rock)이라는 것이다. 단지 시편 속에 미세한 미세균열(fissures)만이 존재하는 암석임에도 불구하고 그 영향이 무척 큼을 알 수 있다. 만일 암석에 절리(joint)가 존재하면, 암석의 강도는 완전히 이 절리에 의하여 지배받을 것이다.

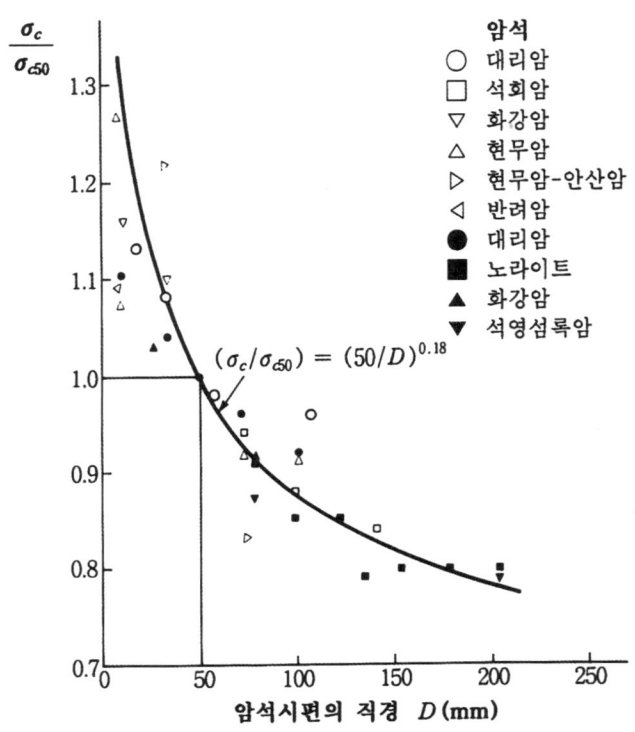

그림 4.8 암석시편의 크기가 암석 강도에 미치는 영향

4) 암석의 이방성이 강도에 미치는 영향

제2장에서 서술한 대로 암석은 벽개, 층리, 엽리, 편리 등으로 인하여 이방성을 갖는 것이 많다. 그 이방성으로 인하여 암석의 강도가 달라진다. 그림 4.9에 이 영향의 예가 제시되었다. 그림에서 보면 엽리의 방향과 하중작용 방향이 같거나, 직각인 경우가 강도가 가장 크고, β 값이 50° 근처에서 최소가 됨을 알 수 있다. 이방성암은 일종의 신선암이다. 신선암의 경우도 이방성에 의하여 강도가 크게 차이가 나는 것을 보면 암석에 절리가 있는 경우의 영향정도는 미루어 짐작할 수 있을 것이다.

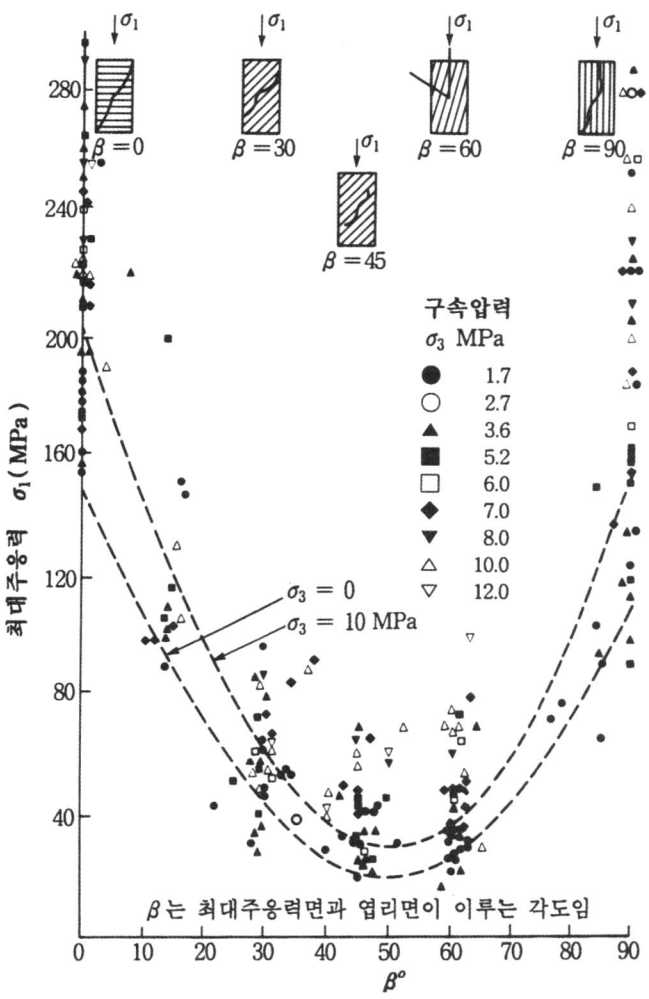

그림 4.9 암석의 이방성이 일축압축강도에 미치는 영향(흑갈색의 슬레이트의 경우)

5) 온도가 암석의 강도에 미치는 영향

핵폐기물 저장을 위한 지하공동구조물의 경우 온도효과가 중요한 문제로 대두된다. 일반적으로 암석의 온도가 높을수록 그림 4.10에서와 같이 암석의 강도가 작아지는 것으로 알려져 있다.

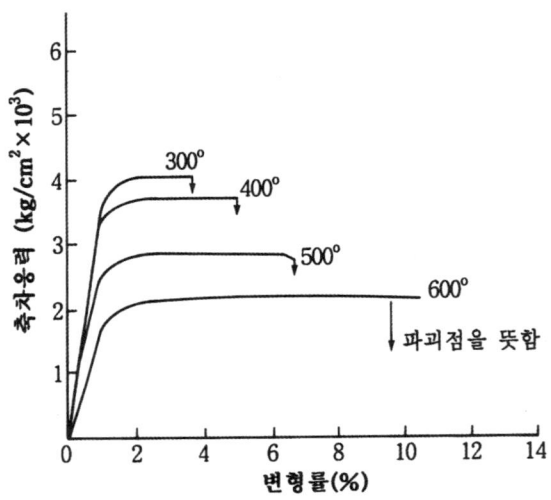

그림 4.10 온도가 암석의 강도에 미치는 영향

4.4 암석/암반의 파괴기준

암반구조물로 인하여 응력에 변화가 있었을 때, 이제까지의 여러 암석강도 이론 및 실험에 근거하여, 응력변화 이후의 응력이 파괴에 이르렀는지 아닌지를 판단할 수 있는 파괴기준을 설정하여야 한다. 토질역학에서의 파괴기준을 보면(토질역학의 원리 10.2절) 파괴기준은 다음과 같이 두 가지 방법으로 설정할 수가 있다고 하였다.

(1) 전단강도(shear strength)로 설정

파괴가능면을 먼저 가정하고, 그 면에서의 전단응력 τ(shear stress)와 전단강도 τ_f(shear strength)를 비교하여 결정하는 방법

$$\begin{cases} \tau < \tau_f \, \text{이면 안정} \\ \tau \geq \tau_f \, \text{이면 파괴 또는 소성상태} \end{cases}$$

여기서, 전단강도 τ_f는 '$\tau_f = c + \sigma_n \tan\phi$'로서 최대로 버틸 수 있는 저항력을 나타내며 이를 Mohr-Coulomb의 파괴기준이라고 한다.

(2) 주응력의 차에 의하여 결정

지중입자에 작용되는 최대주응력 σ_1 및 최소주응력 σ_3를 구하여 축차응력 $\Delta \sigma_d = \sigma_1 - \sigma_3$ 가 기준강도를 초과하는지의 여부로 결정하는 방법(물론 이 이론을 좀더 일반화하면 소위 Drucker-Prager 이론이 된다). 한 예로서 가장 단순하게 파괴기준을

$$f = \sigma_1 - \sigma_3 - k = 0$$

또는

$$\sigma_1 - \sigma_3 = k$$

로 보면, 다음이 파괴인지 아닌지를 판단하는 잣대로 사용될 수 있을 것이다. 즉,

$$\begin{cases} \sigma_1 < \sigma_3 + k \text{ 이면 안정} \\ \sigma_1 \geq \sigma_3 + k \text{ 이면 파괴 또는 소성상태} \end{cases}$$

이 경우에 파괴기준은 '$\sigma_{1f} = \sigma_3 + k$'로 나타낼 수 있을 것이다.

암석/암반의 파괴기준으로서, 대표적인 것이 Griffith의 파괴기준, Hoek-Brown의 파괴기준, Mohr-Coulomb의 파괴기준 등의 세 가지이다. 전자의 두 가지 파괴기준은 위의 두 방법 중 (2)에 해당되며, 마지막 기준은 물론 (1)에 해당된다.

4.4.1 Griffith의 파괴기준

이 파괴기준은 근본적으로 파괴역학(fracture mechanics)에 근거하여 균열확장이론 (crack propagation theory)에 근간을 둔 파괴이론으로 인장 시의 파괴기준에는 적용할 수 있으나, 압축하중 작용 시의 파괴이론으로는 적합하지 않은 이론이다. 또한 이 이론은 균열확장이론에 근간을 두고 있으므로 암석(intact rock)에 대한 파괴이론이다.

그림 4.11에서와 같이 '길이 $2c$의 미세균열이 이미 존재하는 고체에 인장응력을 가하여서 균열의 길이가 더 길게 되어 파괴되도록 하기 위해서는 일정한 에너지가 필요하다.'는 이론에 근거한 파괴이론이며, 인장강도 σ_t는 다음 식과 같이 나타낸다.

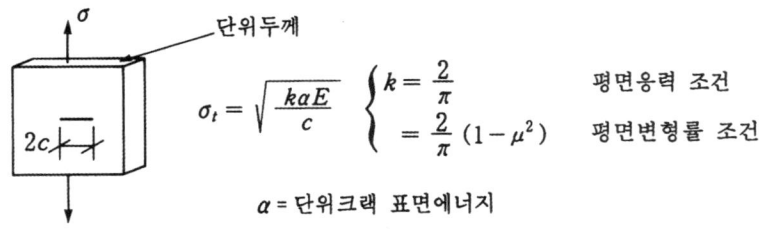

$$\sigma_t = \sqrt{\frac{k\alpha E}{c}} \quad \begin{cases} k = \dfrac{2}{\pi} & \text{평면응력 조건} \\ = \dfrac{2}{\pi}(1-\mu^2) & \text{평면변형률 조건} \end{cases}$$

α = 단위크랙 표면에너지

그림 4.11 크랙의 확장 조건

$$\sigma_t = \sqrt{\frac{k\alpha E}{c}} \tag{4.4}$$

여기서, k: 시험조건에 따라 변하는 계수 즉,

$$\begin{cases} k = \dfrac{2}{\pi} & \text{평면응력조건} \\ = \dfrac{2}{\pi}(1-\mu^2) & \text{평면변형률조건} \end{cases}$$

α: 단위크랙 표면에너지(unit surface energy of the crack)

E: 암석의 탄성계수

c: 이미 존재하는 미세균열(fissures) 길이의 1/2

식 (4.4)에서 알 수 있는 것은 암석의 인장강도는 미세균열 길이의 제곱근에 반비례한다는 것이다. 즉, 초기의 미세균열의 길이가 길면 길수록 인장강도는 작아질 것이다.

파괴역학에 근거하여 Griffith는 암석에 인장하중과 압축하중이 함께 작용될 때의 파괴기준식도 역시 유도하였으며, 이를 소개하면 다음과 같다(그림 4.12 참조).

$$\begin{cases} (\sigma_1 - \sigma_3)^2 = 8\sigma_t(\sigma_1 + \sigma_3) \ ; \ \sigma_1 + 3\sigma_3 > 0 \text{인 경우} \\ \sigma_3 = -\sigma_t \quad\quad\quad\quad\quad\quad\quad ; \ \sigma_1 + 3\sigma_3 \leq 0 \text{인 경우} \end{cases} \tag{4.5}$$

그림 4.12를 살펴보면 다음 사항을 알 수 있다. 인장응력이 주로 작용되는 AC구간을 제외하고 CDE의 곡선은 포물선을 띤다는 것이다. 그림에서 F점에 응력이 존재하면 파괴가 아니며, G점에 존재하면 파괴되었음을 나타낸다.

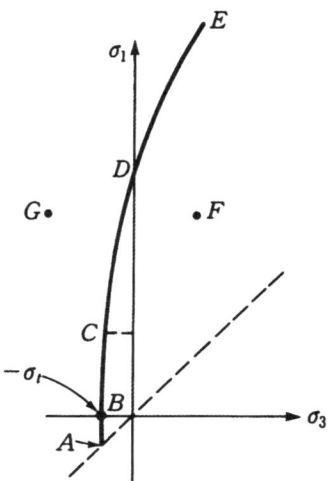

그림 4.12 Griffith의 파괴기준

식 (4.5)에서 $\sigma_3 = 0$을 대입하면 일축압축상태가 되며, 이때 일축압축강도 σ_c와 σ_t 사이에는

$$\sigma_c = 8\,\sigma_t \tag{4.6}$$

의 관계가 있음을 알 수 있다. 즉, 이론적으로 인장강도는 압축강도의 $\frac{1}{8}$ 정도이다. 실제 암석에서는 미세균열로 인하여 인장강도가 식 (4.6)보다 훨씬 작은 것이 일반적이다.

Griffith 파괴기준이 실제로 암반역학의 실무에서 쓰이지는 않으나, 다음과 같은 사실들을 유추해 내었음을 기억하길 바란다.

(1) 암석의 강도는 미세균열 길이의 제곱근에 반비례한다(그림 4.8을 이론적으로 설명).
(2) 암석역학에서 파괴기준을 나타내는 $\sigma_{1f} - \sigma_3$ 파괴포락선은 직선이 아니라 포물선에 가깝다.

4.4.2 Mohr-Coulomb의 파괴기준

1) 개요

암석(intact rock)에 대하여 인장실험, 일축압축강도시험, 삼축압축강도시험을 실시하여 그 결과들로 Mohr원을 그렸을 때, 접선과 절편을 이용하여 Mohr-Coulomb의 파괴포락선을 그릴 수 있다. 그림 4.4를 참조하면 암석의 강도에는 첨두강도(peak strength)와 잔류강도 (residual strength)가 있고, 잔류강도도 전단파괴 후의 거동특성을 이해하는 데 중요한 요소 가 된다고 하였다. 그림 4.4를 다음 그림과 같이 단순화시키자.

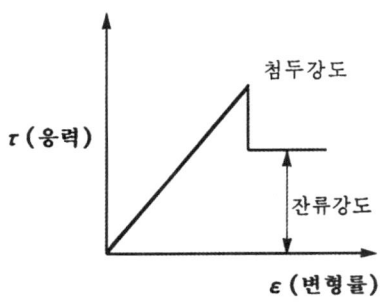

첨두강도를 사용하여 Mohr-Coulomb의 파괴기준을 표시하면 다음과 같다.

$$\tau_f = \tau_{f(peak)} = c + \sigma_n \tan\phi \tag{4.7}$$

한편, 잔류강도를 사용하는 경우의 파괴기준은(절편 값 c_{res}은 0에 가까우므로) 다음 식으 로 표시된다.

$$\tau_{f(res)} = c_{res} + \sigma_n \tan\phi_{res}$$
$$\fallingdotseq \sigma_n \tan\phi_{res} \tag{4.8}$$

첨두강도를 사용하였을 때의 Mohr-Coulomb의 파괴기준을, 실험값을 정리하여 그림으로 나타낸 Mohr원과 함께 나타내면, 그림 4.13과 같다. 토질역학에서의 Mohr-Coulomb 파괴 이론과의 근본적인 차이는 암석은 인장력도 받을 수 있기 때문에 τ축 왼쪽에도 파괴포락선이 존재한다는 것이다.

이 절에서 제시한 Mohr-Coulomb의 파괴기준에 대하여 다음의 두 가지 문제점을 주지하 기 바란다.

(1) 이 절에서 서술한 파괴기준은 암석의 실내실험값을 배경으로 Mohr원을 그렸으므로 암 석의 전단강도로 보아야 하며, 대형 현장실험을 실시하지 않는 한 실내실험 결과만을 가

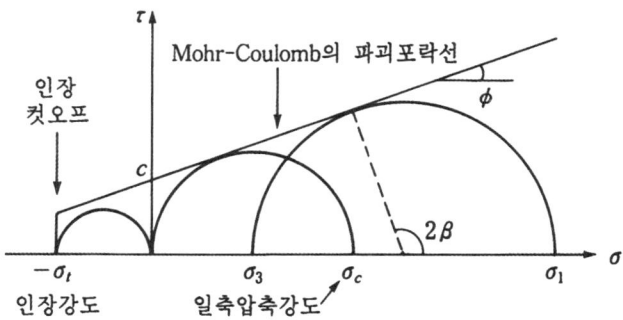

그림 4.13 Mohr-Coulomb의 파괴기준

지고 암반(rock mass)의 파괴기준을 설정하는 것은 불가능하다. 다만, 다음 절에서 서술하는 Hoek-Brown의 파괴기준은 암석뿐만 아니라 암반에도 적용할 수 있도록 제안되었다. Hoek-Brown의 파괴기준으로부터 역산하여 Mohr-Coulomb의 파괴기준을 예측할 수 있으며, 이를 다음 절의 하반부에 서술할 것이다.

(2) 실제로 실험결과를 정리하여 보면, 그림 4.13에서 보여지는 것과 같이 파괴포락선이 직선으로 나타나지 않고 곡선으로(포물선) 되는 것이 보통이다. 그러나 대부분 실무에서는 최소자승법 등을 사용하여 곡선을 직선으로 가정하고 c, ϕ 값을 구함이 보통이다.

각종 암석에 대한 강도정수 값들의 예가 표 4.3에 표시되어 있다.

표 4.3 대표적인 암석들의 c, ϕ 값

암석의 종류	간극률(%)	c(MPa)	ϕ	구속압력의 범위(MPa)
사암	18.2	27.2	27.8	0~200
사암		8.0	37.2	0~203
사암	14.0	14.9	45.2	0~68.9
미사암	5.6	34.7	32.1	0~200
셰일	4.7	38.4	14.4	0~200
셰일		0.34	22.0	0.8~4.1
셰일(벤토나이트성)	44.0	0.37	7.5	0.1~3.1
규암		0.6	48.0	0~203
판암				
(벽개와 30°)		26.2	21.0	34.5~276
(벽개와 90°)		70.3	26.9	34.5~276
대리암	0.3	21.2	25.3	5.6~68.9
석회암		23.6	34.8	0~203
석회암	19.4	6.72	42.0	0~9.6
백운암	3.5	22.8	35.5	0.8~5.9
백악	40.0	0	31.5	10~90
경석고		43.4	29.4	0~203
화강암	0.4	55.2	47.7	0.1~98
화강암	0.2	55.1	51.0	0~68.9
현무암	4.6	66.2	31.0	3.4~34.5
편리성 편마암				
(편리와 90°)	0.5	46.9	28.0	0~69
(편리와 30°)	1.9	14.8	27.6	0~69

2) 주응력으로 표시한 Mohr-Coulomb 파괴기준

Mohr-Coulomb의 파괴기준은 전단응력으로 표시하는 것이 일반적이기는 하나, 수치해석에서 쉽게 응용할 수 있도록 주응력으로 표시하기도 한다. 주응력으로 표시한 암석에 대한 Mohr-Coulomb의 파괴기준은 다음과 같다.

$$\sigma_{1f} = \sigma_c + k\sigma_3 \tag{4.9}$$

여기서, σ_c: 암석의 일축압축강도로서 다음 식으로 표현된다.

$$\sigma_c = \frac{2c\cos\phi}{1-\sin\phi} \tag{4.10a}$$

k: 계수로서 다음 식과 같다.

$$k = \frac{1 + \sin \phi}{1 - \sin \phi} \tag{4.10b}$$

c, ϕ와 σ_c, k의 관계식은 다음 식으로 표현된다.

$$\sin \phi = \frac{k - 1}{k + 1} \tag{4.11}$$

$$c = \frac{\sigma_c}{2 \sqrt{k}} \tag{4.12}$$

한편 잔류강도를 사용하는 경우는 $\tau_{f(res)} = c_{res} + \sigma_n \tan \phi_{res}$로 전단강도가 표시되므로 이 경우에 대하여 주응력으로 표시한 Mohr-Coulomb 파괴기준은 다음과 같이 표현되어야 한다.

$$\sigma_{1f(res)} = \sigma_{c(res)} + k_{res} \, \sigma_3 \tag{4.9a}$$

여기서, $\sigma_{c(res)}$: 암석의 잔류일축압축강도(residual unconfined compressive strength of broken or disintegrated rock)

이때, c_{res}, ϕ_{res}와 $\sigma_{c(res)}$, k_{res} 사이에는 다음의 관계가 성립된다.

$$\sigma_{c(res.)} = \frac{2 \, c_{res} \cos \phi_{res}}{1 - \sin \phi_{res}} \tag{4.10c}$$

$$k_{res} = \frac{1 + \sin \phi_{res}}{1 - \sin \phi_{res}} \tag{4.10d}$$

또는

$$\sin \phi_{res} = \frac{k_{res} - 1}{k_{res} + 1} \tag{4.11a}$$

$$c_{res} = \frac{\sigma_{c(res)}}{2\sqrt{k_{res}}}$$

(4.12a)

4.4.3 Hoek-Brown의 파괴기준

1) 서론

Hoek-Brown의 파괴기준은 1980년에 처음 발표된 이후 계속 수정되어온 기준으로 가장 실제적인 모델로 볼 수 있으며, 다음의 특징을 갖고 있다.

(1) 이 기준은 기본적으로 수많은 실험을 집대성하여 제시된 경험을 바탕으로 한 기준이다.
(2) 암석(intact rock)뿐만 아니라 암반(rock mass)에도 적용할 수 있는 유일한 기준이다.
(3) 이 기준은 주응력을 중심으로 한 것이다. 4.4절의 서두부분에서 서술한 '$\sigma_{1f} = \sigma_3 + k$'의 파괴형태를 가진다.
(4) Hoek-Brown의 파괴기준으로부터 Mohr-Coulomb의 파괴기준을 역산할 수 있는 방법들이 제시되었다.

2) Hoek-Brown의 파괴기준식

그림 4.14에 보듯이 암반 실험치들을 $\sigma_1 - \sigma_3$ 그래프 상에 나타내었을 때 파괴 시의 주응력 σ_{1f}와 최소주응력 σ_3 사이에는 다음 식과 같은 표현이 가능함을 알 수 있었다. 이는 그림 4.12에서와 같이 Griffith가 이론적으로 파괴면은 포물선의 모양을 띠고 있다고 제안했던 것과 같은 결과를 보여줌을 알 수 있다.

$$\sigma_{1f} = \sigma_3 + \sigma_c \left(m_b \frac{\sigma_3}{\sigma_c} + s \right)^a$$

(4.13)

여기서, m_b, s, a는 계수로서 암반의 종류와 불연속면의 발달정도에 따라 달라진다. 물론 σ_c는 암석의 일축압축강도이다.

식 (4.13)이 Hoek-Brown이 제안한 암석/암반의 일반적인 파괴기준식이다. 식 (4.13)을 이용하기 위하여 우선적으로 필요한 암반특성치는 m_b, s, a 및 σ_c 이다. 다음에 먼저 암석(intact rock)의 파괴기준을 제시하고, 다음에 암반(rock mass)의 파괴기준으로 확장하고자 한다.

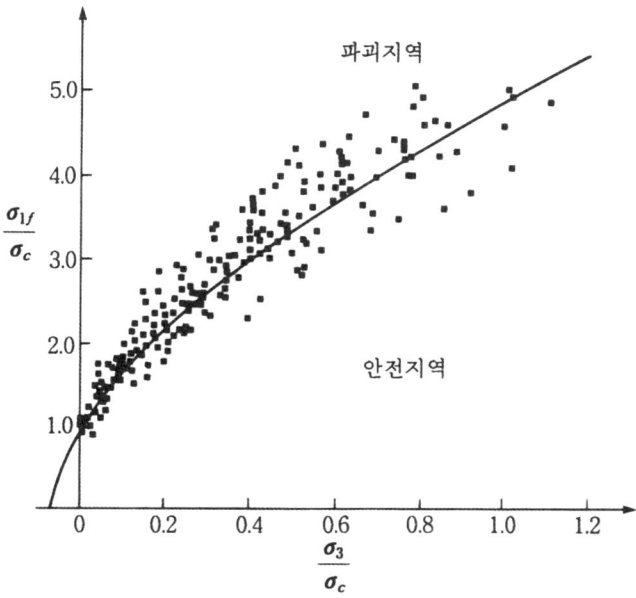

그림 4.14 Hoek–Brown의 경험에 근거한 파괴기준

(1) 암석(intact rock)의 파괴기준

암석의 파괴기준은 다음 식과 같다.

$$\sigma_{1f} = \sigma_3 + \sigma_c \left(m_i \frac{\sigma_3}{\sigma_c} + 1 \right)^{0.5} \tag{4.14}$$

위의 식을 식 (4.13)과 비교해 보면, 신선한 암인 경우

$$m_b = m_i$$
$$s = 1$$
$$a = 0.5$$

임을 알 수 있다. 여기서, m_i는 암석의 종류에 따른 계수 값을 나타내며, m_b는 신선한 암석인
경우는 m_i가 되나 암반인 경우는 m_i보다 작은 값을 갖게 되고, s 역시 신선한 암에서는 1의
값을 갖으나, 암반에 절리가 많으면 많을수록 0에 접근하는 값을 갖게 되는 계수이다.

<u>σ_c(암석의 일축압축강도)</u>

물론 암석에 대하여 직접 실험을 실시하여 구해야 한다. 표 4.1에 암석의 종류에 따른 일축압축강도 값들이 예시되어 있다.

<u>m_i(암석계수)</u>

암석의 종류에 따른 m_i의 제시된 값들은 표 4.4와 같다.

표 4.4 암석계수 m_i 값

암석의 형태	분류	그룹	크기			
			조립	중간	세립	매우 세립
퇴적암	쇄설성		역암 (22)	사암 19	미사암 9	이암 4
				(18)	백악	
	비쇄설성	유기질		7	석탄	
				(8~21)		
		탄산염그룹	각력암 (10)[2]	큰조직의 석회암 (10)	작은조직의 석회암 8	
		화학작용		석고 16	경석고 13	
변성암	엽리 없음		대리암 9	호온펠스 (19)	규암 24	
	약간의 엽리		미그마타이트 (30)	각섬암 21~31	마이로나이트 (6)	
	엽리구조[1]		편마암 33	편암 4~8	천매암 (10)	판암 9
화성암	담색		화강암 33		유문암 (16)	흑요암 (19)
			화강섬록암 (30)		석영안산암 (17)	
			섬록암 (28)		안산암 19	
	검은색		반려암 (27)	섬록암 (19)	현무암 (17)	
			노라이트 22			
	분출쇄설성		집괴암 (20)	각력암 (18)	응회암 (15)	

주) 1) 엽리에 평행이거나 수직인 경우의 m_i 값임
   2) 괄호 속의 값들은 추정치

(2) 암반(rock mass)의 파괴기준

암반의 파괴기준으로는 식 (4.13)을 이용한다. 단, m_b 및 s 값을 구하기 위하여 GSI(Geological Strength Index ; 지질강도지수)를 새로이 도입하였다. 암반의 상태에 따른 GSI 값들이 표 4.5 및 표 4.6에 제시되어 있다.

$\underline{m_b}$

m_b 값은 다음 식으로 구한다.

$$m_b = m_i \exp\left(\frac{GSI - 100}{28}\right) \tag{4.15}$$

$\underline{s \ \text{및} \ a}$

s 값은 GSI의 값에 따라 다음 식으로 구한다.

• GSI > 25인 경우

$$s = \exp\left(\frac{GSI - 100}{9}\right) \tag{4.16}$$
$$a = 0.5$$

• GSI ≤ 25인 경우

$$s = 0$$
$$a = 0.65 - \frac{GSI}{200} \tag{4.17}$$

표 4.5과 4.6에서 제시된 GSI 값은 제7장에서 서술하는 암반분류법의 하나인 RMR(Rock Mass Rating)값과 밀접한 관계가 있다. GSI와 RMR 사이의 관계식은 7장에서 상세히 서술하고자 한다.

표 4.5 암반의 강도 예측을 위한 특성평가

암반의 강도예측을 위한 특성평가 · 암반에 설치한 구조물에 비하여 절리의 간격이 작은 경우에만 적용 · 발파의 영향도 감안할것	표면의 상태	**매우 좋음** 매우 거친 표면으로 표면신선	**좋음** 거친 표면으로 약간풍화	**보통** 부드러운 표면으로 풍화 중간, 표면변질	**불량** 반들반들한 경면으로 한전 풍화된 표면, 각력강을 포함 충전물	**매우 불량** 반들반들한 경면으로 한전 풍화된 표면, 점토 충전물
구 조		표면상태 불량해짐 ➡				
BLOCKY 3개 정도의 불연속면으로 형성, 블록은 신선암	서로 맞물림 정도가 저하됨 ⬇	B/VG	B/G	B/F	B/P	B/VP
VERY BLOCKY 4개 이상의 불연속면으로 형성, 블록은 부분적으로 교란됨		VB/VG	V/B/G	VB/F	VB/P	VB/VP
BLOCKY/DISTURBED 많은 불연속면으로 형성, 교란된 상태		BD/VG	BD/G	BD/F	BD/P	BD/VP
DISINTEGRATED 완전히 깨진 상태		D/VG	D/G	D/F	D/P	D/VP

표 4.6 GSI 값(지질강도지수)

GSI 값 (지질강도지수, Geological Strength Index)	표면의 상태	매우 좋음 매우 거친 표면으로 표면신선	좋음 거친표면으로 약간풍화	보통 부드러운 표면으로 풍화도 증가, 표면변질	불량 반들반들한 경면으로 완전 풍화된 표면, 각력암 등으로 충진됨	매우 불량 반들반들한 경면으로 완전 풍화된 표면, 점토 등으로 충진
구 조		표면상태 불량해짐 ➡				
BLOCKY 3개 정도의 불연속면으로 형성, 블록은 신선암	암석의 블록간에 작용력 저하	80 70				
VERY BLOCKY 4개 이상의 불연속면으로 형성, 블록은 부분적으로 교란됨			60 50			
BLOCKY/ DISTURBED 많은 불연속면으로 형성, 교란된 상태				40	30	
DISINTEGRATED 완전히 깨진 상태					20	10

σ_{tm} (암반의 인장강도)

식 (4.13)에서 편의상 $a = 0.5$로 가정하고, $\sigma_{1f} = 0$으로 놓으면 암반의 인장강도 σ_{tm}은 다음 식으로 구할 수 있다. 식 (4.13)에서

$$0 = \sigma_3 + \sigma_c \left(m_b \frac{\sigma_3}{\sigma_c} + s \right)^{\frac{1}{2}}$$

$\sigma_3 = -\sigma_{tm}$ 을 위의 식에 대입하고 σ_{tm} 에 관하여 풀면

$$\sigma_{tm} = -\frac{\sigma_c}{2} \left(m_b - \sqrt{m_b{}^2 + 4s} \ \right). \tag{4.18}$$

3) Hoek–Brown 파괴기준으로부터 Mohr–Coulomb 기준을 예측하는 방법

식 (4.9)는 암석(intact rock)에 대한 Mohr–Coulomb 파괴기준을 주응력으로 나타낸 것이다. 식 (4.9)를 일반화하여 암반(rock mass)에 대한 Mohr–Coulomb 파괴기준을 다음 식으로 표시할 수 있다.

$$\sigma_{1f} = \sigma_{cm} + k\sigma_3 \tag{4.19}$$

$$\sigma_{cm} = \frac{2c \cos\phi}{1 - \sin\phi} \tag{4.20a}$$

$$k = \frac{1 + \sin\phi}{1 - \sin\phi} \tag{4.20b}$$

$$\sin\phi = \frac{k - 1}{k + 1} \tag{4.21}$$

$$c = \frac{\sigma_{cm}}{2\sqrt{k}} \tag{4.22}$$

여기서, σ_{cm}은 암반(rock mass)의 일축압축강도를 나타낸다.

식 (4.13)과 (4.19)를 비교하여 보면 Hoek-Brown의 파괴기준은 곡선식인데 반하여, Mohr-Coulomb의 기준은 직선식이다. Hoek-Brown의 파괴기준으로부터 Mohr-Coulomb의 기준식으로 바꾸는 방법은 여러 공학자에 의한 여러 가지 묘안들이 제시되었다.

그중 가장 실제적이고, 손쉬운 방법은 회귀분석법을 이용하는 방법이다. 이 방법을 소개하면 다음과 같다(예로서 그림 4.15 참조).

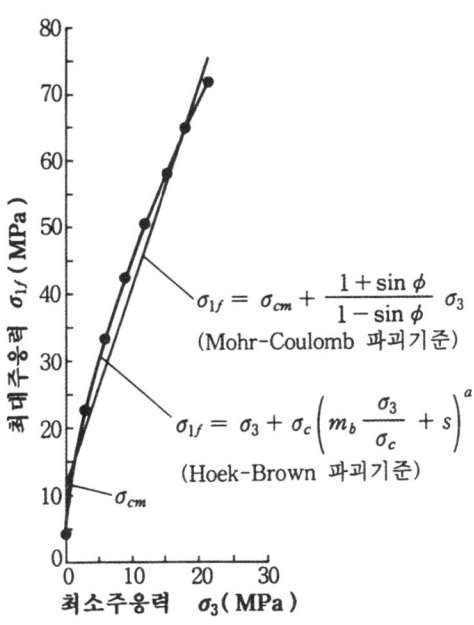

그림 4.15 Hoek-Brown의 파괴기준과 Mohr-Coulomb의 파괴기준 비교 예

(1) Hoek-Brown의 파괴기준이 구해지면 $0 < \sigma_3 < 0.25\sigma_c$ 범위에 있는 임의의 σ_3 값들에 대하여 σ_{1f} 값을 구하고[식 (4.13) 이용] 이를 $\sigma_{1f} - \sigma_3$ 그래프 상에 그린다.

(2) 그림 4.15에 표시된(σ_3, σ_{1f}) 값들에 대하여 선형회귀 분석법으로 직선식을 구한다. 이 직선식의 기울기가 k, 절편이 σ_{cm} 이 된다.

(3) 위에서 구한 k, σ_{cm} 값을 식 (4.21), (4.22)에 대입하여 ϕ, c 값을 구한다. 이때 Mohr-Coulomb의 파괴기준은 $\tau_f = c + \sigma_n \tan\phi$로 표시될 수 있다.

[예제 4.1] 현장조사결과 시료의 직경 D=150mm인 시편은 정확히 현장의 암반을 대표할 수 있는 것으로 보고되었다. D=150mm의 시편으로 삼축압축시험을 실시한 결과는 다음 표와 같다.

구속압력(MPa)	파괴 시의 축하중(MN)
5	0.188
10	0.317
15	0.437
20	0.552
25	0.664

또한 미세균열이 거의 없는 D= 37mm의 시편에 대하여 일축압축강도 시험을 실시한 결과 σ_c= 45MPa이었다(단 a는 0.5로 가정).

1) 위의 실험 결과를 이용하여 GSI, s 값을 구하라
2) 이 현장에서 지중에 위치한 한 입자의 최소주응력은 1.2MPa, 최대주응력은 4.0MPa이었다. 이 입자의 파괴 여부를 평가하라.
3) 위의 Hoek-Brown 파괴기준으로부터 Mohr-Coulmb 파괴기준에 소요되는 c, ϕ 값을 예측하라.

[풀 이]

1) Hoek-Brown에 의한 파괴기준식은

$$\sigma_{1f} = \sigma_3 + \sigma_c \left(m_b \frac{\sigma_3}{\sigma_c} + s \right)^a$$

주어진 조건에서 a = 0.5라 하였으므로,

$$\left(\frac{\sigma_{1f} - \sigma_3}{\sigma_c} \right)^2 = m_b \frac{\sigma_3}{\sigma_c} + s \tag{A}$$

로 표시할 수 있다. $\sigma_3 \approx$ 5~25MPa를 취하여 다음 값들을 구한다.

σ_3(MPa)	Axial load(MN)	σ_{1f}(MPa)	σ_3/σ_c	$((\sigma_{1f} - \sigma_3)/\sigma_c)^2$
5	0.188	10.64	0.111	0.016
10	0.317	17.94	0.222	0.031
15	0.437	24.73	0.333	0.047
20	0.552	31.24	0.444	0.062
25	0.664	37.57	0.555	0.078

위의 표를 이용하여 (A)관계식을 그림으로 그리면 다음과 같다.

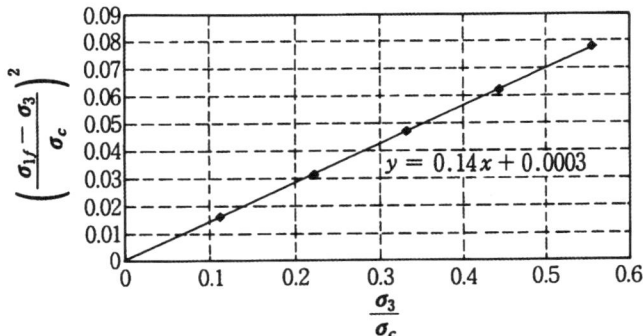

그림으로부터 $m_b = 0.14$(기울기), $s = 0.0003$(절편)이다.

이때, GSI > 25이면 $s = \exp\left(\dfrac{\text{GSI} - 100}{9}\right)$

$a = 0.5$이므로 이로부터 GSI 값을 구하면 다음과 같다.

$\therefore$ GSI = 27.0 (O.K $\because$ GSI > 25)

2) $\sigma_{1f} = \sigma_3 + \sigma_c \left(m_b\, \dfrac{\sigma_3}{\sigma_c} + s \right)^{\frac{1}{2}}$

$\qquad = 1.2 + 45 \left(0.14 \times \dfrac{1.2}{45} + 0.0003 \right)^{\frac{1}{2}}$

$\qquad = 4.06\,\text{MPa}$

$\sigma_{1f} > \sigma_1 = 4.0\text{MPa}$ $\therefore$ 이 입자는 거의 파괴에 가까운 형태이다.

3) $\sigma_{1f} = \sigma_3 + 45 \left(0.14 \times \dfrac{\sigma_3}{45} + 0.0003 \right)^{\frac{1}{2}}$

$\sigma_3 = 2$, 4, 6, 8, 10MPa에 대해 σ_{1f}를 구한다($0 < \sigma_3 < 0.25\,\sigma_c$).

σ_3(MPa)	σ_{1f}(MPa)
2	5.634
4	9.080
6	12.197
8	15.142
10	17.975

위의 표값들을 그림과 같이 표시하고 회귀 직선식을 구하면 다음과 같다.

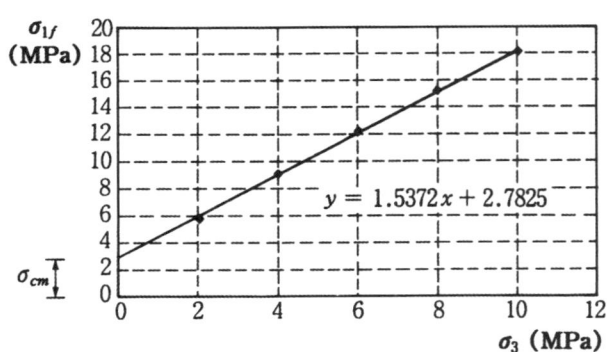

그래프로부터 $k = 1.5372$, $\sigma_{cm} = 2.7825\,\mathrm{MPa}$이며, 또한 ϕ 및 c는 다음과 같다.

$$\sin\phi = \frac{k-1}{k+1} = \frac{0.5372}{2.5372} \;\rightarrow\; \phi = 12.22^{o}$$

$$c = \frac{\sigma_{cm}}{2\sqrt{k}} = \frac{2.7825}{2\sqrt{1.5372}} \;\rightarrow\; c = 1.12\,\mathrm{MPa}$$

[예제 4.2] 어느 사면현장의 암반은 석회암(큰 조직)이었으며 절리가 많다. 이 암석의 $\sigma_c = 180\,\mathrm{MPa}$, $GSI = 49$이었다. 다음 그림과 같이 사면상의 A 입자에서 $\theta = 55^{o}$ 상으로 파괴가능성이 있는 것으로 보고되었으며 A입자의 $\sigma_1 = 5.4\,\mathrm{MPa}$, $\sigma_3 = 0.8\,\mathrm{MPa}$이고 또한 절리사이에 존재하는 물로 인하여 수압 $u = 0.1\,\mathrm{MPa}$이었다.

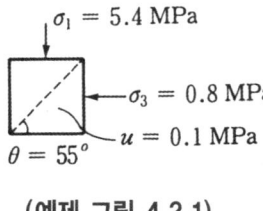

$\sigma_1 = 5.4\ \mathrm{MPa}$
$\sigma_3 = 0.8\ \mathrm{MPa}$
$u = 0.1\ \mathrm{MPa}$
$\theta = 55^{o}$

(예제 그림 4.2.1)

1) Hoek-Brown 파괴기준을 구하고, A입자의 파괴여부를 판단하라.
2) Hoek-Brown 파괴기준으로부터 c, ϕ 값을 예측하고 Mohr-Coulmb 파괴기준으로 A입자의 전단파괴 여부를 판단하라.

[풀 이]

이 문제에서는 수압 $u = 0.1\text{MPa}$이 존재하므로, 유효응력으로 강도를 구해야 한다.

1) $\sigma_{1f} = \sigma_3' + \sigma_c \left(m_b \dfrac{\sigma_3'}{\sigma_c} + s \right)^a$ (m_b, s, a는 암에 따른 계수)

GSI > 25 인 경우 $m_b = m_i \exp\left(\dfrac{GSI - 100}{28} \right)$

$$s = \exp\left(\dfrac{GSI - 100}{9} \right)$$

$a = 0.5$이다.

m_i는 암종에 관련된 계수로써 큰조직석회암의 경우 $m_i = 10$이다(표 4.4 참조).

$$m_b = 10 \exp\left(\dfrac{49 - 100}{28} \right) = 1.618$$

$$s = \exp\left(\dfrac{49 - 100}{9} \right) = 0.0035$$

$$\sigma_{1f}' = (0.8 - 0.1) + 180 \left(1.618 \times \dfrac{(0.8 - 0.1)}{180} + 0.0035 \right)^{\frac{1}{2}}$$

$$= 18.73\,\text{MPa} > \sigma_1' = 5.3\,\text{MPa}$$

∴ $\sigma_{1f}' > \sigma_1'$이므로 A입자는 파괴되지 않는다.

2) $\sigma_{1f}' = \sigma_3' + 180 \left(1.618 \times \dfrac{\sigma_3'}{180} + 0.0035 \right)^{\frac{1}{2}}$

$\sigma_3' =$ 5, 10, 15, 30, 45MPa에 대하여 σ_{1f}' 값을 구한다 ($0 < \sigma_3' < 0.25\,\sigma_c$).

σ_3' (MPa)	σ_{1f}' (MPa)
5	44.6
10	65.0
15	81.9
30	124.1
45	160.0

위의 값으로부터 회귀방정식을 구하면 다음 그림과 같다.

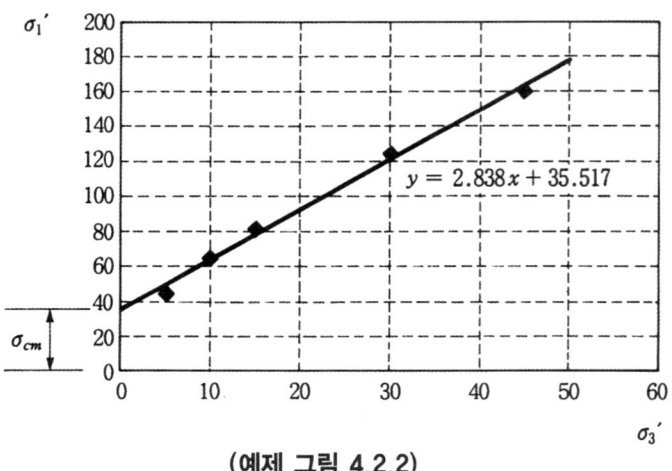

(예제 그림 4.2.2)

그림으로부터 $k = 2.838$, $\sigma_{cm} = 35.52 \, \text{MPa}$

$$\phi' = \sin^{-1} \frac{2.838 - 1}{2.838 + 1} = 28.6^o$$

$$c' = \frac{35.52}{2 \sqrt{2.383}} = 10.54 \, \text{MPa}$$

즉, $\tau_f = 10.54 + \sigma_n' \tan 28.6^o$ 가 된다.

이때, $\sigma_n' = \frac{1}{2}(\sigma_1 + \sigma_3) + \frac{1}{2} cos \, 2 \, \theta \cdot (\sigma_1 - \sigma_3) - u$

$\tau = \frac{1}{2} sin \, 2 \, \theta \cdot (\sigma_1 - \sigma_3)$ (θ는 파괴각) 이므로

$$\sigma_n' = \frac{1}{2}(5.4 + 0.8) + \frac{1}{2} cos \, 110^o \times (5.4 - 0.8) - 0.1 = 2.213 \, \text{MPa}$$

$$\tau = \frac{1}{2} sin \, 110^o \times (5.4 - 0.8) = 2.161 \, \text{MPa}$$

$$\tau_f = 10.54 + 2.213 \tan 28.6 = 11.75 \, \text{MPa}$$

$\tau_f > \tau$ 이므로 이 입자는 파괴되지 않을 것이다.

참 고 문 헌

- Jaeger, J.C. and Cook, N.G.W. (1969), Fundamentals of Rock Mechanics, Chapman & Hall, London
- Hoek, E. and Brown, E.T. (1997), Practical Estimates of Rock Mass Strength, Int. J. Rock Mech. Min. Sci., Vol. 34, No. 8, pp. 1165−1186

제5장

불연속면 역학

불연속면 역학

제1장에서 서술한 대로 암반지반에 불연속면 몇 개가 존재하여 전체 시스템을 지배하는 인자가 불연속면의 분포양상 및 강도가 되는 경우를 불연속면역학으로 명명하며, 이는 지질구조에 의해 지배받는 경우라고 하였다. 불연속면역학에서 무엇보다도 중요한 것이 현장조사를 통하여 불연속면의 방향과 경사, 크기들을 조사하고 분석하는 것이다. 이 조사자료들에 대한 분석은 역학이라기보다는 일종의 기하학으로 이루어지게 된다. 이 장에서는 우선 불연속면의 조사 및 정리방법을 먼저 서술하고, 불연속면에서의 전단강도를 설명하고자 한다. 이 불연속면역학이 주된 역할을 하는 경우는 그림 3.2(a)의 암반사면 문제와 그림 3.2(c)의 경우와 같이 지하구조물의 굴착에서 몇 개의 불연속면으로 블록이 형성되고, 이 블록의 중량에 기인한 전단응력이 전단강도를 초과할 가능성이 있는 문제를 분석할 때로 보면 될 것이다.

5.1 불연속면에서의 용어

5.1.1 지질학적인 관점에서의 용어

불연속면을 나타내는 용어에는 여러 가지 종류가 있다. 예를 들어서 제2장에서 서술했던 단층(faults), 절리(joints), 층리(bedding planes), 미세균열(fissures) 등이다.

이들의 특징을 소개하면 다음과 같다.

(1) 단층(faults)

단층은 이미 제2장에서 개략적으로 서술하였다. 단층과 다음에 설명하는 절리와의 차이점을 밝히면 다음과 같다.

- 양쪽의 암반과 암반 사이에 뚜렷한 상대변위가 있는 불연속면을 단층으로 보면 되고,
- 이 단층은 지질구조상의 응력(techtonic stress) 등으로 인하여 이 접촉면에서의 전단응력이 전단강도를 초과하여 큰 상대변위가 발생된 경우이다.

(2) 절리(joints)

암반상에 갈라진 면을 가리키는 것은 단층과 같으나 다음과 같은 조건을 갖을 때 절리(joints)라 명명한다.

- 두 개의 암반과 암반 사이에 상대변위가 없거나 아주 미세한 경우의 불연속면
- 절리에는 전단절리(shear joints), 인장절리(tension joints)등이 있다.

(3) 층리(bedding)

- 주로 퇴적암에서 보여주는 것으로 퇴적시의 입자의 배열, 광물 등으로 생긴 층상구조를 말한다.
- 반드시 불연속면으로 나타나지는 않으며, 색깔이나 입자의 크기변화 등으로 구별되기도 한다.

(4) 벽개(cleavage)

운모 등과 같이 켜로 되어 있는 원인으로 생긴 형상을 말한다.

(5) 미세균열(fissure)

암석(intact rock)에 존재하는 아주 미세한 균열을 말한다.

(6) 충진물질(또는 가우지, gouge)

불연속면의 틈새에 채워진 물질을 말하며, 점토 등으로 채워진 경우가 많다.

(7) 불연속면군(discontinuity set)

같은 방향을 갖고 있는(즉, 주향과 경사가 거의 같은) 불연속면들을 불연속면군이라 한다.

5.1.2 기하학적인 관점에서의 용어

1) 주향과 경사, 경사방향

불연속면의 방향성을 나타내는 용어로서 다음과 같이 정의할 수 있다(그림 5.1 참조).

(1) 주향(strike)

- 불연속면과 수평면의 교선방향을 나타내며, 북쪽을 기준으로 표시한다.
- 표시 예)
  - N45E: 교선의 방향이 북동방향으로 45°인 경우
  - N30W: 교선의 방향이 북서방향으로 30°인 경우

(2) 경사(dip)

- 불연속면의 최대 경사각도를 나타내며 수평면으로부터 아랫방향으로 이루어진 각도이다.(그림 5.1에서 각도 β_d)
- 경사의 방향과 주향은 그림 5.1에서와 같이 반드시 직각을 이룬다.
- 표시 예)
  - 60° SE: 경사각이 60°이며, 경사방향은 남동쪽이다.
    (이때의 주향은 N45E 등의 북동방향이다.)
  - 50° SW: 경사각이 50°이며, 경사방향은 남서쪽이다.
    (이때의 주향은 N30W 등의 북서방향이다.)

(3) 경사방향(dip direction 또는 dip azimuth)

- 경사(dip)를 수평면에 투사하여 북쪽으로부터 시계방향으로 잰 각도를 말한다(그림 5.1에서 각도 α_d).
- 표시 예)
  - 135°: 주향이 N45E인 경우의 경사방향은 90° + 45° = 135°임
  - 240°: 주향이 N30W인 경우의 경사방향은 360° − 30° − 90° = 240°임

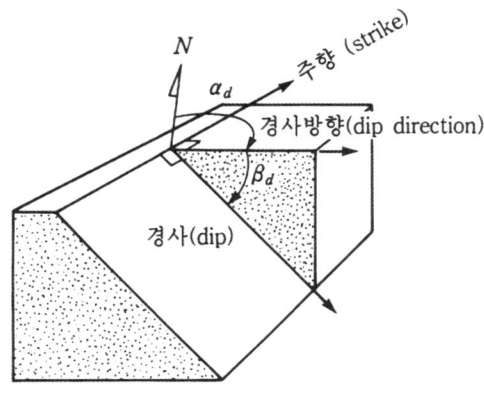

그림 5.1 주향과 경사, 경사방향

(4) 불연속면의 방향성의 표시방법

이제까지 설명한 용어들을 근거로 하여 불연속면의 방향성은 다음의 두 가지 방법으로 표시한다. 실제로 공학문제에서는 아래의 두 방법 중 '경사방향/경사'가 많이 사용된다.

- 주향과 경사로 표시(strike and dip)
    - 표시 예 1) N45E, 60° SE
    - 표시 예 2) N30W, 50° SW 등
- '경사방향/경사'로 표시(dip direction/dip= α_d/β_d)
    - 표시 예 1) N45E, 60° SE → 135° / 60°로 표시
    - 표시 예 2) N30W, 50° SW → 240° / 50°로 표시

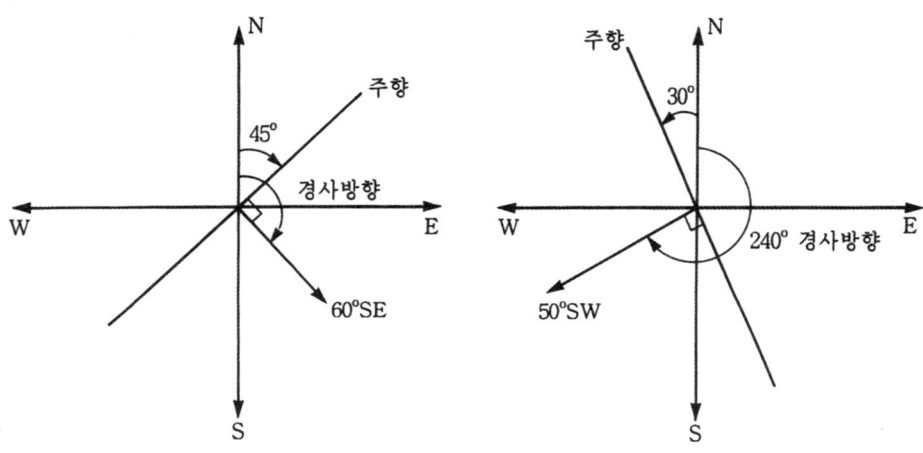

2) 트렌드와 플런지, 피치

'경사방향/경사각'이 불연속면의 방향성을 나타내는 것이라면, '트렌드/플런지'는 선(a line)의 방향성을 나타내는 방법이다. 선(a line)의 종류에는 두 불연속면이 만나서 이루는 교선(line of intersection), 시추공의 축(axis of a borehole), 터널의 종축(axis of a tunnel) 등이 있다.

(1) 플런지(plunge)
- 선(a line)의 경사각도를 나타낸다. 즉, 경사(dip)는 불연속면 내의 선 중에서 최대의 각도를 갖는 선의 플런지를 나타낸다.
- 플런지는 $\beta \, (-90^o \leq \beta \leq 90^o)$로 표시하며, 하방향을 (+)로 가정한다.

(2) 트렌드(trend)
- 선을 수평면에 투영하여 북쪽으로부터 시계방향으로 잰 각도를 말하며 불연속면의 경

사방향(dip direction)과 대응되는 용어이다.

- 트렌드는 $\alpha\,(0^o < \alpha < 360^o)$로 표시한다.

(3) 피치(pitch)

- 어느 불연속면상에 존재하는 임의의 선과 그 불연속면의 주향과의 사이각을 피치라 한
다(예각을 취한다).

3) 불연속면의 표시방법

다음 그림 5.2와 같은 불연속면은 경사방향/경사= α_d / β_d로 표시할 수 있다고 서술하였었다.

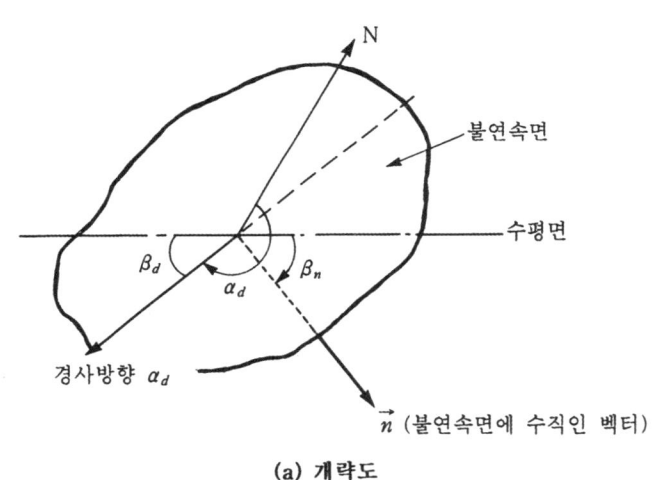

(a) 개략도

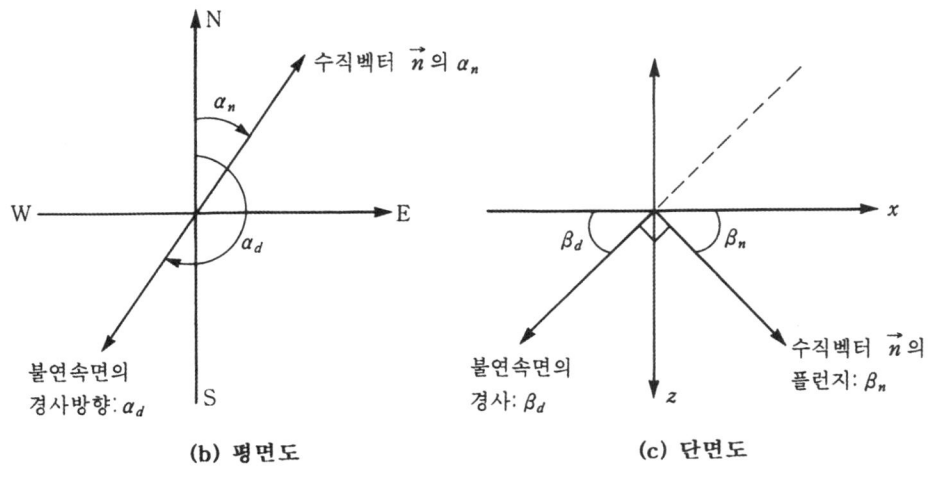

(b) 평면도　　　　　**(c) 단면도**

그림 5.2 불연속면의 표시방법

한편, 수학적으로 어느 면(a plane)은 그 면에 수직인 단위벡터를 이용하여 벡터로 표시할 수 있다. 이 불연속면에 수직인 단위벡터 중 하방향 벡터를 취하여 이 벡터를 $\vec{n}$로 하고, 이 수직벡터의 트렌드와 플런지를 다음과 같이 표시하자.

불연속면에 대한 하방향 수직벡터의 '트렌드/플런지' = α_n / β_n

그림 5.2로부터, α_d와 α_n, β_d와 β_n 사이에는 다음과 같은 관계가 있음을 알 수 있다.

- $\alpha_n = \alpha_d \pm 180^o$

- $\beta_n = 90^o - \beta_d$

  (수직벡터는 하방향으로만 정의하므로 $0^o \leq \beta_n \leq 90^o$)

5.2 불연속면특성의 조사

불연속면의 특성 중에서 물론 가장 중요한 요소는 불연속면의 방향성(orientation)이다. 즉, 불연속면의 경사방향과 경사이다. 불연속면의 방향성을 계측하는 장비로는 클리노메타 (clinometer), 브런톤 컴파스(Brunton compass) 등이 이용된다(그림 5.3).

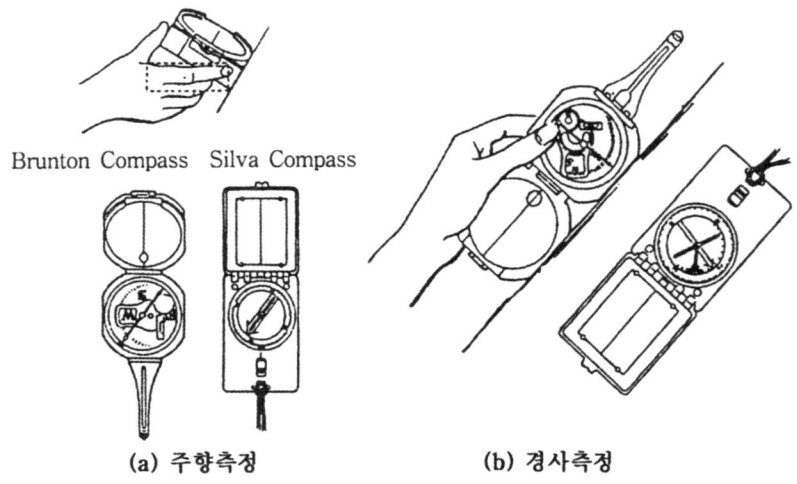

그림 5.3 주향과 경사측정

물론 불연속면의 특성에는 방향성만이 존재하는 것은 아니다. 중요한 특성을 정리하면 다음과 같다(그림 5.4 참조).

- 방향성(orientation)
- 연속성(continuity) 또는 크기(length)
- 틈새(spacing) 또는 빈도(frequency)
- 거칠기(roughness)
- 틈새(aperture)
- 충진물질(gouge, filling material)
- 절리에서의 누수 여부

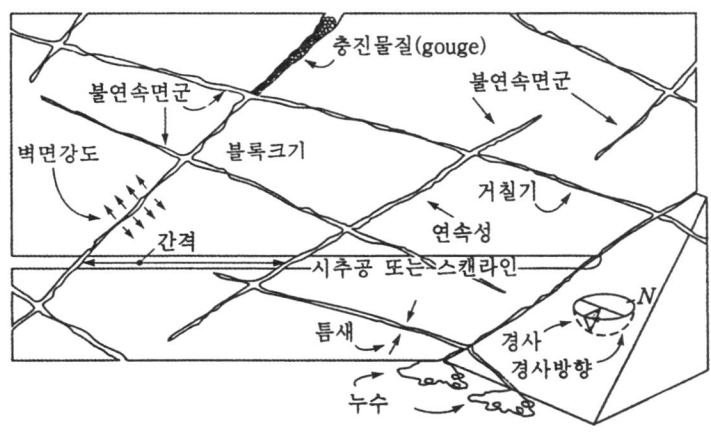

그림 5.4 불연속면의 특성

불연속면의 특성을 조사하기 위한 방법에는 대표적으로 시추공 샘플링, 스캔라인 샘플링 방법으로 대별할 수 있다.

5.2.1 시추공 샘플링

지반조사 시에 흔히 사용되는 시추작업을 실시하여 샘플링한 암석코아를 면밀히 검토하여 불연속면의 방향을 조사하는 방법이다. 예를 들어서, 그림 5.5로부터 절리면의 수직벡터와 연직축이 이루는 각도 δ는 다음과 같이 구할 수 있을 것이다.

$$\delta = \tan^{-1}\left(\frac{h_2 - h_1}{D}\right) \tag{5.1}$$

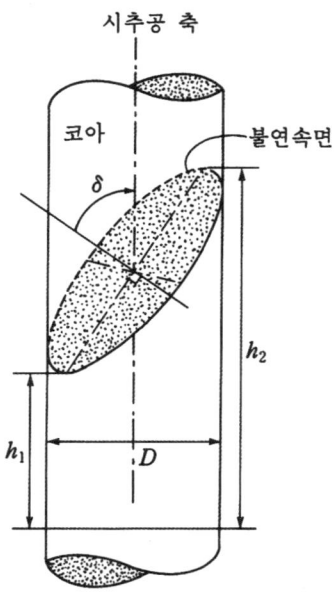

그림 5.5 시추코아로부터 불연속면 측정

시추공 샘플링으로 사실상 불연속면의 방향을 예측하는 것은 쉽지 않다. 코아의 방향이 현장에서의 원래의 방향과 정확히 맞아야 하기 때문이다. 최근에는 시추작업 완료 후 특수카메라를 시추공 내에 삽입하여 시추공의 사진을 찍어 지반상태를 조사하는 방법들이 사용되기도 한다(예, BIPS).

코아 재료를 가지고 얻을 수 있는 가장 중요한 자료는 RQD이다. RQD(Rock Quality Designation)는 다음 식으로 정의된다.

$$RQD = \frac{\text{샘플링된 암석코아 중 길이가 10cm 이상인 코아들의 합계}}{\text{시추공에서 샘플링한 시추공 총길이}} \times 100\% \tag{5.2}$$

한편, TCR(Total Core Recovery)은 다음 식으로 정의한다.

$$TCR = \frac{\text{샘플링된 코아 중 암석부분의 총길이}}{\text{시추공에서 샘플링한 시추공 총길이}} \times 100\% \tag{5.3}$$

시추공을 이용하여 지반조건을 로깅(logging) 작업할 수 있는 서식의 예가 그림 5.6에 제시되어 있다.

시추공 로깅							시추공번호:

프로젝트명:
시추장비:
비트:
일자:

작성자:
작성일자:

트랜드:
플런지:

암석의 형태	그래프 형태		시추축에 수직인 각도	RQD (%)	불연속 면의 상태	시추여건 (지하수 위)	시험결과
	암석	형태					

보기 :

코아없음
UD샘플   U
교란시료   D
지하수샘플   W
암석심볼
점하중시험   PLT   65
기타시험

자연 절리
인위적 절리
엽리
파괴

RQD 길이 + %

시추속도(mm/min)   12
깊이(m)   7.5
EL(m)   98.3
지하수위
새벽 지하수위 날자   6 Oct
지하수 회복 정도   95%
기타   Bit

그림 5.6 시추공의 로깅(logging) 서식

5.2.2 스캔라인 샘플링(scanline sampling)

스캔라인 샘플링은 일종의 지표면 지질조사법으로서, 그림 5.7에서 보여주는 바와 같이, 암반의 노두가 잘 나타나 있는 면을 택하고, 이 면에 줄자를 설치한다(이를 스캔라인이라고 한다.) 이 스캔라인을 따라서 그림 5.8에서 요구되는 여러 요소들을 이 서식에 상세히 기록한다. 스캔라인에 포함되어야 할 요소들을 정리하면 다음과 같다.

스캔라인 (Scanline)

(a) 사진

스캔라인(scanline)

(b) 스케치

그림 5.7 스캔라인 샘플링(scanline sampling)

스캔라인 로깅 서식 | 번호 |

스캔라인 자료 번호 : 트렌드 : 플런지 : 작성자 : 작성일자 :	암반표면 상세 장소 : 경사방향 : 경사 : Overhanging 여부 : 높이 : 폭 :	암석의 종류 : 굴착방법 : 표면상태 : 비고 :

길이	경사방향 (°)	경사 (°)	상부측 불연속면 길이(m)	하부측 불연속면 길이(m)	불연속면 끝부분 상태 I=1, A=2, O=3	거칠기 JRC 1~20	굴곡도 1~5	비고

그림 5.8 스캔라인 샘플링 로깅 서식

(1) 스캔라인 샘플링을 실시하는 암반표면에 대한 정보

- 경사방향/경사
- overhanging 여부(다음 그림과 같이 암반표면이 앞쪽으로 기울어져 있으면 overhanging 이라고 함)

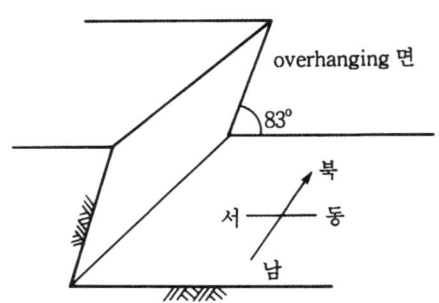

- 스캔라인의 트렌드/플런지

(2) 불연속면에 대한 정보

- 간격
- 경사방향/경사
- 불연속면의 길이
- 불연속면의 길이 끝부분의 상태

  I(1): 불연속면의 끝이 신선한 암에서 끝남

  A(2): 불연속면의 끝이 다른 불연속면과 만남

  O(3): 불연속면의 끝의 상태가 모호함

  ■ 굴곡도(curvature)
    – 불연속면의 굴곡된 정도를 말하며, 웨이브의 길이(wave length)가 100mm 이상인 경우에 해당됨
    – 거의 직선형태이면 1을, 커브가 아주 심한 편이면 5를 부여함

  ■ 거칠기(roughness)
    – 웨이브의 길이(wave length)가 100mm 미만인 불연속면의 거칠기를 나타낸다.
    – 프로파일 게이지를 이용하여 불연속면의 프로파일을 잴 수 있으며 Barton이 제시한 그림 5.9의 JRC(Joint Roughness Coefficient) 거칠기계수 표와 비교하여 거칠기를 평가함이 보통이다.

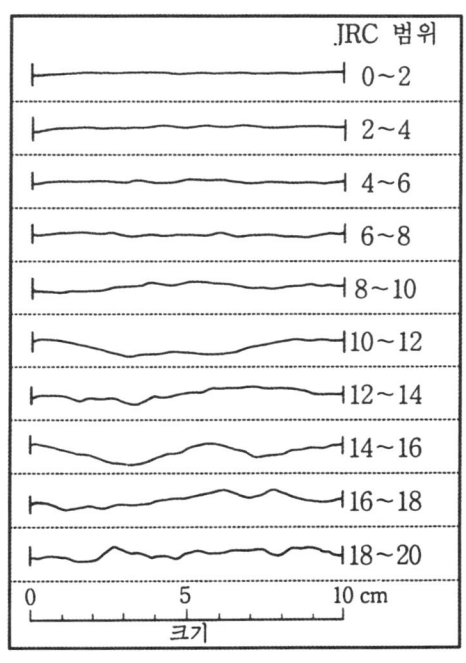

그림 5.9 JRC 거칠기계수

- 기타
  - 불연속면의 종류, 충진물질, 간극, 지하수의 존재여부, 경면(slikensides)의 방향 등을 기록한다. 여기서, 경면이란 불연속면이 아주 매끄러운 경우를 말하며, 매끄러운 면 가운데 불연속면이 움직인 방향으로 줄이 나 있는 것이 보통이다.

> **Note**
> 그림 5.10에서와 같이 스캔라인(scanline) 대신에 평면상의 일정면적을 대상으로 조사하는 것을 윈도우 샘플링(window sampling)이라고 한다. 작업이 방대하여, 사실상 실무에서 잘 사용하지는 않는다.

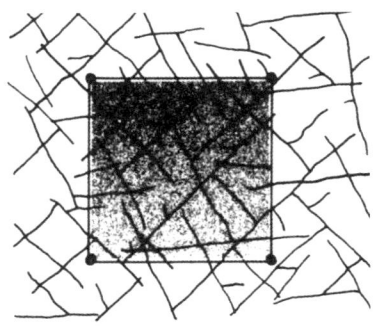

그림 5.10 윈도우 샘플링(window sampling)

5.3 불연속면의 방향성 정리방법

현장에서 시추공 샘플링이나, 스캔라인 샘플링을 통하여, 각종 불연속면의 경사방향과 경사를 측정하였을 때, 이 데이터를 정리하여 표현하는 방법을 이 절에서 서술하고자 한다. 이 불연속면의 측정결과를 나타내는 방법에는 다음의 두 가지가 있다.

(1) 그래프를 이용하는 방법 – 스테레오 투영(stereographic projection) 방법을 사용
(2) 벡터해법을 이용하는 방법(vector analysis)

위의 방법 중 스테레오 투영법은 경사방향/경사를 직접 그래프로 그리기 위한 방법이며, 벡터해석법은 이를 컴퓨터로 프로그램화하기 위하여 도입된 방법이다.

이 저서는 근본적으로 학부 강의용을 목적으로 하기 때문에 스테레오 투영법을 주로 하여 서술하고자 하며, 벡터해석법은 그 기본 사항만을 설명할 것이다. 벡터해법에 관심 있는 독자는 Priest(1993)의 저서를 참고하기 바란다.

5.3.1 스테레오 투영법(stereographic projection)

1) 기본사항

불연속면이나 선은 근본적으로 3차원 공간에서만 정의될 수 있다. 스테레오 투영법은 한마디로 3차원 공간에서 정의되는 불연속면이나 선을 2차원으로 표시하는 방법이라고 할 수 있다. 그림 5.11과 같은 구체를 그림에 표시된 대로 위/경도 비슷한 개념으로 나누어 놓았다고 하자. 이 구체를 연직으로 갈랐을 때의 형상을 meridional net라고 하며, 수평으로 갈랐을 때의 형상을 polar net라고 한다. 몇 개의 불연속면을 표시할 목적에는 meridional net가 주로 쓰이나 수십, 수백 개의 불연속면 표시에는 필연적으로 polar net가 쓰일 수밖에 없다. 그림 5.11에 경사방향, 트렌드를 나타내는 선과 경사, 플런지를 나타내는 선을 표시해 놓았다.

스테레오 투영법에는 등면적 투영법(equal area projection)과 등각 투영법(equal angle projection)이 있다. 두 방법 공히 지구를 나타내는 구체의 하반만(lower hemisphere)을 이용하여 투영하게 되며 등면적 투영법은 그림 5.12 (a)에서와 같이 A점을 B점에 투영하되 면적이 같게 투영하는 것이다. 반면에 등각 투영법은 그림 5.12 (b)와 같이 구체상의 A점을 북극점(zenith)을 중심으로 등각인 C에 표시하는 방법이다.

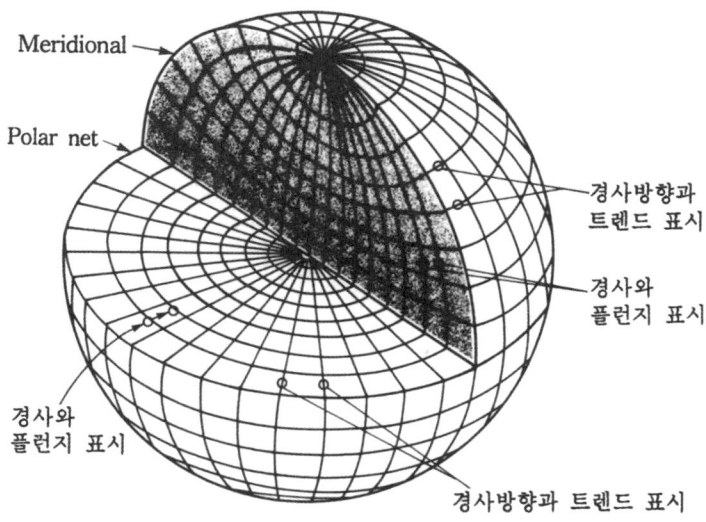

Meridional

Polar net

경사방향과
트렌드 표시

경사와
플런지 표시

경사와
플런지 표시

경사방향과 트렌드 표시

그림 5.11 스테레오 투영법의 기본

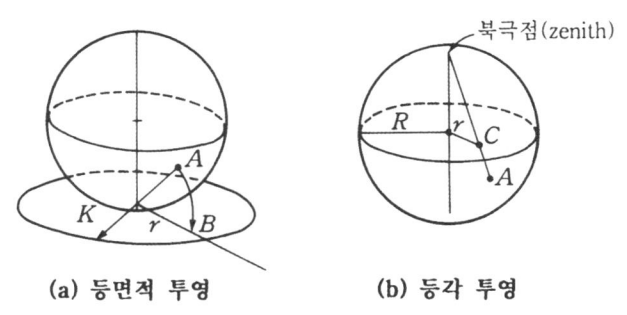

(a) 등면적 투영　　　**(b) 등각 투영**

그림 5.12 등면적 투영과 등각 투영

　등면적 투영법을 이용한 meridional net가 그림 5.13에, 등각 투영법을 이용한 meridional net가 그림 5.15에 표시되어 있다. 또한 polar net의 예가 각각 그림 5.14 및 그림 5.16에 표시되어 있다.

　등면적 투영법과 등각 투영법은 각각이 장단점을 골고루 갖고 있다고 알려져 있다. 지질구조 학자들은 주로 등면적 투영법을 사용하나, 공학목적으로는 주로 등각 투영법을 사용하므로 이 책에서는 등각 투영법을 중심으로 설명하고자 한다.

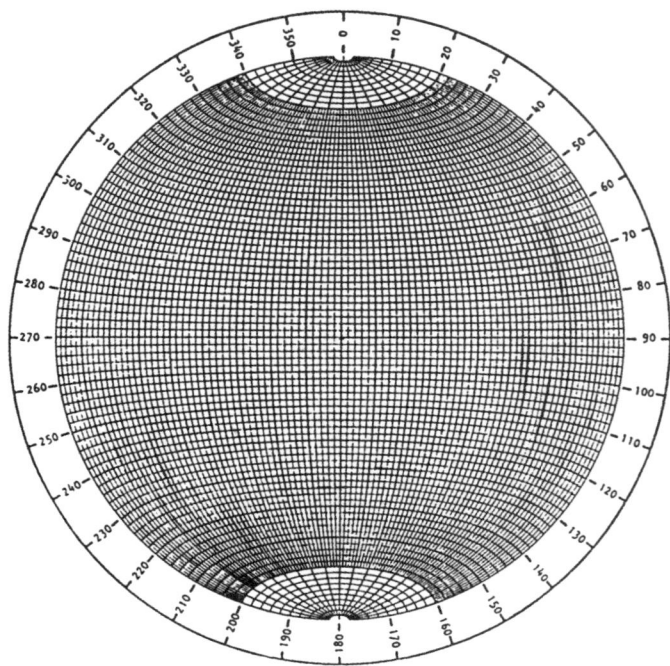

그림 5.13 등면적투영 스테레오 네트(meridional net)

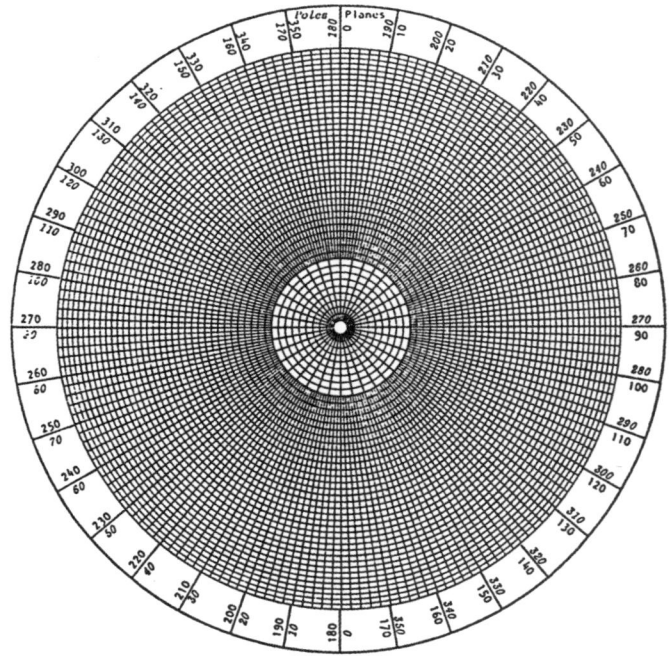

그림 5.14 등면적 스테레오 네트(polar net)

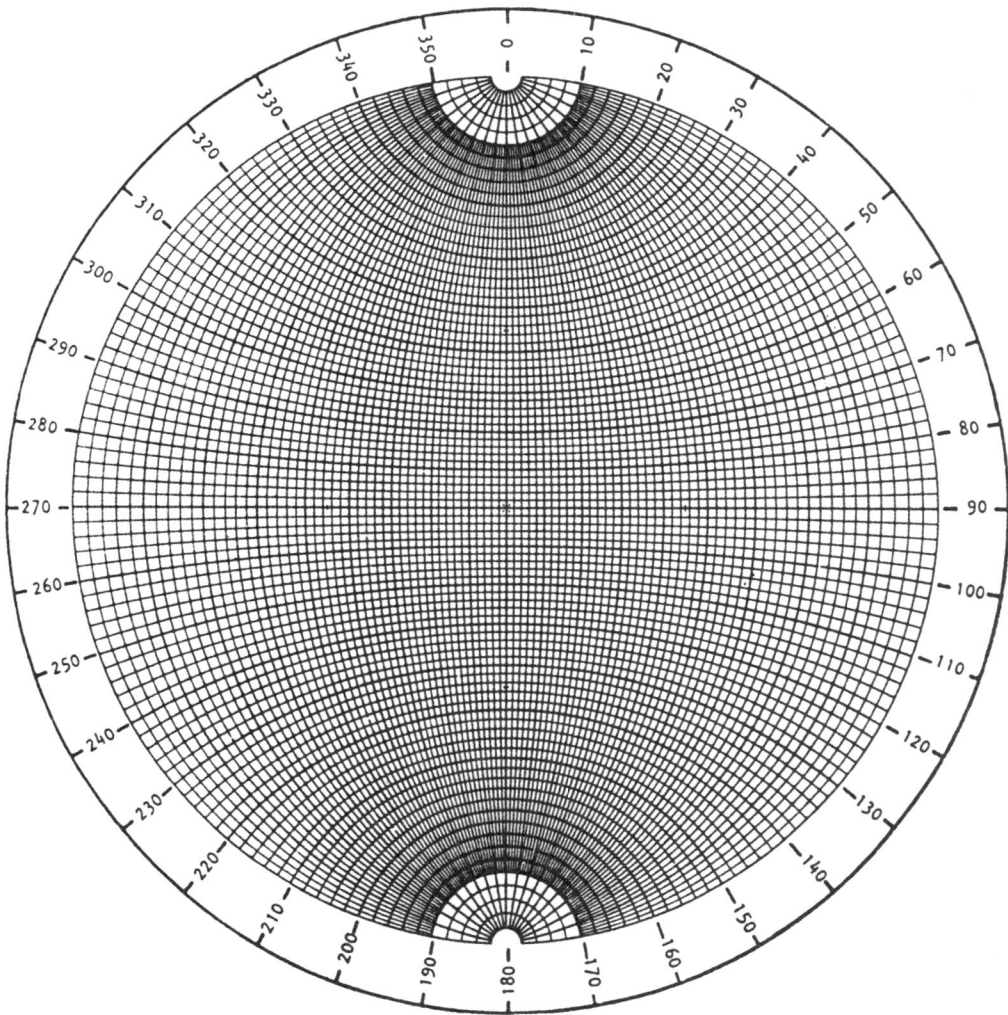

그림 5.15 등각 스테레오 네트(meridional net)

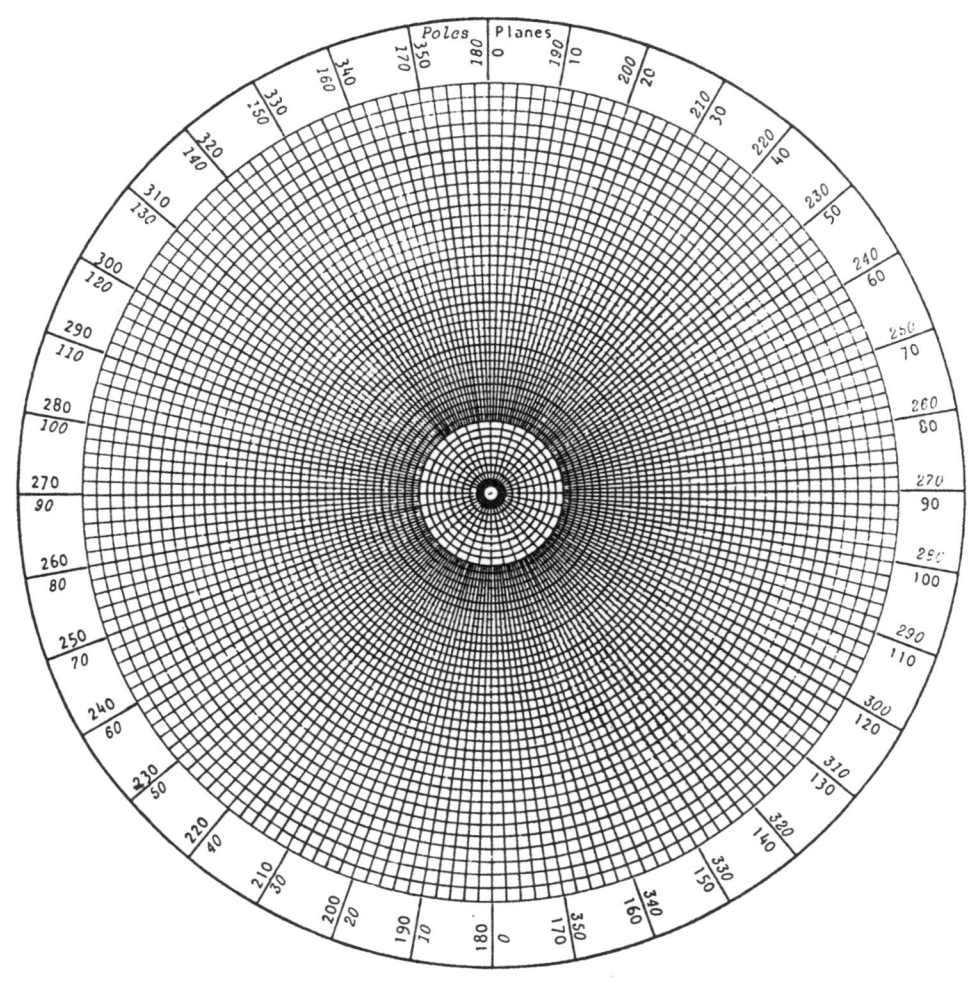

그림 5.16 등각 스테레오 네트(polar net)

2) 하반 등각 투영법(lower hemisphere equal angle projection)

그림 5.17에서와 같이, 빗금친 부분과 같은 불연속면이 구체와 만나는 점을 연결하면 원이 될 것이다. 또한 이 불연속면에 수직인 벡터가 구체와 점으로 만나게 되며, 이 점을 극점(pole)이라고 한다. 극점은 물론 불연속면의 상반과 하반 쪽에 하나씩 존재하나 하반 쪽의 극점만이 사용될 것이다. 구체와 접하는 원과 극점을 북극점(zenith)과 연결하여서 수평면과 만나는 점들을 그리면 그림 5.18과 같이 표시될 것이며, 이 수평면만을 그림으로 나타내면 그림 5.19(a)일 것이다. 그림 5.19(a)에 나타난 반달모양의 원을 대원(great circle)이라고 하며, 경사를 표시한다. 그림 5.18을 주의 깊게 보면, 불연속면의 경사각도가 크면 클수록 대원은 작아지게

되고, 경사각도가 수평에 가까울수록 대원은 커짐을 알 수 있다. 그림 5.19(a)에서 대원과 극점 사이의 각도는 90°일 것이다. 결국, 그림 5.19(b)의 불연속면을 그림 5.19(a)와 같이 평면상에 표시하는 것이 스테레오 투영법이라 할 수 있다.

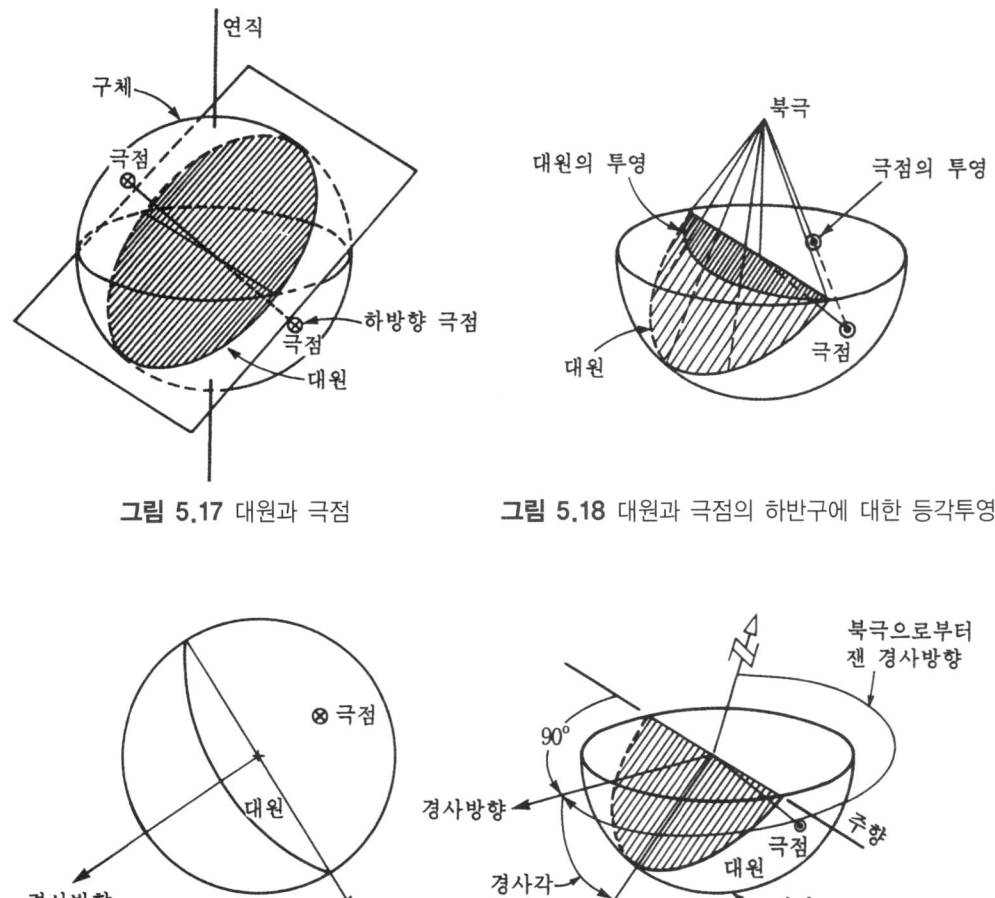

그림 5.17 대원과 극점   **그림 5.18** 대원과 극점의 하반구에 대한 등각투영

(a) 스테레오 네트   **(b) 스테레오 투영에서의 정의**

그림 5.19 등각 스테레오 투영 결과

3) 작도법

하반 등각 투영법을 이용하여 스테레오 네트를 작도하는 방법을 설명하고자 한다.

(1) 준비

Meridional net이나 polar net의 중심부에 뒤쪽에서 앞쪽으로 압핀을 꽂는다. 트레이싱지를 net 위에 포개어 놓는다. 물론 가운데 있는 뾰족한 침으로 인하여 트레이싱지는, 압핀침을 중심으로 자유로이 돌아가게 될 것이다. 트레이싱지에 외곽의 원을 아래쪽에서 비치는 원을 따라 그리고, 북극을 N으로 표시한다.

(2) 불연속면을 스테레오 네트상에 나타내는 방법

예를 들어서 130/50를 중심으로 설명하고자 한다.

– 트레이싱지에 북극(N)을 표시하고 그림 5.20(a)와 같이 경사방향 130°를 표시한다.

– 트레이싱지를 돌려서 표시된 130°가 동서방향이 되도록 한다. 이제 50°가 되는 대원을 그린다. 또한 대원에서 90°가 되는 점에 극점을 표시한다[그림 5.20(b)].

– 트레이싱지를 북극(N)이 제대로 표시되도록 원래의 위치로 돌려놓으면 그림 5.20(c)와 같이 130/50의 대원 및 극점을 완성하게 된다.

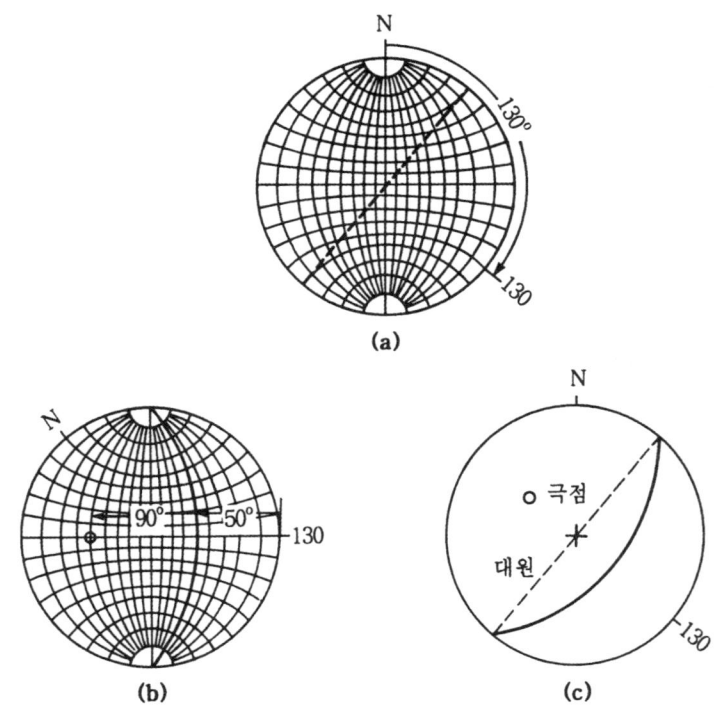

그림 5.20 대원 및 극점의 작도법

(3) 두 불연속면의 교선을 구하는 법

예로 130/50과 250/30의 두 불연속면의 교선을 구하고자 한다.

– 앞에서 서술한 방법대로 두 불연속면의 대원과 극점을 차례로 그려준다[그림 5.21(a)]

– 트레이싱지를 돌려서 두 대원의 교점이 동서방향상에 있도록 하고 교점까지의 각도를 읽으면 이 값이 교선의 플런지가 된다(이 경우 21°). 이때 그림 5.21(b)에서 점선으로 이루어진 대원이 두 극점을 공통적으로 소유한 즉, 두 불연속면에 수직되는 평면을 나타낸다.
– 트레이싱지를 원래의 위치로 돌려서 외곽의 각도를 읽으면 이 각도가 교선의 트렌드가 될 것이다[이 경우 201°, 그림 5.21(c)]

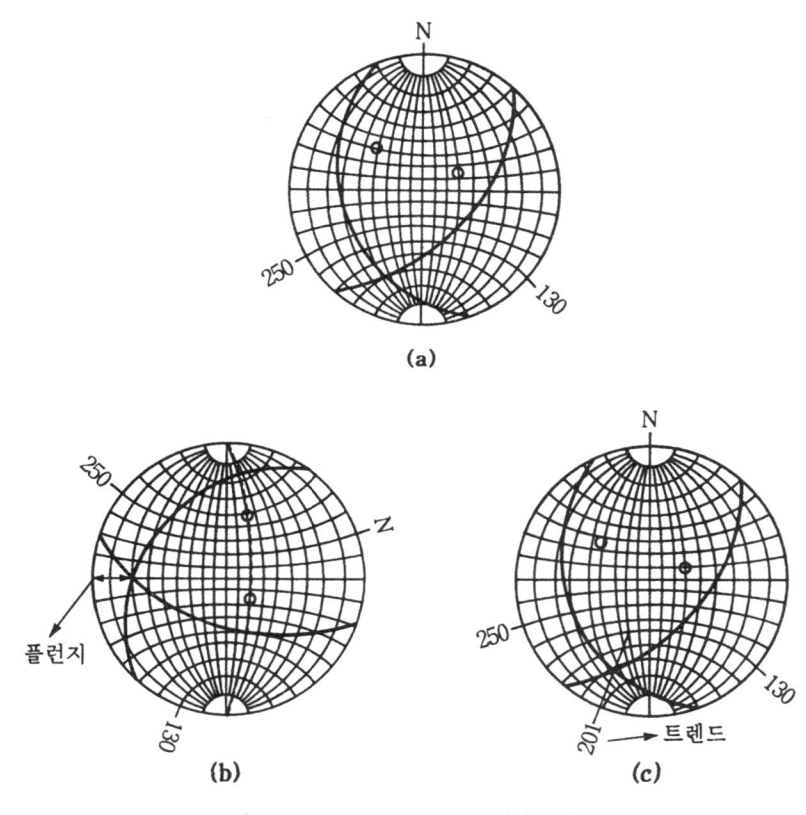

그림 5.21 두 불연속면의 교선작도법

(4) 두 선의 사잇각를 구하는 법

예로 30/40, 340/20 의 트렌드/플런지를 갖는 두 선이 있다고 할 때, 두 선의 사이각도 중 예각을 구하는 방법을 설명하고자 한다.
– 두 선을 나타내는 점들을 스테레오네트 상에(즉, 트레이싱지에) 각각 나타낸다(그림 5.22 에서 ① 및 ②).
– 트레이싱지를 돌려서 두 점(①, ②)을 공통으로 소유하는 대원을 찾아서 대원을 그린다.
– 이 대원상에서 ①과 ②사이의 각도를 구하면 이것이 사잇각이 된다(이 경우 47°).

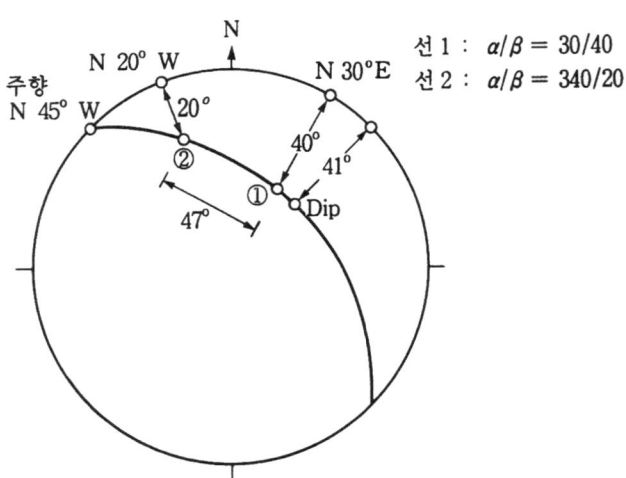

그림 5.22 두 선의 사이각도 작도법

[예제 5.1] 두 불연속면의 경사방향/경사는 각각 105/58, 216/34이다.

　1) 두 불연속면의 교선의 트렌드와 플런지를 구하라.

　2) 두 불연속면의 수직벡터로 이루어지는 평면의 경사방향과 경사를 구하라.

[풀 이] (예제 그림 5.1)과 같이 스테레오 네트를 그릴 수 있으며,

　1) I_{12}가 교선을 나타내며 트렌드/플런지=176/27이다.

　2) 그림에서 N_1과 N_2를 포함하는 대원이 수직벡터로 이루어지는 평면이며 경사 방향/경사
　　　=356/63이다.

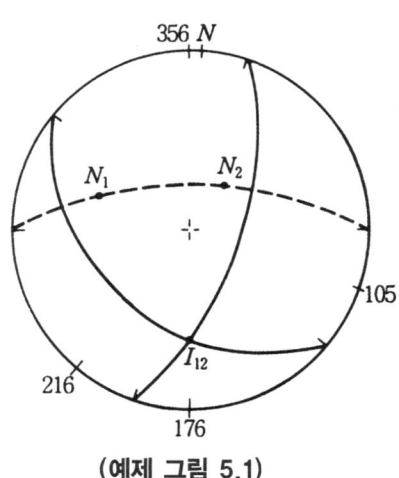

(예제 그림 5.1)

[예제 5.2] 두 선의 트렌드/플런지는 138/64, 236/39이다.

1) 두 선으로 이루어지는 공통평면의 경사방향/경사를 구하라.

2) 두 선의 사이각을 구하라.

3) 각 선의 피치(pitch)를 구하라.

[풀 이] 스테레오 네트상에 나타내면 다음(예제 그림 5.2)과 같다.

1) 그림에서 D점을 보면 166/67

2) 사이각 중 예각 $\theta_a = 59^o$(L_1과 L_2 사이각), 둔각 $\theta_b = 121^o$이다.

3) 138/64 (L_1)의 피치 $p_1 = 77^o$

　　236/39 (L_2)의 피치 $p_2 = 44^o$이다.

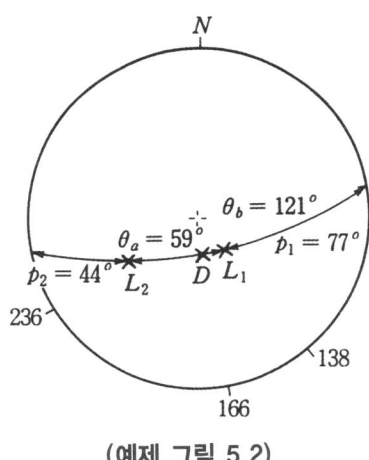

(예제 그림 5.2)

4) 수식을 이용한 스테레오 투영법[*]

　그림 5.13~16과 같은 스테레오 네트와 트레이싱지를 사용하지 않고 수식으로 스테레오 네트상에 표시할 수가 있다. 물론 이때의 표시방법은 선의 투영이므로 불연속면의 경우에는 수직 하방향 벡터를 나타내는 극점을 구하는 식이다. 어느 선의 트렌드/플런지＝α / β라고 할 때, 스테레오 네트상의 반경 r은 다음 식으로 구할 수 있다(자세한 이론은 생략하기로 한다).

Note) *표시된 것은 학부강의에서 생략 가능함

(1) 하반 등각 투영의 경우

$$r = R \tan\left(\frac{90^o - \beta}{2}\right) \tag{5.4}$$

(2) 하반 등면적 투영의 경우

$$r = R \sqrt{2} \cos\left(\frac{90^o + \beta}{2}\right) \tag{5.5}$$

여기서, R: 스테레오 네트의 반경

스테레오 네트상의 x, y 성분
그림 5.23과 같은 스테레오 네트상의 극점 A의 x, y 성분은 다음 식과 같다.

x 방향 성분= $r \sin \alpha$
y 방향 성분= $r \cos \alpha$

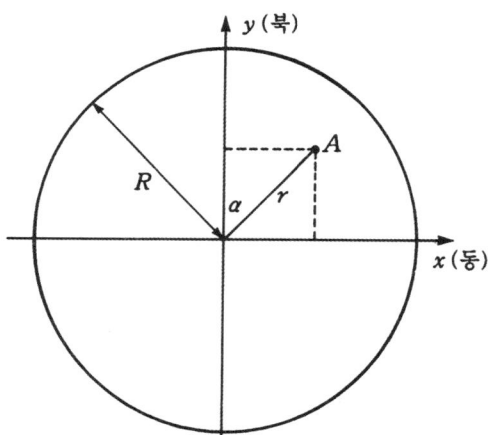

그림 5.23 수직을 이용한 스트레오 네트 작도법

[예제 5.3] 하반 등각 스테레오 네트의 반경 $R = 45\,\text{mm}$일 때, 146/57인 불연속면의 극점을 스테레오 네트상에 표시하라.

$\alpha_d / \beta_d = 146^o/57^o$이므로 $\alpha_n / \beta_n = (146+180)/(90-57) = 326/33$이다.

따라서, $r = R \tan\left(\dfrac{90^o - \beta_n}{2}\right)$

$$= 45 \tan\left(\dfrac{90^o - 33^o}{2}\right) = 24.4\,\mathrm{mm}$$

이를 그림으로 나타내면 (예제 그림 5.3)과 같다.

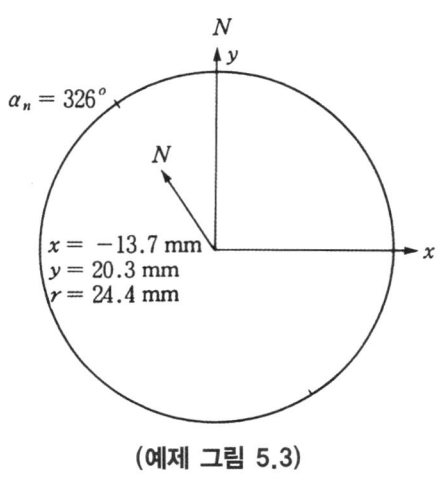

(예제 그림 5.3)

5.3.2 벡터해법(vector analysis)*

1) 기본원리

앞 절에서 서술한 스테레오 투영법은 몇 개의 불연속면을 손쉽게 표시할 수는 있겠으나 수십, 수백 개의 불연속면을 한꺼번에 나타내기에는 무리가 따른다. 따라서, 컴퓨터를 이용하여 스테레오 투영을 할 수 있도록 전산 프로그램을 많이 이용한다(예를 들어 프로그램 DIPS).

전산화하기 위한 기본요구조건이 불연속면을 벡터로 표시하는 것이다. 물론 이때, 불연속면을 표시하는 것이 아니라, 불연속면에 수직인 벡터 중 하방향을 나타내는 극점(pole)을 표시하기 위함이다.

<u>왼손의 법칙</u>

벡터해법을 위한 Cartesian 좌표로서 이 책에서는 왼손의 법칙을 따르고자 한다. 즉,

x좌표는 수평 동쪽방향 (horizontal east) – 엄지

y좌표는 수평 북쪽방향 (horizontal north) – 검지

z좌표는 연직 하방향 (vertical down) – 중지를 가리킬 것이다(그림 5.24 참조).

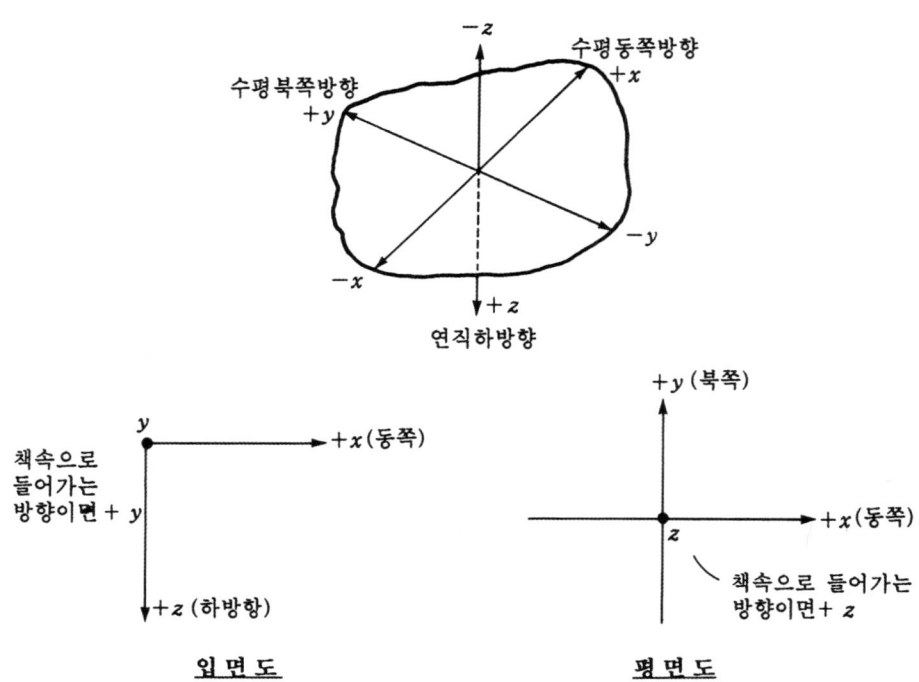

그림 5.24 왼손의 법칙을 이용한 좌표계

만일 그림 5.25에서 보여주는 바와 같이, Cartesian 좌표계의 원점을 통과하는 벡터를 $\vec{u}$라 하면, $\vec{u}$는 다음의 x, y, z 성분으로 표시된다.

$$\vec{u} = (u_x,\ u_y,\ u_z) \tag{5.6}$$

이 벡터의 크기는 다음 식으로 표시될 것이다.

$$|\vec{u}| = \sqrt{u_x{}^2 + u_y{}^2 + u_z{}^2} \tag{5.7}$$

만일 $|\vec{u}| = 1$이라면, 이 $\vec{u}$는 단위벡터(unit vector)라고 하며, 이때의 u_x, u_y, u_z는 벡터

성분(vector component, direction cosine)으로 불린다.

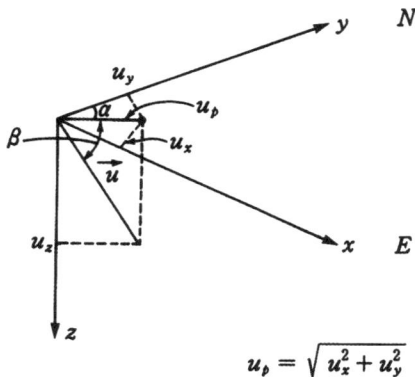

$$u_p = \sqrt{u_x^2 + u_y^2}$$

그림 5.25 벡터성분과 트렌드/플런지

트렌드/플런지와 벡터 성분과의 상관관계

한 선의 벡터성분 u_x, u_y, u_z를 알고 있을 때 이로부터 선의 트렌드 α와 플런지 β는 다음 식으로 구할 수 있다.

$$\alpha = \tan^{-1}\left(\frac{u_x}{u_y}\right) + Q \tag{5.8}$$

$$\beta = \tan^{-1}\left(\frac{u_z}{\sqrt{u_x{}^2 + u_y{}^2}}\right) \tag{5.9}$$

여기서, Q값은 α값을 0^o와 360° 사이에 존재하도록 하기 위한 보정각도로서 표 5.1에 표시되어 있다. 역 탄젠트식으로 α값을 구하면 α값은 $-90^o \leq \alpha \leq 90^o$ 사이로만 구해지기 때문이다. 식에서 다음의 값들은 인위적으로 따로 구해야 한다.

- $u_y = 0$인 경우, $u_x \geq 0$이면 $\alpha = 90^o$

    $u_x < 0$이면 $\alpha = 270^o$

- $u_x = u_y = 0$인 경우, $u_z \geq 0$이면 $\beta = 90^o$

    $u_z < 0$이면 $\beta = -90^o$

표 5.1 Q값

u_x	u_y	Q
≥ 0	≥ 0	$0°$
≥ 0	< 0	$180°$
< 0	< 0	$180°$
< 0	≥ 0	$360°$

한편, 한 선의 트렌드/플런지= α/β를 알고 있을 때, 벡터성분을 구하는 공식은 다음과 같다.

$$u_x = |\vec{u}| \sin \alpha \cdot \cos \beta$$

$$u_y = |\vec{u}| \cos \alpha \cdot \cos \beta \tag{5.10}$$

$$u_z = |\vec{u}| \sin \beta$$

위의 식은 현장에서 실측하여 얻은 불연속면에 수직인 벡터= α_n/β_n를 벡터성분으로 바꾸어 주는 기본 식으로 생각하면 될 것이다.

[예제 5.4]

1) 어느 불연속면의 방향성을 조사한 결과 경사방향/경사= 147/69이었다. 이 불연속면의 하방향 수직벡터의 벡터성분을 구하라.

2) 한 선의 벡터성분은$(u_x, u_y, u_z) = (-7.28, 3.65, -5.96)$이다. 이 선의 트렌드/플런지를 구하라.

[풀 이]

1) 하방향 수직벡터의 트렌드/플런지= α_n/β_n은 다음과 같다.

$$\alpha_n = \alpha_d \pm 180^o = 147^o + 180^o = 327^o$$

$$\beta_n = 90^o - \beta_d = 90^o - 69^o = 21^o$$

벡터성분은 식 (5.10)으로부터(단 $|\vec{u}| = 1$로 가정)

$$u_x = \sin \alpha_n \cos \beta_n = \sin 327^o \cos 21^o = -0.508$$

$$u_y = \cos \alpha_n \cos \beta_n = \cos 327^o \cos 21^o = 0.783$$

$$u_z = \sin \beta_n = \sin 21^o = 0.358$$

$$\therefore (u_x,\ u_y,\ u_z) = (-0.508,\ 0.783,\ 0.358)$$

2) $u_x < 0$, $u_y \geq 0$이므로 표 5.1로부터 $Q = 360^o$이다. 식 (5.8), (5.9)로부터 α, β를 구하면

$$\alpha = \tan^{-1}\left(\frac{u_x}{u_y}\right) + Q = \tan^{-1}\left(\frac{-7.28}{3.65}\right) + 360^o = 296.6^o$$

$$\beta = \tan^{-1}\left(\frac{u_z}{\sqrt{u_x{}^2 + u_y{}^2}}\right) = \tan^{-1}\left(\frac{-5.96}{\sqrt{(-7.28)^2 + 3.65^2}}\right) = -36.2^o$$

$\beta < 0^o$이므로 문제에서 제시한 벡터성분(-7.28, 3.65, -5.96)은 상방향 벡터의 성분을 나타낸다. 이를 하방향 벡터성분으로 바꾸려면 (-1)을 곱하면 되므로 (7.28, -3.65, 5.96)이다. 이로부터 α, β를 구하면 다음과 같다.

$$u_x \geq 0,\ u_y < 0$$이므로 $Q = 180^o$

$$\alpha = \tan^{-1}\left(\frac{7.28}{-3.65}\right) + 180^o = 116.6^o$$

$$\beta = \tan^{-1}\left(\frac{5.96}{\sqrt{(7.28)^2 + (-3.65)^2}}\right) = 36.2^o$$

2) 두 불연속면의 교선

물론 두 불연속면의 교선은 스테레오 투영법을 이용하면 쉽게 구할 수 있다. 다만, 이 교선을 벡터해법을 이용하면 그림을 애써 그리지 않고도 구할 수 있다. 공업수학에서 배운대로, 두 평면의 교선의 방향은 두 평면 각각의 수직벡터에 대하여, 두 단위 수직벡터의 벡터곱(vector product)으로 구할 수 있다.

불연속면 l의 단위수직벡터를 α_l/β_l,

불연속면 m의 단위수직벡터를 α_m/β_m이라 하면

두 벡터의 성분은 식 (5.10)으로부터 다음 식으로 구할 수 있다.

$$l_x = \sin \alpha_l \cos \beta_l, \qquad m_x = \sin \alpha_m \cos \beta_m$$
$$l_y = \cos \alpha_l \cos \beta_l, \qquad m_y = \cos \alpha_m \cos \beta_m \qquad (5.11)$$
$$l_z = \sin \beta_l, \qquad\qquad m_z = \sin \beta_m$$

이 두 벡터의 벡터곱(vector product)의 벡터성분은 다음과 같다.

$$i_x = l_z\, m_y - l_y\, m_z$$
$$i_y = l_x\, m_z - l_z\, m_x \qquad (5.12)$$
$$i_z = l_y\, m_x - l_x\, m_y$$

교선의 트렌드/플런지$= \alpha_i / \beta_i$는 식 (5.8), (5.9)로부터 다음 식과 같이 될 것이다.

$$\alpha_i = \tan^{-1}\left(\frac{i_x}{i_y}\right) + Q \qquad (5.13)$$

$$\beta_i = \tan^{-1}\left(\frac{i_z}{\sqrt{i_x{}^2 + i_y{}^2}}\right) \qquad (5.14)$$

[예제 5.5] 예제 5.2의 문제 1)을 벡터해법을 이용하여 풀어라.

[풀 이]

선 $l = 138/64$의 백터 성분은 다음과 같다(단 $|\vec{u}| = 1$로 가정).

$$l_x = \sin \alpha \cos \beta = \sin 138^o \cos 64^o = 0.293$$
$$l_y = \cos \alpha \cos \beta = \cos 138^o \cos 64^o = -0.326$$
$$u_z = \sin \beta = \sin 64^o = 0.899$$

선 $m = 236/39$의 백터 성분도 같은 방법으로 구해진다.

$$m_x = \sin 236 \cos 39 = -0.644$$

$$m_y = \cos 236 \cos 39 = -0.435$$

$$m_z = \sin 39 = 0.629$$

$$(l_x, l_y, l_z) = (0.293, -0.326, 0.899)$$

$$(m_x, m_y, m_z) = (-0.644, -0.435, 0.629)$$

이 두 벡터의 벡터곱(vector product)의 백터성분은 다음과 같다(왼손법칙 사용).

$$i_x = l_z m_y - l_y m_z = -0.186$$

$$i_y = l_x m_z - l_z m_x = 0.763$$

$$i_z = l_y m_x - l_x m_y = 0.337$$

$$(i_x, i_y, i_z) = (-0.186, 0.763, 0.337)$$

이 벡터성분은 공통평면의 수직벡터의 성분이 된다. 이 수직벡터의 α_n, β_n을 구하면,

$$\alpha_n = \tan^{-1}\left(\frac{i_x}{i_y}\right) + Q$$

$$= \tan^{-1}\left(\frac{-0.186}{0.763}\right) + 360^o = 346^o$$

$$\beta_n = \tan^{-1}\left(\frac{i_z}{\sqrt{i_x^2 + i_y^2}}\right)$$

$$= \tan^{-1}\left(\frac{0.337}{\sqrt{(-0.186)^2 + 0.763^2}}\right) = 23^o$$

$$\alpha_n / \beta_n = 346 / 23$$

앞에서 구한 α_n, β_n으로 공통평면의 경사방향, 경사를 구하면,

$$\alpha_d = \alpha_n \pm 180^o = 346^o - 180^o = 166^o$$

$$\beta_d = 90^o - \beta_n = 90^o - 23^o = 67^o$$

$$\alpha_d / \beta_d = 166 / 67^o$$

5.4 불연속면 방향의 현장실측치 분석방법

앞 절에서 불연속면을 스테레오 네트상에 투영하는 방법의 기본사항들을 서술하였다. 물론 불연속면이 몇 개 밖에 존재하지 않으면, meridional net 상에 대원으로 불연속면을 표시하여도 된다. 문제는 스캔라인 샘플링 등으로 조사한 현장여건을 보면 그림 5.26에서 보여주는 예와 같이 수없이 많은 불연속면이 존재하게 된다는 것이다. 이 그림은 불연속을 극점으로만 표시한 것이다.

따라서, 그림 5.26과 같은 현장 데이터를 공학적으로 적용 가능한 데이터로 정리할 필요가 있다. 이 데이터의 정리에는 다음의 단계를 거치게 된다.

(1) 먼저 그림 5.26과 같은 불연속면의 방향성 데이터로부터 대표적인 절리군을 찾아야 한다.
(2) 각 대표적인 절리군에서 대표되는 경사방향과 경사를 구한다.
(3) 각 절리군에서 대표되는 경사방향/경사를 구하였다 하더라도, 이 절리군이 통계적으로

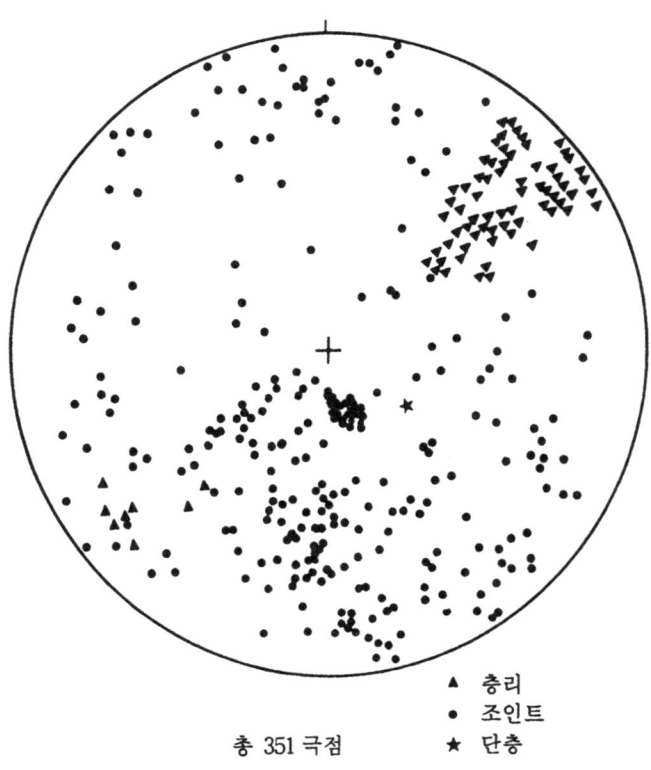

총 351 극점

▲ 층리
● 조인트
★ 단층

그림 5.26 현장 불연속면의 극점 투영 예

얼마나 퍼져 있는지를 평가하는 것도 위험도 분석에서 중요한 역할을 할 수 있을 것이다.

위의 세 단계 중 실제로 실무에서는 (2)단계까지만 분석되어도 공학적인 문제해결이 대부분 이루어 질 수 있고, (3)단계 분석은 학부과정을 넘는 주제이므로 이 책에서는 (1), (2)단계를 주로 서술하고자 한다. (3)단계에 관심 있는 독자들은 Priest(1993)의 참고문헌을 참조하기 바란다.

대표적인 불연속면을 구한 후의 분석 순서

앞에서 설명한 (1), (2)단계를 거쳐 대표적인 불연속면을 구하게 되면 차후에는 그 공학적 목적에 따라 대표 불연속면에 대한 분석을 새로이 하게 된다. 예를 들어서 암반사면 안정에 불연속면의 교선이 필요하게 되는 경우 이 대표적 불연속면들의 대원을 meridional net에서 그려주면 불연속면의 교선들을 구할 수 있을 것이다.

5.4.1 대표적인 절리군(joint set)

그림 5.26과 같은 불연속면 데이터가 있다고 할 때, 이 데이터로부터 대표적인 절리군을 찾는 방법에는 counting net를 이용하는 방법과 통계학적인 방법이 있다. 여기에서는 비교적 이해하기 쉽고 단순한 counting net를 이용하는 방법을 주로 서술하고자 한다.

Polar net

Counting net 방법을 사용하기 위하여서는 불연속면을 polar net에 표시하여야 한다. polar net는 그림 5.16에 제시된 바와 같다. 그림 5.27에 polar net를 이용하여 불연속면의 극점을 표시하는 예를 보여준다. polar net의 외곽으로는 각각 두개의 각도가 표시되어 있는 바, 위의 것은 불연속면에 대한 수직벡터의 트렌드를, 아래 것은 불연속면의 경사방향을 나타낸다. 그림에 한 예로 경사방향/경사＝50/60인 불연속면의 극점을 polar net상에 표시한 것이다. 그림 5.26은 현장 데이터를 polar net상에 극점으로 표시한 것이다. 그림에서와 같이 층리, 조인트, 단층은 각각 다른 기호를 이용하여 표시한다.

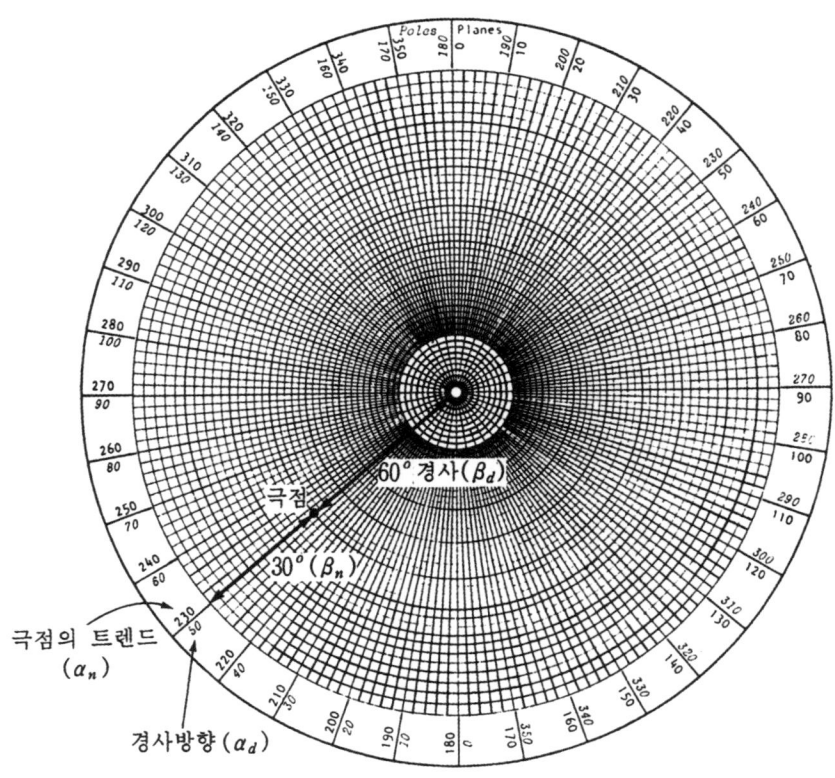

그림 5.27 polar 스트레오 네트의 투영 예

Counting net

그림 5.26의 데이터에 대하여 대표적인 절리군을 찾기 위해서는 그림 5.28의 counting net를 사용한다. 그림 5.26의 극점 데이터를 표시한 트레이싱지를 그림 5.28의 counting net위에 놓고 net 안에 있는 극점수를 각각 세어 이를 종합하여 그림 5.29와 같은 극점수에 대한 등고선을 그린다. 그림에서 보면, 대별하여 단층 1개소, 절리는 5개 군이 존재함을 알 수 있다.

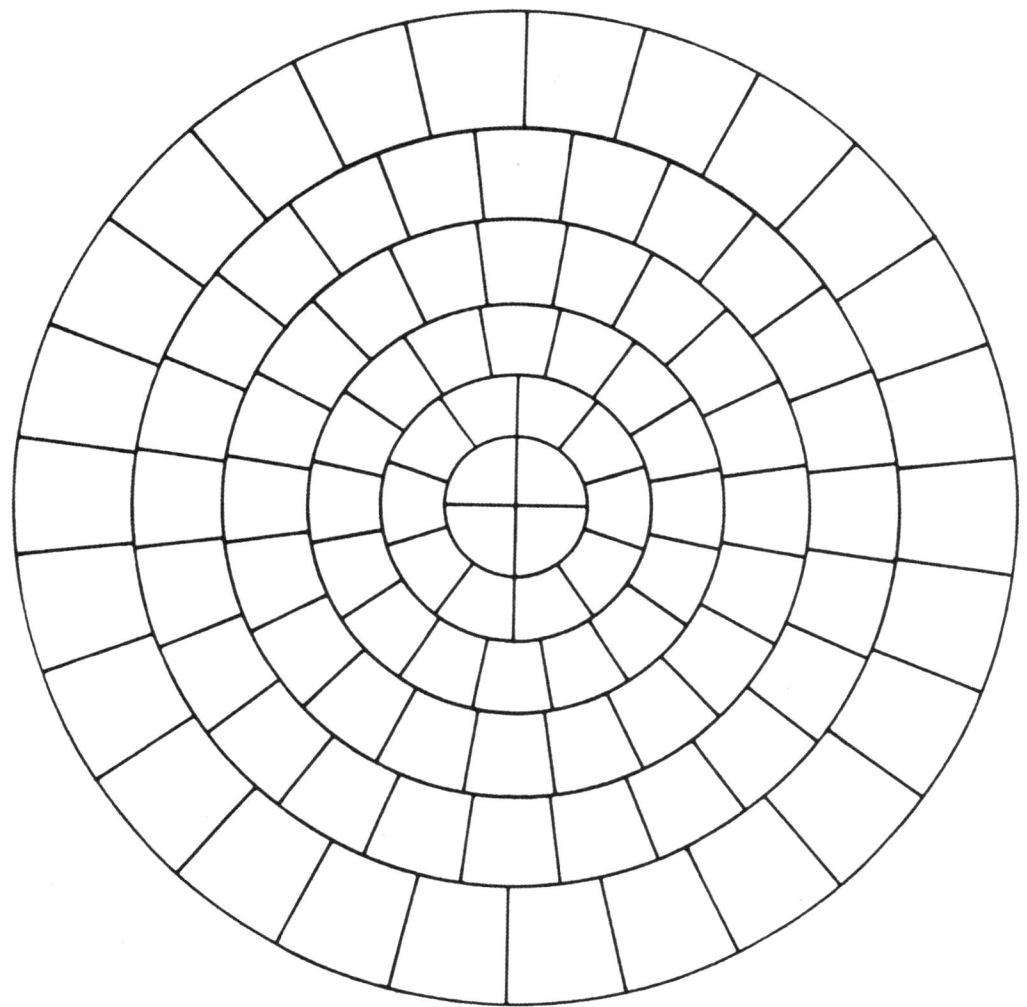

그림 5.28 counting net

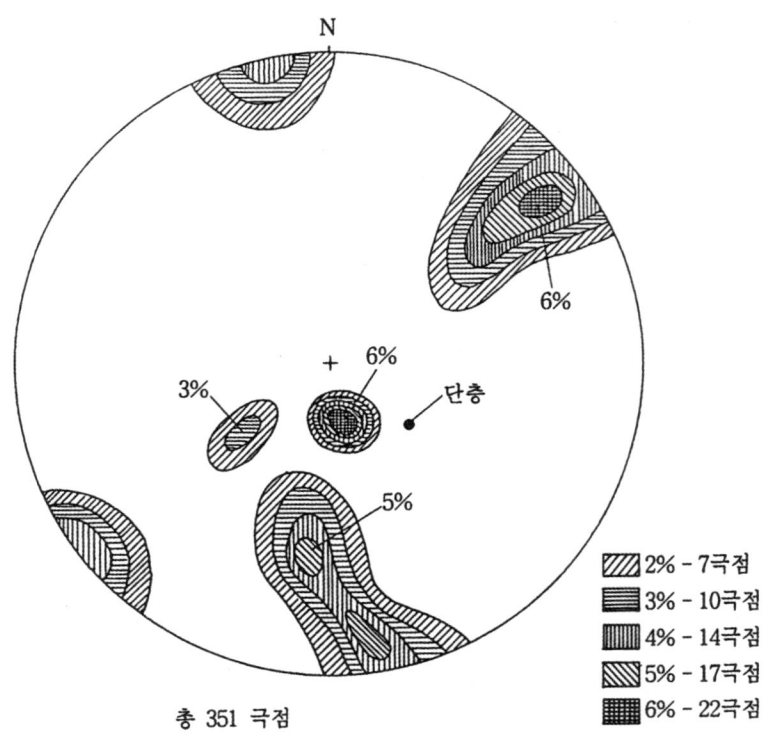

그림 5.29 Counting net 를 이용한 대표 절리군 찾기

5.4.2 대표 절리*

앞 절과 같이 counting net를 이용하여, 절리군을 나누었으면 각 절리군에 대한 대표적인 경사방향/경사값을 설정할 필요가 있다. 이때에 가장 손쉬운 방법은 그림 5.29의 극점등고선에서 가장 %가 높은 점을 육안으로 찾는 것일 것이다. 실무에서는 이러한 육안 식별법을 사용하여도 무리가 없을 것으로 생각된다.

대표절리는 5.3절에서 소개한 벡터해법을 이용하여 구할 수도 있다. 예를 들어서 절리군에 대한 분석결과 M개의 불연속면은 사실상 같은 불연속면군(discontinuity set)으로 볼 수 있다고 하자. 이 불연속면의 수직벡터를 $\vec{n_i}$ $(i = 1, M)$이라고 하면, 이 수직벡터의 벡터 성분 n_{xi}, n_{yi}, n_{zi}($i = 1, M$)은 각각 식 (5.10)으로 구할 수 있다. 이때에 M개의 절리를 대표할 수 있는 수직벡터를 $\vec{r_n}$라고 하면 $\vec{r_n}$의 벡터 성분은 다음 식으로 구할 수 있다.

$$r_{xn} = \sum_{i=1}^{M} n_{xi}$$

$$r_{yn} = \sum_{i=1}^{M} n_{yi} \qquad\qquad (5.15)$$

$$r_{zn} = \sum_{i=1}^{M} n_{zi}$$

$\vec{r_n}$의 벡터성분 $\vec{r_n} = (r_{xn},\ r_{yn},\ r_{zn})$에 대한 트렌드와 플런지는 식 (5.8)과 (5.9)를 이용하여 구할 수 있다.

> **Note** (Note) 대표절리군의 벡터 성분 식 (5.15)를 구할 때에 각 절리의 간격에 대한 고려를 위하여 가중치를 주어서 계산할 수도 있다. 이에 대한 상세한 사항은 Priest(1993)의 책을 참조하기 바란다.

[예제 5.6] 다음과 같은 6개의 불연속면은 공학적인 목적상 같은 절리로 보아도 무방한 것으로 판단되었다. 이 6개의 절리를 대표할 수 있는 절리의 '경사방향/경사'를 구하라.

204/59, 213/41, 218/49, 225/42, 228/45, 228/53

[풀이] 각 절리의 수직벡터의 트렌드(α_n)와 플런지(β_n)은 $\alpha_n = \alpha_d \pm 180^o$, $\beta_n = 90^o - \beta_d$의 관계로 구하고 각 수직벡터의 성분은 식 (5.10)으로 구할 수 있다.

그 결과는 다음 표와 같다.

절리 No	α_d / β_d	α_n / β_n	n_x	n_y	n_z
1	204/59	24/31	0.3486	0.7831	0.5150
2	213/41	33/49	0.3573	0.5502	0.7547
3	218/49	38/41	0.4646	0.5947	0.6561
4	225/42	45/48	0.4731	0.4731	0.7431
5	228/45	48/45	0.5255	0.4731	0.7071
6	228/53	48/37	0.5935	0.5344	0.6018

이 6개의 절리를 대표할 수 있는 수직벡터 $\vec{r_n}$의 성분은 식 (5.15)를 이용하여 구할 수 있다.

$$r_{xn} = \sum_{i=1}^{6} n_{x_i} = 2.7627$$

$$r_{yn} = \sum_{i=1}^{6} n_{y_i} = 3.4086$$

$$r_{zn} = \sum_{i=1}^{6} n_{z_i} = 3.9778$$

$$\overrightarrow{r_n} = (r_{xn},\ r_{yn},\ r_{zn}) = (2.7627,\ 3.4086,\ 3.9778)$$

$\overrightarrow{r_n}$의 트렌드와 플런지는 식 (5.8), (5.9)로부터 구하며 다음과 같다.

$$\alpha_n = \tan^{-1}\left(\frac{r_{xn}}{r_{yn}}\right) + Q = \tan^{-1}\left(\frac{2.7806}{3.4086}\right) = 39^{\circ}$$

$$\beta_n = \tan^{-1}\left(\frac{r_{zn}}{\sqrt{r_{xn}^2 + r_{yn}^2}}\right) = \tan^{-1}\left(\frac{3.9778}{\sqrt{2.7806^2 + 3.4086^2}}\right) = 42^{\circ}$$

α_n / β_n = 39/42로부터 대표절리의 경사방향/경사는 α_d / β_d = 219/48이다.

5.5 불연속면의 간격과 빈도[*]

 지질구조가 지배(structurally-controlled)하는 암반의 분석을 위해서, 불연속면의 방향성뿐만 아니라 불연속면의 간격 또는 빈도, 불연속면의 연속성, 불연속면의 틈새 등의 기하학적 요소들도 암반구조물의 성질을 지배하는 중요한 인자들이다. 본 절에서는 이미 전절에서 상세하게 서술하였던 방향성을 제외한 기하학적 요소들 중 불연속면의 간격과 빈도에 대하여 간략히 서술하고자 한다.

5.5.1 정의

 스캔라인 샘플링에 의한 불연속면의 조사를 하게 되면 그림 5.30과 같이 불연속면의 간격(spacing)을 기록하게 된다. 스캔라인의 길이가 L일 때, 불연속면을 M번 만났다고 하면, 이 현장의 평균간격 $\bar{x}$는 다음 식으로 구할 수 있다.

$$\bar{x} = \frac{L}{M}, \text{ 단위: m} \tag{5.16}$$

한편, 불연속면의 빈도 λ는 평균간격의 역수로서 다음 식과 같다.

$$\lambda = \frac{1}{\bar{x}} = \frac{M}{L}, \text{ 단위: m}^{-1} \tag{5.17}$$

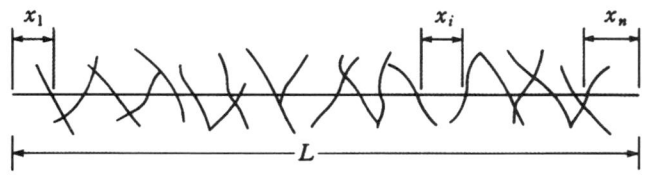

그림 5.30 스캔라인 샘플링에서 불연속면의 간격

5.5.2 실측빈도와 실제빈도

그림 5.30에서와 같이, 스캔라인과 불연속면이 완전히 직교하지 않는 한, 불연속면의 간격은 실제의 불연속면군의 간격보다 더 크게 측정된다. 다시 말하여, 실제의 빈도보다 실측된 빈도가 낮게 측정된다. 따라서, 실제의 빈도와 실측된 빈도와의 관계를 알아야 할 것이다.

스캔라인의 트렌드/플런지$= \alpha_s/\beta_s$, 어느 불연속면군에 대한 수직벡터의 트렌드/플런지 $= \alpha_n/\beta_n$이라고 하면, 계측된 간격 x_s와 실제간격 x 사이에는 다음 식이 성립된다.

$$x = x_s \cos \delta \tag{5.18}$$

여기서, δ는 그림 5.31에서와 같이 스캔라인과 불연속면군에 대한 수직벡터 사이의 예각이다. 또는 빈도로서 표시하여 보면, 실측된 빈도 λ_s와 실제의 빈도 λ 사이에는 다음 식이 성립된다.

$$\lambda_s = \lambda \cos \delta \tag{5.19}$$

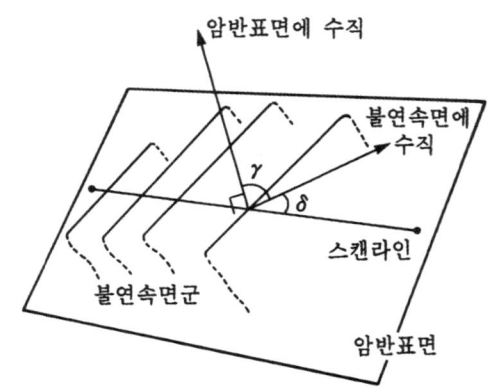

암반표면에 수직

불연속면에
수직

γ

δ

스캔라인

불연속면군

암반표면

그림 5.31 스캔라인과 불연속면의 수직벡터가 이루는 각도

스캔라인과 불연속면의 수직벡터와의 사이각(예각)인 δ는 다음 식으로 구할 수 있다(이는 두 벡터 사이의 스칼라곱(dot product)으로부터 구한 것이며, 상세한 유도는 생략할 것이다).

$$\cos \delta = \cos (\alpha_s - \alpha_n) \cos \beta_s \cdot \cos \beta_n + \sin \beta_s \cdot \sin \beta_n \tag{5.20}$$

만일 어느 현장에 D개의 불연속면군이 존재하는 경우를 생각해 보자. i 불연속면군의 실제 빈도를 λ_i $(i = 1, D)$, 스캔라인과 i 불연속면 사이각도(예각)를 $\delta_i (i = 1, D)$라고 하면, 실측빈도 λ_s와 λ_i 사이에는 다음의 관계가 있을 것이다.

$$\lambda_s = \sum_{i=1}^{D} \lambda_i \cos \delta_i \ (-90^o \leq \delta_i \leq 90^o) \tag{5.21}$$

[예제 5.7] 스캔라인의 트렌드/플런지$= \alpha_s/\beta_s = 240^o/25$이다. 이 현장의 불연속면은 4개의 군이 존재하며, 그 방향성과 빈도는 다음과 같다.

불연속면 1: $\alpha_n/\beta_n = 144/14, \quad \lambda_1 = 6.81/\text{m}$

불연속면 2: $\alpha_n/\beta_n = 331/57, \quad \lambda_2 = 2.27/\text{m}$

불연속면 3: $\alpha_n/\beta_n = 34/61, \quad \lambda_3 = 4.78/\text{m}$

불연속면 4: $\alpha_n/\beta_n = 222/39, \quad \lambda_4 = 1.84/\text{m}$

위의 스캔라인을 따라 샘플링작업을 하였을 때, 실측 평균빈도 λ_s를 예측하라.

[풀 이]

식 5.20을 이용하여 각 불연속면군의 수직벡터와 $\alpha_s / \beta_s = 240/25$ 스캔라인의 사이각을 구해보자.

$$\cos\delta_1 = \cos(240^o - 144^o)\cos 25^o \cos 14^o + \sin 25^o \sin 14^o = 0.0103$$

$$\cos\delta_2 = \cos(240^o - 331^o)\cos 25^o \cos 57^o + \sin 25^o \sin 57^o = 0.3458$$

$$\cos\delta_3 = \cos(240^o - 34^o)\cos 25^o \cos 61^o + \sin 25^o \sin 61^o = -0.0253$$

$$\cos\delta_4 = \cos(240^o - 222^o)\cos 25^o \cos 39^o + \sin 25^o \sin 39^o = 0.9358$$

여기서 $\cos\delta_3$가 음수이므로 절댓값을 이용하여 양수로 바꾸어 주어야 한다. 즉 $\cos\delta_3 = 0.0253$. 실측 평균빈도 λ_s는 식 (5.21)을 이용하여 구한다.

$$\lambda_s = \sum_{i=1}^{4} \lambda_i \cos\delta_i = 2.70/\mathrm{m}$$

5.5.3 간격의 확률분포와 RQD

많은 실측자료의 분석에 의하면 불연속면의 간격에 대한 확률분포는 다음 식과(예를 들어서 그림 5.32 참조) 같이 부(−)의 지수함수 분포를 하는 것으로 알려져 있다.

$$f(x) = \lambda\, e^{-\lambda x} \tag{5.22}$$

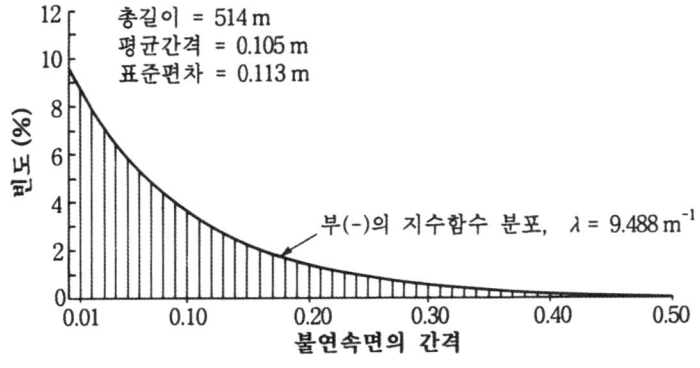

그림 5.32 불연속면 간격의 확률분포

한편 RQD는 식 (5.2)와 같이 정의되므로 이를 수식으로 표현하면 다음과 같이 된다.

$$RQD = 100 \sum_{i=1}^{n} \frac{x_i}{L} \ \%$$ (5.23)

여기서, x_i : 10cm 이상의 길이의 간격
n : 이 간격을 갖는 코아시료의 갯수

식 (5.22), (5.23)으로부터 이론적으로 RQD값을 구해보면, RQD와 빈도 λ 사이에는 다음의 식이 성립함을 알 수 있다.

$$RQD = 100\,(0.1\,\lambda + 1)\,e^{-0.1\lambda}$$ (5.24)

5.6 불연속면에서의 전단강도론

암석(intact rock)의 강도와 암반(rock mass)의 강도론은 제4장에서 이미 서술하였다. 본 절에서는 절리가 확연이 존재하여 절리에서의 전단강도가 암반지반의 거동을 지배하는 경우에 대하여 서술하고자 한다.

5.6.1 불연속면의 강도시험법

불연속면은 이미 확연히 존재하는 파괴가능면이다. 따라서, 절리면을 경계로한 직접전단시험이 가장 적절한 시험법으로 생각할 수 있겠다. 본 절에서는 가장 단순히 실험할 수 있는 틸트시험과 직접전단시험, 삼축압축시험을 간략히 서술하고자 한다.

1) 틸트시험(tilt test)
이 시험법은 말 그대로 절리면을 가진 시편을 기울여 이 시편이 흘러 내릴 때의 각도를 재는 시험으로 아주 단순한 것이 장점이다(그림 5.33).
시편이 미끄러지기 시작할 때의 각도 α가 절리면에서의 내부마찰각으로 볼 수 있다. 즉, 전단강도를 나타내는 식

$$\tau_f = \sigma_n \tan \phi$$

에서, $\phi = \alpha$로 보면 될 것이다.

틸트시험은 가장 간단한 직접전단시험으로 볼 수 있다. 여기서 한 가지 주의하여야 할 사항은 틸트시험도 일종의 직접전단시험인 바, 전단파괴면에 수직응력 σ_n을 가하고 τ를 증가시켜서 전단파괴시키는 시험이나, 수직응력을 유발하는 요소가 암석의 자중에 불과하므로, 아주 작은 수직응력에 맞는 ϕ값을 구할 수 있다는 점이다. 수직응력이 큰 경우의 ϕ값은 구할 수 없다.

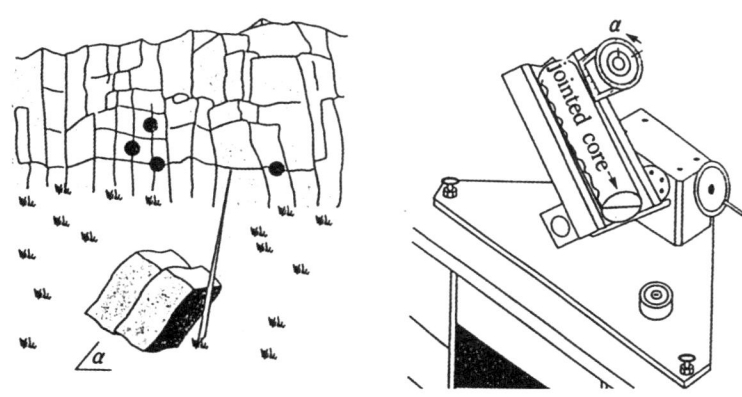

그림 5.33 틸트시험(tilt test)

2) 직접전단시험

직접전단시험은 토질역학의 직접전단시험과 동일하다. 그림 5.34와 같은 전단시험기를 주로 이용하는데, 불연속면을 가운데로 놓고 수직응력을 작용시킨 가운데, 전단응력을 파괴될 때까지 가한다. 이때, 위아래에 있는 암석은 박스에 아교를 사용하여 고정되도록 하여야 한다. 그림 5.35는 현장에서 실시하는 직접전단시험의 개략을 보여주고 있다.

3) 삼축압축시험

삼축압축시험은 불연속면의 전단강도시험법으로는 실무에서 잘 쓰이지 않는다. 다만, 이 시험은 연구목적으로 주로 실시되며, 기본원리를 이해하는 데 도움이 되는 실험이다. 이 실험은 그림 5.36에서와 같이 σ_3를 등방하중으로 가하고 축응력을 파괴가 될 때까지 증가시키는 실험법이다. 다만, 이 실험은 토질역학에서의 삼축압축시험이나, 신선한 암(intact rock)에서의 삼축압축시험과 근본적으로 다른 것이 있다. 앞의 두 실험에서는 처음부터 파괴가능면이 먼저 설정되는 것이 아니며, 축차응력을 증가시키면 시료 안에서 자연적으로 파괴면이 형성된

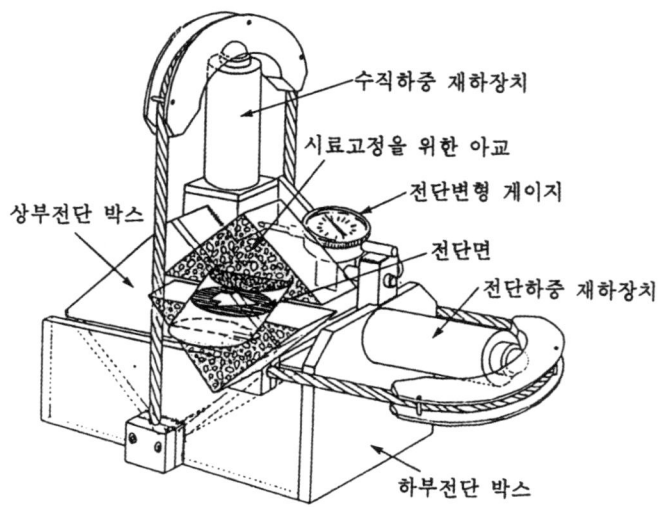

그림 5.34 직접전단시험(direct shear test)의 개요

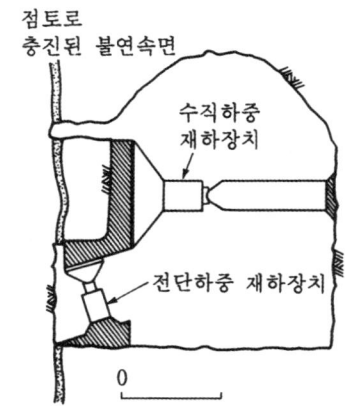

그림 5.35 현장에서의 직접전단시험

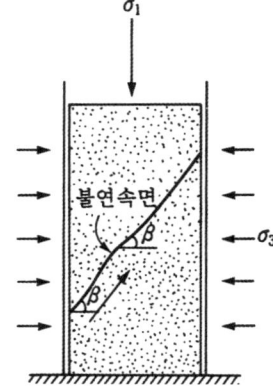

그림 5.36 불연속면을 포함하는 암석의 삼축압축시험

다(최대 주응력면과 $45^o + \dfrac{\phi}{2}$ 의 각도로 파괴). 그러나 이 절에서의 시험은 그림 5.36에서와 같이 파괴가능면(또는 불연속면)의 각도 β 를 미리 설정해 놓고 파괴시키게 된다. 따라서, β 의 각도에 따라 불연속면에 작용되는 수직응력이 다르게 된다. 즉, β 의 각도에 따라 파괴 시의 축응력 σ_{1f} 가 다르다. 이에 대한 사항은 다음 절에서 설명할 것이다.

5.6.2 불연속면에서의 전단거동

전절에서 서술한 시험으로부터 얻어질 수 있는 결과들의 개략을 서술하고, 이것으로부터 불연속면에서의 전단거동 특성을 밝히고자 한다.

1) 직접전단시험시의 응력–변형률 거동

그림 5.37에 직접전단시험 결과로 얻을 수 있는 전단응력 – 전단변위의 거동특성과 이때의 수직변위의 양상을 나타내었다. 그림에서 보면 전단응력 – 전단변위의 거동 특성은 토질에서의 직접전단시험 결과와 유사하다. 다만 불연속 암반에서의 거동이 토질과 다른 것은, 암반의 불연속면은 거칠기 또는 굴곡(undulation)이 있으므로 그림에서 보는 바와 같이 전단응력을 가하여 전단변위가 점점 증가하게 될 때 불연속면 위의 암석이 아래쪽에 있는 암석을 타고 올라가게 되어 수직방향으로 팽창하게 되는 현상이 존재한다는 것이다(그림 5.37(b)). 전단방향으로만 밀려가는 것이 아니라, 절리의 굴곡부를 타고 올라가게 되는 효과로 인하여, 절리면의 거칠기(roughness)가 크면 클수록 전단강도는 증가하게 된다. 거칠기의 영향을 고려하는 방법은 다음 절에서 서술할 것이다.

그림 5.37의 전단응력 – 전단변위 곡선의 기울기 K_s 를 전단강성계수(shear stiffness)라고 한다. 이 전단강성계수는 제6장에서 집중적으로 서술하는 불연속면에서의 변위 예측에 긴요하게 사용되게 된다.

전단강성계수 K_s 는

$$K_s = \frac{d\Delta\tau}{d\Delta u} \tag{5.25}$$

로서 정의되며, 단위는 응력/변위임을 주의하여야 한다(예를 들어서 kg/cm^3, kN/m^3 등).

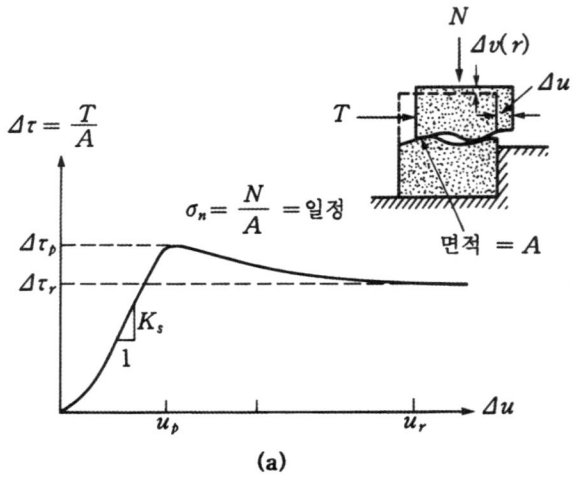

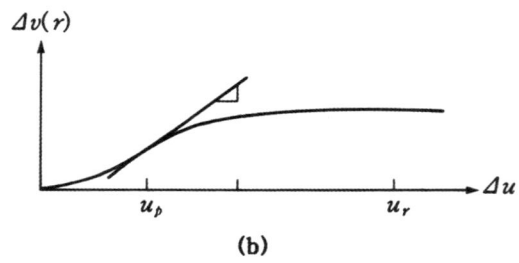

그림 5.37 불연속면의 전단거동

2) 불연속면 거칠기의 영향

기본내부마찰각, ϕ_b

불연속면이 완전히 평평한(flat) 암석에 대하여 틸트시험을 하여 내부마찰각을 구하면 주어진 암석의 내부마찰각 중 최솟값을 나타낼 것이다. 이때의 내부마찰각을 암석절리의 기본내부마찰각, ϕ_b(basic friction angle)이라고 한다. 이 마찰각은 불연속면의 거칠기 효과는 완전히 무시한 암석의 종류에 따라서만 달라질 수 있는 정수이다.

표 5.1에 암석의 종류에 따른 기본내부마찰각의 범위를 나타내었다. 암석의 종류에 따라 약간 차이는 있으나, 대략 $\phi_b = 30°$ 근처로 보면 될 것이다.

표 5.1 암석의 종류에 따른 ϕ_b 값

암석 종류	ϕ_b(건조상태)(°)	ϕ_b(습윤상태)(°)
사암(sandstone)	26~35	25~34
미사암(siltstone)	31~33	27~31
석회석(limestone)	31~37	27~35
현무암(basalt)	35~38	31~36
세립 화강암(fine granite)	31~35	29~31
조립 현무암(coarse granite)	31~35	31~33
편마암(gneiss)	26~29	23~26
판암(slate)	25~30	21

톱니모델(saw-tooth model)

불연속면의 거칠기(rough)를 이상화하여 그림 5.38과 같이 규칙적인 톱니모양을 하고 있다고 하자(단, 톱니의 각도는 i). 이 암석의 기본내부마찰각은 ϕ_b이므로 AA면에서의 전단저항력 R은 OB면과 ϕ_b의 각도를 이룬다. 그림에서 전체적인 전단면은 CC이므로 전단저항력 R의 방향은 불연속면에 수직인 단면 OD와 '$\phi_b + i$'의 각도를 이룬다. 즉, 기본내부마찰각= ϕ_b, 거칠기 각도= i인 불연속면은 내부마찰각이

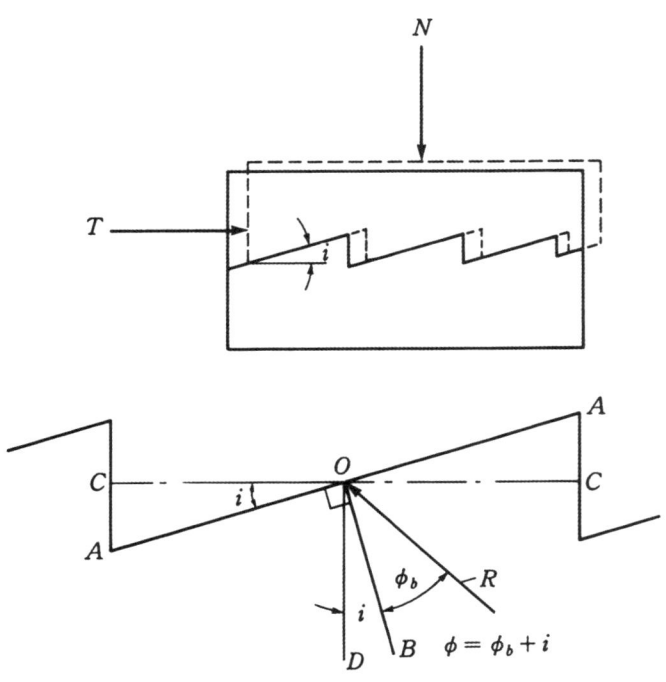

그림 5.38 Patton의 톱니모델

$$\phi = \phi_b + i \tag{5.26}$$

와 같은 값을 띠는 것으로 생각할 수 있다. 이 값은 1)에서 서술한 굴곡부를 타고 올라가는 데, 필요한 내부마찰각 증가효과와 같은 의미를 갖고 있다. 따라서, 거칠기 각도 i, 기본내부마찰각 ϕ_b를 갖는 불연속면의 전단강도는 다음과 같이 표현할 수 있다.

$$\tau_f = \sigma_n \tan (\phi_b + i) \tag{5.27}$$

위의 톱니모델은 Patton(1996)이 제안한 모델이다.

3) 삼축압축시험을 이용한 전단강도 모델*

삼축압축시험은 그림 5.39에서와 같이 최대주응력면과 불연속면이 이루는 각도를 임의로 β로 정해 놓고 축차하중을 가하는 실험이다. 최대 및 최소주응력이 σ_1, σ_3일 때, 불연속면에서의 전단응력 및 수직응력은 다음 식과 같다.

$$\tau = \frac{1}{2} (\sigma_1 - \sigma_3) \sin 2\beta \tag{5.28}$$

$$\sigma_n = \frac{1}{2} (\sigma_1 + \sigma_3) + \frac{1}{2} (\sigma_1 - \sigma_3) \cos 2\beta \tag{5.29}$$

σ_1을 계속적으로 증가시키어 불연속면이 파괴되었다고 하면, 이때의 전단응력은 전단강도가 된다. 불연속면에서의 전단강도는 다음 식과 같으므로(여기서, $\phi = \phi_b + i$)

$$\tau_f = \sigma_n \tan \phi \tag{5.30}$$

식 (5.28), (5.29)를 식 (5.30)에 대입하고$(\sigma_1 - \sigma_3)$에 관하여 풀면 전단파괴 시의 축차응력은 다음 식으로 표시된다.

$$(\sigma_1 - \sigma_3)_f = \frac{2\sigma_3 \tan \phi}{(1 - \cot\beta \tan \phi) \sin 2\beta} \tag{5.31}$$

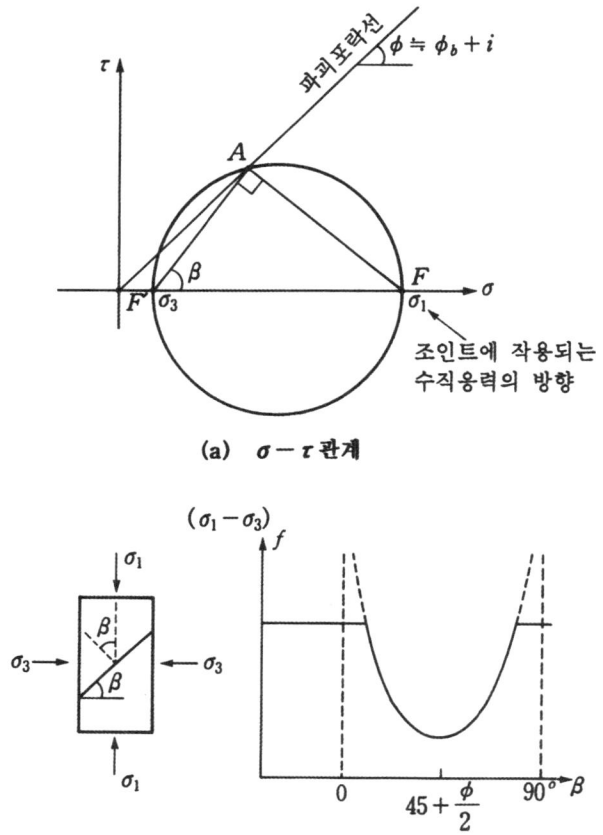

(a) $\sigma - \tau$ 관계

(b)

(c) $\beta \sim (\sigma_1 - \sigma_3)_f$ 관계

그림 5.39 β값에 따른 삼축압축강도

β값에 따른 $(\sigma_1 - \sigma_3)_f$의 값을 그림 5.39에 표시해 놓았다. 그림으로부터 다음의 사실을 알수 있다.

(1) 불연속면과 최대 주응력면이 이루는 각도가 $0°$ 또는 $90°$이면, 불연속면의 영향이 극소화 되어 전단강도가 최대치에 이르고,

(2) 반면에 두면이 이루는 각도가 $\beta = 45° + \dfrac{\phi}{2}$에 이르면 전단저항력이 최소가 된다.

한편, 불연속면이 5개 이상인 경우, 전단저항력이 그림 5.40과 같이 되어 결국 불연속면의 방향에 관계없이 전단저항력이 최솟값에 접근한다. 바로 이 조건이 암반(rock mass)의 강도로 볼 수 있다.

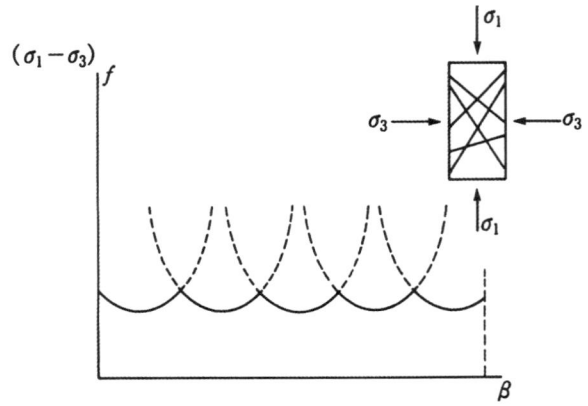

그림 5.40 여러 개의 불연속면을 갖는 암석의 삼축압축강도–암반강도

4) 구속조건하의 전단강도

앞 절에서 불연속면에 전단응력이 작용되면 전단변형과 동시에 팽창변형(dilation)도 발생한다고 하였다. 그 한 예가 그림 5.41(a)에서와 같이 불연속면을 갖는 암반사면일 것이다. 반면에 그림 5.41(b)에서와 같이 불연속면이 완전히 블록으로서 구속되어 있는 경우는 다른 거동을 보일 것이다. 전단변형 시에 불연속면에 수직방향으로 팽창을 하고자 하나, 수직방향이 완전히 구속되어 있으므로 팽창하는 대신 수직응력의 상승을 가져온다. 제4장의 4.3.3절에서 구속압력이 암석/암반의 강도에 미치는 영향에 대하여는 이미 상세히 서술하였다. 이를 다시 한 번 정리하면 다음과 같다.

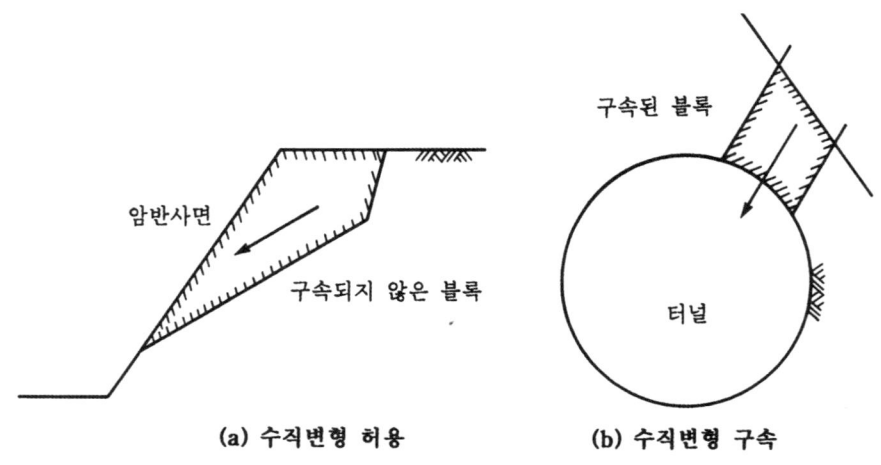

(a) 수직변형 허용　　　　**(b) 수직변형 구속**

그림 5.41 전단응력과 구속조건

(1) 전단강도는 파괴가능면에 작용되는 수직응력에 비례하므로($\tau_f = \sigma_n \tan \phi$), 구속된 불연속면 블록은 전단변형이 발생되면서 전단강도가 증가한다.

(2) 전단파괴면에 작용되는 수직응력이 증가할수록 전단 시에 소성거동(ductile 또는 plastic)을 보이게 된다. 즉, 첨두강도(peak strength) 후에도 강도의 저하가 크지 않다.

앞의 두 가지 중요한 사실은 암반사면의 안정법으로서 록볼트(rock bolt)의 효용성을 잘 말해 준다. 그림 5.42와 같이 불연속면에 의한 암반사면 파괴를 방지하기 위하여 록볼트를 설치하게 되면 물론 록볼트와 암반 사이의 부착력으로 저항력을 증가시켜 주게 되나, 부차적으로는 전단변형시의 구속효과로 인하여 불연속면에서의 강도를 증가시켜 주게 된다.

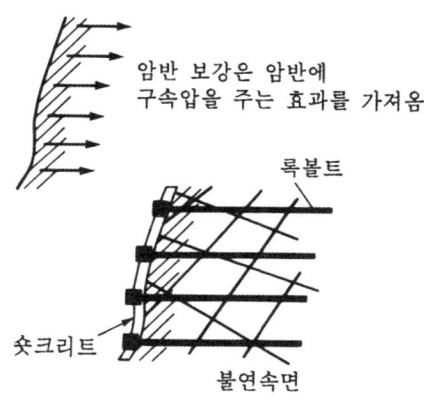

그림 5.42 불연속 암반사면에서의 록볼트 효과

구속효과에 따른 전단거동

그림 5.43에 여러 개의 수직응력에 대한($\sigma_n = $ O, A, B, C, D) 전단거동 특성을 나타내었다.

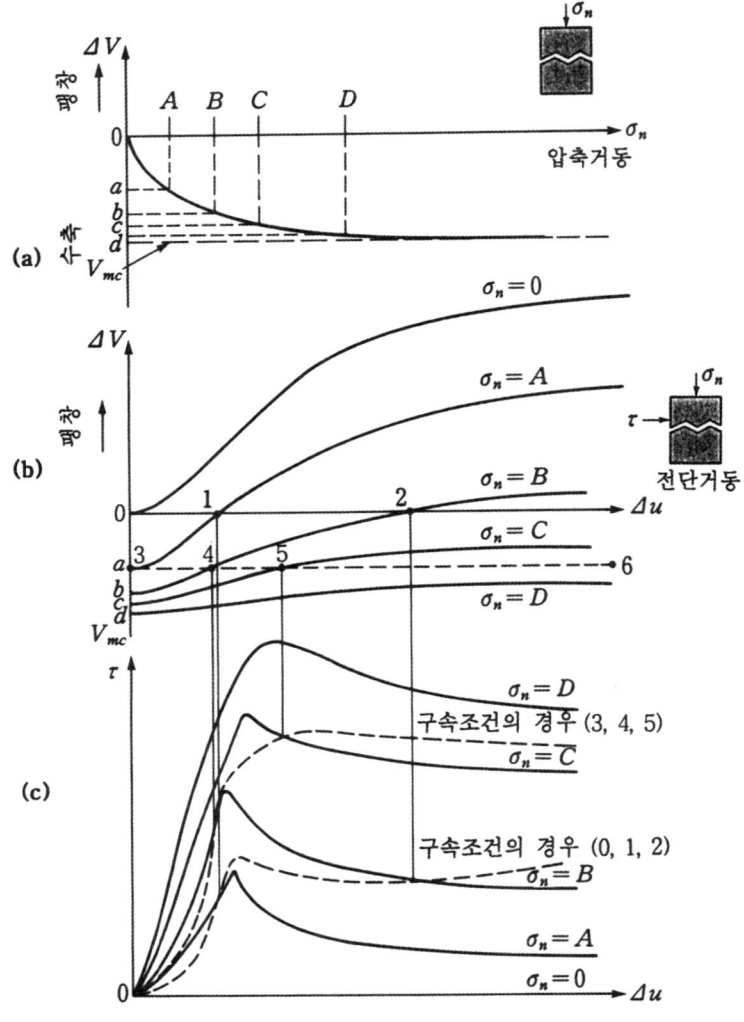

그림 5.43 구속효과에 따른 전단거동 예측

각 그림을 설명하면 다음과 같다.

(a) 절리를 갖고 있는 암석시편에 수직응력을 가했을 때의 수직응력 – 체적수축 관계

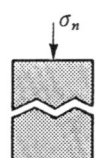

(b) (a)에서 가한 σ_n의 수직응력상태에서 직접전단시험을 실시할 때의 수평변위 – 체적변형
관계

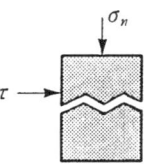

(c) 이때의 수평변위 – 전단응력의 관계

그림 5.43에서 보여준 전단거동은 그림 5.41(a)를 묘사하는, 즉 구속효과가 없는 경우의 거
동으로 볼 수 있다. 이 실험결과를 이용하여 그림 5.41(b)의 경우와 같이 구속조건 하의 전단
거동을 묘사할 수 있다.

그림 5.43(b)에서 만일 구속조건으로 인하여 수직방향으로 팽창이 불가능하다면 $\sigma_n = 0$인
경우 0 – 1 – 2, $\sigma_n = A$인 경우 3 – 4 – 5 의 경로를 따라갈 것이다. 그림 5.43(c)에서 이 경로
에 맞는 전단변형 – 전단응력 값들을 선택하여 연결하여 보면 그림에서 점선으로 표시된 전단
변형 – 전단응력의 거동을 보일 것이다. 전단강도의 큰 증가와 함께, 소성거동의 좋은 예를 보
여준다.

5.6.3 불연속면의 전단강도 모델

앞 절에서 서술한 전단거동 특성들에 근거하여 불연속면에서의 전단강도 모델을 정리하고
자 한다. 여기에서는, 가장 대표적인 Patton의 bilinear 모델과 Barton의 비선형 모델에 대
하여 소개할 것이다.

1) Patton의 bilinear 모델

Patton은 톱니모델을 이용하여 $\phi = \phi_b + i$로 내부마찰각을 표시할 수 있다고 전절에서 서술
하였다. 전단거동 시에 톱니각도 i를 타고 올라가는 데 필요한 효과를 고려한 것이 i값이다.
다만, 위에 제시된 내부마찰각은 수직응력(σ_n)이 비교적 작을 때에만 적용될 수 있다. 수직응
력이 아주 고압인 상태에서 전단응력을 가하면 전단 시 톱니를 타고 올라가는 것이 아니라, 오
히려 톱니가 부러지게 되어 그림 5.38의 CC면으로 밀려가게 된다. 이때의 내부마찰각은 ϕ_{res}
로서 잔류강도를 나타낸다. 따라서, Patton은 그림 5.44에서 보여주는 바와 같은 bilinear

model을 제시하였다. 즉,

$$\begin{cases} \tau_f = \sigma_n \tan{(\phi_b + i)} & \sigma_n \text{이 작을 때} \\ \tau_f = c_{res} + \sigma_n \tan{\phi_{res}} & \sigma_n \text{이 클 때} \end{cases}$$

(5.32a)

(5.32b)

ϕ_{res}값은 ϕ_b값과 거의 같은 것으로 알려져 있다.

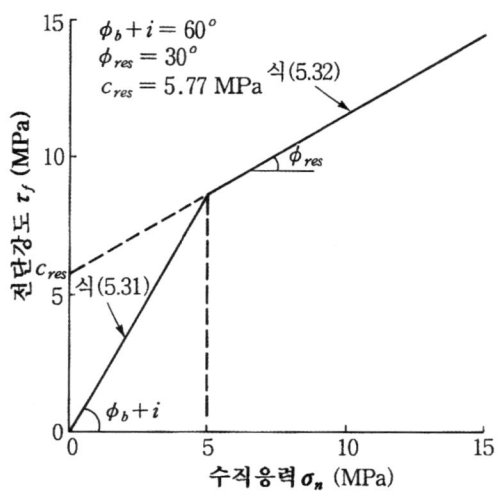

그림 5.44 Patton의 bilinear모델 예

2) Barton의 비선형 모델

Patton은 그림 5.44에서와 같이 bilinear 모델을 제시하였으나, 실측 결과에 의하면 전단 시의 실제거동은 bilinear보다는 비선형을 띤다고 알려져 있다. Barton(1976)은 불연속면 전 단강도의 비선형 모델을 다음과 같이 제시하였다(그림 5.45 참조).

$$\tau_f = \sigma_n \tan{\left[\phi_b + JRC\log_{10}{\left(\frac{JCS}{\sigma_n}\right)}\right]}$$

(5.33)

여기서, JCS: 불연속면 부근 암석의 압축강도(Joint-wall Compressive Strength)
　　　　JRC: Barton의 거칠기 계수(Joint Roughness Coefficient)로서 그림 5.9에 표 시됨

식 (5.33)으로 표시된 전단강도 모델은 기울기가 70° 이상인 불연속면인 경우는 잘 맞지 않는 것으로 알려져 있다(그림 5.45의 빗금친 부분). 식 (5.33)을 Patton의 식 (5.31), (5.32)와 비교하여 보면

$$i = JRC\log_{10}\left(\frac{JCS}{\sigma_n}\right) \tag{5.34}$$

로서 Patton식의 경우 i값은 일정한 값이나, Barton식의 경우는 σ_n의 함수로서 비선형을 띠고 있음을 알 수 있다.

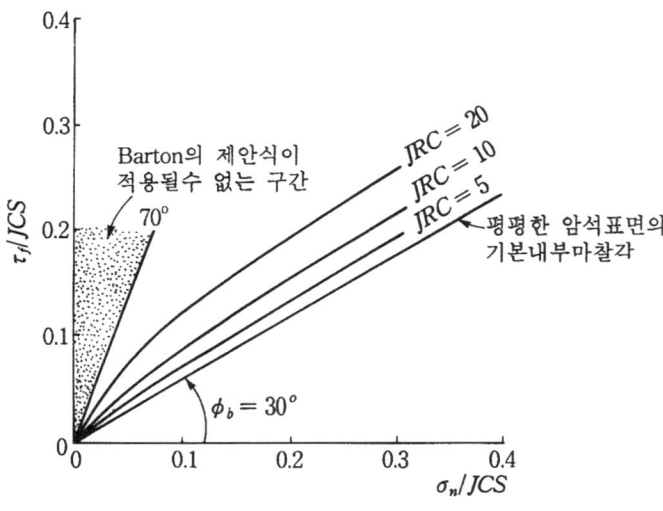

그림 5.45 Barton의 비선형 전단강도 모델 예

JCS를 구하는 법

불연속면 근처 암석의 일축압축강도(JCS)를 구하는 것은 쉽지 않다. 이 값은 실무적으로는 점하중시험을 실시하거나, 슈미트햄머 시험을 하여 예측할 수 있을 것이다. JCS 값과 슈미트햄머 R값 사이에는 다음의 관계가 있는 것으로 알려져 있다.

$$\log_{10} JCS = 0.88\,\gamma\,R + 1.01 \ \ (\text{MPa}) \tag{5.35}$$

여기서, γ: 단위중량 (MN/m^3)

R: 슈미트햄머의 반발계수

3) 전단강도 모델의 적용

Patton식에 의하면 τ_f와 σ_n의 관계식은 bilinear이며, Barton은 비선형으로 제시하였다. 이 불연속면의 전단강도 모델은 제8장 암반사면의 안정 등에 사용되게 된다. 실제로 암반 사면 안정문제에서 강도모델을 적용할 때는 비선형식 또는 bilinear 식으로 모델을 제시하기가 어렵다. 따라서, 단순히 Mohr-Coulomb의 전단강도 모델을 사용함이 일반적이다. 즉,

$$\tau_f = c + \sigma_n \tan \phi \tag{5.36}$$

의 식을 사용한다. 따라서 식 (5.31), (5.32) 또는 식 (5.33)으로 제시된 강도모델을 Mohr-Coulomb의 강도정수로 바꾸어야 한다. 이때, 실제 현장에서 불연속면에 작용되는 수직응력 σ_n을 구하고, 이 수직응력에서의 접선의 기울기와 절편값으로 $\tan \phi$ 및 c값을 산정하여 공학적인 문제를 풀어야 한다.

[예제 5.8] 불연속면을 갖는 미사암에 대하여 틸트시험을 실시한 결과 기울기가 53°에서 미끄러져 내렸다(단, 이때의 미사암의 접촉면적 = 89.3cm^2, 미사암 시편의 질량 = 2.06kg, 부피 = 738cm^3). 한편, 평평한 밑면을 갖는 미사암을 택하여 틸트시험을 실시한 결과 $\phi_b = 32°$를 얻었다. 현장 불연속면에 대하여 슈미트햄머 실험을 실시한 결과 $R = 19.5$를 얻었다.

1) 틸트시험 결과를 이용하여 JRC 값을 예측하라.
2) $\sigma_n = 85\,\text{kPa}$ 일 때의 전단강도를 구하라.
3) Barton의 식을 이용하여 전단강도 – 수직응력 곡선을 그려라.
4) 3)의 곡선으로부터 Patton의 bilinear 모델을 구하라.

[풀 이]

(1) 미사암 시편의 질량 = 2.06kg을 무게로 나타내면 20.2N($= 20.2 \times 10^{-3}\text{kN}$)이다. 또한 틸트시험에서 53°에서 미끄러졌으므로 수직응력과 전단응력은 다음과 같다.

$$\sigma_n = \frac{W \cos \phi}{A} = \frac{20.2 \times 10^{-3} \times \cos 53°}{89.3 \times 10^{-4}}$$
$$= 1.36\,\text{kPa}$$

$$\tau_f = \frac{W \sin\phi}{A} = \frac{20.2 \times 10^{-3} \times \sin 53^o}{89.3 \times 10^{-4}}$$

$$= 1.81 \text{kPa}$$

미사암 시편의 질량과 부피로부터 미사암의 단위중량을 구한다.

$$\gamma = \frac{W}{V} = \frac{20.2 \times 10^{-6}}{738 \times 10^{-6}} = 0.0274 \text{MN/m}^3$$

위에서 구한 σ_n, τ_f, γ와 슈미트햄머 R값을 식 (5.35)에 적용하면 JCS값을 구할 수 있다.

$$\log_{10} JCS = 0.88\,\gamma\,R + 1.01$$

$$= 0.88 \times 0.0274 \times 19.5 + 1.01$$

$$= 1.48$$

$$\therefore JCS = 30.2 \text{MPa}$$

이제 JRC값을 구하기 위해 식 (5.33)을 이용하면 된다.

$$\tau_f = \sigma_n \tan\left[\phi_b + JRC \log_{10}\left(\frac{JCS}{\sigma_n}\right)\right]$$

$$1.81 = 1.36 \tan\left[32 + JRC \log_{10}\left(\frac{30.2}{1.36 \times 10^{-3}}\right)\right]$$

$$\therefore JRC = 4.83$$

(2) 식 (5.33)으로부터 전단강도를 구한다.

$$\tau_f = 85 \times \tan\left[32 + 4.83 \log_{10}\left(\frac{30.2}{85 \times 10^{-3}}\right)\right] = 83.0 \text{kPa}$$

(3) 식 (5.33)을 이용하여 전단강도 곡선을 그리면 다음 그림과 같다.

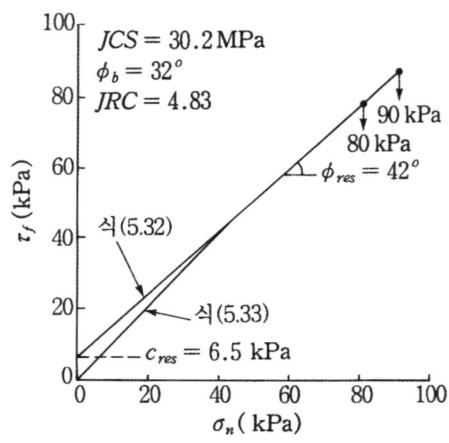

(4) σ_n을 80~90kPa 범위에서 직선을 그리면 $c_{res} = 6.5$kPa, $\phi_{res} = 42°$임을 알 수 있다.

참 고 문 헌

• 신희순, 선우춘, 이두화(2000), 토목기술자를 위한 지반조사 및 암반분류, 구미서관

• Barton, N.(1976), The Shear Strength of Rock and Rock Joints, Int.J.Rock Mech. Min.Sci., Vol.13, pp255-279.

• Patton, F.D.(1966), Multiple Modes of Shear Failures in Rock, Proc., 1st Int. Cong. Rock Mech., Vol.1, Lisbon, pp509-513

• Priest, S.D.(1993), Discontinuity Analysis for Rock Engineering, Chapman & Hall, London

제6장

암반의 변형

제6장

암반의 변형

6.1 서 론

토질역학의 문제는 크게 전단파괴 문제와 변형문제로 대별될 수 있으며, 전통적인 토질역학 (classic soil mechanics)에서는 두 문제를 별도로 해석함이 보통이었다. 즉, 응력증가로 인하여 최종응력이 전단강도를 초과하는지를 우선 검토하고, 둘째로 지반에 응력의 증가가 발생되었을 때, 이 증가된 응력으로 인하여 변형이 어느 정도 발생하는 지를 검토하게 된다.

위의 두 문제 중 토질에서의 변형문제는 상부구조물 설치로 인한 침하량 예측이 주종을 이룬다. 따라서, 침하량 공식은 공통적으로 연직방향 변형률을 깊이에 관하여 적분하여 유도됨이 보통이었다. 압밀침하량 공식도 마찬가지다. 비록 연약한 포화점토지반의 경우 침하량이 과다하여 하중−침하량 곡선이 뚜렷한 비선형성을 보임으로 인하여 비선형성을 고려하기 위하여 압축지수(C_c)를 사용하기는 하나 이 역시 탄성침하량을 구한다는 기본줄기에는 변함이 없다.

위의 여러 사실에 근거하여 학부생용 토질역학 교재에서는 수치해석에 반드시 필요한 응력−변형률 관계식을 심도 있게 다루지 않았다. 그러나 토질역학적 문제에도 필연적으로 수치해석법을 이용하여야 하는 경우가 점점 빈번해지고 있다. 예를 들어서, 다음 그림과 같이 연약한 포화점토지반 위로 제방을 축조한다고 하자. 이때 물론 침하는 제방중심부하에서 가장 많이 일어날 것이므로, 이 지점에서 압밀침하량을 예측하여 설계에 반영하게 될 것이다.

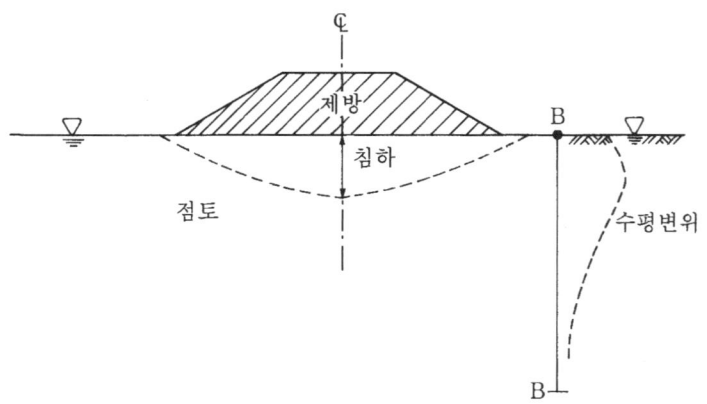

문제는 제방설치로 인하여 그림의 BB 단면에서 수평변위가 발생될 것인 바, 이 수평변위가 설계를 지배할 경우도 종종 있게 된다. 이때, 수평방향의 변위 계산은 단순한 공식으로는 불가능하며, 수치해석법의 도입이 필수적이 될 것이다.

암반공학의 경우는 더욱 수치해석법의 사용이 필수화되고 있다. 예를 들어서 지하에 터널을 굴착하는 경우, 응력은 필히 변하게 되고(예제 3.1 참조) 응력에 변화가 있으면 당연히 변위가 발생된다. 이 변위 예측을 이론해로 구하는 것은, 아주 특수한 경우를 제외하고는 거의 불가능하고, 수치해석법을 이용할 수밖에 없다. 따라서, 수치해석의 근간이 되는 응력-변형률 관계식을 필요한 부분에 한하여 다음과 같이 서술하고자 한다.

6.1.1 3차원상의 입자에 작용하는 응력

물론 암반역학의 경우에도 계산의 간편성을 위하여 2차원 수치해석법이 주종을 이룬다. 그러나, 제5장에서 보는 바와 같이 불연속면 등의 존재로 인하여 3차원 해석이 필요할 때도 종종 존재한다.

토질역학에서 주로 취급하여 왔던 2차원상의 한 입자(그림 6.1(a) 참조)에 작용되는 응력은 다음과 같이 매트릭스로 표시할 수 있다.

$$\begin{bmatrix} \sigma_x & \tau_{zx} \\ \tau_{zx} & \sigma_z \end{bmatrix} \tag{6.1}$$

한걸음 더 나아가 그림 6.1(c)와 같은 3차원 입자에 작용되는 응력은 $\tau_{xy} = \tau_{yx}$, $\tau_{yz} = \tau_{zy}$, $\tau_{xz} = \tau_{zx}$ 임을 감안하면 다음과 같이 3×3의 매트릭스로 표시할 수 있다.

$$\begin{bmatrix} \sigma_x & \tau_{xy} & \tau_{zx} \\ \tau_{xy} & \sigma_y & \tau_{yz} \\ \tau_{zx} & \tau_{yz} & \sigma_z \end{bmatrix} \tag{6.2}$$

즉, 2차원상의 입자에 작용되는 응력은 σ_x, σ_z, τ_{zx}의 세 가지로 구성되는 데 반하여 3차원 입자에 존재하는 입자에 작용되는 응력에는 σ_x, σ_y, σ_z, τ_{xy}, τ_{zx}, τ_{yz}의 6가지가 존재한다.

한편 그림 6.1(a)와 같은 응력은 입자의 회전에 의하여 그림 6.1(b)와 같은 σ_1, σ_3의 주응력 항으로 표시할 수 있듯이 그림 6.1(c)에 나타낸 3차원 응력도 3차원상의 입자회전에 의하여 그림 6.1(d)와 같은 세 개의 주응력항으로 표시할 수 있다. 2차원, 3차원 각각에 대한 주응력 매트릭스는 다음과 같다.

2차원

$$\begin{bmatrix} \sigma_1 & 0 \\ 0 & \sigma_3 \end{bmatrix} \tag{6.3}$$

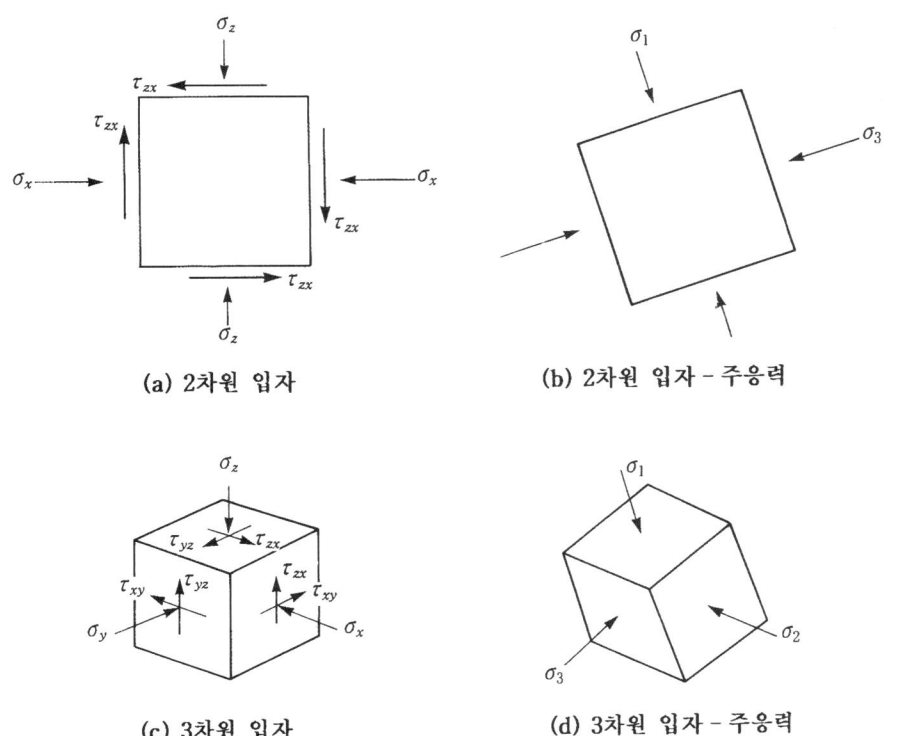

(a) 2차원 입자

(b) 2차원 입자 – 주응력

(c) 3차원 입자

(d) 3차원 입자 – 주응력

그림 6.1 입자에 작용하는 응력

<u>3차원</u>

$$\begin{bmatrix} \sigma_1 & 0 & 0 \\ 0 & \sigma_2 & 0 \\ 0 & 0 & \sigma_3 \end{bmatrix} \tag{6.4}$$

앞으로 서술할 모든 문제들에서는 3차원 응력에 대한 문제들을 주로 서술하게 될 것이다.

6.1.2 수직응력과 변형률

식 (6.2)는 입자에 작용되는 가장 일반적인 응력상태를 나타낸 것이다. 식 (6.2)는 초기응력 상태를 나타낼 수도 있고, 응력이 증가된 후의 총 응력을 나타내는 것으로 볼 수도 있다. 제3장의 (Note)에서 서술한 대로, 암석/암반입자에 변형을 유발하는 요소는 응력의 증가량이며, 응력에 항상 Δ를 붙여야 한다. 그림 6.1(c)의 입자에 작용되는 응력 중 수직응력과 전단응력에 대한 변형률은 따로 고려할 것이다.

그림 6.2에서와 같이 암석입자에 $\Delta\sigma_x$, $\Delta\sigma_y$, $\Delta\sigma_z$의 수직응력이 작용될 때의 각방향 변형률은 다음 식과 같다.

$$\varepsilon_x = \frac{\Delta\sigma_x}{E} - \mu\frac{\Delta\sigma_y}{E} - \mu\frac{\Delta\sigma_z}{E} \tag{6.5a}$$

$$\varepsilon_y = \frac{\Delta\sigma_y}{E} - \mu\frac{\Delta\sigma_x}{E} - \mu\frac{\Delta\sigma_z}{E} \tag{6.5b}$$

$$\varepsilon_z = \frac{\Delta\sigma_z}{E} - \mu\frac{\Delta\sigma_x}{E} - \mu\frac{\Delta\sigma_y}{E} \tag{6.5c}$$

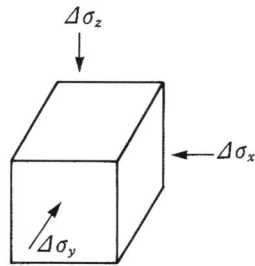

그림 6.2 입자에 작용하는 수직응력의 증가량

6.1.3 전단응력과 변형률

다음 그림 6.3에서와 같이 입자에 전단응력 τ_{xy}가 작용된다고 하자. 이때, 전단변형률 γ_{xy}는 그림에서 보는 바와 같이 입자가 변형된 각도(radian)를 뜻한다.

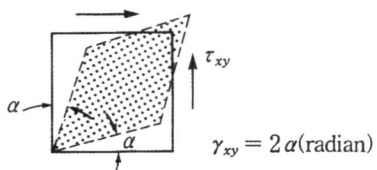

$$\gamma_{xy} = 2\,\alpha(\text{radian})$$

그림 6.3 전단응력과 전단변형률

이때, 전단응력과 전단변형률은 다음과 같은 관계식으로 표시된다.

$$\gamma_{xy} = \frac{\Delta\tau_{xy}}{G} \tag{6.6a}$$

여기서, G: 전단계수(shear modulus)

마찬가지 방법으로 다음의 두 식이 성립된다.

$$\gamma_{zx} = \frac{\Delta\tau_{zx}}{G} \tag{6.6b}$$

$$\gamma_{yz} = \frac{\Delta\tau_{yz}}{G} \tag{6.6c}$$

6.2 응력 변형률 관계

앞서 서술한 기본이론에 근거하여, 그림 6.1(c)와 같은 입자에 작용되는 응력의 변화에 의한 변형률을 이 절에서 정리하고자 한다. 완전등방 탄성거동을 하는 암반과 이방성을 갖는 탄성체로 거동하는 암반의 경우를 차례로 서술할 것이다.

6.2.1 등방 탄성체의 경우

1) 기본 방정식

탄성론에 의하면, 등방 탄성체는 두 개의 정수로서 탄성체를 표현할 수 있다. 예를 들어서 탄성계수(E)와 포아송비(μ)가 대표적이다. 이때, 전단계수 G와 체적계수 K는 다음 식으로 표시된다.

$$G = \frac{E}{2(1+\mu)} \tag{6.7}$$

$$K = \frac{E}{3(1-2\mu)} \tag{6.8}$$

또한 λ를 사용하기도 하는데, 이는 Lame 정수로 명명하며, 다음 식으로 표시된다.

$$\lambda = \mu\frac{E}{(1+\mu)(1-2\mu)} \tag{6.9}$$

식 (6.5)와 (6.6)을 조합하면, 등방 탄성체의 응력증가-변형률 관계식은 다음과 같이 나타낼 수 있다.

$$
\begin{Bmatrix} \varepsilon_x \\ \varepsilon_y \\ \varepsilon_z \\ \gamma_{xy} \\ \gamma_{yz} \\ \gamma_{zx} \end{Bmatrix} =
\begin{bmatrix}
\frac{1}{E} & -\frac{\mu}{E} & -\frac{\mu}{E} & 0 & 0 & 0 \\
-\frac{\mu}{E} & \frac{1}{E} & -\frac{\mu}{E} & 0 & 0 & 0 \\
-\frac{\mu}{E} & -\frac{\mu}{E} & \frac{1}{E} & 0 & 0 & 0 \\
0 & 0 & 0 & \frac{1}{G} & 0 & 0 \\
0 & 0 & 0 & 0 & \frac{1}{G} & 0 \\
0 & 0 & 0 & 0 & 0 & \frac{1}{G}
\end{bmatrix}
\begin{Bmatrix} \Delta\sigma_x \\ \Delta\sigma_y \\ \Delta\sigma_z \\ \Delta\tau_{xy} \\ \Delta\tau_{yz} \\ \Delta\tau_{zx} \end{Bmatrix}
\tag{6.10}
$$

또는 더 일반적으로 등방탄성에 필요한 정수를 λ, G로 택하여 다음 식으로 응력증가 - 변형률로 나타내기도 한다.

$$
\begin{Bmatrix} \Delta\sigma_x \\ \Delta\sigma_y \\ \Delta\sigma_z \\ \Delta\tau_{xy} \\ \Delta\tau_{yz} \\ \Delta\tau_{zx} \end{Bmatrix} = \begin{bmatrix} \lambda+2G & \lambda & \lambda & 0 & 0 & 0 \\ \lambda & \lambda+2G & \lambda & 0 & 0 & 0 \\ \lambda & \lambda & \lambda+2G & 0 & 0 & 0 \\ 0 & 0 & 0 & G & 0 & 0 \\ 0 & 0 & 0 & 0 & G & 0 \\ 0 & 0 & 0 & 0 & 0 & G \end{bmatrix} \begin{Bmatrix} \varepsilon_x \\ \varepsilon_y \\ \varepsilon_z \\ \gamma_{xy} \\ \gamma_{yz} \\ \gamma_{zx} \end{Bmatrix}
\tag{6.11}
$$

2) 주응력 작용 시의 응력증가 – 변형률

그림 6.1(d)와 같이 주응력만이 입자에 존재할 경우의 응력–변형률은 식 (6.5)와 동일하며, 이를 매트릭스로 표시하면 다음과 같다.

$$
\begin{Bmatrix} \varepsilon_1 \\ \varepsilon_2 \\ \varepsilon_3 \end{Bmatrix} = \begin{bmatrix} \dfrac{1}{E} & -\dfrac{\mu}{E} & -\dfrac{\mu}{E} \\ -\dfrac{\mu}{E} & \dfrac{1}{E} & -\dfrac{\mu}{E} \\ -\dfrac{\mu}{E} & -\dfrac{\mu}{E} & \dfrac{1}{E} \end{bmatrix} \begin{Bmatrix} \Delta\sigma_1 \\ \Delta\sigma_2 \\ \Delta\sigma_3 \end{Bmatrix}
\tag{6.12}
$$

식 (6.12)는 탄성을 나타내는 기본정수로서 E, μ를 사용한 경우이다.

기본정수를 E, μ 대신에 K와 G를 사용하면 훨씬 간편한 수식으로 표현될 수 있다. 아래에 K, G로 표시되는 응력–변형률 관계식을 서술할 것이다.

평균수직응력과 축차응력

주응력에 대한 평균수직응력(mean normal stress)은 다음 식으로 정의된다.

$$
\Delta\sigma_m = \frac{\Delta\sigma_1 + \Delta\sigma_2 + \Delta\sigma_3}{3}
\tag{6.13}
$$

또한 축차응력(deviatoric stress)은 다음 식으로 정의한다.

$$\Delta\sigma_{1,\,\mathrm{dev}} = \Delta\sigma_1 - \Delta\sigma_m$$

$$= \Delta\sigma_1 - \frac{\Delta\sigma_1 + \Delta\sigma_2 + \Delta\sigma_3}{3}$$

$$= \frac{2}{3}\Delta\sigma_1 - \frac{1}{3}(\Delta\sigma_2 + \Delta\sigma_3) \qquad (6.14a)$$

$$\Delta\sigma_{2,\,\mathrm{dev}} = \Delta\sigma_2 - \Delta\sigma_m \qquad (6.14b)$$

$$\Delta\sigma_{3,\,\mathrm{dev}} = \Delta\sigma_3 - \Delta\sigma_m \qquad (6.14c)$$

위의 두 식을 고려하면 주응력은 다음과 같이 표시할 수도 있다.

$$\begin{Bmatrix} \Delta\sigma_1 \\ \Delta\sigma_2 \\ \Delta\sigma_3 \end{Bmatrix} = \begin{Bmatrix} \Delta\sigma_m \\ \Delta\sigma_m \\ \Delta\sigma_m \end{Bmatrix} + \begin{Bmatrix} \Delta\sigma_{1,\,\mathrm{dev}} \\ \Delta\sigma_{2\,\mathrm{dev}} \\ \Delta\sigma_{3\,\mathrm{dev}} \end{Bmatrix} \qquad (6.15)$$

평균변형률과 축차 변형률

그림 6.1(d)와 같이 입자에 주응력만 작용하는 경우 변형률 역시 주응력 방향으로만 발생할 것이다.

평균변형률(mean normal strain), ε_m은 다음과 같이 정의된다.

$$\varepsilon_m = \frac{\varepsilon_1 + \varepsilon_2 + \varepsilon_3}{3} = \frac{\varepsilon_v}{3} \qquad (6.16)$$

여기서, ε_v: 체적변형률

축차변형률(deviatoric stress)은 다음 식으로 정의된다.

$$\varepsilon_{1,\,\mathrm{dev}} = \varepsilon_1 - \varepsilon_m$$

$$= \varepsilon_1 - \frac{\varepsilon_1 + \varepsilon_2 + \varepsilon_3}{3}$$

$$= \frac{2}{3}\varepsilon_1 - \frac{1}{3}(\varepsilon_2 + \varepsilon_3) \qquad (6.17a)$$

$$\varepsilon_{2,\,\mathrm{dev}} = \varepsilon_2 - \varepsilon_m \tag{6.17b}$$

$$\varepsilon_{3,\,\mathrm{dev}} = \varepsilon_3 - \varepsilon_m \tag{6.17c}$$

평균 수직응력– 평균 변형률 관계

평균 변형률 ε_m과 평균 수직응력 $\Delta\sigma_m$ 사이에는 다음의 관계식이 있다.

$$K = \frac{\Delta\sigma_m}{\varepsilon_v} = \frac{\Delta\sigma_m}{3\,\varepsilon_m} \text{이므로}$$

$$\varepsilon_m = \frac{1}{3\,K}\,\Delta\sigma_m \tag{6.18}$$

축차응력 – 축차변형률 관계

축차변형률은 다음과 같이 축차응력으로 표시할 수 있다.

$$
\begin{aligned}
\varepsilon_{1,\,\mathrm{dev}} &= \varepsilon_1 - \frac{\varepsilon_1 + \varepsilon_2 + \varepsilon_3}{3}\\[2mm]
&= \frac{2}{3}\,\varepsilon_1 - \frac{1}{3}\,\varepsilon_2 - \frac{1}{3}\,\varepsilon_3\\[2mm]
&= \frac{2}{3}\left(\frac{\Delta\sigma_1}{E} - \frac{\mu\,\Delta\sigma_2}{E} - \frac{\mu\,\Delta\sigma_3}{E}\right) - \frac{1}{3}\left(\frac{\Delta\sigma_2}{E} - \frac{\mu\,\Delta\sigma_1}{E} - \frac{\mu\,\Delta\sigma_3}{E}\right)\\[2mm]
&\quad - \frac{1}{3}\left(\frac{\Delta\sigma_3}{E} - \frac{\mu\,\Delta\sigma_1}{E} - \frac{\mu\,\Delta\sigma_2}{E}\right)\\[2mm]
&= \frac{1+\mu}{E}\left(\frac{2}{3}\,\Delta\sigma_1 - \frac{1}{3}\,\Delta\sigma_2 - \frac{1}{3}\,\Delta\sigma_3\right)\\[2mm]
&= \frac{1+\mu}{E}\,\Delta\sigma_{1,\,\mathrm{dev}} = \frac{\Delta\sigma_{1,\,\mathrm{dev}}}{2\,G}
\end{aligned}
\tag{6.19a}
$$

마찬가지로,

$$\varepsilon_{2,\,\mathrm{dev}} = \Delta\frac{\sigma_{2,\,\mathrm{dev}}}{2\,G} \tag{6.19b}$$

$$\varepsilon_{3, \text{dev}} = \Delta \frac{\sigma_{3, \text{dev}}}{2\,G} \tag{6.19c}$$

식 (6.18)과 (6.19)를 종합하면 다음의 관계식이 성립함을 알 수 있다.

$$\begin{aligned} \varepsilon_1 &= \varepsilon_m + \varepsilon_{1, \text{dev}} \\ &= \frac{1}{3\,K}\,\Delta\sigma_m + \frac{1}{2\,G}\,\Delta\sigma_{1, \text{dev}} \end{aligned} \tag{6.20a}$$

$$\begin{aligned} \varepsilon_2 &= \varepsilon_m + \varepsilon_{2, \text{dev}} \\ &= \frac{1}{3\,K}\,\Delta\sigma_m + \frac{1}{2\,G}\,\Delta\sigma_{2, \text{dev}} \end{aligned} \tag{6.20b}$$

$$\begin{aligned} \varepsilon_3 &= \varepsilon_m + \varepsilon_{3, \text{dev}} \\ &= \frac{1}{3\,K}\,\Delta\sigma_m + \frac{1}{2\,G}\,\Delta\sigma_{3, \text{dev}} \end{aligned} \tag{6.20c}$$

위의 세 식을 벡타로 표시하면 다음 식과 같다.

$$\begin{Bmatrix} \varepsilon_1 \\ \varepsilon_2 \\ \varepsilon_3 \end{Bmatrix} = \frac{1}{3K} \begin{Bmatrix} \Delta\sigma_m \\ \Delta\sigma_m \\ \Delta\sigma_m \end{Bmatrix} + \frac{1}{2G} \begin{Bmatrix} \Delta\sigma_{1, \text{dev}} \\ \Delta\sigma_{2, \text{dev}} \\ \Delta\sigma_{3, \text{dev}} \end{Bmatrix} \tag{6.21}$$

종합토론

(1) 3차원 연속체 탄성역학에 의하면 일반적인 응력증가–변형률 관계식은 식 (6.10) 또는 (6.11)로 표시할 수 있으며 (6×6)의 매트릭스 식을 동반한다.

(2) 만일 입자에 작용되는 응력상태로부터 입자의 회전을 통하여 주응력으로 나타내게 되면 응력증가 – 변형률 관계식은 (3×3)의 매트릭스 식을 동반하는 식 (6.12)로 단순화된다.

(3) 한걸음 더 나아가 응력 및 변형률을 평균성분과 축차성분으로 표시하면 응력증가–변형률 관계식은 식 (6.21)로 단순화되며, 매트릭스로 나타낼 필요가 없어진다. 단, 이때 필요한 기본 탄성정수는 G 및 K이며 식 (6.7), (6.8)에 E 및 μ와의 상관관계가 표시되어 있다. 실제, 수치해석에서는 계산속도상 식 (6.21)이 많이 쓰이고 있다.

[예제 6.1] 암석에 대한 삼축압축시험의 두 단계는 다음과 같다.

  (1) 구속압력 σ_3를 가하였을 때, 연직방향 또는 수평방향 변형률은 공히 ε_3이었다.

  (2) 축차하중 $\Delta\sigma_d$를 추가로 가하여 σ_1이 되었을 때 연직방향 변형률은 $\Delta\varepsilon_1$만큼 증가하였다. 즉, 총 연직방향 변형률은 $\varepsilon_1 = \varepsilon_3 + \Delta\varepsilon_1$이었다(단, $\Delta\varepsilon_3 = 0$).

  탄성정수, K, G, E, μ 값을 예측하라.

[풀 이]

식 (6.18)로부터, $K = \dfrac{\Delta\sigma_m}{3\,\varepsilon_m} = \dfrac{\sigma_3}{3\,\varepsilon_3}$

식 (6.19)로부터, $G = \dfrac{\Delta\sigma_{1,\,\mathrm{dev}}}{2\,\varepsilon_{1,\,\mathrm{dev}}} = \dfrac{\Delta\sigma_1 - \dfrac{\Delta\sigma_1}{3}}{2\left(\Delta\varepsilon_1 - \dfrac{\Delta\varepsilon_1}{3}\right)} = \dfrac{\Delta\sigma_d}{2\,\Delta\varepsilon_1}$

K 및 G를 구하였으면 E, μ는 (6.7) (6.8)을 연립하여 풀어서 구할 수 있다.

6.2.2 비등방 탄성체의 경우

완전비등방 탄성체는 미지수가 21개나 되어, 실제로 암반의 거동을 나타내는 모델로 사용하기에는 무리가 따른다. 비등방 탄성체 중에서, orthotropic 대칭의 경우와 가로축 등방(transversely isotropic)의 경우를 소개하고자 한다.

1) Orthotropic 대칭

x, y, z 축의 직교면 방향으로 비등방의 경우이다. 실제로는 x축, y축, z축에 평행하여 각각 절리군이 존재하는 경우, 절리를 고려하여 등가의 암반(equivalent rock mass)으로 가정하여 암반역학 문제를 풀고자 할 때 사용된다(다음 그림 참조).

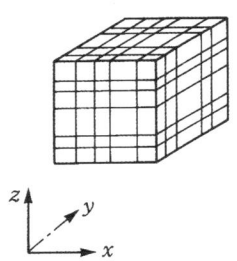

관계식은 다음과 같다.

$$
\begin{Bmatrix} \varepsilon_x \\ \varepsilon_y \\ \varepsilon_z \\ \gamma_{xy} \\ \gamma_{yz} \\ \gamma_{zx} \end{Bmatrix} = \begin{bmatrix} \dfrac{1}{E_x} & -\dfrac{\mu_{yx}}{E_y} & -\dfrac{\mu_{zx}}{E_z} & 0 & 0 & 0 \\[2mm] -\dfrac{\mu_{yz}}{E_y} & \dfrac{1}{E_y} & -\dfrac{\mu_{zy}}{E_z} & 0 & 0 & 0 \\[2mm] -\dfrac{\mu_{zx}}{E_z} & -\dfrac{\mu_{zy}}{E_z} & \dfrac{1}{E_z} & 0 & 0 & 0 \\[2mm] 0 & 0 & 0 & \dfrac{1}{G_{xy}} & 0 & 0 \\[2mm] 0 & 0 & 0 & 0 & \dfrac{1}{G_{yz}} & 0 \\[2mm] 0 & 0 & 0 & 0 & 0 & \dfrac{1}{G_{zx}} \end{bmatrix} \begin{Bmatrix} \Delta\sigma_x \\ \Delta\sigma_y \\ \Delta\sigma_z \\ \Delta\tau_{xy} \\ \Delta\tau_{yz} \\ \Delta\tau_{zx} \end{Bmatrix}
\qquad (6.22)
$$

위의 식에서 $\mu_{ij} = i$ 방향에 응력을 가할 때 j 방향의 변형률을 뜻한다. 탄성론에 의하면 다음 식이 성립함을 알 수 있다.

$$
\frac{\mu_{ij}}{E_i} = \frac{\mu_{ji}}{E_j}
\qquad (6.23)
$$

이 모델에서의 미지수는 9개이다.

2) 가로축 등방(transversely isotropic)

이 경우는 두 방향, 즉 한평면으로는 등방이고 3축방향으로만 비등방인 경우이다. 이 모델은 암석 자체는 등방이나, 불연속면이 평행으로 일정한 간격으로 존재하는 경우, 불연속면을 포함한 연속체로 모델링하기 위한 목적으로 쓰인다(다음 그림 참조).

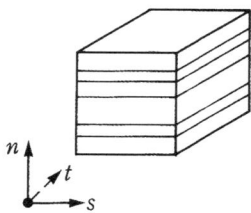

이 경우에 탄성계수 및 포아송비는 다음과 같게 될 것이다. 등방인 평면의 두 축을 s, t 라

하고, 3축방향을 n축이라고 하면, 가로축 등방조건으로부터

$$E_s = E_t = E \tag{6.24a}$$

$$\mu_{st} = \mu_{ts} = \mu \tag{6.24b}$$

가 성립한다. 3축방향의 탄성계수를 E_n으로 하면, 응력-변형률 관계식은 다음 식과 같이 될 것이다.

$$
\begin{Bmatrix} \varepsilon_n \\ \varepsilon_s \\ \varepsilon_t \\ \gamma_{ns} \\ \gamma_{nt} \\ \gamma_{st} \end{Bmatrix}
=
\begin{bmatrix}
\dfrac{1}{E_n} & -\dfrac{\mu_{sn}}{E} & -\dfrac{\mu_{sn}}{E} & 0 & 0 & 0 \\[2mm]
-\dfrac{\mu_{sn}}{E} & \dfrac{1}{E} & -\dfrac{\mu}{E} & 0 & 0 & 0 \\[2mm]
-\dfrac{\mu_{sn}}{E} & -\dfrac{\mu}{E} & \dfrac{1}{E} & 0 & 0 & 0 \\[2mm]
0 & 0 & 0 & \dfrac{1}{G_{ns}} & 0 & 0 \\[2mm]
0 & 0 & 0 & 0 & \dfrac{1}{G_{ns}} & 0 \\[2mm]
0 & 0 & 0 & 0 & 0 & \dfrac{2(1+\mu)}{E}
\end{bmatrix}
\begin{Bmatrix} \Delta\sigma_n \\ \Delta\sigma_s \\ \Delta\sigma_t \\ \Delta\tau_{ns} \\ \Delta\tau_{nt} \\ \Delta\tau_{st} \end{Bmatrix}
\tag{6.25}
$$

3) 비등방 탄성 모델의 적용성

암반역학에서 비등방 모델을 실무에 적용하는 것은 그리 쉽지가 않다. 재료의 특성에 필요한 암반정수를 5개 이상 설계 시에 예측하는 것은 사실상 너무 어렵기 때문이다. 이보다 더 심각한 문제가 있다. 신선한 암석만을 취급하는 암석역학에서는 암석실험을 통하여 제반 탄성정수들을 구할 수도 있으나, 많은 불연속면을 동반하는 암반역학에서의 탄성정수 예측은 너무나 많은 불확실성을 내포하고 있기 때문에, 암석 자체가 갖고 있는 이방성으로 인한 불확실성보다 훨씬 큰 문제를 안고 있다.

따라서 실무에서는 대부분 등방 탄성체로 가정하고 암반변형에 대한 분석을 함이 보통이다. 다만, 앞서 서술한 대로 가로축 등방의 경우는 하나의 불연속면군을 갖는 등가의 암반(equivalent rock mass)을 묘사하는데 사용되며, orthotropic 대칭의 경우는 상호 직각을 이루는 세 개의 불연속면군을 갖는 등가의 암반을 묘사하는 데 이용되는 정도이다.

6.3 탄성계수와 포아송비

6.3.1 암석의 탄성계수

암석(intact rock)의 탄성계수와 포아송비는 암석에 대한 일축압축강도 시험이나, 삼축압축시험 중 축차응력 작용 시에 연직방향 변형률과 수평방향 변형률을 계측하여 구할 수 있다. 계측 결과를 나타내는 응력—변형률 곡선의 개략은 제4장의 그림 4.4에 이미 제시된 바가 있다. 그림 4.4를 간략히 재차 그려보면 그림 6.4와 같으며, 파괴 후의 거동을 분석하기 위하여 파괴 후에 제하(unloading) 및 재하(reloading)를 반복하여 실험한 결과의 예가 그림 6.5에 표시되어 있다.

응력—변형률 곡선에서 초기재하 시의 곡선의 기울기보다 제하—재하시의 곡선의 기울기가 더 큰 것이 보통이다. 초기재하 시에 회복이 가능한 변형뿐만 아니라 회복이 불가능한 소성변형도 발생되기 때문이다. 학자에 따라서 초기의 기울기를 변형계수(modulus of deformation)로 제하—재하곡선의 기울기를 탄성계수(modulus of elasticity)라 정의하기도 한다. 반복하중에 의한 암석/암반의 거동을 제외하고는 어차피 초기재하 시의 변형량이 중요하므로 이 책에서는 초기재하 시의 변형계수를 통칭 탄성계수로 명명하고자 한다. 또한 반복하중의 경우에는 '제하—재하 시의 탄성계수'로 명명할 것이다.

탄성계수는 접선계수(tangent modulus)와 할선계수(secant modulus)로 표시될 수 있는바, 그림 6.4, 6.5로부터 기울기를 이용하여 구한 탄성계수와 포아송비의 개략이 그림 6.6에 표시되어 있다. 접선계수, 할선계수, 포아송비는 다음 식과 같이 정의된다.

$$접선계수 = \frac{d \Delta \sigma}{d \varepsilon_1} \tag{6.26}$$

$$할선계수 = \frac{\Delta \sigma}{\varepsilon_1} \tag{6.27}$$

$$포아송비 = -\frac{\varepsilon_3}{\varepsilon_1} \tag{6.28}$$

그림 6.6에서 파괴 후의 거동으로서 접선계수는 (−)값을 띠게 되나, 물리적으로 음의 탄성계수는 있을 수 없다. 실제로 실무적으로는 할선계수를 탄성계수 값으로 보는 것이 더 합리적일 것이다.

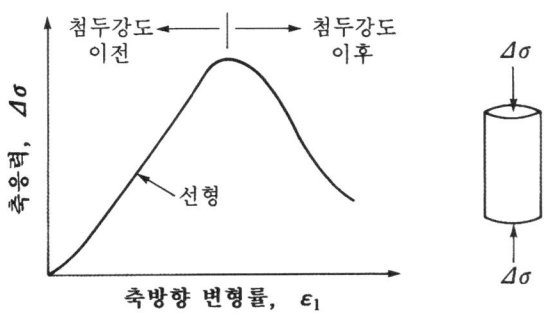

그림 6.4 응력-변형률 곡선

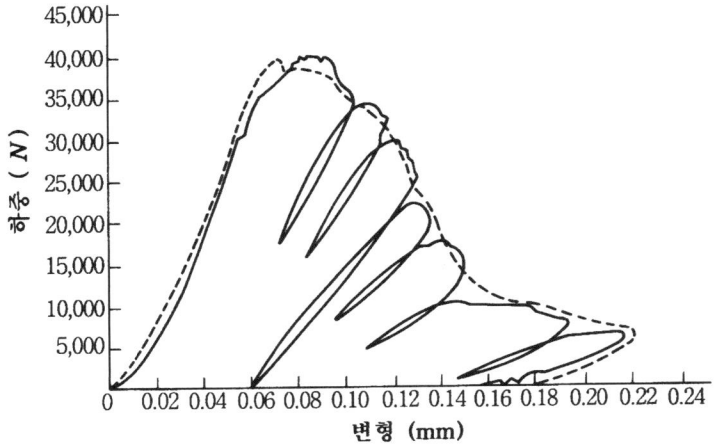

그림 6.5 파괴 후의 제하-재하시험결과 곡선

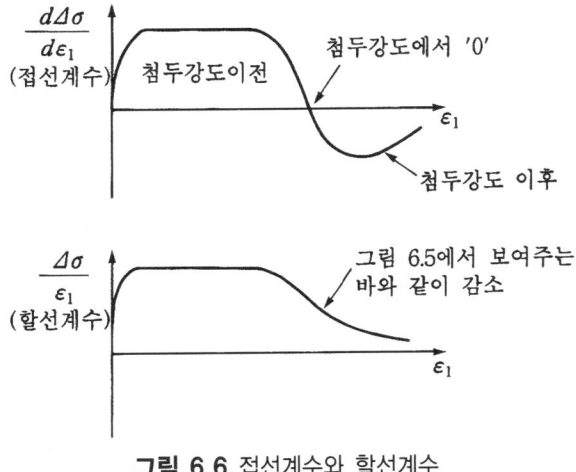

그림 6.6 접선계수와 할선계수

암석의 탄성계수 E는 일축압축강도 σ_c에 비례하는 것으로 알려져 있다. 암석의 종류에 따른 E/σ_c의 값과 포아송비 μ값의 대표적인 값들이 표 6.1에 표시되어 있다. E/σ_c의 값의 특징은 다음과 같이 정리될 수 있을 것이다.

(1) E/σ_c의 값은 대부분 200~500 사이에 존재한다.
(2) E/σ_c의 값은 화성암등과 같이 결정성암(crystalline rock)에서는 비교적 큰 값을 띠고, 쇄설성암(clastic rock)에서는 작은 값을 띤다.

표 6.1 암석의 종류에 따른 탄성계수와 포아송비

암석	E/σ_c	μ	암석	E/σ_c	μ
사암	261	0.38	편마암	331	0.34
사암	183	0.46	석영운모편암	375	0.31
사암	264	0.11	규암	276	0.11
미사암	214	0.22	대리암	773	0.40
경사암	253	0.08	대리암	834	0.25
석회암	260	0.29	화강암	523	0.22
석회암	559	0.29	화강암	312	0.18
석회암	570	0.30	휘록암	339	0.28
백운암	505	0.34	편마암	236	0.32
백운암	565	0.34	편마암	236	0.29
셰일	157	0.25	응회암	323	0.29
셰일	148	0.29			

주) 여기에서 제시된 E값은 초기재하시의 탄성계수(즉, 변형계수)이다.

동적실험에 의한 탄성계수

그림 6.7에서와 같이 암석에 동적인 충격하중을 가하여 수진점에 이르는 도달시간으로부터 P파 및 S파의 파전파속도를 측정하여 암석의 탄성계수 및 포아송비를 구하는 실험법으로서 파동 방정식으로부터 다음 식으로 탄성계수를 구할 수 있다.

$$E = V_p^2 \, \rho \tag{6.29}$$

$$G = V_s^2 \, \rho \tag{6.30}$$

$$\mu = \frac{1}{2} \left(\frac{V_p^2}{V_s^2} \right) - 1 \tag{6.31}$$

여기서, V_p: P파의 속도

　　　　V_s: S파의 속도

　　　　ρ: 암석의 밀도

동적실험은 변형량이 극소한 범위에서 실시하는 실험으로서 동적실험으로 구한 탄성계수는 정적실험으로부터 구한 값에 비하여 훨씬 큰 것이 일반적이다.

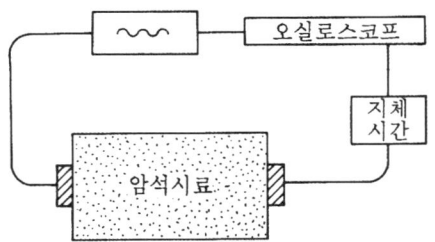

그림 6.7 암석의 실내동적시험 개요

[예제 6.2] 직경 5cm, 길이 10cm인 암석시료에 축하중을 가하였을 때, 연직침하 및 수평변위
　　　　는 다음 표와 같을 때

(1) 초기하중 재하시의 탄성계수(또는 변형계수)와 포아송비를 구하라.

(2) 제하–재하 곡선으로부터 반복하중 시의 탄성계수를 구하라.

(예제 표 6.2.1)

축하중 (N)	축방향변위 (mm)	횡방향변위 (mm)	축하중 (N)	축방향변위 (mm)	횡방향변위 (mm)
0	0	0	0	0.080	0.016
600	0.030		2,500	0.140	
1000	0.050		5,000	0.220	
1500	0.070		6,000	0.260	
2000	0.090		7,000	0.300	
2500	0.110	0.018	7,500	0.330	0.056
0	0.040	0.009	0	0.120	0.025
2500	0.110		7,500	0.330	
3000	0.130		9,000	0.400	
4000	0.170		10,000	0.440	0.075
5000	0.220	0.037	0	0.160	0.035

[풀 이]

위의 실험 데이터들로부터 축방향 응력과 축방향, 횡방향 변형률을 구하면 아래 표와 같다.

(예제 표 6.2.2)

축하중 (N)	축방향변위 (mm)	횡방향변위 (mm)	축방향응력 (MPa)	축방향변형률	횡방향변형률
0	0.000	0.000	0.0000	0.00000	0.00000
600	0.030		0.3056	0.00030	
1000	0.050		0.5093	0.00050	
1500	0.070		0.7639	0.00070	
2000	0.090		1.0186	0.00090	
2500	0.110	0.018	1.2732	0.00110	0.00036
0	0.040	0.009	0.0000	0.00040	0.00018
2500	0.110		1.2732	0.00110	
3000	0.130		1.5279	0.00130	
4000	0.170		2.0372	0.00170	
5000	0.220	0.037	2.5465	0.00220	0.00074
0	0.080	0.016	0.0000	0.00080	0.00032
2500	0.140		1.2732	0.00140	
5000	0.220		2.5465	0.00220	
6000	0.260		3.0558	0.00260	
7000	0.300		3.5651	0.00300	
7500	0.330	0.056	3.8197	0.00330	0.00112
0	0.120	0.025	0.0000	0.00120	0.00050
7500	0.330		3.8197	0.00330	
9000	0.400		4.5837	0.00400	
10000	0.440	0.075	5.0930	0.00440	0.00150
0	0.160	0.035	0.0000	0.00160	0.00070

또한 앞의 값을 이용하여 응력-변형률 곡선을 그리면 다음 그래프와 같다.

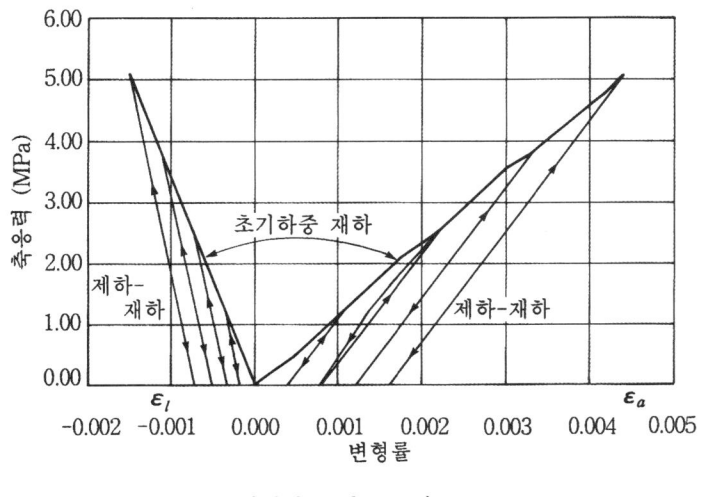

(예제 그림 6.2.1)

(1) 초기하중 재하 시의 탄성계수는 초기하중 재하곡선의 기울기이다.

$$\therefore E = 1157\,\text{MPa}$$

또한 포아송 비는 축방향과 횡방향의 변형률 비이므로

$$\therefore \mu = 0.34$$

(2) 반복하중 시의 탄성계수는 제하—재하곡선의 기울기이므로 다음과 같다.

$$\therefore E = 1819\,\text{MPa}$$

[예제 6.3] 어느 암석시편에 구속압력 σ_3=10MPa을 가한 뒤에 삼축압축실험을 실시한 결과는 다음과 같다.

(예제 표 6.3.1)

축차하중(kN)	시료높이(mm)	시료직경(mm)
0.00	100.84	50.20
19.89	100.84	50.20
39.60	100.77	50.20
63.40	100.74	50.20
88.67	100.71	50.21
116.18	100.68	50.21
144.68	100.65	50.22
162.38	100.63	50.22
185.23	100.58	50.24
190.62	100.56	50.25
191.99	100.54	50.25
180.22	100.52	50.26
137.56	100.49	50.26
115.79	100.46	50.27
101.93	100.43	50.28
97.97	100.40	50.28
96.98	100.37	50.28

1) 항복강도(축차응력)를 구하라.
2) 첨두강도(축차응력)을 구하라.
3) 잔류강도(축차응력)를 구하라.
4) 첨두강도의 50% 응력수준에서 접선계수(tangent modulus)를 구하라. 또한 할선계수 (secant modulus)를 구하라.
5) 첨두강도의 50% 응력수준에서 포아송비를 구하라(접선 포아송비와 할선 포아송비).

[풀 이] 실험 데이터들로부터 축차응력-변형률 곡선과 횡방향 변형률-축방향 변형률 곡선을 그려 강도정수들을 구하기 위해 축방향 응력과 축방향, 횡방향 변형률을 계산하면 다음 표와 같다.

(예제 표 6.3.2)

축차하중 (kN)	시료높이 (mm)	시료직경 (mm)	축차응력 (MPa)	축방향 변형률	횡방향 변형률
0.00	100.84	50.20	0.00	0.000000	0.000000
19.89	100.84	50.20	10.05	0.000397	−0.000050
39.60	100.77	50.20	20.01	0.000694	−0.000100
63.40	100.74	50.20	32.03	0.000992	−0.000149
88.67	100.71	50.21	44.78	0.001289	−0.000199
116.18	100.68	50.21	58.68	0.001587	−0.000299
144.68	100.65	50.22	73.04	0.001884	−0.000398
162.38	100.63	50.22	81.98	0.002083	−0.000598
185.23	100.58	50.24	93.44	0.002578	−0.000797
190.62	100.56	50.25	96.12	0.002777	−0.000996
191.99	100.54	50.25	96.81	0.002975	−0.001096
180.22	100.52	50.26	90.84	0.003173	−0.001195
137.56	100.49	50.26	69.34	0.003471	−0.001295
115.79	100.46	50.27	58.34	0.003768	−0.001394
101.93	100.43	50.28	51.34	0.004066	−0.001594
97.97	100.40	50.28	49.34	0.004363	−0.001643
96.98	100.37	50.28	48.84	0.004661	−0.001693

위 표의 값들로 축차응력−변형률 곡선과 횡방향 변형률−축방향 변형률 곡선을 그리면 다음 그림들과 같다.

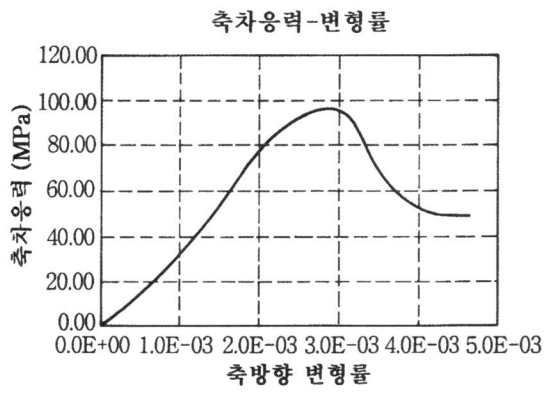

(예제 그림 6.3.1)

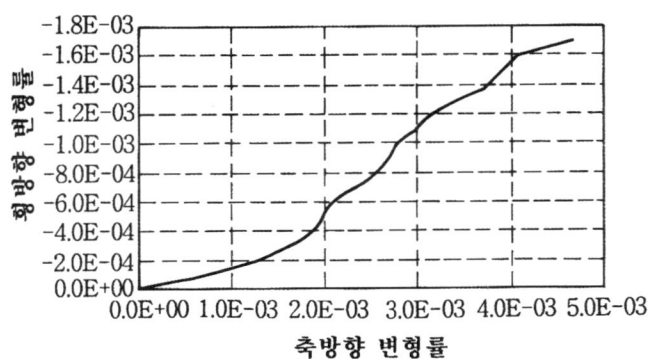

횡방향 변형률-축방향 변형

(예제 그림 6.3.2)

(1) 항복강도(축차응력)는 축차응력−변형률 곡선 상의 비선형이 시작되는 응력이므로

$\sigma_y = 83\,\mathrm{MPa}$

(2) 첨두강도(축차응력)는 축차응력−변형률 곡선 상의 최대가 되는 응력이므로

$\sigma_{\max} = 97\,\mathrm{MPa}$

(3) 잔류강도(축차응력)는 축차응력−변형률 곡선 상의 마지막 응력이므로

$\sigma_{res} = 49\mathrm{MPa}$

(4) 첨두강도의 50% 응력수준에서 접선계수(tangent modulus)는 첨두강도 50% 위, 아래의 축차응력과 축방향 변형률로 구할수 있다.

$$\frac{58.68 - 44.78}{0.001587 - 0.001289} = 46,644\,\mathrm{MPa} = 46.6\mathrm{GPa}$$

또한 할선계수(secant modulus)는 식 (6.27)로 구해진다. 즉,

$$\frac{\Delta\sigma}{\varepsilon_1} = \frac{48.5}{0.001369} = 35,427\,\mathrm{MPa} = 35.4\,\mathrm{GPa}$$

(5) 첨두강도의 50% 응력수준에서 접선 포아송비는 첨두강도 50% 위, 아래의 횡방향 변형률과 축방향 변형률로 구할 수 있다.

$$\mu_t = \frac{0.000299 - 0.000199}{0.001587 - 0.001289} = 0.34$$

첨두강도의 50% 응력수준에서 할선 포아송비는 첨두강도 50%까지 횡방향 변형률과 축방향 변형률의 비로 구할 수 있다.

$$\mu_s = \frac{0.000225}{0.001350} = 0.17$$

6.3.2 암반의 탄성계수

신선한 암석에 비하여 불연속면을 다수 포함하는 암반의 탄성계수가 작은 값을 띨 것이라는 것은 미루어 짐작할 수 있을 것이다. 일반적으로 암반의 탄성계수는 암석의 탄성계수에 비하여 10~50% 정도 되는 것으로 알려져 있다. 암반의 탄성계수는 현장에서 암반에 대한 변형실험을 실시하여 구할 수도 있고, 암석에 대한 실내실험 결과에 감소계수를 곱하여 예측할 수도 있다.

1) 암반의 변형시험

현장 암반에 대한 변형시험은 대형실험으로서 많은 시간과 경비를 소요로 한다. 현장시험으로는 다음의 종류가 있으며, 기초공학에서의 현장실험과 크게 다르지 않기 때문에 자세한 시험법은 생략하기로 한다. 암반변형시험에 대한 상세한 사항은 국제암반공학회에서 제시한 방법들을 참고하기 바란다(Brown, 1981).

(1) 평판재하시험(plate bearing test)
(2) 보어홀 잭 시험(borehole jact test)

(3) dilatometer 시험

(4) 플래트잭 시험 등

2) 암석시험 결과의 보정법

암석에 대하여 실내실험으로부터 구한 암석의 탄성계수에 적절한 보정계수를 곱하여 암반의
탄성계수를 예측할 수도 있다. 예를 들어서 암반의 RQD값에 따른 암석의 탄성계수 감소비를
그림 6.8에 정리한 것 등이 그것이다. 즉, 다음 식과 같이 암반의 탄성계수를 표현할 수 있다.

$$E_m = E \cdot f\,(RQD) \tag{6.32}$$

여기서, E_m: 암반의 탄성계수

E: 암석의 탄성계수

$f\,(RQD)$: RQD값에 따른 감소계수

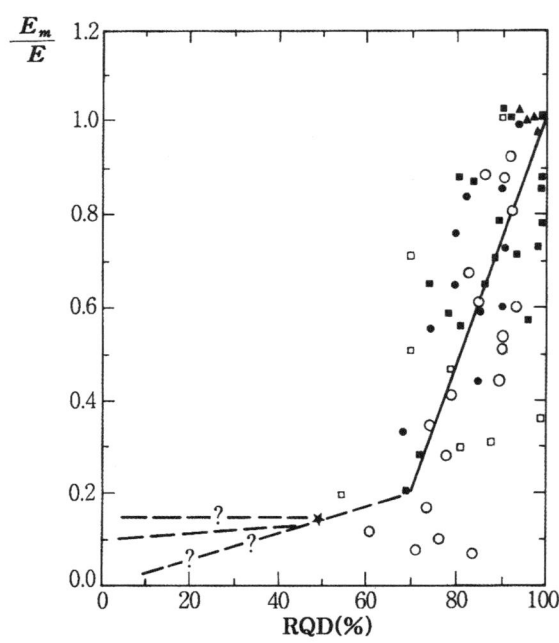

그림 6.8 RQD에 따른 탄성계수 감소비

암석의 일축압축강도 σ_c에 대하여 GSI값으로 보정한 암반의 탄성계수식이 제안된 것도 있
다(Hoek과 Brown, 1997). 제안식은 다음과 같다.

$$E_m = \sqrt{\frac{\sigma_c}{100}} \; 10^{\left(\frac{GSI-10}{40}\right)}, \quad \sigma_c < 100\,\mathrm{MPa} \tag{6.33}$$

여기서, E_m의 단위는 GPa을, σ_c의 단위는 MPa을 사용한다. GSI는 지질강도지수로서 물론 제4장의 표 4.6에 제시된 값이다.

이 이외에도 제7장에서 소개하는 암반분류법인 RMR값이나 Q값으로부터 E_m값을 예측할 수 있으며, 이는 7장에서 상세히 소개할 것이다.

3) 동적시험에 의한 암반정수 산정

동적실내실험과 마찬가지로 현장에서도 탄성파시험을 통하여 동적암반정수의 예측이 가능하다. 실내실험의 경우와 마찬가지로 동적시험을 통한 암반의 탄성계수는 정적시험을 통하여 얻어진 값보다 훨씬 큰 값이 얻어지는 것으로 알려져 있다.

6.4 불연속면에서의 변형

6.4.1 기본 이론

이제까지는 암석(intact rock)또는 암반(rock mass)에서의 변형 양상과 변형계수(탄성계수)를 구하는 문제들을 서술하였다. 물론 암반의 변형계수에는 이미 불연속면의 영향이 포함되어 있는 것으로 이해하면 된다. 암석역학과 암반역학은 모두 연속체역학에 근간을 둔다고 이미 밝힌 바 있다. 대부분의 실무문제에서는 암석/암반역학도 연속체로 가정하고 분석하는 것이 일반적이다. 그러나 때때로 제5장에서 서술한 강도문제뿐만 아니라, 변형문제도 불연속면역학으로 해결하고자 하는 노력이 급증하고 있으며, 불연속면에서의 변위를 구할 수 있는 프로그램도 상당한 심도까지 실용화되고 있는 형편이다(예를 들어서 프로그램 UDEC 또는 3DEC 등). 불연속면에서의 변형문제를 분석하기 위해서는, 불연속면에 응력이 작용될 때의 응력–변위곡선의 양상을 먼저 알 필요가 있다. 불연속면에 수직응력, 인장응력, 전단응력이 작용될 때의 응력–변위 양상이 그림 6.9에 그려져 있다. 이를 간략히 소개하면 다음과 같다.

(1) 불연속면에 인장응력이 작용된 경우
불연속면은 인장응력에 대한 저항력이 전무하므로 불연속면이 완전히 벌어지고 말 것이다.

(2) 불연속면에 수직압축응력 $\Delta \sigma_n$이 작용되는 경우

$\Delta \sigma_n - \Delta v$의 곡선은 그림 6.9(b)와 같으며, 처음에는 불연속면이 닫히는(closing) 효과로 인하여 수직변위 Δv가 비교적 많이 발생하나 점점 변위는 줄어들게 된다. 그림과 같이 곡선은 비선형성을 보이며, 곡선식을 다음과 같이 표시하기도 한다.

$$\Delta v = \frac{\Delta \sigma_n}{c + d\,(\Delta \sigma_n)} \tag{6.34}$$

단, 실무에서는 대부분 기울기가 일정하다고 가정하며 이때의 기울기를 수직강성계수(normal stiffness)라고 한다. 수직강성계수 K_n은 다음과 같이 정의된다.

$$K_n = \frac{d\,(\Delta \sigma_n)}{d\,(\Delta v)} \tag{6.35}$$

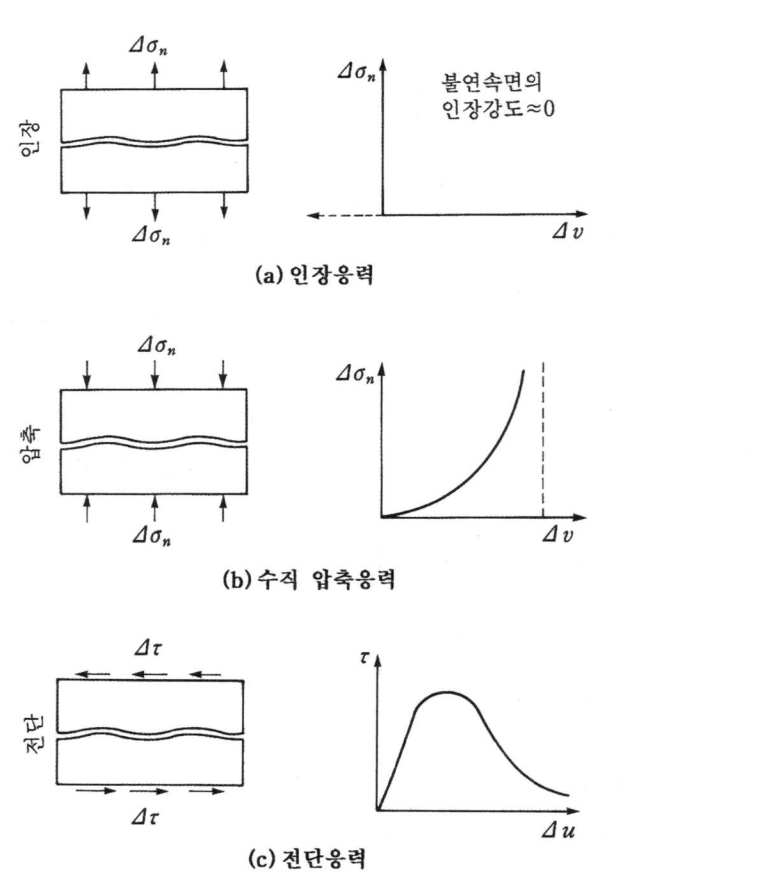

그림 6.9 불연속면에서의 응력-변형률 곡선

여기서, K_n의 단위는 응력/변위이다(예를 들어 kg/cm^3, kN/m^3 등).

(3) 불연속면에 전단응력 $\Delta \tau$가 작용되는 경우

이 경우는 5.6.2 절의 1)에서 이미 상세히 서술하였으므로 여기에서는 생략한다. 전단강성계수(shear stiffness)는 식 (5.25)에서 정의된 대로 다음 식과 같다.

$$K_s = \frac{d(\Delta \tau)}{d(\Delta u)} \tag{5.25}$$

불연속면의 변형에 대한 상세한 사항은 Priest의 책(1993)을 참조하라.

6.4.2 불연속면의 변형을 고려한 등가 연속체모델

1개(1set)의 불연속면군(discontinuity set)을 갖고 있는 암반의 경우, 암석과 불연속면을 따로 고려하지 않고, 두 효과를 동시에 고려한 등가 연속체모델을 만들 수 있다. 이 경우의 등가모델은 가로축 등방(transversely isotropic)모델로 귀착된다(6.2.2절의 2) 참조).

그림 6.10에서와 같이 간격 S인 불연속면이 반복적으로 나타나는 암반지반이 있다고 하자. 암석과 불연속면의 정수값은 다음과 같다.

- 암석: 탄성계수 E, 전단계수 G, 포아송비 μ
- 불연속면: 수직강성계수 K_n, 전단강성계수 K_s

1) 수직응력에 대한 등가모델

__탄성계수__
- 그림 6.10(a)에서 s방향의 탄성계수 E_s는 E와 같다. 즉,

$$E_s = E \tag{6.36}$$

- 한편, n방향의 등가탄성계수 E_n은 다음으로부터 구할 수 있다. 수직응력 $\Delta \sigma_n$이 작용될 때의 수직변위는 암석에서의 변위와 불연속면에서의 변위를 합한 값이다.

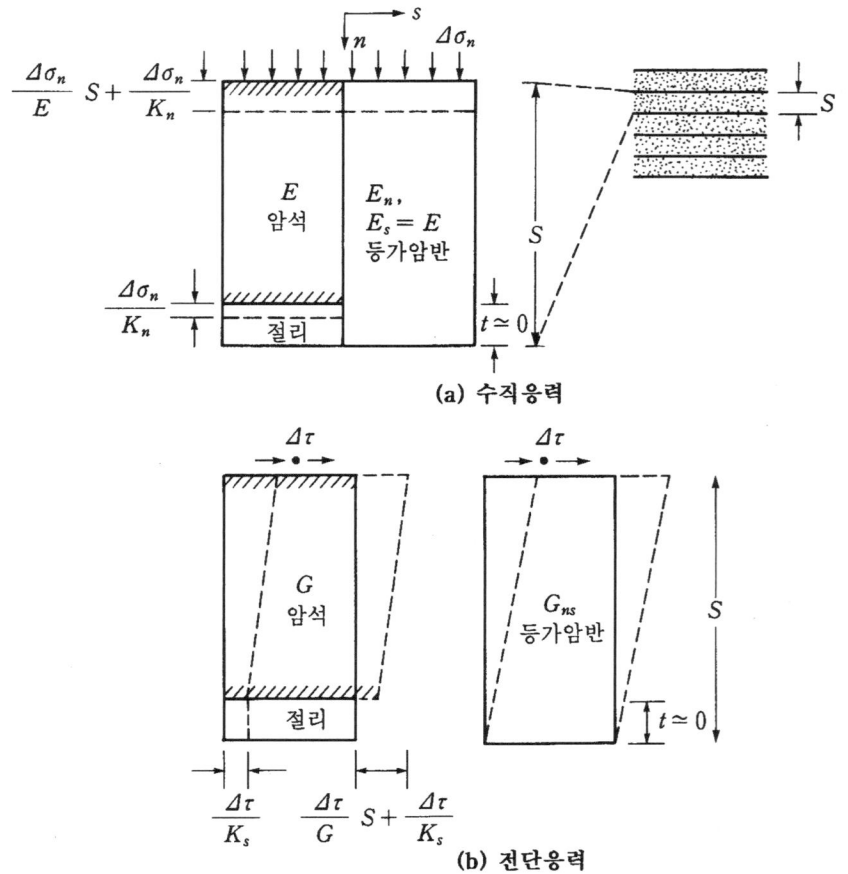

그림 6.10 등가모델의 개요

- 암석에서의 수직변위: $\dfrac{\Delta \sigma_n}{E} \cdot S$

- 불연속면에서의 수직변위: $\dfrac{\Delta \sigma_n}{K_n}$

계 $\dfrac{\Delta \sigma_n}{E} \cdot S + \dfrac{\Delta \sigma_n}{K_n}$ ················ ①

- 등가모델에서의 변위: $\dfrac{\Delta \sigma_n}{E_n} \cdot S$ ···························· ②

①=②이므로, 다음 식으로 등가의 수직방향 탄성계수를 구할 수 있다.

$$\frac{1}{E_n} = \frac{1}{E} + \frac{1}{K_n \cdot S} \qquad\qquad (6.37)$$

포아송비

• s방향에 수직응력을 가할 때 n방향의 변형률을 나타내는 포아송비 μ_{sn}은 μ과 같다. 즉,

$$\mu_{sn} = \mu \qquad\qquad (6.38)$$

• 한편 n방향에 수직응력을 가할 때 s방향의 변형률을 나타내는 μ_{ns}는 수직방향의 탄성계수 $\frac{E_n}{E}$에 비례하므로 다음 식과 같다.

$$\mu_{ns} = \frac{E_n}{E}\mu \qquad\qquad (6.39)$$

2) 전단응력에 대한 등가모델

전단계수

그림 6.10(b)에서 등가전단계수 G_{ns}는 다음으로부터 구할 수 있다. 전단응력 $\varDelta\tau$가 작용될 때의 전단변위는 암석에서의 전단변위와 불연속면에서의 전단변위를 합한 값이다.

    – 암석에서의 전단변위: $\gamma_{ns}S = \dfrac{\varDelta\tau}{G}\cdot S$

    – 불연속면에서의 전단변위: $\dfrac{\varDelta\tau}{K_s}$

    계 $\dfrac{\varDelta\tau}{G}\cdot S + \dfrac{\varDelta\tau}{K_s}$ .... ①'

    – 등가모델에서의 전단변위: $\dfrac{\varDelta\tau}{G_{ns}}\cdot S$ .... ②'

①'=②'이므로, 다음 식으로 등가의 전단계수를 구할 수 있다.

$$\frac{1}{G_{ns}} = \frac{1}{G} + \frac{1}{K_s \cdot S} \tag{6.40}$$

[예제 6.4] 간격이 $S=0.4\text{m}$인 불연속면군을 갖는 암반체가 있다. 이 암반은 암석에서의 변형량과 불연속면에서의 변형량이 동일하다.

(1) K_s와 K_n을 암석의 E와 μ로 나타내어라.

(2) $E=10^4\text{MPa}$, $\mu=0.33$일 때, 식 (6.25)로 표시된 가로축등방 관계식을 완성하여라.

[풀 이]

(1) 불연속면에서의 수직변위$= \dfrac{\Delta\sigma_n}{K_n}$

암석에서의 수직변위$= \dfrac{\Delta\sigma_n}{E}\,S = \dfrac{\Delta\sigma_n}{E} \times 0.4\text{m}$

문제에서 암석에서의 변형량과 불연속면에서의 변형량은 같다고 하였으므로 위의 두 식은 같게 된다. 따라서, K_n은 다음과 같다.

$$K_n = \frac{E}{S} = 2.5\,E$$

비슷한 방법으로 K_s도 E와 μ으로 나타낼 수 있다.

불연속면에서의 전단변위$= \dfrac{\Delta\tau}{K_s}$

암석에서의 전단변위$= \gamma_{ns}\,S = \dfrac{\Delta\tau}{G}\,S = \dfrac{\Delta\tau}{G} \times 0.4\text{m}$

$$K_s = \frac{G}{S} = \frac{E}{2(1+\mu)S} = \frac{2.5E}{2(1+\mu)}$$

(2) 식 (6.25)에 필요한 변수들을 구하면 다음과 같다.

$$\frac{1}{E_n} = \frac{1}{E} + \frac{1}{K_n S} = \frac{1}{E} + \frac{1}{E} = 2 \times 10^{-4}(\text{MPa})^{-1}$$

$$\frac{1}{G_{ns}} = \frac{1}{G} + \frac{1}{K_s S} = \frac{1}{G} + \frac{1}{G} = \frac{4(1+\mu)}{E} = 5.32 \times 10^{-4} (\text{MPa})^{-1}$$

$$\frac{1}{G} = \frac{2(1+\mu)}{E} = 2.66 \times 10^{-4} (\text{MPa})^{-1}$$

$$\mu_{sn} = \mu = 0.33$$

위에서 구한 값들을 식 (6.25)에 대입하면 다음과 같은 결과를 얻을 수 있다.

$$
\begin{Bmatrix} \varepsilon_n \\ \varepsilon_s \\ \varepsilon_t \\ \gamma_{ns} \\ \gamma_{nt} \\ \gamma_{st} \end{Bmatrix} =
\begin{bmatrix}
2 & -0.33 & -.033 & 0 & 0 & 0 \\
-0.33 & 1 & -0.33 & 0 & 0 & 0 \\
-0.33 & -0.33 & 1 & 0 & 0 & 0 \\
0 & 0 & 0 & 5.32 & 0 & 0 \\
0 & 0 & 0 & 0 & 5.32 & 0 \\
0 & 0 & 0 & 0 & 0 & 2.66
\end{bmatrix} \times 10^{-4} (\text{MPa})^{-1}
\begin{Bmatrix} \Delta\sigma_n \\ \Delta\sigma_s \\ \Delta\sigma_t \\ \Delta\tau_{ns} \\ \Delta\tau_{nt} \\ \Delta\tau_{st} \end{Bmatrix}
$$

6.5 암반의 시간의존적 거동[*]

6.5.1 서론

토질역학에서 특히 점토에는 크맆(creep)현상이 있다고 하였다. 같은 응력을 장기간 가해주면 점토는 시간이 감에 따라 계속하여 변형량이 증가하여 결국에는 파괴가 되기도 하는 현상이다(그림 6.11 참조). 암석의 종류에 따라 암석도 크맆현상을 보이는 것이 있다. 대표적으로 암염(rock salt)은 작은 압력이 작용되어도 시간 의존성을 보이는 것으로 알려져 있다. 화강암이나 석회석같이 단단한 암석은 작은 압력하에서는 크맆현상을 보이지 않으나, 예를 들어서 가해주는 압축응력이 암석의 일축압축강도의 1/3 이상이 되면 크맆현상을 보일 수 있다고 알려져 있다. 제4장에서 서술한 대로(그림 4.4 참조), 압축응력이 압축강도의 1/2에 이르면 암석에는 균열이 발생되게 되며, 이 압력을 장기간 가할 경우, 계속 균열이 확장되면서 크맆현상을 보일 수 있기 때문이다.

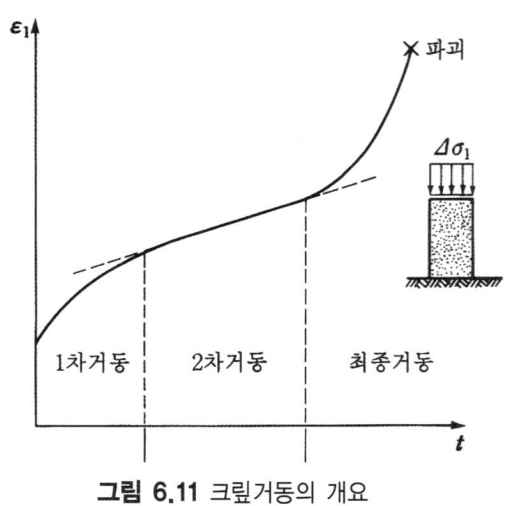

그림 6.11 크맆거동의 개요

암석의 시간의존성은 대표적으로 팽창성(swelling)과 압착성(squeezing)으로 구분된다.

(1) 팽창성(swelling): 암석이 물을 동반한 화학반응이나 응력이완(stress relief)을 받았을
때, 팽창하는 성질을 말하며 다음과 같은 요소에 의하여 발생한다.
- 팽창성을 갖는 점토 광물(montmorillonite)에 물이 첨가될 때
- 경석고(anhydrite)의 수화작용
- 황철광(pyrite)의 산화작용 등
- 위의 작용이 응력이완과 맞물렸을 때
(2) 압착성(squeezing): 암석이 시간의존성 전단변위를 보이는 성질을 말하며, 크맆(creep)
이 주요 원인이다.

6.5.2 시간의존성 모델

1) 기본사항

탄성은 다음 그림 6.12(a)와 같이 용수철로 표현할 수 있는 현상으로 응력을 가한 즉시 변형
이 발생하며, 더 이상의 변위는 없는 현상을 말한다. 반면에 점성(viscosity)은 다음 그림
6.12(b)와 같이 dashpot으로 표현할 수 있는 현상으로 응력을 가한 즉시에는 변형이 발생되
지 않으나 시간이 흐름에 따라 지속적으로 변형이 일어나는 거동을 보이는 현상을 말한다.
점탄성모델은 탄성계수항이나 전단계수항 각각이 점탄성거동을 보이는 것으로 모델링할 수
있으나 암석의 경우는 체적변형은 시간의존성을 갖지 않는 것으로 보아도 무리가 없으므로 전

단계수항만이 점탄성거동을 하는 것으로 가정한다. 따라서, 그림 6.12(a)의 탄성모델은

$$\tau = G\,\gamma \tag{6.41}$$

로 모델링할 수 있고, 반면에 그림 6.12(b)의 점성모델은

$$\begin{aligned}
\tau &= \eta\,\dot{\gamma} \\
&= \eta\,\frac{d\gamma}{dt}
\end{aligned} \tag{6.42}$$

로 모델화할 수 있다.

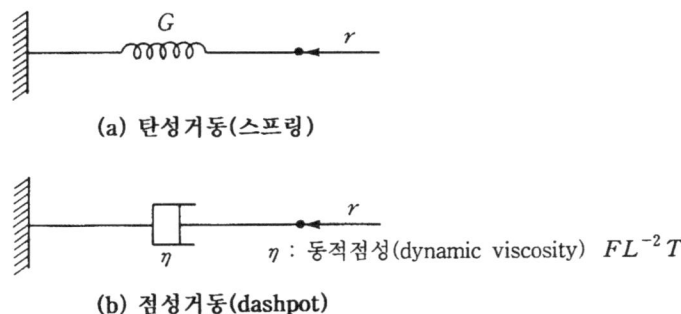

(a) 탄성거동(스프링)

η : 동적점성(dynamic viscosity) $FL^{-2}T$

(b) 점성거동(dashpot)

그림 6.12 탄성과 점성

2) 점탄성모델

암석의 시간의존성을 나타내기 위하여는 앞서 서술한 탄성[식 (6.41)]과 점성[식 (6.42)]을 적절히 조합하여 모델링할 수 있다. 점탄성모델들의 예가 그림 6.13에 나타나 있다.

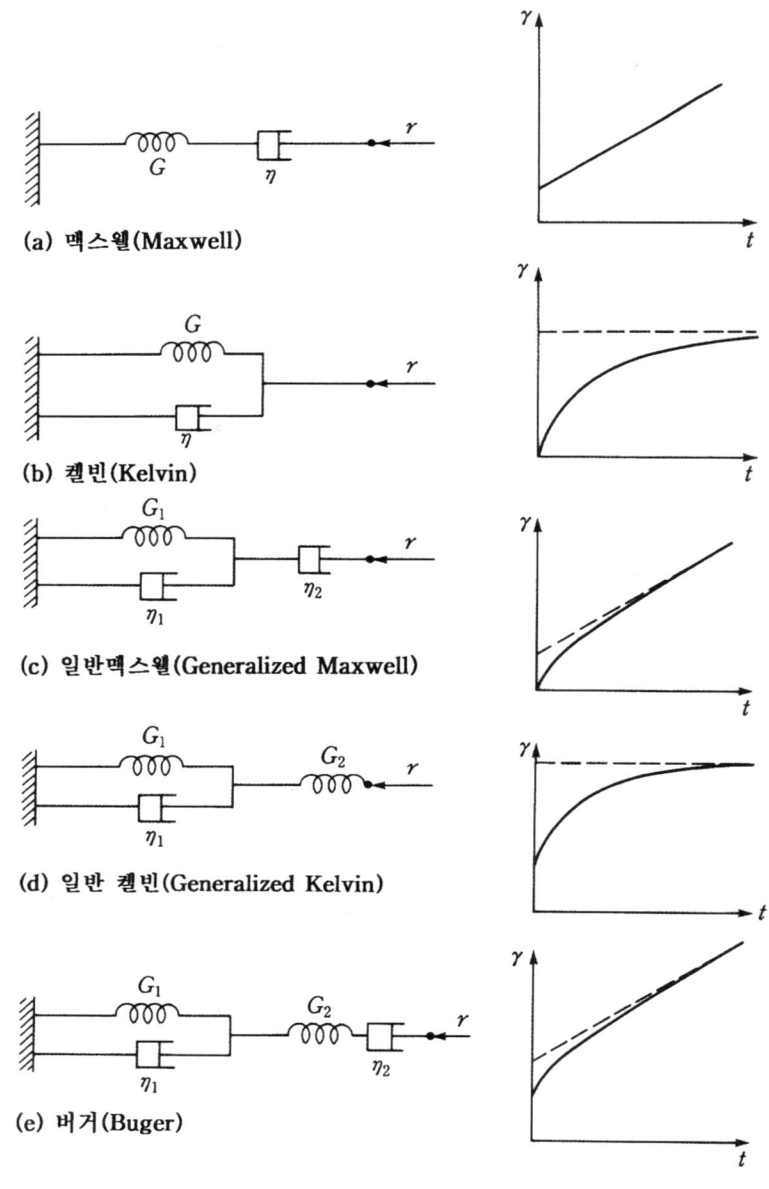

그림 6.13 점탄성모델

그림 6.13에서 점탄성모델의 가장 기본이 되는 것이 다음의 두 모델이다.

(1) 맥스웰(Maxwell)모델: 스프링과 dashpot을 직렬로 연결한 모델
(2) 켈빈(Kelvin)모델: 스프링과 dashpot을 병렬로 연결한 모델

그림 6.13에는 위의 두 모델을 근간으로 하는 모델들이 제시되어 있으며, 이들 중 버거 (Burger)모델은 맥스웰과 켈빈을 직렬로 연결한 모델이다. 그림 6.13의 오른쪽에 제시된 각 모델에서의 전단응력–전단변형률 관계식은 점탄성 이론(visco-elasticity)에 근거하여 수립 할 수 있으나, 학부수준을 넘는 내용으로서 그 유도는 생략하고자 한다. 이에 관심 있는 독자 들은 Jaeger와 Cook(1979)이나 Goodman(1989)의 책을 참조하기 바란다.

3) 일축압축하중 시의 점탄성 거동

다음 그림과 같이 암석시료에 $\Delta \sigma_1$='일정'한 하중을 가한 채로 계속 있었다고 하자. 이때의 점탄성모델 각각을 설명하고자 한다. 그 수학적 유도는 생략한다.

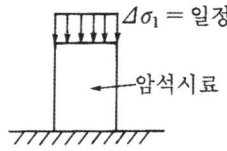

(1) 탄성모델

전술한 대로, 체적변형 성분은 시간의존성이 없다고 가정하고 전단변형의 경우만 시간의존 성을 띤다고 보게 되므로 기본적인 탄성모델은 식 (6.21)을 따르는 것이 최상이다. 즉, 연직방 향 변형률을 나타내는 식

$$\varepsilon_1 = \frac{1}{3K} \Delta \sigma_m + \frac{1}{2G} \Delta \sigma_{1, \text{dev}} \tag{6.43}$$

에서 일축압축하중의 경우에는 $\Delta \sigma_1 = \Delta \sigma_1$(일정), $\Delta \sigma_2 = \Delta \sigma_3 = 0$이므로

$$\Delta \sigma_m = \frac{\Delta \sigma_1 + 0 + 0}{3} = \frac{\Delta \sigma_1}{3} \tag{6.44}$$

$$\Delta \sigma_{1,dev} = \Delta \sigma_1 - \Delta \sigma_m$$
$$= \Delta \sigma_1 - \frac{\Delta \sigma_1}{3}$$
$$= \frac{2}{3} \Delta \sigma_1 \tag{6.45}$$

식 (6.44), (6.45)를 식 (6.43)에 대입하고 정리하면

$$\varepsilon_1 = \frac{1}{3K} \cdot \frac{\Delta\sigma_1}{3} + \frac{1}{2G}\frac{2}{3}\Delta\sigma_1$$

$$= \frac{\Delta\sigma_1}{9K} + \frac{\Delta\sigma_1}{3G} \tag{6.46}$$

이 될 것이다. 물론 이때의 탄성정수는 G, K이다.

(2) 맥스웰모델[그림 6.13(a)]

식 (6.46)에서 체적변형을 나타내는 항인 '$\dfrac{\Delta\sigma_1}{9K}$'항은 탄성거동을 하므로 불변이며, 두 번째 항이 시간의 함수로 변한다. 기본 식은 다음과 같다.

$$\varepsilon_{1(t)} = \frac{\Delta\sigma_1}{9K} + \frac{\Delta\sigma_1}{3G_2} + \frac{\Delta\sigma_1 t}{3\eta_2} \tag{6.47}$$

소요 지반정수는 K, G_2, η_2이다.

(3) 켈빈모델[그림 6.13(b)]

기본 식은 다음과 같다.

$$\varepsilon_{1(t)} = \frac{\Delta\sigma_1}{9K} + \frac{\Delta\sigma_1}{3G}\left[1 - e^{-(G_1 t/\eta_1)}\right] \tag{6.48}$$

소요 지반정수는 K, G_1, η_1이다.

(4) 버거모델[그림 6.13(e)]

'켈빈모델 + 맥스웰모델'이므로

$$\varepsilon_{1(t)} = \frac{\Delta\sigma_1}{9K} + \frac{\Delta\sigma_1}{3G_1}\left[1 - e^{-(G_1 t/\eta_1)}\right] + \frac{\Delta\sigma_1}{9K} + \frac{\Delta\sigma_1}{3G_2} + \frac{\Delta\sigma_1 t}{3\eta_2}$$

$$= \frac{2\,\Delta\,\sigma_1}{9\,K} + \frac{\Delta\,\sigma_1}{3\,G_1} + \frac{\Delta\,\sigma_1}{3\,G_2} - \frac{\Delta\,\sigma_1}{3\,G_1}\,e^{-(G_1 t/\eta_1)} + \frac{\Delta\,\sigma_1 t}{3\,\eta_2} \tag{6.49}$$

소요 지반정수는 K, G_1, G_2, η_1, η_2이다.

(5) 일반 맥스웰[그림 6.13(c)]

버거모델에서 맥스웰용 스프링이 생략된 형태이므로 기본식은 다음과 같다.

$$\varepsilon_{1(t)} = \frac{2\,\Delta\,\sigma_1}{9\,K} + \frac{\Delta\,\sigma_1}{3\,G_1} - \frac{\Delta\,\sigma_1}{3\,G_1}\,e^{-(G_1 t/\eta_1)} + \frac{\Delta\,\sigma_1}{3\,\eta_{2t}} \tag{6.50}$$

(6) 일반 켈빈[그림 6.13(d)]

버거모델에서 맥스웰용 dashpot이 생략된 형태이다.

$$\varepsilon_{1(t)} = \frac{2\,\Delta\,\sigma_1}{9\,K} + \frac{\Delta\,\sigma_1}{3\,G_1} + \frac{\Delta\,\sigma_1}{3\,G_2} - \frac{\Delta\,\sigma_1}{3\,G_1}\,e^{-(G_1 t/\eta_1)} \tag{6.51}$$

4) 일축압축시험으로부터 지반정수산정

일축압축시험으로부터 가장 일반적인 모델로서 버거모델에 필요한 K, G_1, G_2, η_1, η_2를 산정하는 방법을 서술하고자 한다.

소요계측자료

암반정수 산정에 필요한 실험자료는 다음의 두 가지이다.

(1) $\varepsilon_1 - t$에 관한 계측치(그림 6.14)
(2) 수평방향의 변형률 ε_3

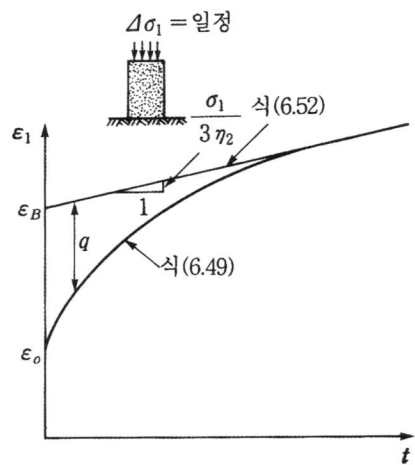

그림 6.14 일축압축하중으로 인한 암석의 크맆시험

<u>산정 방법</u>

(1) K: 체적계수는 시간에 무관하다고 가정한다.

$\varepsilon_v = \varepsilon_1 + 2\,\varepsilon_3 = 3\,\varepsilon_m$, 식 (6.18)로부터

$$K = \frac{1}{3}\,\frac{\Delta\sigma_m}{\varepsilon_m} = \frac{\dfrac{\Delta\sigma_1}{3}}{\epsilon_v} = \frac{\Delta\sigma_1}{3\,(\varepsilon_1 + 2\,\varepsilon_3)}$$

위 식을 정리하면, $\varepsilon_1 = -\,2\,\varepsilon_3 + \dfrac{\Delta\sigma_1}{3\,K}$ 이 된다.

따라서, ① $(\varepsilon_3,\ \varepsilon_1)$의 실측데이터를 그려서, 절편을 구한다.

② 절편$= \dfrac{\Delta\sigma_1}{3\,K}$ 으로부터 K값을 구한다.

(2) η_2: 식 (6.49)에서

$-\,t = 0$이면, $\varepsilon_{1(t=0)} = \dfrac{2\,\Delta\sigma_1}{9\,K} + \dfrac{\Delta\sigma_1}{3\,G_{2=\,\varepsilon_0}}$

$-\,t = \infty$이면, $\varepsilon_{1(t=\infty)} = \dfrac{2\,\Delta\sigma_1}{9\,K} + \dfrac{\Delta\sigma_1}{3\,G_2} + \dfrac{\Delta\sigma_1}{3\,G_1} + \dfrac{\Delta\sigma_1}{3\,\eta_2}\,t$ (6.52)

식 (6.52)는 (6.49)의 점근선 식을 나타내며, 점근선 식의 기울기 $= \dfrac{\Delta\sigma_1}{3\,\eta_2}$ 으로부터 η_2 를 구한다.

(3) G_1, η_1: 접근선과 실측곡선 사이의 간격 q 를 구하면

$$q = \text{식}(6.52) - \text{식}(6.49) = \frac{\Delta\sigma_1}{3\,G_1}\,e^{(-G_1 t/\eta_1)} \tag{6.53}$$

이 되며, 식 (6.53) 양변에 ln 을 취하면,

$$ln\,q = ln\left(\frac{\Delta\sigma_1}{3\,G_1}\right) - \frac{G_1\,t}{\eta_1} \tag{6.54}$$

가 된다. $ln\,q$ 와 t 의 관계 그래프를 그리고, 기울기 및 절편을 구한다.

 − 기울기 $= -\dfrac{G}{\eta_1}$ 으로부터 η_1 을 구한다.

 − $t = 0$ 일 때 식 (6.54)은 $q_{t=0} = \dfrac{\Delta\sigma_1}{3\,G_1}$ 따라서, $G_1 = \dfrac{\Delta\sigma_1}{3\,q_{t=0}}$ 으로부터 G_1 을 구한다.

(4) G_2: 식 (6.52)에서 절편 ε_B 는

$$\varepsilon_B = \Delta\sigma_1\left(\frac{2}{9K} + \frac{1}{3\,G_1} + \frac{1}{3\,G_2}\right)$$ 가 되며 이 식으로부터 G_2 를 구한다.

[예제 6.5] 길이가 250mm인 백악(chalk)암석시료에 대하여 일축압축 크맆실험을 실시한 결과는 다음 표와 같다. 단, $\Delta\sigma_1 = 55\text{MPa}$ 을 가하였으며, 3시간이 지난 후에는 침하량 $\Delta v = 0.4545\text{mm}$ 로 일정하게 되어 더 이상의 침하현상은 보이지 않아 실험을 완료하였다. 알맞는 점탄성모델을 선정하고, 소요 지반정수를 구하라.

(예제 표 6.5.1)

시간(분)	0	1	2	3	4	5	6	7
연직변위(mm)	0.409	0.414	0.419	0.423	0.427	0.430	0.433	0.435
수평변형률($\times 10^{-6}$)	−451	−461	−471	−479	−487	−493	−499	−504
시간(분)	8	9	10	11	12	13	14	15
연직변위(mm)	0.438	0.440	0.441	0.443	0.444	0.445	0.447	0.447
수평변형률($\times 10^{-6}$)	−509	−513	−516	−519	−522	−524	−526	−528

[풀 이] 알맞은 점탄성모델을 선정하고, 소요 지반정수를 구하기 위해서 위의 실험 데이터들로부터 축방향 변형률을 구하면 다음 표와 같다.

(예제 표 6.5.2)

시간(분)	0	1	2	3	4	5	6	7	
연직 변형률($\times 10^{-3}$)	1.636	1.656	1.676	1.692	1.708	1.720	1.732	1.740	
시간(분)	8	9	10	11	12	13	14	15	180
연직 변형률($\times 10^{-3}$)	1.752	1.760	1.764	1.772	1.776	1.780	1.788	1.788	1.818

또한 이 문제에서는 최후에 침하가 멈추므로 버거모델에서 $\eta_2 = \infty$로 보면 될 것이다. 즉 일반 켈빈모델을 사용하면 될 것이다.

(1) K

$\varepsilon_1 = -2\varepsilon_3 + \dfrac{\Delta\sigma}{3K}$의 관계를 이용하여 $(\varepsilon_3, \varepsilon_1)$의 그래프를 그려 절편을 찾아 K 값을 구할 수 있다. $(\varepsilon_3, \varepsilon_1)$의 그래프는 다음과 같다.

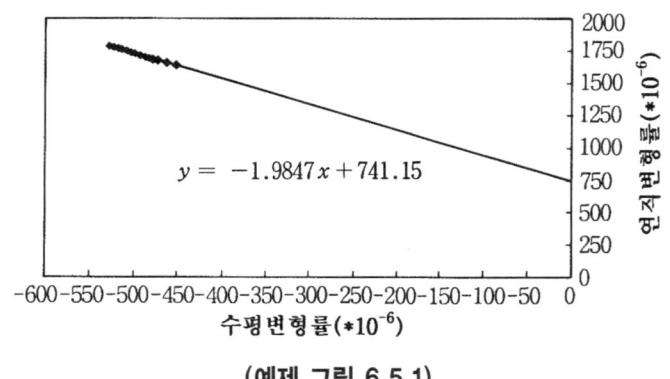

$$y = -1.9847x + 741.15$$

(예제 그림 6.5.1)

위의 그래프에서 절편은 741.15×10^{-6}이므로 K는 다음과 같다.

$$K = \frac{\Delta\sigma}{3 \times 741.15 \times 10^{-6}} = \frac{55}{3 \times 741.15 \times 10^{-6}} = 24{,}736\text{MPa} = 24.7\text{GPa}$$

(2) G_1, η_1

점근선과 실측곡선 사이의 간격 q를 구해야 하므로 시간과 연직변형률의 그래프를 그려보자.

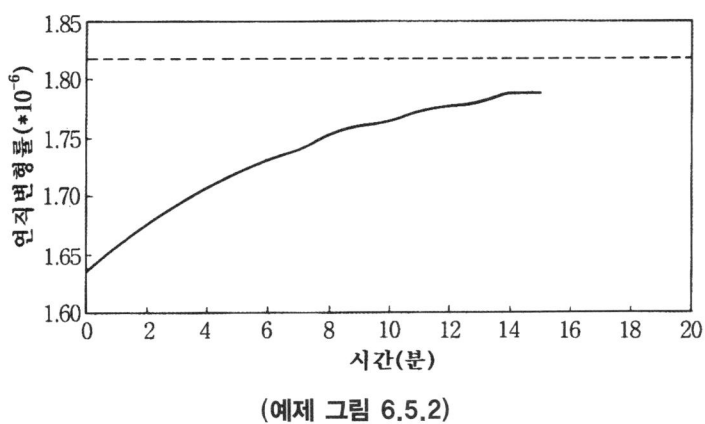

(예제 그림 6.5.2)

식 (6.54), 즉 $\ln q = \ln\left(\dfrac{\Delta\sigma}{3G_1}\right) - \dfrac{G_1 t}{\eta_1}$ 을 이용하기 위해서 $\ln q$와 t의 값들 구해보면 다음과 같다.

(예제 표 6.5.3)

시간(초)	0	60	120	180	240	300	360	420
$\ln q$	−8.612	−8.728	−8.860	−8.979	−9.115	−9.231	−9.361	−9.459
시간(초)	480	540	600	660	720	780	840	900
$\ln q$	−9.626	−9.755	−9.755	−9.827	−10.078	−10.178	−10.414	−10.414

위의 값들로 $\ln q$, 시간의 그래프를 그리면 다음 그림과 같다.

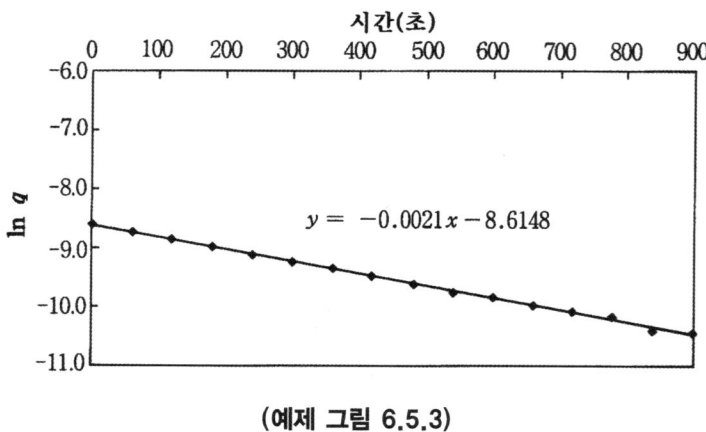

(예제 그림 6.5.3)

$t = 0$일 때 $q_t = 0 = \dfrac{\Delta\sigma}{3G_1} = (1.818 - 1.636) \times 10^{-3} = 0.182 \times 10^{-3}$이므로

$G_1 = 100,733\,\mathrm{MPa} = 100.7\,\mathrm{GPa}$

위의 그래프에서 기울기 -0.0021은 $-\dfrac{G_1}{\eta_1}$과 같으므로

$\eta_1 = \dfrac{G_1}{0.0021} = \dfrac{100.7}{0.0021} = 47,952\,\mathrm{GPa \cdot s}$

(4) G_2

점근선의 절편 $\varepsilon_B = 0.001818$이다. 식 (6.52)에서 절편 ε_B는

$\varepsilon_B = \Delta\sigma\left(\dfrac{2}{9K} + \dfrac{1}{3G_1} + \dfrac{1}{3G_2}\right)$가 되므로 위에서 구한 K, G_1으로부터 G_2를 구할 수 있다.

$G_2 = 16.1\,\mathrm{GPa}$

참고문헌

• Brown, E.T(Ed.,1981), ISRM Suggested Methods, Pergamon Press, Oxford

• Goodman, R.E.(1989), Introduction to Rock Mechanics, 2nd Ed., John Wiley & Sons, Yew York

• Jaeger, J.C. and Cook, N.G.W.(1969), Fundamentals of Rock Mechanics, Chapman & Hall, London

• Hoek, E. and Brown, E.T.(1997), Practical Estimates for Rock Mass Strength, Int. J. Rock Mech. Min. Sci., Vol.34, No.8, pp.1165−1186

• Priest, S.D.(1993), Discontinuity Analysis for Rock Engineering, Chapman & Hall, London

제7장

암반의 분류법

제7장
암반의 분류법

7.1 서 론

암석/암반에 관한 학문을 살펴보면 암반역학(rock mechanics)과 암반공학(rock engineering)으로 대별되기도 하는데 굳이 구별하자면,

(1) 암반역학(rock mechanics)은 암석 또는 암반을 매개체로 한 공학(engineering)에 필요한 기본적인 역학을 다루는 학문이고, 반면에

(2) 암반공학(rock engineering)은 암반역학의 기본원리에 기초하여 실제로 공학적인 문제들을 풀기 위한 학문으로 보면 될 것이다.

토질분야에 빗대어 보면 암반역학은 토질역학에 대응되고 암반공학은 기초공학에 대응된다고 볼 수 있을 것이다.

한마디로 말하여, 본 교재에서 암반역학에 관한 내용이 제1장부터 6장까지이다. 제7장부터 마지막장까지는 암반공학에 해당된다고 할 수 있겠다. 제8장에서는 암반사면의 안정성을 다룰 예정이며, 제9장에서는 터널 및 지하공간에서의 암반공학을 서술하고자 한다.

제6장까지 일관되게 서술했던 것이 암반역학은 암석(intact rock), 불연속면역학(discontinuity), 암반(rock mass) 각각의 관점에서 다루어야 한다는 점이었다.

이 중 암석(intact rock)은 완전 연속체역학으로 문제를 분석하면 될 것이며, 불연속면역학은 제5장에서 상세히 서술한 대로 불연속면의 기하학적 평가와 함께, 강도론을 종합적으로 분

석하여 문제를 해결할 수 있을 것이며, 제8장에서 집중적으로 다루고자 하는 암반사면 안정론은 대부분 불연속면역학에 근거한다. 문제는 암반(rock mass)의 경우이다. 그저 절리가 다수 존재하여 REV를 넘어가는 지반을 암반으로 본다는 원칙만을 설정하였지 암반의 평가방법에 대한 언급은 이제껏 없었다. 암반(rock mass)의 경우에도 암석의 일축압축강도가 다르고, 더욱이 불연속면의 성질은 제각각일 것이다. 제7장에서 서술하고자 하는 암반분류법은 이러한 제반요소를 종합적으로 평가하여 암반의 상태를 정량적으로 나타내고자 하는 방법이라고 볼 수 있다. 실제로 터널 및 지하공간의 설계자는 제반의 지반정수를 총망라한 설계를 한다는 것은 실제로 불가능하므로 이번 장에서 서술하는 암반분류법을 이용하여 총체적인 암반상태를 평가하고 이에 근거하여 기본적인 설계를 하고, 필요시 집중적인 안정성분석 등을 통한 상세 설계를 하는 것이 일반적이다.

실제 현재 전 세계적으로 가장 통용되는 분류법이 RMR 분류법(Rock Mass Rating)과 Q 분류법(Q-system)이다. 다음 절에서, 이 두 분류법을 각각 간략히 소개할 것이다. 좀 더 상세한 사항에 관심 있는 독자는 신희순, 선우춘, 이두화(2000)의 저서를 참고하기 바란다.

7.2 RMR 분류법

Bieniawski 교수(1989)에 의하여 제시된 분류방법으로 가장 많이 쓰이는 분류법이다. 암석의 상태와 불연속면의 상태에 따라, 세부적으로 점수를 부여하여 각 점수를 합산하며, 합산된 총점수를 이용하여 암반상태를 평가하는 방법이다. 점수는 0~100점 사이에 존재하며 점수가 좋을수록 공학적으로 양호한 지반으로 이해하면 될 것이다.

RMR 분류법에서는 다음의 6가지 요소를 중심으로 점수화한다.

(1) 암석의 일축압축강도
(2) RQD
(3) 불연속면의 간격
(4) 불연속면의 상태
(5) 지하수의 상태
(6) 불연속면의 방향성의 영향을 고려하기 위한 보정

위의 6가지 요소에 근거한 RMR분류법의 개요가 표 7.1에 표시되어 있다. 표 7.1을 개략적으로 서술하면 다음과 같다.

- 표 A: 위의 5가지 분류요소 상태에 따른 RMR 점수
- 표 B: 불연속면의 상태를(표 A의 4항) 구체적으로 평가하기 위한 세부표
- 표 C: 불연속면이 터널공사에 미치는 영향을 구분하기 위한 세부표(표 D에서 사용)
- 표 D: 불연속면의 방향성 영향을 고려한 보정계수(시설물별로 점수가 다르다)
- 표 E 및 F: 표 A~D로부터 합산된 RMR값에 따른 암반의 분류 종합(I~V등급까지)

RMR값은 결국 다음 식과 같이 정의할 수 있을 것이다.

$$RMR = \sum_{i=1}^{5} (암반분류 \ 요소에 \ 따른 \ 점수)$$
$$+ \ 불연속면의 \ 방향성 \ 효과에 \ 따른 \ 보정 \qquad (7.1)$$

표 7.1 RMR 분류법

A. 암반분류 평가항목 및 평점

분류 기준			특성치 구분 및 평점					
1	암석의 강도	점하중 강도 지수(MPa)	> 10	4~10	2~4	1~2	일축압축강도 이용	
		일축압축 강도(MPa)	> 250	100~250	50~100	25~50	5~25 | 1~5 | < 1	
	평점		15	12	7	4	2 | 1 | 0	
2	RQD(%)		90~100	75~90	50~75	25~50	< 25	
		평점	20	17	13	8	3	
3	불연속면의 간격		> 2m	0.6~2m	200~600mm	60~200mm	< 60mm	
		평점	20	15	10	8	5	
4	불연속면의 상태		매우 거친 표면, 연속성 없음, 틈새 없음, 벽면 신선	거친 표면, 틈새<1mm, 벽면 약간 풍화	약간 거친 표면, 틈새<1mm, 벽면 심한 풍화	매끄러운 표면 또는 가우지, <5mm 또는 틈새 1~5mm, 연속성	연약한 가우지>5mm 또는 틈새>5mm 연속성	
		평점	30	25	20	10	5	
5	지하수 상태	터널길이10m당 유입량(L/분)	0	< 10	10~25	25~125	> 125	
		수압/주응력의 비	0	< 0.1	0.1 - 0.2	0.2 - 0.5	> 0.5	
		건습상태	완전건조	습윤	젖음	물방울이 떨어짐	지하수가 흐름	
	평점		15	10	7	4	0	

B. 불연속면의 상태를 평가하기 위한 기준

분류 기준	특성치 구분 및 평점				
불연속면 길이(연속성)	<1m	1~3m	3~10m	10~20m	>20m
	6	4	2	1	0
틈새	0	<0.1mm	0.1~1.0mm	1~5mm	>5mm
	6	5	4	1	0
거칠기	매우 거침	거침	약간거침	매끄러움	아주 매끄러움
	6	5	3	1	0
충진물질(가우지)	견고한 충진물			연약한 충진물	
	0	<5mm	>5mm	<5mm	>5mm
	6	4	2	2	0
풍화정도	신선함	약간 풍화	중간 풍화	심한 풍화	완전 풍화
	6	5	3	1	0

C. 불연속면의 방향성이 터널공사에 미치는 영향

불연속면의 주향이 터널축에 수직			
내림 경사방향 굴진(with dip)		오름 경사방향 굴진(against dip)	
경사 45~90	경사 20~45	경사 45~90	경사 20~45
매우유리	유리	양호	불리
불연속면의 주향이 터널축에 평행		주향과 무관	
경사 25~45	경사 45~90	경사 0~20	
양호	매우 불리	양호	

D. 불연속면의 방향성에 대한 보정

불연속면의 방향		매우 유리	유리	양호	불리	매우 불리
보정점수	터널	0	-2	-5	-10	-12
	기초	0	-2	-7	-15	-25
	사면	0	-5	-25	-50	-60

E. 총점을 이용한 암반분류

평점	81~100	61~80	41~60	21~40	≤20
분류	I	II	III	IV	V
상태평가	매우 좋은 암반	좋은 암반	양호한 암반	불량한 암반	매우 불량한 암반

F. 암반분류의 적용

분류	I	II	III	IV	V
무지보 자립시간	20년 (15m 스팬)	1년 (10m 스팬)	1주일 (5m 스팬)	10시간 (2.5m 스팬)	30분 (1m 스팬)
암반의 점착력(KPa)	>400	300~400	200~300	100~200	<100
암반의 내부마찰각(°)	>45	35~45	25~35	15~25	<15

> **Note**
> 1) Bieniawski 교수가 제안한 RMR 분류법은 처음으로 1976년에 제안하였었으며, 1989년에 다시 한 번 수정된 것이 발표되었다. 표 7.1에 제시된 점수들은 1989년의 수정안을 정리한 것이다. 독자들은 RMR 분류법에 접할 때마다 초기에 제시된 표인지 1989년에 수정된 값인지를 반드시 구별하여야 한다.
> 2) RMR 분류법에서는 지반에 작용되는 응력에 대한 고려가 안 되었다는 단점을 갖고 있는 것으로 알려져 있다.

7.3 Q - 분류법

Barton 등(1974)에 의하여 제시된 분류법으로서 기본 개념은 RMR 분류법과 같으며, 6가지 분류 요소를 근간으로 한다.

Q 값은 0.001~1000까지 분포할 수 있으며, Q값이 크면 클수록 공학적으로 양호한 지반이다. 6가지 요소는 다음과 같다.

(1) RQD
(2) 불연속면군(discontinuity set)
(3) 가장 불리한 불연속면의 거칠기 상태
(4) 가장 약한 불연속면의 변질상태와 충진상태
(5) 지하수 유입상태
(6) 응력조건

Q - 값은 다음 식으로 표시된다.

$$Q = \frac{RQD}{J_n} \cdot \frac{J_r}{J_a} \cdot \frac{J_w}{SRF} \tag{7.2}$$

여기서, J_n : 절리군의 수(joint set number)

J_r : 절리면의 거칠기계수(joint roughness number)

J_a : 절리의 변질도(joint alteration number)

J_w : 절리면에 존재하는 지하수에 따른 저감계수(joint water reduction number)

SRF : 응력감소계수(stress reduction factor)

표 7.2 Q - 분류법

기술	값	비고
1. 암석의 강도	RQD	
A. 매우 불량 B. 불량 C. 보통 D. 양호 E. 매우 양호	0~25 25~50 50~75 75~90 90~100	1. RQD가 10 이하인 경우에는 10을 적용 2. RQD는 5간격으로 표기한다. 즉, 100, 95, 90
2. 절리군의 수	J_n	
A. 괴상으로 절리가 전혀 없거나 또는 거의 없음 B. 1방향의 절리군 C. 1방향의 절리군과 랜덤한 절리 D. 2방향의 절리군 E. 2방향의 절리군과 랜덤한 절리 F. 3방향의 절리군 G. 3방향의 절리군과 랜덤한 절리 H. 4 또는 그 이상의 절리군과 랜덤하게 현저히 절리가 많음 I. 토사상으로 파쇄된 암반	0.5~1.0 2 3 4 6 9 12 15 20	1. 절리의 교차부에 대하여($3.0 \times J_n$) 2. 갱구에 대하여($3.0 \times J_n$)
3. 절리면의 거칠기 계수	J_r	
a. 절리면이 접촉하고 있는 경우 및 b. 전단변위 10cm 이하로 절리면이 접촉한 경우		
A. 불연속성 절리 B. 거칠거나 또는 불규칙하고 파상 C. 평탄하고 파상 D. 박피상이고 파상 E. 거칠거나 또는 불규칙하고 평탄 F. 매끈매끈하고 평탄 G. 박피상이고 평탄	4 3 2 1.5 1.5 1.0 0.5	1. 당해절리군의 평균절리 간격이 3m 이상인 경우는 1.0을 더함 2. 선상구조가 최소 강도방향으로 배열되어 있을 경우는 이러한 선상구조를 갖는 평탄한 표층의 절리에 대하여 $J_r = 0.5$로 한다.

기술	값	비고
c. 전단 시 절리면의 접촉이 생기지 않는 경우		
H. 절리면의 접촉을 막는데 충분한 두께의 점토광물협재 I. 절리면의 접촉을 막는데 충분한 두께의 모래, 자갈 또는 파쇄대	1.0	

기술	J_a	ϕ_{res} (개략치)	비고
4. 절리 변질도			
a. 절리면이 접촉하고 있는 경우			1. 잔류마찰각 ϕ_{res}는 변질물의 광물적 성질을 고려하여 개략적인 참고치로 하고 있음
A. 강하게 결합하고 경질로서 비연화상의 불투수성 충전물을 함유	0.75	—	
B. 절리면이 불결한 상태일 뿐이고 변질되어 있지 않음.	1.0	(25°~35°)	
C. 절리면은 약간 변질되고 비연화 광물로 피복된 사질입자, 점토분이 없는 풍화암 등을 함유	2.0	(25°~30°)	
D. 실트질 점토 또는 사질점토로 피복되고 소량의 점토를 함유(비연화성)	3.0	(20°~25°)	
E. 연화된 또는 마찰이 작은 점토광물, 즉 카오리 나이트, 운모 등으로 피복되어 있다. 또 녹니석, 활석, 석고, 흑연 등과 소량의 팽창점토를 함유(불연속성 피복물의 두께는 1~2mm 또는 그 이하)	4.0	(8°~16°)	
b. 전단변위 10cm 이하에서 절리면이 접촉하는 경우			
F. 사질입자, 점토분이 없는 풍화암 등	4.0	(25°~30°)	
G. 강하게 과압밀된 비연화 점토광물의 충전물(연속성이며 두께<5mm)	6.0	(16°~24°)	
H. 중간정도 또는 조금 과압밀되어 연화한 점토광물의 충전물(연속성이며 두께<5mm)	8.0	(12°~16°)	
J. 팽창성 점토 충전물, 즉 몬모릴로나이트(연속성이며 두께<5mm). J_a의 값은 팽창성 점토의 비율과 물의 유무에 관계됨	8.0~12.0	(6°~12°)	
c. 전단 시 절리면의 접촉이 생기지 않은 경우			
K. 풍화 또는 파쇄된 암석 및 점토의 띠상 협재	6.0~8.0	(6°~24°)	
L. M. (점토의 상태에 따라서 G, H 및 J를 참조)	또는 8.0~12.0		
N. 실트질점토 또는 사질점토의 띠상으로 협재, 점토 함유량은 소량(비연화)	5.0		
P. 점토가 두꺼운 연속성인 분포	10.0~13.0	(6°~24°)	
Q. R. 또는 구역(점토의 상태에 따라서 H 및 J를 참조)	또는 13.0~20.0		

기술	값	비고	
5. 절리면에 존재하는 지하수에 따른 저감계수	J_w	개략의 수압 (kgf/cm²)	
A. 건조상태에서 굴착 또는 소량의 용수 즉 국부적으로<5 L/분	1.0	< 1.0	1. C에서 F항까지는 극히 개략적인 추정치, 배수공사를 시공한다면 J_w를 늘림
B. 중간정도의 용수 또는 중간정도의 수압, 때에 따라 절리충전물의 유출	0.66	1.0~2.5	
C. 충전물이 없고 절리가 있으며 내력이 있는 암반 내의 대량의 용수 또는 높은 수압	0.5	2.5~10.0	2. 동결(凍結)이 있는 특별한 문제는 고려하지 않음
D. 대량의 용수 또는 높은 수압, 충전물의 상당량이 유출	0.33	2.5~10.0	
E. 발파 시에 예외적으로 다량의 용수 또는 예외적으로 높은 수압시간과 더불어 감소	0.2~0.1	> 10	
F. 예외적으로 다량의 용수 또는 예외적인 높은 수압. 수량 감소 없이 계속 유출	0.1~0.05	> 10	
6. 응력감소계수(SRF)			
a. 터널굴착 시 암반에 이완이 생길 가능성이 있는 약층이 공동과 교차하고 있는 경우	SRF		
A. 점토 또는 화학적으로 풍화한 암석을 포함하는 약층이 복수로 있고 주변 암반이 느슨해져 있다(굴착깊이에 무관)	10.0	1. 문제가 되는 전단영역이 공동과 교차하지 않는 경우 SRF를 25~50 % 이하로 낮춤 2. 초기 응력장(측정되었을 경우)이 강한 이방성을 나타낼 경우 $5 \leq \sigma_1/\sigma_3 \leq 10$일 때, σ_c를 $0.8\sigma_c$로, σ_t를 $0.8\sigma_t$로 감소시킴. $\sigma_1/\sigma_3 > 10$일 때 σ_c를 $0.6\sigma_c$로, σ_t를 $0.6\sigma_t$로 감소시킴. 여기에 σ_c=일축압축강도 σ_t = 인장강도(점재하), σ_1과 σ_3는 각각 최대, 최소의 주응력임 3. 크라운의 지표에서 깊이가 스팬보다 낮은 곳에서의 몇몇 사례에서는 SRF는 2.5를 5로 증대사키는 편이 좋음(H 참조)	
B. 점토 또는 화학적으로 풍화한 암석을 포함하는 단일약층(굴착깊이 50m 이하)	5.0		
C. 점토 또는 화학적으로 풍화한 암석을 포함하는 단일약층(굴착깊이 50m 이상)	2.5		
D. 내력이 있은 암반 내에 복수의 전단 대(점토를 함유하지 않음)가 존재하고 주변 암반은 느슨해졌음(굴착깊이에 무관)	7.5		
E. 내력이 있는 암석 내에 단일 전단 대(점토를 함유하지 않음)(굴착깊이 50m 이하)	5.0		
F. 내력이 있는 암석 내에 단일 전단 대(점토를 함유하지 않음)(굴착깊이 50m 이상)	2.5		
G. 이완되고 열린 절리. 현저하게 발달된 절리 또는 각진암편(굴착깊이에 무관)	5.0		
b. 내력이 있는 암석에서 암반응력이 문제가 되는 경우	SRF	σ_c/σ_1	σ_t/σ_1
H. 지표 가까이에서 낮은 응력	2.5	> 200	> 13
J. 중간정도의 응력	1.0	200~10	13~0.66
K. 높은 응력에서 대단히 강고한 지질구조 (일반적으로 안정성에 관해서는 양호하나 벽면의 안전에 관해서는 불리하게 될 가능성이 있다.)	0.5~2	10~5	0.66~0.33
L. 암석파쇄는 적다(괴상암반).	5~10	5~2.5	0.33~0.16
M. 격심한 암석파괴(괴상암반)	10~20	< 2.5	< 0.16

기술	값	비고
c. 압출성 암반, 즉 암반의 높은 압력영향으로 내력이 없는 암석이 소성유동을 일으킬 경우	SRF	
N. 중간정도의 압출성 암반 압력 O. 격심한 압출성 암반 압력	5~10 10~20	
d. 팽창성 암반 즉 물의 유무에 지배되는 화학적 팽창성 작용을 일으킬 경우	SRF	
P. 중간정도의 팽창성 암반 압력 R. 격심한 압출성 암반 압력	5~10 10~20	

$Q-$ 분류법에 필요한 요소들에 대한 점수의 종합표가 표 7.2에 표시되어 있다.

식 (7.2)의 $Q-$ 값을 구하는 식에 포함된 세 요소의 의미를 소개하면 다음과 같다.

- $\dfrac{RQD}{J_n}$: 암반의 기하학적 상태(rock mass geometry)를 나타내는 항으로서, RQD값이 증가할수록, 불연속면군의 숫자가 적을수록 이 항의 값은 증가한다.

- $\dfrac{J_r}{J_a}$: 절리의 전단강도(inter-block shear strength)의 영향을 고려하는 항으로서 불연속면의 거칠기가 클수록, 변질도가 심하지 않을수록 이 항의 값은 증가한다.

- $\dfrac{J_w}{SRF}$: 환경적인 요소(environmental factor)로서 불연속면 사이에 존재하는 수압이 감소할수록, 전단응력을 받는 지역이 없는 등 암반의 응력상태가 좋을수록 이 항의 값이 증가한다.

Note
1) $Q-$ 분류법에서는 불연속면의 방향성을 고려할 수 있는 항이 포함되어 있지 않다는 약점을 갖고 있는 것으로 알려져 있다.
2) RMR값과 Q값의 상관성
   RMR과 Q값 공히 큰 값을 가질수록 양호한 암이라는 사실과 RMR의 범위는 0~100, Q의 범위는 0.001~1000인 것을 감안하여 보면 RMR과 $\log Q$ 사이에 비례관계가 있음을 짐작할 수 있을 것이다. 일반적으로 다음의 관계식이 있는 것으로 알려져 있다.

$$RMR \fallingdotseq 9 \ln Q + 44 \qquad (7.3)$$

7.4 암반분류법의 적용성

전절에서 제시한 RMR분류법 및 Q - 분류법은 암반구조물을 설계하기 위한 가장 기본적인 데이터라고 해도 과언이 아닐 것이다. 암반정수의 추정에서부터 터널지보패턴(tunnel support pattern)설계에 이르기까지 다양하게 쓰인다.

7.4.1 암반역학에의 응용

제1장부터 6장에서 제시된 암반역학은 강도론과 변형문제로 크게 나뉠 수 있다. 각각에 필요한 기본적인 지반정수 예측에 분류법이 이용된다.

1) 강도론에의 이용

암반의 강도는 제4장 4.4.3절에서 서술한 Hoek-Brown의 파괴이론이 가장 대표적이며, 이 이론을 적용함에 있어 m_b 및 s값은 GSI의 함수라고 하였다[식 (4.15) 및 (4.16)]. 이 GSI와 RMR 사이에는 다음과 같은 관계식이 있는 것으로 알려져 있다.

$$GSI = RMR_{89}' - 5(단, \ GSI \rangle 25인 \ 경우) \tag{7.4}$$

여기서, RMR_{89}': 1989년에 수정된 RMR분류표(표 7.1) 중 지하수에 관한 점수(표 7.1A의 5항)=15점, 불연속의 방향성에 대한 보정계수(표 7.1의 D)=0을 사용한 RMR값.

2) 변형문제에의 이용

암반의 탄성계수(또는 변형계수)를 예측하는 것은 쉬운 일이 아니라고 하였다.
Bieniawski(1989)는 RMR로부터 E_m값을 다음과 같이 추정할 수 있다고 하였다.

$$E_m = 2\,RMR - 100(GPa) : (단, \ RMR \rangle 50인 \ 경우) \tag{7.5}$$

Hoek-Brown(1997)은 식 (6.33)에서 제시된 대로 GSI값을 이용하여 E_m값을 예측할 수 있다고 하였다. GSI와 RMR 사이의 관계식 (7.4)를 이용하면 E_m값은 다음 식으로 예측할 수도 있을 것이다.

$$E_m = \sqrt{\frac{\sigma_c}{100}} \; 10^{\left(\frac{\mathrm{R}'_{89}-15}{40}\right)} \; \mathrm{GPa} \tag{7.6}$$

(단, $GSI > 25$, $\sigma_c < 100\,\mathrm{MPa}$인 경우)

한편 Barton 등(1985)은 암반의 E_m값은 다음 식의 범위 안에 있는 것으로 제안하기도 하였다.

$$10 \log_{10} Q < E_m < 40 \log_{10} Q \tag{7.7}$$

또는 E_m의 평균값을 사용하면 다음 식으로 변형계수를 예측할 수 있다.

$$\overline{E_m} = 25 \log_{10} Q \tag{7.8}$$

7.4.2 암반공학에의 응용

RMR 분류법이나 Q–분류법이나 초창기에는 주로 암반지반에서 터널 및 지하공간을 설계할 때, 기본정수로 사용될 수 있도록 제안된 분류법들이다. 두 분류법 공히 지하공간 설계 시 경험적인 방법으로 많이 쓰이게 된다.

1) 터널과 지하공간에의 이용

그림 7.1은 RMR 값과 터널의 직경에 따른 암반터널의 '무지보 자립시간(stand-up time)', 즉, 터널에 아무런 지보재도 설치하지 않았을 때, 파괴되지 않고 견딜 수 있는 최대 시간을 표시해 놓았다. 터널 설계 시에 기본사항으로 자주 이용되곤 한다. 또한 예를 들어서 표 7.3은 RMR 분류법에 따른 터널 지보재(tunnel support system) 선택의 예를 보여주고 있다. 이 표 또한 터널의 초기 설계 시에 자주 이용되는 표이다.

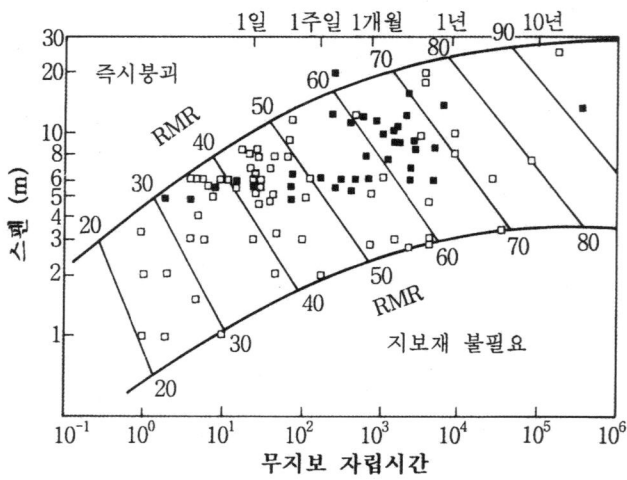

그림 7.1 RMR과 터널의 자립시간

표 7.3 RMR분류에 의한 굴착 및 지보

등급	암반구분	굴착	지보		
			록볼트	숏크리트	강지보재
I	매우 양호한 암반 RMR : 81~100	전단면 굴진장 3m	필요한 장소에만 실시하는 국부적인 록볼트 외에는 일반적으로 지보가 필요 없음		
II	양호한 암반 RMR : 61~80	전단면 굴진장 1.0~1.5m 막장에서 20m에 지보설치 완료	필요시 철망을 이용하여 천정에 길이 3m, 간격 2.5m로 설치	필요한 경우 천정에 두께 50mm	없음
III	보통의 암반 RMR : 41~60	반단면 및 벤치 굴진장은 1.5~3.0m, 매 발파마다 즉시 지보시공, 막장에서 10m에 지보설치 완료	천정에 철망을 이용하여 천정 및 측벽에 길이 4m, 간격 1.5~2.0m로 격자상으로 설치	천정에 두께 50~100mm, 측벽에 두께 30mm	없음
IV	불량한 암반 RMR : 21~40	반단면 및 벤치, 굴진장 1~1.5m, 굴착과 동시작업으로 막장에서 10m에 지보를 시공	철망을 이용하여 천정 및 측벽에 길이 4~5m, 간격 1~1.5m로 격자상으로 설치	천정에 두께 100~150mm, 측벽에 두께 100mm	필요한 지점에서는 강지보재를 1.5m 간격으로 설치
V	매우 불량한 암반 RMR : ≤20	분할굴착 상부막장의 굴진장 0.5~1.5m, 굴착과 동시작업으로 지보를 설치, 발파후 될 수 있는 한 조기에 숏크리트 타설	철망을 이용하여 천정 및 측벽에 길이 5~6m, 간격 1~1.5m로 격자상으로 설치	천정에 두께 150~200mm, 측벽에 두께 150mm 및 막장에 두께 50mm	필요한 경우, 강제래깅(lagging)과 함께 강지보재를 0.75m 간격으로 설치하고 인버트부는 폐합

※ 수직응력 25MPa 이하이고 발파굴착공법으로 폭 10m인 마제형터널 기준으로 제시됨

그림 7.2는 Q-값에 근거한 터널의 지보재 설계가이드라인을 보여주고 있다. 숫자로 표시된 각각에 대하여 지보재 설계방법이 제시되어 있다. 이 그림을 좀 더 발전시켜 Barton 박사는 NMT(Norwegian Method of Tunnelling) 터널설계법을 제안하였다. 이 설계법은 제9장에서 소개할 것이다. 그림 7.2에서 터널의 등가직경(equivalent dimension)은 다음 식으로 정의된다.

$$\text{터널의 등가직경} = \frac{\text{스팬, 또는 터널의 직경}}{ESR} \tag{7.9}$$

여기서, ESR은 굴착지보비(Excavation Support Ratio)로서 지하구조물의 중요도에 따라 표 7.4에 제시된 값들을 사용한다. 스팬(span)이란 터널의 막장(tunnel face)으로부터 무지보구간까지의 거리(굴착장)나, 터널의 직경 중에서 큰 값을 뜻한다.

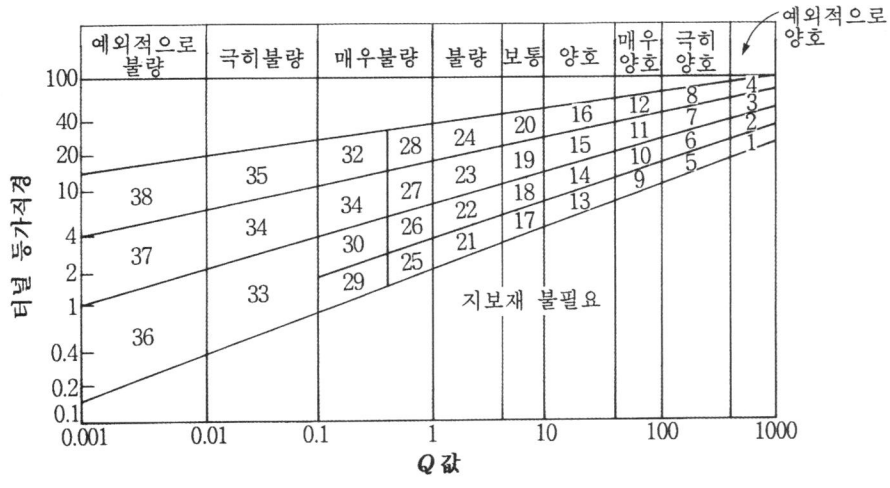

그림 7.2 Q-분류법에 의한 터널지보재 선택

표 7.4 터널 사용목적에 따른 굴착지보비(ESR)

굴착의 종류	굴착지보비(ESR)
A. 일시적으로 유지되는 터널	2~5
B. 지하수로	1.6~2.0
C. 지하저장소, 소형터널	1.2~1.3
D. 지하발전소, 지하터널, 방공호	0.9~1.1
E. 지하원자력발전소, 지하정류장, 지하경기장	0.5~0.8

2) 사면안정에의 응용

Romana 교수(1985)는 표 7.1에서 제시한 RMR값을 사면안정 평가에 적합하도록 수정하여 SMR 분류법을 제시하였다. 기본 RMR값에 추가한 요소들을 정리하면 다음과 같다.

(1) F_1: 사면과 불연속면 사이의 주향의 상관성을 고려하는 요소

(2) F_2: 평면파괴(plane failure)인 경우 불연속면의 경사각(평면파괴의 정의는 8장에서 서술할 것임)

(3) F_3: 사면의 경사와 불연속면의 경사의 상관성을 고려하는 요소

(4) F_4: 사면굴착방법의 영향을 고려하는 요소

SMR의 정의는 다음과 같다.

$$SMR = RMR_{slope} = RMR_{basic} - (F_1 \cdot F_2 \cdot F_3) + F_4 \tag{7.10}$$

$F_1 \sim F_4$의 점수와 SMR의 분류체계에 근거한 사면의 안정성 및 보강방법이 표 7.5에 제시되어 있다.

표 7.5 SMR 분류법

경우		매우 유리	유리	양호	불리	매우 불리
P	$\|\alpha - \alpha_\psi\|$	$> 30°$	$30° - 20°$	$20° - 10°$	$10° - 5°$	$< 5°$
T	$\|(\alpha - \alpha_\psi) - 180°\|$					
P/T	F_1	0.15	0.40	0.70	0.85	1.00
P	$\|\beta\|$	$< 20°$	$20° - 30°$	$30° - 35°$	$35° - 45°$	$45°$
P	F_2	0.15	0.40	0.70	0.85	1.00
T	F_2	1	1	1	1	1
P	$\beta - \psi$	$< 10°$	$10 - 0°$	$0°$	$0°$ to $-10°$	$< -10°$
T	$\beta + \psi$	< 110	$110 - 120$	> 120	–	–
P/T	F_3	0	-6	-25	-50	-60

P=평면파괴 α_ψ=사면의 경사방향 α=절리의 경사방향
T=토플링파괴 ψ=사면의 경사 β=절리의 경사

굴착방법	자연사면	프리스플리팅	스무스블라스팅	보통발파	과발파
F_4	$+15$	$+10$	$+8$	0	-8

$$SMR = RMR - (F_1 \times F_2 \times F_3) + F_4$$

SMR 분류

분류	V	IV	III	II	I
SMR	0~20	21~40	41~60	61~80	81~100
상대평가	매우 불량	불량	양호	좋음	아주 좋음
안정성	매우 불안	불안정	부분적 안정	안정	아주 안정
파괴유형	토사사면유형	평면또는 쐐기	많은 쐐기	블록파괴	–
지보	재굴착	본격적 보강	규칙적 보강	필요시보강	–

한 가지 첨언할 사실은 표 7.5를 이용하여 여러 사면에 대한 개괄적인 평가는 할 수 있겠으나, 표 7.5를 그대로 암반사면 해석의 결과로 사용할 수는 없음을 독자들은 주지하기 바란다. 제8장에서 상세히 서술하는 대로 사면안정은 대부분 불연속면역학으로 분석함을 다시 한 번 밝혀둔다.

[**예제 7.1**] 200m 깊이에 존재하는 이암(mudstone)은 세 개의 불연속면군을 갖고 있다.
  (1) 불연속면 1: 층리로서 많이 풍화되었으며, 약간의 거칠기를 갖고 있다. 불연속면은 연속성이며, α_d / β_d = 180/10이다.
  (2) 불연속면 2: 절리로서 약간 풍화되었으며, 약간의 거칠기를 갖고 있으며, α_d / β_d = 185/75이다.
  (3) 불연속면 3: 불연속면 2와 거의 같으며, α_d / β_d = 090/80이다.

또한 신선암의 일축압축강도 σ_c=55MPa, RQD=60%, 평균절리간격은 모든 불연속면에서 공히 S=0.4m이다.

1) 이 암반에 동서방향으로 직경 10m의 터널을 굴착하고자 한다. RMR 분류법에 근거한 터널의 안정성을 평가하라.
2) 이 터널을 Q-분류법에 근거하여 지보패턴을 그림 7.2에서 몇 번으로 설계하여야 하는지 밝혀라(단, ESR = 1.0으로 가정하라).

[풀 이]

(1) RMR 평가

이 문제에서는 RQD, 평균절리간격이 동일하게 주어져 있으므로 이 값들을 먼저 평가하고, 그다음에 각각의 불연속면군의 RMR 값을 구하고자 한다.

전체 암반(Overall rock mass)

암석의 일축압축강도가 55MPa이므로 이에 대한 점수는 7점이다. 깊이 200m에서 굴착을 하고, 암반이 이암이므로 단위중량을 25kN/m³으로 가정하면 수직응력은 5MPa이다. 이 응력은 절리를 단단히 폐합시키기에 충분할 것이다. 또한 이암은 매우 낮은 투수성을 가지고 있으므로 지하수 상태가 축축하거나 젖은 상태에 있을 것이라고 추정할 수 있다. 그러므로 지하수 상태에 대한 점수는 7~10점을 줄 수 있다. RQD는 60%이므로 이에 대한 점수는 13점이다. 평균 절리간격 0.4m에 대한 점수는 10점이다. 이들을 정리하여 보면 다음과 같다.

$$7 + (7{\sim}10) + 13 + 10 = 37{\sim}40$$

불연속면군 1

층리가 많이 풍화되었고 약간 거칠고 불연속면은 연속성이므로 이들에 대한 점수는 각각 1, 3, 0점이다. 굴착하는 깊이가 200m이고 수직응력은 5MPa이므로 불연속면의 간극은 매우 작을 것이다. 그러므로 불연속면의 간극에 대한 점수는 5점이 적당할 것이다. 이 문제에서는 충진물에 대한 언급이 없으므로 충진물이 없는 것으로 가정한다. 따라서, 6점을 주어도 될 것이다. 그렇다면 불연속면에 대한 총 점수는 $1 + 3 + 0 + 5 + 6 = 15$점이 된다. 경사방향이 180^o이고 동서방향으로 터널을 굴착하므로 주향을 따라가며 굴착이 이루어진다. 이는 양호(fair)한 상태로 볼 수 있다. 따라서, 이에 대한 점수는 -5점이다.

(종합) 불연속면군 1에 대한 총 RMR 점수는 $(37\sim40)+15-5=47\sim50$점이다. 이는 3등급으로 양호한 암(fair rock)으로 분류된다.

불연속면군 2

이 절리는 약간 풍화되었고 약간 거칠고 경사방향/경사가 185/75이므로(매우 불리) 이들 각각의 점수는 5, 3, -12점이다. 또한 이암에 절리가 있으므로 불연속면의 길이는 $1\sim2\text{m}$정도로 보면 될 것이며, 따라서 이에 대한 점수는 4점이다. 불연속면군 1과 같이 불연속면의 간극과 충진물에 대한 점수는 각각 5, 6점이라고 평가할 수 있다.

(종합) 불연속면군 2에 대한 총 RMR점수는 $(37\sim40)+5+3+4+5+6-12=48\sim51$점이 된다. 이는 3등급으로 양호한 암으로 분류된다.

불연속면군 3

불연속면군 2와 거의 같고 방향성만 다르므로 불연속면군 3에서는 방향성만 다시 고려하면 될 것이다. 경사방향/경사 = 090/80이므로 주향이 굴착방향과 수직이고 경사와 반대방향으로 굴착하게 된다. 따라서 이에 대한 상태는 양호(fair)로 보면 될 것이며 점수는 -5점이다.

(종합) 불연속면군 3에 대한 총 RMR 점수는 $(37\sim40)+5+3+4+5+6-5=55\sim58$점이다. 이는 3등급으로 양호한 암으로 분류된다.

터널의 안정성 평가

위에서 구한 RMR 점수를 보면 불연속면군 1이 가장 위험한 것으로 평가된다. 그림 7.1에서 터널의 직경이 10m일 때 곧바로 붕괴가 될 수 있음을 알 수 있다. 그러므로 설계하는 데 있어 암반안정에 크게 유의하여야 할 것이다.

(2) Q - 분류법에 의한 평가

RQD

문제에서 RQD = 60%로 주어졌으므로 RQD에 대한 점수는 60이다.

J_n

3개의 불연속면군이 있으므로 점수는 9이다.

J_r

불연속면군 1은 층리로서 약간 거칠고 연속성이라고 하였으므로 거칠거나 불규칙하고 평면적으로 평가하는 것이 가장 적당할 것이다. 점수는 1.5이다. 한편, 불연속면군 2와 3은 절리로서 약간 풍화되었고, 약간 거칠기를 가지고 있다. 절리는 1~2m의 불연속면의 길이를 가지는 경향이 있으므로 거칠거나, 불규칙하고 파상으로 보는 것이 타당할 것이다. 그러므로 점수는 3이다.

위에서 제시한 두가지 값 중에서 위험한 불연속면군 1의 J_r로 설계를 하는 것이 타당하다. 따라서 $J_r=1.5$로 가정한다.

J_a

층리는 많이 풍화되어 있고, 절리는 약간 풍화되었다고 하였으며 충진물에 대한 정보가 없다. 따라서, 불연속면은 접촉되어 있다고 가정할 수 있다. 또한 암 종류가 이암이므로 연화되었거나 마찰력이 적은 점토성 광물로 피복되어 있는 것으로 보면 적당할 것이다. 이에 대한 점수는 4.0이다.

J_w

지하수의 존재가 언급이 되어있지 않고 이암은 낮은 투수성을 가지고 있으므로 건조 혹은 소량의 용수로 판단해도 무리가 없을 것이다. 이에 대한 점수는 1.0이다.

SRF

일축압축강도가 55MPa인 200m에서 굴착이 진행될 것이다. 또한 RMR 분류법에서 설명하였듯이 수직응력은 약 5MPa일 것이다. 이 응력이 최대주응력이라고 하면 강도/응력비는 11이다. 그러나 지하 200m 깊이에서는 수평응력이 수직응력의 2배정도로 최대 주응력이 될 수도 있다. 이 경우 강도/응력비는 5.5이다. 이 두 가지 경우를 고려하면 높은 응력, 매우 견고한 구조(일반적으로 안정성에 양호, 벽면 안정성에 불량)로 분류할 수 있다. 이 상태에서 SRF값은 0.5에서 2.0 범위이며, 중간값으로 1.0을 취한다.

$Q-$값

위에서 구한 값들로부터 Q-값은 다음과 같이 계산된다.

$$Q = \frac{RQD}{J_n} \cdot \frac{J_r}{J_a} \cdot \frac{J_w}{SRF} = \frac{60}{9} \cdot \frac{1.5}{4.0} \cdot \frac{1.0}{1.0} = 2.5$$

이 암은 불량한 상태로 평가될 수 있다.

지보패턴을 알기 위해 먼저 등가직경을 알아야 한다. ESR이 1.0이므로 터널의 등가 직경은 10m이다. 그림 7.2의 지보패턴은 22번이 된다.

참고문헌

• 신희순, 선우춘, 이두화(2000), 토목기술자를 위한 지반조사 및 암반분류, 구미서관
• Barton, N., R. and Lunde, J.(1974), Engineering Classification of Rock Masses for the Design of Tunnel Support, Rock Mech., Vol.6, pp.183−236
• Barton, N., Bandis, S., and Bakhtar, K.(1985), Strength, Deformation and Conductivity Coupling of Rock Joints, Int. J. Rock Mech. Min. Sci., Vol.22, No.3, pp.121−140
• Bienniawski, Z.T.(1989), Engineering Rock Mass Classification, John Wiley & Sons, New York
• Romana, M.(1985), New Adjustment Ratings for Application of Bieniawski Classification to Slopes, Proc. Int. Symp. Rock Mech. Excav. Min. Civil Works. ISRM, Mexico City, pp.59−68

제8장

암반사면 안정론

암반사면 안정론

8.1 서 론

8.1.1 암반의 파괴형태

암반사면의 파괴형태에는 그림 8.1에서와 같이 4가지 형태가 있는 것으로 알려져 있다. 이 4가지를 열거하면 다음과 같다.

(1) 원형파괴(circular failure) – 불연속면이 워낙 다채롭게 발달되어 있어 토질역학에서의 사면파괴와 같이 원형으로(또는 곡면으로) 파괴되는 경우를 말한다(그림 8.1(a)).

(2) 평면파괴(plane failure) – 사면의 주향과 불연속면의 주향이 거의 비슷하고 불연속면의 경사각도가 사면의 경사각도보다 작을 때 파괴되는 양상을 일컫는다(그림 8.1(b)).

(3) 쐐기파괴(wedge failure) – 두 개의 불연속면의 교선방향으로 파괴되는 경우를 말한다(그림 8.1(c)).

(4) 토플링파괴(toppling failure) – 거의 수직에 가까운 절리로 인하여 사면 쪽으로 쓰러지는 형상으로 파괴되는 경우를 말한다(그림 8.1(d)).

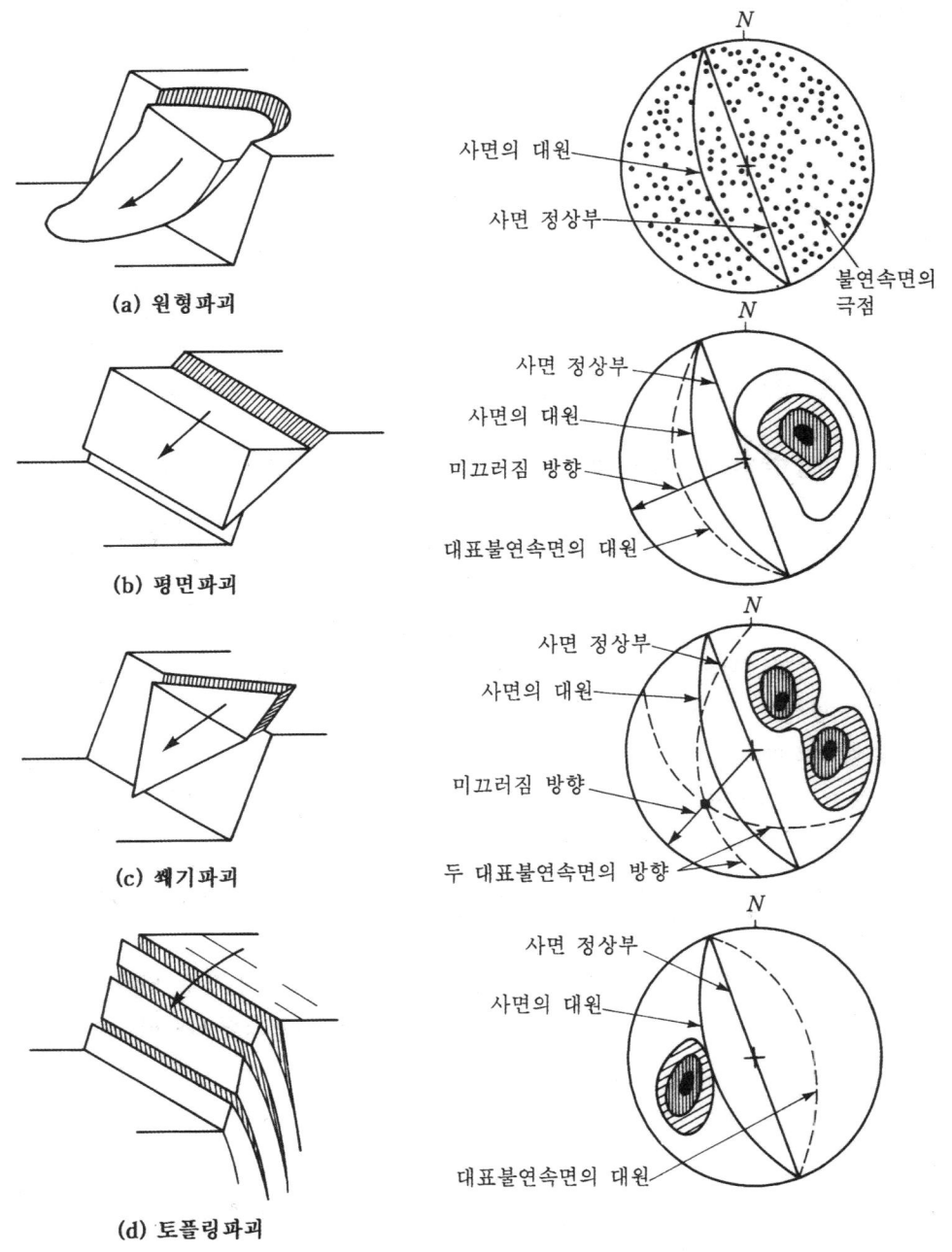

(a) 원형파괴

사면의 대원
사면 정상부
불연속면의 극점

(b) 평면파괴

사면 정상부
사면의 대원
미끄러짐 방향
대표불연속면의 대원

(c) 쐐기파괴

사면 정상부
사면의 대원
미끄러짐 방향
두 대표불연속면의 방향

(d) 토플링파괴

사면 정상부
사면의 대원
대표불연속면의 대원

그림 8.1 암반사면의 파괴형태와 스테레오 투영 결과

8.1.2 응력지배 문제와 지질구조지배 문제

제3장의 그림 3.2를 예로서 서술한 대로, 암반역학은 응력지배(stress – controlled)문제와 지질구조지배(structurally-controlled) 문제로 대별된다고 하였다.

앞에서 제시한 네 종류의 파괴형태 중 원형파괴 형태만이 응력지배 문제로 볼 수 있으며, 나머지 세 개의 파괴형태는 1~2개의 불연속면군에 의하여 지배받는 지질구조지배 문제로 취급하여야 한다. 다음 절부터는 지질구조에 의해 지배받는 3종류의 파괴형태에 대하여 집중적으로 서술할 것이다.

응력지배를 받는 암반사면 해석법

암반사면에 대하여, 표 7.5에서 제시한 SMR평가를 시도해본 결과 V등급으로 판명된 경우에는 토사사면과 비슷하게 원형파괴가 발생된다고 보아도 무방할 것이며, 이 경우의 안정성평가는 토사사면과 같이 절편법을 이용한 사면안정법(예를 들어서 Bishop의 간편법)을 사용하면 될 것이다. 사면안정해석 순서는 다음에 따른다.

(1) 암반사면 지반에 대하여 RMR값을 구한다. 또는 GSI값을 구한다.
(2) RMR 또는 GSI 값에 근거하여 Hoek-Brown의 파괴기준을 설정한다.
(3) Hoek-Brown의 파괴기준으로부터 등가의 Mohr-Coulomb 파괴기준을 이용하여 c, ϕ 값을 구한다.
(4) 위에서 구한 강도정수 c, ϕ값으로 절편법 등을 사용하여 사면안정해석을 실시한다. 만일 강우에 의하여 지하수위가 높게 존재하는 경우 유효응력해석법을 이용하여야 하는 것은 토사사면과 동일하다.

8.1.3 지질구조지배를 받는 암반사면 해석법

불연속면의 특성에 절대적으로 지배를 받는 평면파괴, 쐐기파괴, 토플링파괴 가능 사면에 대한 안정성평가 방법에는 다음의 여러 가지가 있다.

(1) 운동학적 평가(kinematic analysis)+안정성해석(stability analysis)을 조합하여 분석하는 방법
(2) 스테레오 투영법을 이용하는 방법(Priest, 1985)

(3) 벡터해법(Warburton, 1981)

(4) 블록이론(block theory)을 이용하는 방법(Goodman과 Shi, 1985)

위의 4가지 방법 중 첫째 방법은, 가장 전통적이고 비교적 단순한 해석법으로서 사면파괴 가능성은 스테레오 투영에 의하여 평가하고, 파괴 가능한 파괴형태에 대하여 힘의 평형을 이용한 안정해석으로 사면안정 평가를 완성하는 방법이다. 두 단계를 거쳐야 하는 단점은 있으나 비교적 적용하기 편한 방법이다.

두 번째 방법은 Priest(1985)가 제안한 방법으로 스테레오 투영법만을 사용하여 운동학적 평가와 안정평가를 동시에 실시하는 방법으로 불연속면을 스테레오네트 상에서 회전을 시키는 등의 번거로운 작업을 필요로 하므로 지금에는 잘 사용하지 않는다. 벡터해법 및 블록이론을 이용한 해법은 결국 컴퓨터프로그램을 활용하는 방법으로 실무에서 사용하는 상용프로그램의 근간이 되는 방법들이다.

8.2 운동학적 평가

운동학적 평가(kinematic analysis): 운동학적 평가란 불연속면의 조합으로 인하여 형성된 블록의 파괴가능성 여부를 기하학적 불균형 여부에 의해서만 평가하는 것으로 힘의 평형은 고려하지 않는 평가방법을 말한다.

기본 요구조건

제5장에서 불연속면에 대한 방향성의 조사 및 스테레오 투영법을 상세히 서술하였다. 이를 극점투영한 예가 그림 5.26에 표시되어 있으며 counting net 등의 방법을 이용하여 대표절리군을 찾게 된다(예: 그림 5.29).

사면안정분석에 소요되는 절리는 그림 5.26과 같이 현장조사한 자료를 전부 사용할 수 없으므로, 이에 대한 대표절리군에 대해서만 분석을 하게 된다. 예를 들어서 그림 8.2에 현장조사 결과를 모두 스테레오 투영한 극점이 표시되어 있으며 이 수많은 데이터로부터 대표극점을 구한 것이 A~F의 6개 절리군이다. 암반사면 안정해석에는 이 6개의 대표절리군만이 이용된다.

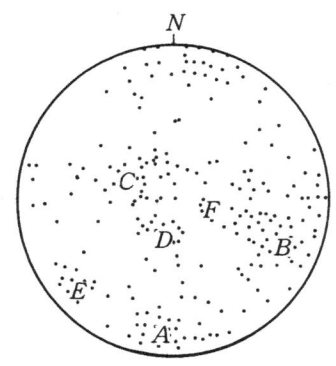

그림 8.2 불연속면의 극점과 대표절리군

8.2.1 평면파괴 가능성 평가

암반사면의 평면파괴 형태는 다음 그림 8.3과 같이 나타낼 수 있으며, 평면파괴가 발생되기 위하여는 다음의 조건을 만족하여야 한다.

1) 평면파괴의 조건

(1) 사면의 경사각이 불연속면의 경사각보다 커야 한다.

즉, 그림 8.3에서

$$\psi > \beta$$

을 만족하여야 한다. 이를 다르게 표현하면, 사면에서 불연속면의 하단이 보여야 한다. 이를 'daylight'라고 한다.

(2) 사면의 주향과 불연속면의 주향이 ±20° 내에서 존재하도록 거의 평행하여야 한다.

(3) 불연속면의 경사각이 이 불연속면의 내부마찰각 ϕ보다 커야 한다. 즉, 그림 8.3에서

$$\psi > \beta > \phi$$

를 만족하여야 한다.

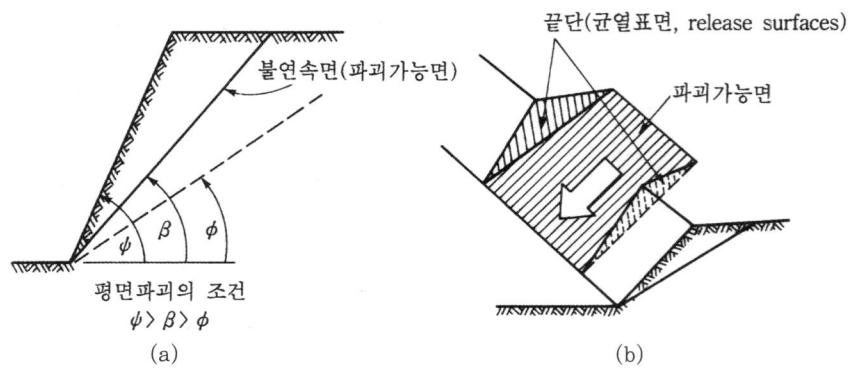

끝단(균열표면, release surfaces)

파괴가능면

불연속면(파괴가능면)

평면파괴의 조건
$\psi > \beta > \phi$
(a)

(b)

그림 8.3 평면파괴의 조건

2) 스테레오 투영을 이용한 평가

암반의 평면파괴 가능성평가를 스테레오 투영법을 이용하여 할 수 있다. 평면파괴 가능성평가는 불연속면의 극점을 이용하며 polar net를 사용할 수도 있고, meridional net를 사용할 수도 있다.

앞으로 계속적으로 서술할 사면안정에 대한 평가는, 일례로서 다음과 같이 사면의 주향과 경사가 정해진 경우에 대하여 예를 들어가며 설명하고자 한다.

[공통예제]

주어진 자료: 사면의 경사방향/경사= $\alpha_\psi/\psi = 130/65$, 불연속면에서의 내부 마찰각 $\phi = 30^o$

불연속면: 5개의 불연속면 군이 존재하며, 이들의 경사방향 / 경사는 다음과 같다.

① 309/74   ② 148/60   ③ 345/31   ④ 50/66   ⑤ 275/75

(1) Polar net를 이용한 평가(그림 8.4(a) 참조)

다음의 순서로 polar net를 그려서, 평면파괴 가능성을 검토하면 될 것이다.

① 사면의 극점 $\alpha_{n\psi}/\psi_n = 310/25$에 대하여 경사방향= 310° 부근에서 각도= 25^o인 원을 표시한다.

② 중심점에서 $\beta_n = \phi = 30^o$되는 원을 그린다(마찰원).

③ 경사방향 = $310^o \pm 20^o$를 표시하고, 공통구역을 엷은 색으로 표시한다. 이 구역 안에 불연속면의 극점이 위치하면 평면파괴 가능성이 있는 것으로 평가할 수 있다.

④ 주어진 5개의 불연속면의 극점을 polar net 상에 표시한다.

그림 8.4(a)에서 엷게 색칠된 구역 안에 불연속면의 극점이 존재하면 평면파괴 가능성이 있는 것으로 판단할 수 있다(예제문제에서 불연속면 ②가 평면파괴 가능성 있음).

(2) Meridional net를 이용한 평가(그림 8.4(b) 참조)

① 사면 $\alpha_\psi/\psi = 130/65$의 대원을 그리고, 이 그림을 오른쪽으로 서서히 돌리면서 대원과 WE 선이 만나는 점들에서 $90°$되는 점들을 찍어서 만나는 점들을 연결시킨 타원형의 'daylight envelope'을 그린다. 이 daylight envelope 안에 불연속면이 위치하면 사면

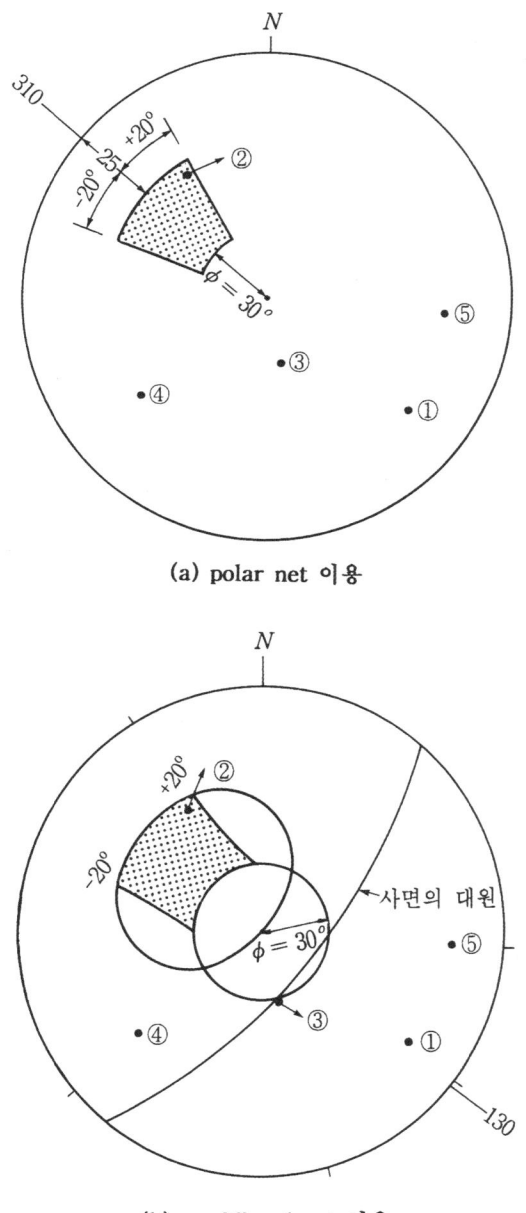

(a) polar net 이용

(b) meridional net 이용

그림 8.4 평면파괴 가능성의 평가

의 경사각보다 불연속면의 경사각이 작은 경우를 의미한다.

② 중심점에서 $\beta_n = \phi = 30°$되는 원을 그린다(마찰원).

③ Daylight envelope를 WE 선상에 놓고 경사방향 = $310° \pm 20°$를 표시한다.

④ 위의 세 가지를 모두 만족시키는, 엷은 색칠을 한 구역 내에 불연속면의 극점이 위치하면 평면파괴 가능성이 있는 것으로 간주한다(불연속면 ②가 평면파괴 가능성 있음).

8.2.2 쐐기파괴 가능성 평가

쐐기파괴는 그림 8.1(c)에서와 같이 두 개의 불연속면의 교선방향으로 파괴되는 형태로서 쐐기파괴가 발생할 조건은 다음과 같다.

1) 쐐기파괴의 조건

(1) 그림 8.5 (a)에서 보여주는 바와 같이 두 평면의 교선의 플런지 β_I값이 사면이 파괴되는 방향의 플런지 ψ_w보다 작아야 한다. 즉,

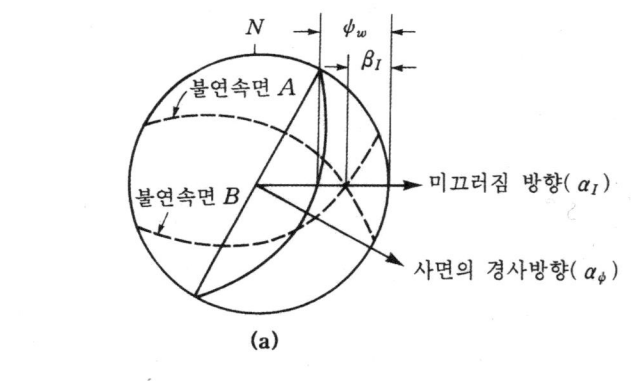

(a)

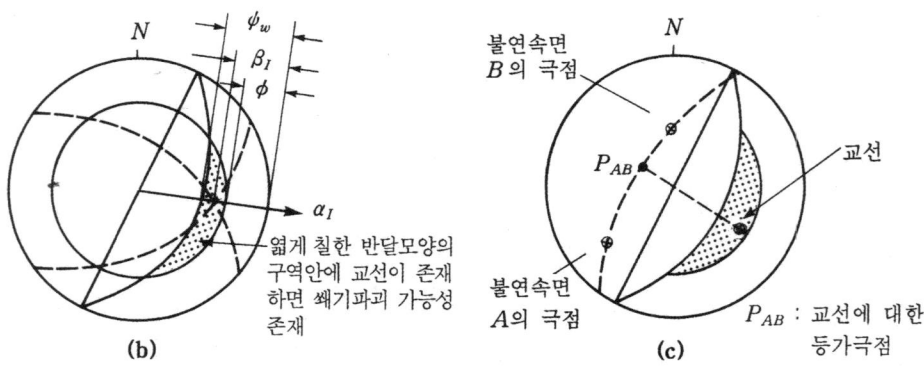

(b)　　　　　(c)

그림 8.5 쐐기파괴의 조건

$$\psi_w > \beta_I$$

(2) 교선의 플런지 β_I값이 이 불연속면의 내부마찰각 ϕ보다 커야 한다(그림 8.5(b)).

$$\psi_w > \beta_I > \phi$$

> **Note** 쐐기파괴 가능성평가에서는 불연속면의 주향이 ±20°범위 내에 있어야 한다는 조건이 없음을 주지할 것.

2) 스테레오 투영을 이용한 평가

스테레오 투영법을 이용하여 두 불연속면에 대한 쐐기파괴 가능성을 평가하는 방법에는 다음의 두 가지 방법이 그 필요에 따라 이용된다.
① 불연속면의 교선을 이용하는 방법
② Daylight envelope을 이용하는 방법(교선에 대한 등가극점을 이용하는 방법)
다음에 위의 두 방법을 각각 서술할 것이다.

교선과 교선에 대한 등가극점

두 불연속면의 교선을 구하는 방법은 5.3.1절의 3)(3)에서 자세히 설명한 바 있으며, 그림 8.5(a)에도 불연속면 A, B의 교선 α_I / β_I가 표시되어 있다. 한편, 교선은 다음의 방법으로도 구할 수 있다. 먼저, 불연속면 A 및 B의 극점을 나타내고 두 극점을 지나는 공통평면을 찾는다 (그림 5.21(b) 또는 그림 8.5(c) 참조). 이 공통평면에 대한 극점이 교선이 된다.

반대로 그림 8.5(c)에서, 교선에 대한 등가극점을 공통평면에서 그릴 수 있으며 이를 P_{AB}로 표시하기로 한다. 등가극점을 그리는 방법은 교선을 WE 선상에 놓고 90°에 위치하는 공통 평면상의 점을 표시하면 될 것이다.

(1) 방법 1: 교선을 이용하는 방법[그림 8.6(a) 참조]

① Meridional net 상에서 사면의 α_ψ / ψ=130/65의 대원을 그린다.
② Net의 외곽 원으로부터 $\phi = 30°$되는 원을 그린다(마찰원).
③ 사면의 대원 바깥쪽과 $\phi = 30°$원이 만나는 반달모양의 구역 안에 불연속면이 존재하면 쐐기파괴 가능성이 있는 것이다(점 아미 구역).

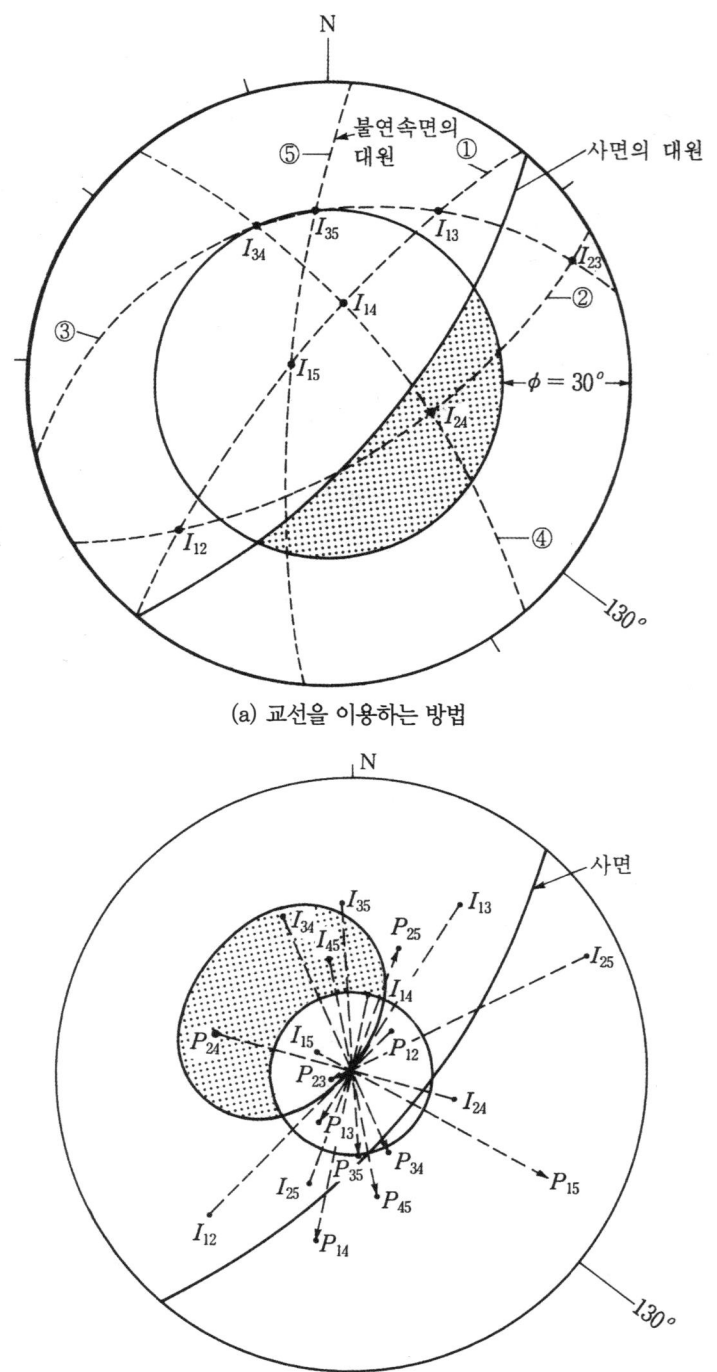

(a) 교선을 이용하는 방법

(b) day light cnvelope 이용(등가극점을 교선으로부터 90°위치로 구함

그림 8.6 쐐기파괴 가능성의 평가

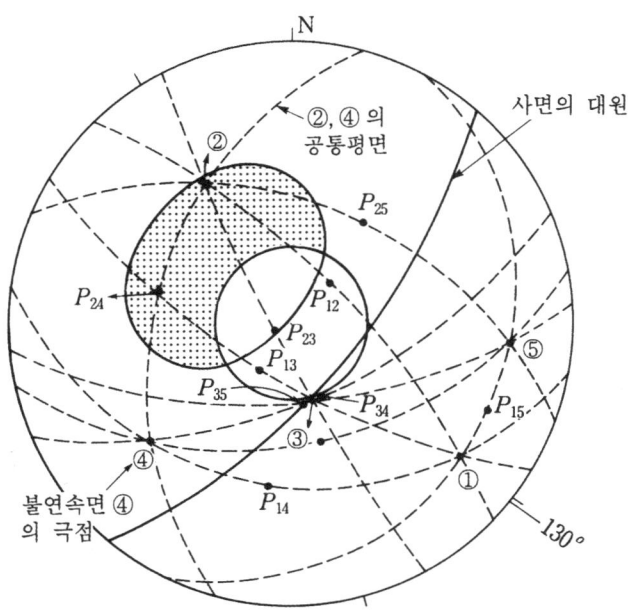

(c) day light encelope 이용(불연속면에 수직벡터의 공통평면상에서 등가극점 구함)

그림 8.6 쐐기파괴 가능성의 평가(계속)

(2) 방법 2: Daylight envelope을 이용하는 방법[그림 8.6(b) 및 그림 8.6(c) 참조]

방법 1은 불연속면의 교선이 그림 8.6(a)의 반달모양의 구역에 존재하는 지의 여부로 쐐기파괴 가능성을 평가하는 것에 반하여, 방법 2는 앞에서 서술한 교선에 대한 등가극점(P_{AB})을 이용하여 파괴가능 여부를 판단하는 방법이다. 이 방법은 평면파괴가능성 평가방법 중 meridional net를 이용한 평가방법과 거의 흡사하다.

① 사면 $\alpha_\psi / \psi = 130 / 65$의 대원을 그리고, 이로부터 daylight envelope를 그린다(평면파괴 평가 시와 동일).

② 중심점에서 $\beta_n = \phi = 30^o$되는 원을 그린다(마찰원).

③ 위의 두 가지 요구조건으로 이루어지는 엷은 색칠을 한 구역 내에 교선의 등가극점이 위치하면 쐐기파괴 가능성이 있는 것으로 간주한다(예제문제에서 불연속면 ②와 ④의 교선으로 쐐기파괴 가능성이 존재함= P_{24}).

3) 평면파괴와 쐐기파괴의 구분방법

그림 8.7과 같이 두 개의 불연속면이 존재할 때, 사면파괴가 각각의 불연속면에서의 평면파괴로 일어날 것인지 또는 두 불연속면의 교선으로 쐐기파괴가 발생할 것인지에 대한 평가를 해

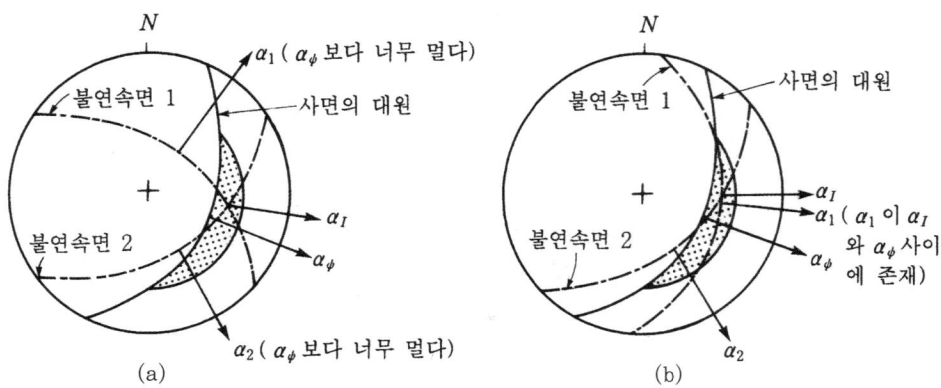

그림 8.7 평면파괴와 쐐기파괴의 구분

야 할 때가 왕왕 있게 된다. 그림 8.7(a)에서와 같이 사면의 경사방향 α_ψ가 α_1(불연속면 1의 경사방향) 또는 α_2(불연속면 2의 경사방향)보다 교선의 경사방향인 α_I에 가까이 있게 되면 쐐기파괴가 발생될 것이다. 반면에 그림 8.7(b)에서와 같이 α_ψ와 α_1 사이가 가장 가까운 경우는 불연속면 1로 인한 평면파괴 가능성이 크게 된다.

8.2.3 토플링파괴 가능성 평가

1) 기본 이론

토플링파괴는 그림 8.8(a)에서와 같이 불연속면의 경사 β가 사면의 경사 ψ와 180°의 경사방향 차이를 띠고 있는 경우에 발생되며, 그림에서 불연속면 사이에서 미끄러짐(slip)이 발생되면 급기야 넘어지면서 파괴되는 현상이다.

그림 8.8(b)에서 불연속면에 미끄러짐 현상이 있을 때의 힘의 방향은 BC 또는 AC면이 된다. 그림의 기하학으로부터 $\alpha > \phi$이어야 $\triangle ACD$가 성립된다. 그림 8.8(a)의 삼각형으로부터

$$\alpha = \psi + \beta - 90^o \tag{8.1}$$

임을 알 수 있으며, $\alpha > \phi$의 조건으로부터

$$\alpha = \psi + \beta - 90^o > \phi \tag{8.1a}$$

또는

$$\psi - \phi > 90^o - \beta \tag{8.2}$$

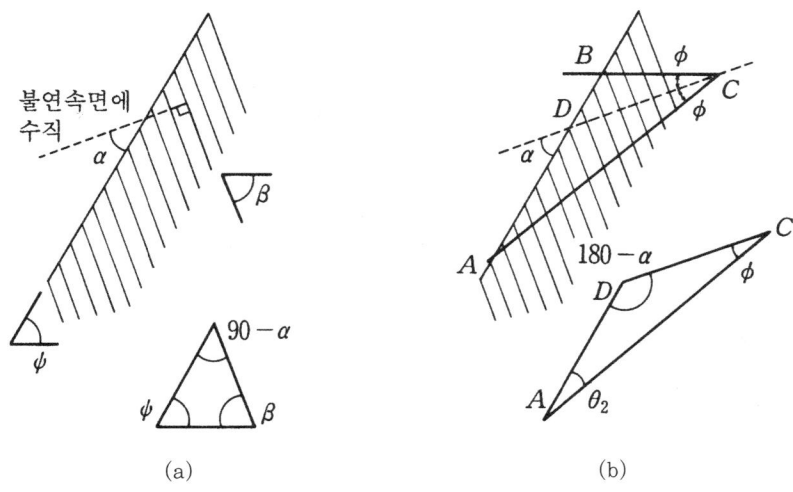

그림 8.8 토플링파괴의 조건

를 만족해야 토플링파괴 가능성이 있는 것으로 평가할 수 있다. 식 (8.2)에서 $90^o - \beta = \beta_n$으로서 불연속면에 대한 수직벡터, 즉 극점을 나타내는 값이다. 즉, 식 (8.2)가 의미하는 바는 불연속면의 극점의 경사각 β_n이 각도= $\psi - \phi$보다 작은 값이면 토플링파괴 가능성이 있는 것이다.

또한, 사면의 경사방향에 비하여 불연속면의 경사방향이 $180^o \pm 20^o$ 내에 존재하는 경우에 한하여 토플링파괴가 발생되는 것으로 알려져 있다(암반공학자에 따라 $180^o \pm 30^o$를 취하는 경우도 있다).

2) 스테레오 투영법을 이용한 평가(그림 8.9)

(1) Meridional net 상에 사면= α_ψ / ψ = 130 / 65의 대원을 점선으로 그린다. 이 대원에서 $\phi = 30^o$만큼 경사가 더 완만한 대원을 그린다(즉, 경사= $\psi - \phi$인 대원을 그린다).

(2) 경사= $\psi - \phi$인 대원의 바깥부분과 WE 선상에서 $\pm 20^o$ 이내인 부분과의 공유지역인 엷은 색깔 칠한 부분이 토플링파괴 가능성이 존재하는 구역이다. 즉, 각 불연속면의 극점이 이 구역 안에 존재하면 토플링파괴 가능성이 있는 것으로 간주한다(예제문제에서 불연속면 ①이 토플링파괴 가능성이 있음).

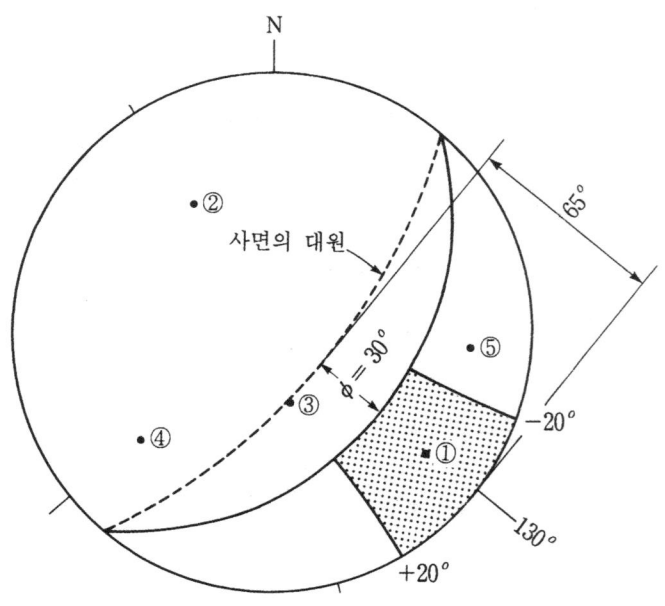

그림 8.9 토플링파괴 가능성의 평가

8.2.4 종합평가방법

Meridional net를 이용하고, 사면파괴 가능성 평가방법 중에서 극점(또는 등가극점)을 이용하는 방법들을 공통적으로 취하면 하나의 meridional net 상에서 세 가지의 파괴가능성을 종합적으로 평가할 수 있다. 앞에서 제시한 예제문제를 종합적으로 평가할 수 있는 스테레오 네트를 그림 8.10에 그려 보았다. 그림 8.10을 이용할 때, 주의할 사항은 다음과 같다.

(1) Daylight envelope은 쐐기파괴 가능성의 평가에 이용하고, 'daylight envelope ±20°' 구역은 평면파괴 가능구역으로 이용된다.
(2) 토플링파괴 가능성의 평가에 사용되는 것은 각 불연속면 자체의 극점뿐이며, 교선의 등가극점은 비록 토플링파괴 가능 구역 안에 존재하여도 토플링파괴 가능성은 없는 것으로 간주한다. 즉, 쐐기형 토플링파괴는 존재하지 않는다.

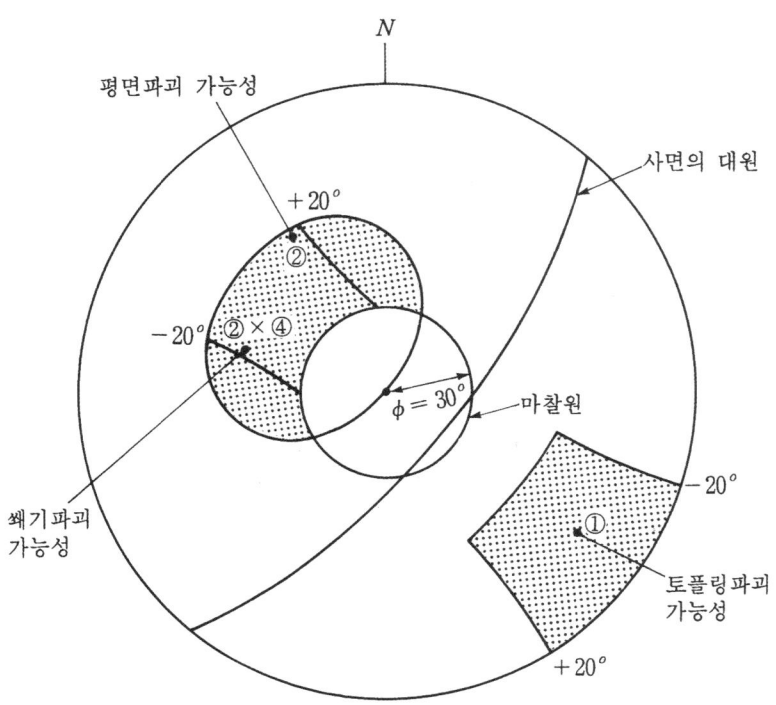

그림 8.10 암반사면의 파괴가능성 평가(종합)

8.3 안정성 해석

앞 절에서 서술한 운동학적 평가를 통하여 암반사면 파괴가능성이 존재하는 것으로 평가되면, 주어진 사면에 대하여 안정성을 평가(stability analysis)하고 필요시 보강대책을 수립하여야 한다. 각각의 파괴형태에 대한 안정성 분석방법을 서술하면 다음과 같다.

8.3.1 평면파괴에 대한 안정성 해석

일단 운동학적 평가에 의하여 평면파괴의 가능성이 존재하는 것으로 판명되면, 다음의 순서에 의하여 평면파괴에 대한 안정성을 평가한다. 평면파괴는 그림 8.11과 같은 형상으로 발생하는 것으로 가정한다. 또한 안정성 해석을 위하여 다음과 같은 가정을 수립한다.

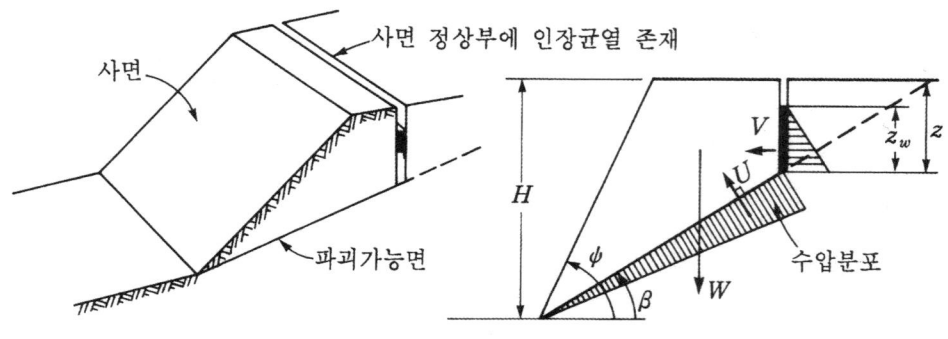

(a) 인장균열 정상부에 존재

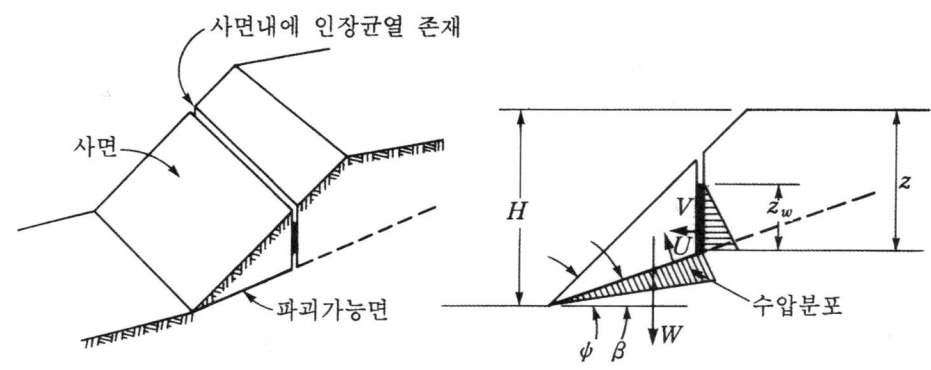

그림 8.11 평면파괴 시 힘의 평형

(1) 불연속면과 인장균열면의 주향은 사면의 주향과 동일하다.

(±20° 이내의 조건을 만족하면 안정성 해석에서는 주향의 차이가 없는 것으로 가정)

(2) 인장균열은 연직방향으로 발생하며, 인장 균열부에는 높이 z_w만큼 물로 채워져 있다.

(3) 인장균열부 및 불연속면에 작용되는 수압은 그림 8.11에서와 같이 삼각형 분포를 이룬다.

(4) 암석블록에 작용되는 모든 힘은 무게중심을 지난다. 즉, 모멘트에 대한 평형조건은 언제나 만족된다.

(5) 불연속면에서의 전단강도는 Mohr-Coulomb의 파괴이론을 따른다. 즉, $\tau_f = c' + \sigma_n{'} \tan \phi'$으로 정의한다. 제5장의 5.6.3에서와 같이 불연속면의 전단강도 모델이 bilinear 또는 비선형모델로 주어진 경우 암반사면에 작용되는 평균수직응력 $\sigma_n{'}$을 계산하여 비선형모델을 $\sigma_n{'}$에 대응되는 선형모델로 단순화하여야 하며 bilinear 모델에서는 $\sigma_n{'}$에 맞는 c', ϕ'값을 취하여야 한다.

(6) 그림 8.3(b)에서와 같이 평면파괴면의 끝부분은 균열이 존재하여(release surface),

단부에서의 저항력은 무시할 수 있는 것으로 간주한다.

안전율 공식

종방향으로 단위폭당 작용되는 힘의 평형조건으로 사면파괴의 안전율을 구하여 보면 다음 식과 같다.

$$F_{s(plane)} = \frac{c'A + (W\cos\beta - U - V\sin\beta)\tan\phi'}{W\sin\beta + V\cos\beta} \tag{8.3}$$

여기서,

$$A = (H - z)\operatorname{cosec}\beta \tag{8.4}$$

$$U = \frac{1}{2}\gamma_w \cdot z_w(H - z)\operatorname{cosec}\beta \tag{8.5}$$

$$V = \frac{1}{2}\gamma_w \cdot z_w{}^2 \tag{8.6}$$

$$W = \frac{1}{2}\gamma H^2\left[\left(1 - \left(\frac{z}{H}\right)^2\right)\cot\beta - \cot\psi\right]$$

인장균열이 사면 정상부에 있는 경우(그림 8.11(a)). $\tag{8.7a}$

$$W = \frac{1}{2}\gamma H^2\left[\left(1 - \frac{z}{H}\right)^2\cot\beta(\cot\beta \cdot \tan\psi - 1)\right]$$

인장균열이 사면에 존재하는 경우(그림 8.11(b)) $\tag{8.7b}$

보강 대책 시의 안전율

암반사면의 안전율이 소요의 안전율에 미치지 못하여 보강대책이 필요한 경우, 여러 가지 방법의 대책공법이 있을 수 있으나 그림 8.12와 같이 가장 일반적인 방법은 록볼트(rock bolt) 또는 케이블볼트(cable bolt)로 보강해 주는 것이다. 이때 보강재로 인하여 힘 T가 작용된다고 할 때, 안전율은 다음과 같이 구할 수 있다.

$$F_{s(plane)} = \frac{c'A + (W\cos\beta - U - V\sin\beta + T\cos\theta)\tan\phi'}{W\sin\beta + V\cos\beta - T\sin\theta} \tag{8.8}$$

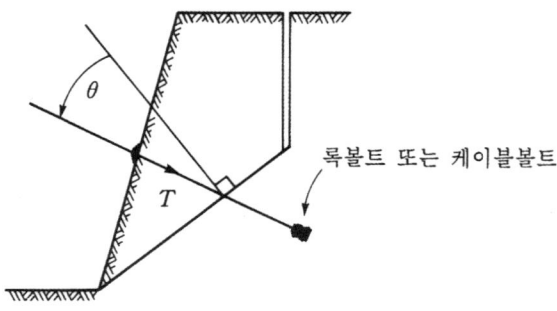

그림 8.12 암반사면의 보강

[예제 8.1] 예제 그림 8.1에서 보여주는 암반사면에서 평면파괴 가능성이 존재하는 것으로 알려져 있다.

1) 그림에서 제시된 제반 정수값에 대하여, 사면파괴에 대한 안전율을 구하라.

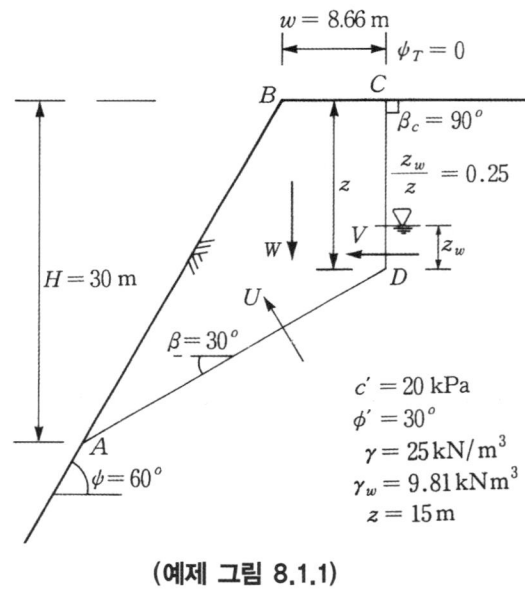

(예제 그림 8.1.1)

2) 다음의 정수값에 대하여 순차적으로 안전율을 구하여 이를 그림으로 표시하라.

① $\dfrac{z_w}{z}$를 0부터 1.0까지 변화(0.1 간격)

② c'값을 0kPa부터 40kPa까지 변화(5kPa 간격)

③ ϕ'값을 28°부터 36°까지 변화(2° 간격)

④ β값을 28°부터 36°까지 변화(2° 간격)

3) 불연속면에서의 전단강도가 그림 5.44에서 제시된 bilinear모델을 따른다고 할 때, 본 예제에 적절한 c', ϕ' 을 가정하고, 안전율을 구하라.

4) 불연속면에서의 전단강도가 그림 5.45에서 제시된 비선형 거동을 보인다고 할 때, 본 예제 문제에 적절한 c', ϕ' 을 가정하고, 안전율을 구하라.

단, 암석의 $\sigma_c = 80\text{MPa}$, 불연속면의 $JRC = 10$이다.

[풀 이]

1) 식 (8.3)을 이용하여 안전율을 구하기 위해서 각 값들을 구하면 다음과 같다.

$$z = H - \left[H\tan(90^o - \psi) + w \right] \tan\beta$$

$$= 30 - \left[30 \times \tan(90^o - 60^o) + 8.66 \right] \tan 30^o = 15\text{m}$$

$$z_w = 0.25 \times z = 0.25 \times 15 = 3.75\text{m}$$

$$A = (H - z)\text{cosec}\,\beta = (30 - 15)\text{cosec}\,30^o = 30\text{m}$$

$$U = \frac{1}{2}\gamma_w z_w (H - z)\text{cosec}\,\beta = \frac{1}{2} \times 9.81 \times 3.75 \times (30 - 15)\text{cosec}\,30$$

$$= 551.81\text{kN/m}$$

$$V = \frac{1}{2}\gamma_w z_w^2 = \frac{1}{2} \times 9.81 \times 3.75^2 = 68.98\text{kN/m}$$

$$W = \frac{1}{2}\gamma H^2 \left[\left(1 - \left(\frac{z}{H} \right)^2 \right) \cot\beta - \cot\psi \right]$$

$$= \frac{1}{2} \times 25 \times 30^2 \left[\left(1 - \left(\frac{15}{30} \right)^2 \right) \cot 30^o - \cot 60^o \right] = 8118.99\text{kN/m}$$

위에서 구한 U, V, W는 단위폭당 힘들이다.

이제 위의 값들을 식 (8.3)에 적용하여 안전율을 구하면 다음과 같다.

$$F_{s(plane)} = \frac{c'A + (W\cos\beta - U - V\sin\beta)\tan\phi'}{W\sin\beta + V\cos\beta}$$

$$= \frac{20 \times 30 + (8118.99 \times \cos 30^o - 551.81 - 68.98 \times \sin 30^o)\tan 30^o}{81118.99 \times \sin 30^o + 68.98 \times \cos 30^o} = 1.05$$

2) ① $\frac{z_w}{z}$ 값의 변화에 따른 값들과 안전율의 변화는 다음 표 및 그림과 같다.

(예제 표 8.1.1)

z_w/z	z_w(m)	U(kN/m)	V(kN/m)	F_s
0.0	0.0	0.00	0.00	1.148
0.1	1.5	220.73	11.04	1.113
0.2	3.0	441.45	44.15	1.072
0.3	4.5	662.18	99.33	1.025
0.4	6.0	882.90	176.58	0.973
0.5	7.5	1103.63	275.91	0.917
0.6	9.0	1324.35	397.31	0.858
0.7	10.5	1545.08	540.78	0.798
0.8	12.0	1765.80	706.32	0.736
0.9	13.5	1986.53	893.94	0.673
1.0	15.0	2207.25	1103.63	0.611

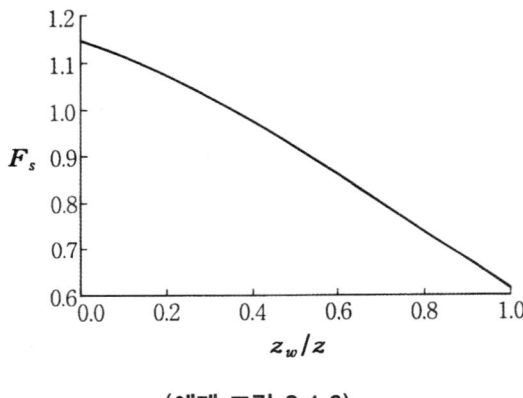

(예제 그림 8.1.2)

② c' 값의 변화에 따른 안전율의 변화는 다음 표 및 그림과 같다.

(예제 표 8.1.2)

c'(kPa)	F_s
0	0.903
5	0.940
10	0.976
15	1.013
20	1.049
25	1.085
30	1.122
35	1.158
040	1.195

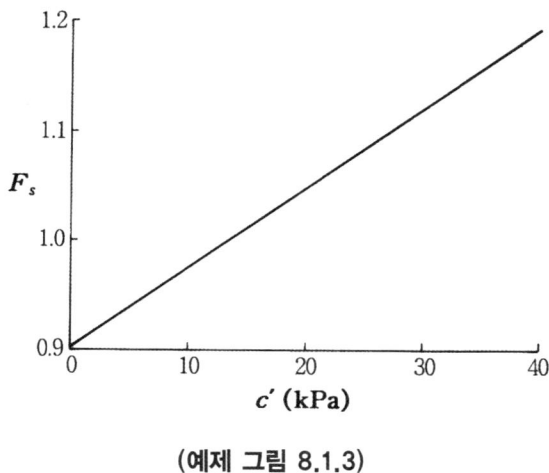

(예제 그림 8.1.3)

③ ϕ' 값의 변화에 따른 안전율의 변화는 다음 표 및 그림과 같다.

(예제 표 8.1.3)

$\phi(°)$	F_s
28	0.978
30	1.049
32	1.123
34	1.201
36	1.282

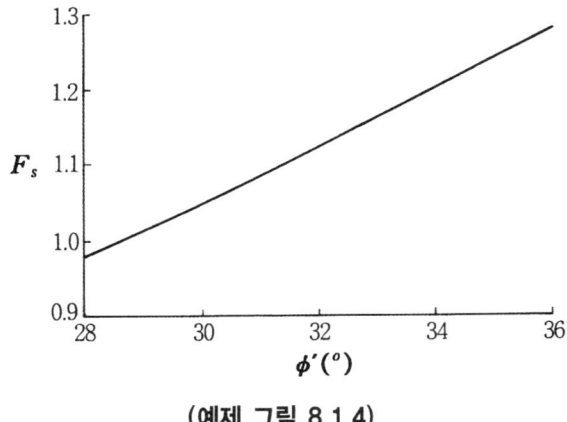

(예제 그림 8.1.4)

④ β값의 변화에 따른 값들과 안전율의 변화는 다음 표와 그림과 같다.

(예제 표 8.1.4)

$\beta(°)$	z(m)	z_w(m)	A(m)	U(kN/m)	V(kN/m)	W(kN/m)	F_s
28	16.19	3.75	29.41	540.9	69.0	8500.3	1.13
30	15.00	3.75	30.00	551.8	69.0	8119.0	1.05
32	13.77	3.75	30.63	563.4	69.0	7715.0	0.98
34	12.48	3.75	31.33	576.3	69.0	7296.7	0.91
36	11.12	3.75	32.12	590.8	69.0	6861.1	0.85

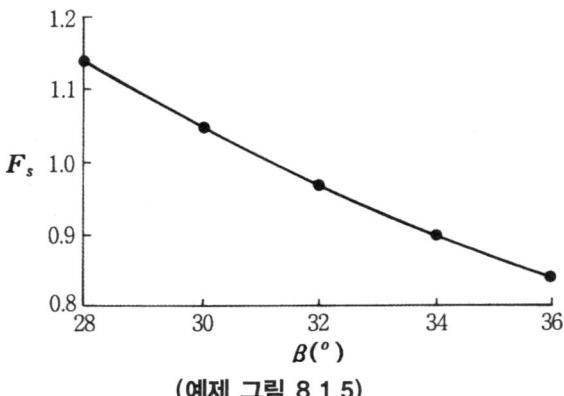

(예제 그림 8.1.5)

3) 문제에서 그림 5.44의 Patton의 bilinear모델을 따른다고 하였으므로 AD면에 작용하는 수직응력을 계산하고 그에 맞는 c', ϕ' 값을 가정하여 AD면의 전단강도를 구할 수 있다. AD면의 수직응력은 다음과 같다.

$$\sigma_n' = \frac{W\cos\beta - U - V\sin\beta}{A}$$

$$= \frac{8118.99 \times \cos 30° - 551.81 - 68.98 \times \sin 30°}{30}$$

$$= 214.83\,\text{kPa} = 0.215\,\text{MPa}$$

σ_n'이 5MPa보다 작으므로 $c'=0$, $\phi'=60°$로 가정할 수 있다. 그러므로 AD면에서의 전단강도는 아래와 같이 구할 수 있다.

$$\tau_f = c' + \sigma_n'\tan\phi' = 214.83 \times \tan 60° = 372.10\,\text{kPa}$$

안전율은 다음과 같이 구할 수 있다.

$$F_{s(plane)} = \frac{\tau_f \cdot A}{W \sin \beta + V \cos \beta}$$

$$= \frac{372.10 \times 30}{8118.99 \times \sin 30^o + 68.98 \times \cos 30^o} = 2.70$$

4) 문제에서 그림 5.45의 Barton의 비선형모델을 따른다고 하였으므로 $\phi_b = 30°$이고 JCS와 JRC는 각각 80MPa, 10으로 주어졌으므로 식 (5.33)을 이용하여 불연속면 AD에서의 전단강도를 구할 수 있다.

$$\tau_f = \sigma_n{}' \tan \left[\phi_b + JRC \log_{10} \frac{JCS}{\sigma_n} \right]$$

$$= 214.83 \times \tan \left[30 + 10 \log_{10} \left(\frac{80 \times 10^3}{214.83} \right) \right] = 315.05 \text{kPa}$$

안전율은 3)과 같은 방법으로 구할 수 있다.

$$F_{s(plane)} = \frac{\tau_f \cdot A}{W \sin \beta + V \cos \beta}$$

$$= \frac{315.05 \times 30}{8118.99 \times \sin 30^o + 68.98 \times \cos 30^o} = 2.29$$

8.3.2 쐐기파괴에 대한 안정성 해석

쐐기파괴에 대한 안정성 해석은 쉽지가 않다. 쐐기블록 자체뿐만 아니라, 쐐기블록에 작용되는 힘, 저항력 모두가 3차원으로 표시되어야 하기 때문에 3차원 해석이 불가피하다. 더욱이, 불연속면이 다수 존재하는 경우나 각 불연속면에서의 강도가 각기 다른 경우 등을 고려하는 것은 더욱 어렵다. 본 교재에서는 우선 가장 단순한 예로서, 수압의 영향이 없으며 인장균열도 존재하지 않고, 불연속면에서의 강도정수가 $c = 0$이고, ϕ는 불연속면의 종류에 상관없이 일정한 경우인 단순조건에서의 안정성 분석법을 서술하고, 차후에 더 복잡한 경우를 서술할 것이다.

1) 마찰력만 존재하는 경우($c = 0$, 수압 $u = 0$)

그림 8.13에 쐐기사면의 개략도가 표시되어 있다.

주어진 자료

안정성분석에 소요되는 기본자료로서 현장조사 및 실험으로부터 얻어야 하는 자료를 열거하면 다음과 같다.

- 사면의 경사방향 / 경사= α_ψ / ψ
- 쐐기파괴를 유발시키는 두 불연속면의 경사방향 / 경사
  - 불연속면 A: α_A / β_A
  - 불연속면 B: α_B / β_B
- 불연속면에서의 강도정수: $\phi = \phi_A = \phi_B$, $c = 0$
- 사면의 정상부는 수평면이다.

기하학적 평가

그림 8.13(b)는 두 평면의 교선에서 바라본 단면도인 바, ξ값과 p값을 구하여야 한다.

- ξ: ξ는 두 불연속면의 사이각으로서, 스테레오 투영도에서 보여주는 바와 같이 두 불연속면에 대한 수직벡터로(또는 극점으로) 이루어진 공통평면이 불연속면의 대원과 만나는 사이각을 merdional net상에서 구하면 된다.
- p: p 각도는 공통평면에서 두 불연속면의 사이각을 이등분하는 선의 피치(pitch)를 나타낸다.
- β_I: 교선의 플런지이다.

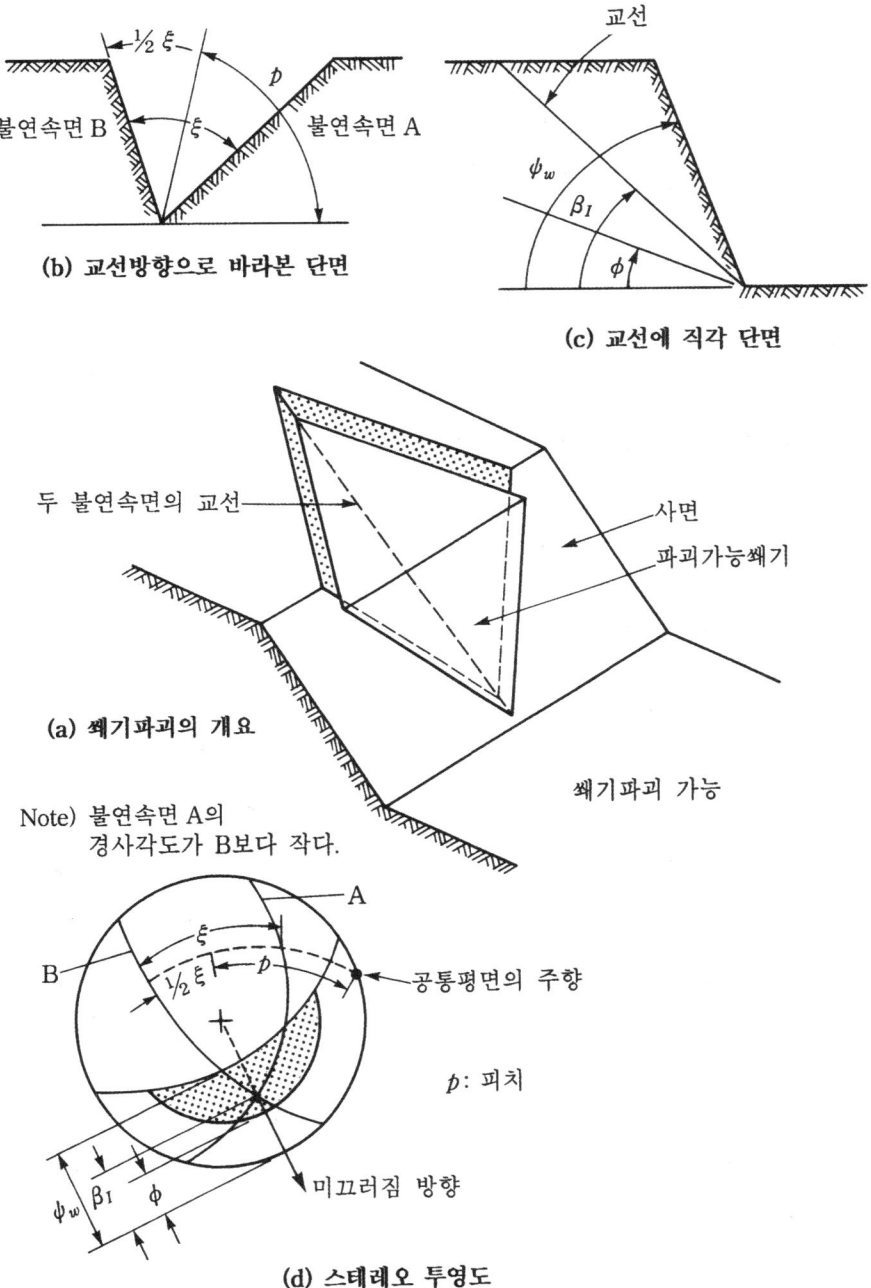

(b) 교선방향으로 바라본 단면

(c) 교선에 직각 단면

(a) 쐐기파괴의 개요

Note) 불연속면 A의
경사각도가 B보다 작다.

p : 피치

(d) 스테레오 투영도

그림 8.13 쐐기파괴의 형상과 기하구조

안정해석

기하학적 평가로부터 ξ 및 p 각도를 구하였으면 이를 이용하여 그림 8.14를 참고로 하여 쐐기파괴에 대한 안전율을 구할 수 있다. 그림으로부터 안전율은 다음 식으로 표시된다.

$$F_s = \frac{(R_A + R_B) \tan \phi}{W \sin \beta_I} \tag{8.9}$$

그림 8.14(b)로부터,

$$R_A \sin \left(p - \frac{1}{2} \xi \right) = R_B \sin \left(p + \frac{1}{2} \xi \right)$$

$$R_A \cos \left(p - \frac{1}{2} \xi \right) - R_B \cos \left(p + \frac{1}{2} \xi \right) = W \cos \beta_I$$

위의 두 식으로부터 R_A, R_B값을 구하고 두 값을 더하면

$$R_A + R_B = \frac{W \cos \beta_I \cdot \sin p}{\sin \frac{1}{2} \xi} \tag{8.10}$$

그러면, 안전율은 다음 식으로 쓸 수 있을 것이다.

$$F_{s(wedge)} = \frac{\sin p}{\sin \frac{1}{2} \xi} \cdot \frac{\tan \phi}{\tan \beta_I} \tag{8.11}$$

$$= K_w \cdot F_{s(plane)} \tag{8.11a}$$

즉, 쐐기파괴에 대한 안전율은, 평면파괴의 안전율에 K_w를 곱한 것과 같은 효과가 있음을 알 수 있다. 그림 8.15는 두 값과 p값의 변화에 따른 쐐기파괴 안전율의 변화양상을 보여주고 있다. 그림으로부터 다음을 알 수 있다.

① ξ가 증가할수록 안전율은 감소한다(즉, 평면파괴에 접근할수록 안전율은 감소한다).

② p가 증가할수록 안전율은 증가한다(즉, 쐐기의 수직도가 커질수록 안전율은 증가한다).

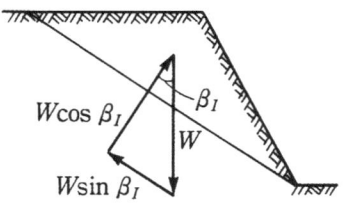

교선에 직각인 단면도

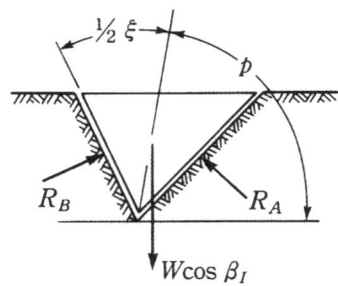

교선방향으로 바라본 단면

그림 8.14 쐐기파괴의 안정해석

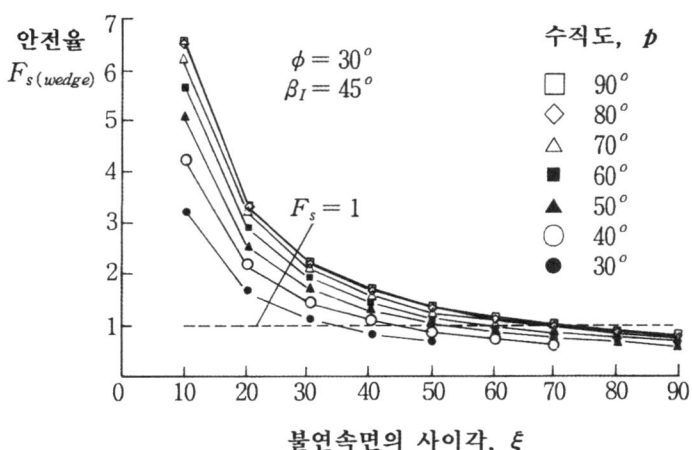

그림 8.15 불연속면의 사이각(ξ)과 수직도(피치 p)가 쐐기파괴의 안전율에 미치는 영향

[예제 8.2] 사면의 $\alpha_\psi / \psi = 124 / 63$, 두 불연속면의 경사방향과 경사는 각각 $182/52$, $046/69$이고 불연속면에서의 $\phi = 29^o$, $c = 0$이다. 또한 사면의 윗부분은 수평면이다. 쐐기파괴에 대한 안전율을 구하라.

[풀이] 식 (8.11)을 이용하여 안전율을 구하기 전에 스테레오 투영을 이용하여 주어진 두 불연속면의 사이각(ξ), 두 불연속면의 수직벡터로 이루어진 공통평면에서의 피치(p)와 교선의 플런지(β_I)를 구해야 한다. 스테레오 투영도는 아래 그림과 같다(불연속면 A: 182/52, 불연속면 B: 046/69).

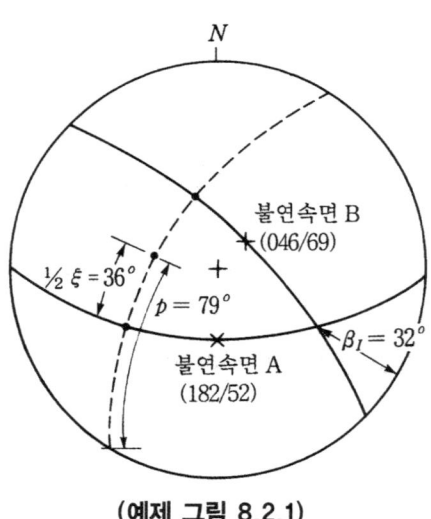

(예제 그림 8.2.1)

위의 그림에서 점선은 두 불연속면의 수직벡터로 이루어진 공통평면의 대원이다.
위의 스테레오 투영도에서 구한 값들로 안전율을 계산하면 다음과 같다.

$$F_{s(\wedge)} = \frac{\sin p}{\sin \frac{1}{2}\xi} \cdot \frac{\tan \phi}{\tan \beta_I} = \frac{\sin 79^o}{\sin 36^o} \cdot \frac{\tan 29^o}{\tan 32^o} = 1.48$$

2) 점착력과 수압을 고려하는 경우

이 경우는 불연속면에서의 점착력과 마찰각을 동시에 고려할 수 있고, 그림 8.16에 제시된 모양으로 수압도 고려할 수 있는 모델이다. 또한 사면의 정상부도 수평면이 아니라 경사진 경우도 고려할 수 있다.

> **주어진 자료**

- 불연속면 A에 대한 자료: α_A / β_A, c_A, ϕ_A

- 불연속면 B에 대한 자료: α_B/β_B, c_B, ϕ_B

- 사면에 대한 자료: α_ψ/ψ

- 사면 정상부의 방향성 자료: α_T/ψ_T

- 사면의 높이= H, 암반의 단위 중량= γ

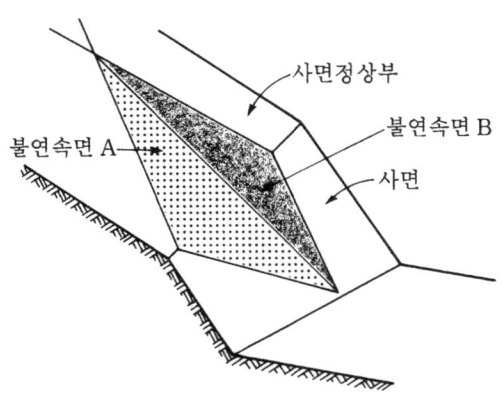

(a) 쐐기파괴의 개요

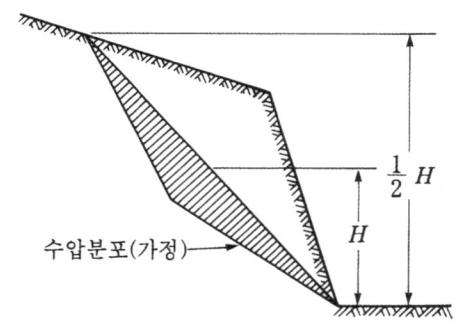

(b) 교선에 수직인 단면

그림 8.16 쐐기파괴의 안정성 평가(점착력과 수압을 고려하는 경우)

기하학적 평가

안정해석에 소요되는 모든 각도들은 그림 8.17의 평사투영을 이용하여 구한다.

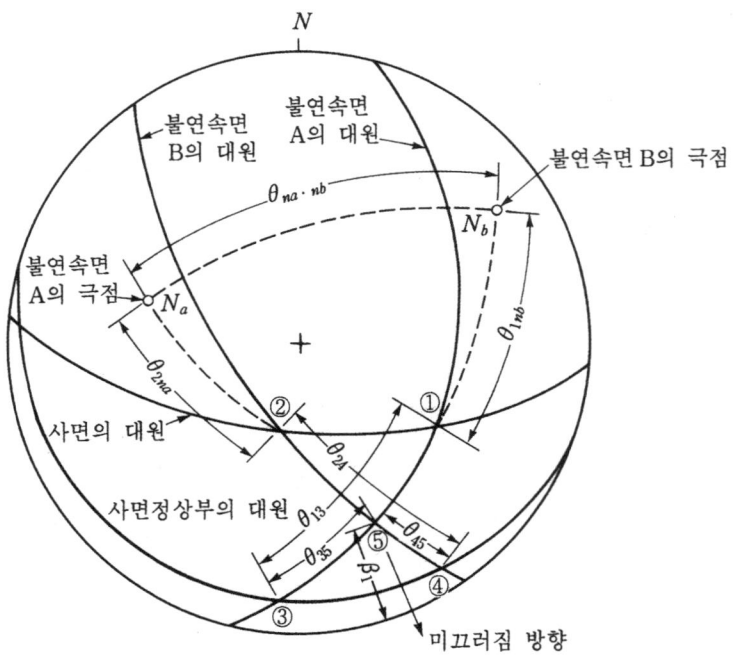

그림 8.17 쐐기파괴의 기하학적 평가(스테레오 투영법 이용)

안정해석

쐐기파괴에 대한 안전율은 다음 식으로부터 구할 수 있다.

$$F_{s(wedge)} = \frac{3}{\gamma H}(c_A X + c_B Y) + \left(A - \frac{\gamma_w}{2\gamma}X\right)\tan\phi_A$$

$$+ \left(B - \frac{\gamma_w}{2\gamma}Y\right)\tan\phi_B \tag{8.12}$$

여기서,

$$X = \frac{\sin\theta_{24}}{\sin\theta_{45}\cdot\cos\theta_{2na}} \tag{8.13}$$

$$Y = \frac{\sin\theta_{13}}{\sin\theta_{35}\cdot\cos\theta_{1nb}} \tag{8.14}$$

$$A = \frac{\cos\beta_A - \cos\beta_B\cdot\cos\theta_{nanb}}{\sin\beta_I\cdot\sin^2\theta_{nanb}} \tag{8.15}$$

$$B = \frac{\cos \beta_B - \cos \beta_A \cdot \cos \theta_{nanb}}{\sin \beta_I \cdot \sin^2 \theta_{nanb}} \qquad (8.16)$$

[예제 8.3] 다음의 정수를 갖는 암반사면에 대하여 쐐기파괴에 대한 안정성을 평가하라.

- 불연속면 $A = 105/45$, $\quad \phi_A = 20^o$, $\quad c_A = 2.5\text{t/m}^2$

- 불연속면 $B = 235/70$, $\quad \phi_A = 30^o$, $\quad c_B = 5\text{t/m}^2$

- 사면$= 185/65$, 정상부$= 195/12$

- 사면의 높이 $H = 40\text{m}$, $\quad \gamma = 2.7\text{t/m}^3$

[풀이] 안정해석에 필요한 모든 각도들은 스테레오 투영한 (예제 그림 8.3.1)에 있다.

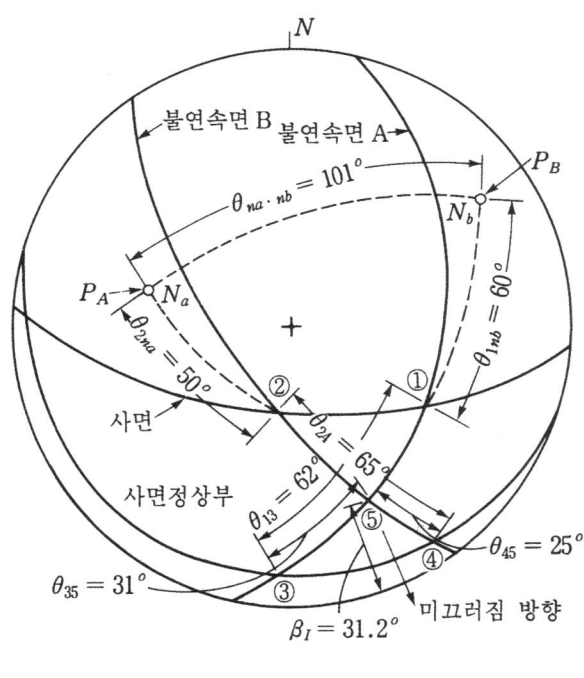

(예제 그림 8.3.1)

식 (8.12)를 이용하여 안전율을 구하기 위해 필요한 X, Y, A, B값들의 계산은 다음과 같다.

$$X = \frac{\sin \theta_{24}}{\sin \theta_{45} \cdot \cos \theta_{2na}} = \frac{\sin 65^o}{\sin 25^o \times \cos 50^o} = 3.3363$$

$$Y = \frac{\sin \theta_{13}}{\sin \theta_{35} \cdot \cos \theta_{1nb}} = \frac{\sin 62^o}{\sin 31^o \times \cos 60^o} = 3.4287$$

$$A = \frac{\cos \beta_A - \cos \beta_B \cdot \cos \theta_{nanb}}{\sin \beta_I \cdot \sin^2 \theta_{na} \cdot nb}$$

$$= \frac{\cos 45^o - \cos 70^o \times \cos 101^o}{\sin 31.2^o \times \sin^2 101^o} = 1.5473$$

$$B = \frac{\cos \beta_B - \cos \beta_A \cdot \cos \theta_{na \cdot nb}}{\sin \beta_F \sin^2 \theta_{na \cdot nb}}$$

$$= \frac{\cos 70^o - \cos 45^o \times \cos 101^o}{\sin 31.2^o \times \sin^2 101^o} = 0.9555$$

위 값들로 안전율을 구하면 다음과 같다.

$$F_{s(wedge)} = \frac{3}{\gamma H}\left(c_A X + C_B Y\right) + \left(A - \frac{\gamma_w}{2\gamma} X\right)\tan \phi_A + \left(B - \frac{\gamma_w}{2\gamma} Y\right)\tan \phi_B$$

$$= \frac{3}{2.7 \times 40}(2.5 \times 3.3363 + 5 \times 3.4287) + \left(1.5476 - \frac{1.0}{2 \times 2.7} 3.3363\right)\tan 20^o$$

$$+ \left(0.9555 - \frac{1.0}{2 \times 2.7} 3.4287\right)\tan 30^o = 1.23$$

8.3.3 토플링파괴에 대한 안정성 평가

식 (8.1a)는 토플링파괴가 발생될 기본요구 조건이다. 이와 반대로 토플링파괴 가능성에 대한 기하학적 안전율은 다음 식과 같이 제시될 수 있을 것이다.

$$F_{s(toppling)} = \frac{\tan \phi}{\tan (\psi + \beta - 90)} \tag{8.17}$$

참 고 문 헌

- Hoek, E. and Bray, J.W.(1981), Rock Slope Engineering, 3rd Ed., Institution of Mining and Metallurgy, London
- Goodman, R.E. and Shi, G.H.(1985), Block Theory and its Application to Rock Engineering, Prentice-Hall, Englewood Cliffs
- Priest, S.D.(1985), Hemispherical Projection Methods in Rock Mechanics, George Allen & Unwin, London
- Warburton, P.M.(1981), Vector Analysis of an Arbitrary Polyhedral Rock Block with Any Number of Free Faces, Int. J. Rock Mech. Min. Sci., Vol 18, pp.415-427

제9장

터널과 지하공간

제9장
터널과 지하공간

암반공학이 적용될 수 있는 가장 중요한 분야는 터널(tunnel)과 지하구조물(underground structure)일 것이다. 우리나라의 경우 65% 이상이 산으로 이루어져 있으며, 더욱이 상대적으로 국토의 절대면적이 부족한 시점에서 결국 개발해야 하는 곳이 지하밖에 없기 때문이다. 지하공간에 관한 학문이 발달된 나라들을 열거하여 보면 오스트리아, 스웨덴, 노르웨이 등인 바, 이들 나라들은 공통적으로 산지가 발달된 특징을 갖고 있다.

터널과 지하공간의 해석 및 설계에 필요한 기본요소들은 물론 이 책의 제1~6장에서 서술한 암반역학이다. 이 장에서는 암반역학의 원리가 어떻게 터널/지하공간의 공학적인 문제를 해결하는데 필요한지를 중점적으로 서술하고자 한다. 교재의 성격상 원리의 설명에 주안점을 두고자 하며, 실제 설계 시에 필요한 모든 요소를 망라하는 설계핸드북의 개념으로 서술하지 않았음을 다시 한 번 밝혀 둔다. 다만, 암반공학의 원리에 입각한 서술을 하기 전에, 다음 절에서는 우선적으로 터널/지하공간 분야에서 필수적으로 알아야 하는 기본사항들만을 열거할 것이다.

9.1 기본 사항

9.1.1 지하구조물의 분류

1) 중요도에 의한 분류

지하구조물은 그 중요도에 따라 표 9.1과 같이 5개의 부류로 분류된다. A군으로 분류되는 것이 가장 중요도가 떨어지며, E군으로 갈수록 중요도가 있는 지하구조물로 보면 될 것이다. 제7장에서 지하구조물의 중요도에 따라 각기 다른 굴착지보비(ESR, Excavation Support Ratio) 값이 표 7.4에서 제시된 바, 이때의 중요도는 표 9.1의 분류에 근거한 것이다.

표 9.1 지하구조물의 중요도에 따른 분류

분류기호	지하구조물의 종류
A	일시적으로 유지되는 터널
B	지하수로
C	지하저장소, 소형터널
D	지하발전소, 지하터널, 방공호
E	지하원자력발전소, 지하정류장, 지하경기장

2) 지하구조물의 형상

지하구조물의 형상은 현장지반의 지질개요, 초기지중응력의 크기와 방향, 굴착방법, 구조물의 기능, 구조물에 작용되는 이완응력의 양상에 따라 달라지게 마련이다. 빈번하게 이용되는 형상은 그림 9.1과 같다. 중요 사항들을 열거하면 다음과 같다.

(1) 팽창성(swelling)이나 압착성(squeezing)을 띄는 지반, 또는 연약한 토사층이나 수압을 받는 구조로 설계되는 터널은 될수록 원형(circular)을 선택한다. 또는 TBM(Tunnel Boring Machine)으로 굴착되는 터널도 어쩔 수 없이 원형이다.

(2) 발파굴착(drill-and-blasting)으로 시공 되거나 비교적 양호한 지반에서는 수정 말발굽형(modified horseshoe)이 흔히 채택된다.

(3) 수평토압이 상대적으로 크게 작용되는 지반에서는 말발굽형(horseshoe)이나 원형(circular)이 사용된다.

(4) 타원형 터널은 초기수평응력이 연직응력보다 상대적으로 적은 지반인 경우는 연직방향으로 장변이 되도록 하고, 반대로 초기수평응력이 상대적으로 큰 지반은 수평방향이 장변이 되도록 하여 응력집중을 최소화할 목적으로 사용된다.

(5) 사다리꼴 또는 사각형 형상은 광산용 지하구조물에서 사용되는 경우로서 토목구조물에서는 잘 사용하지 않는다.

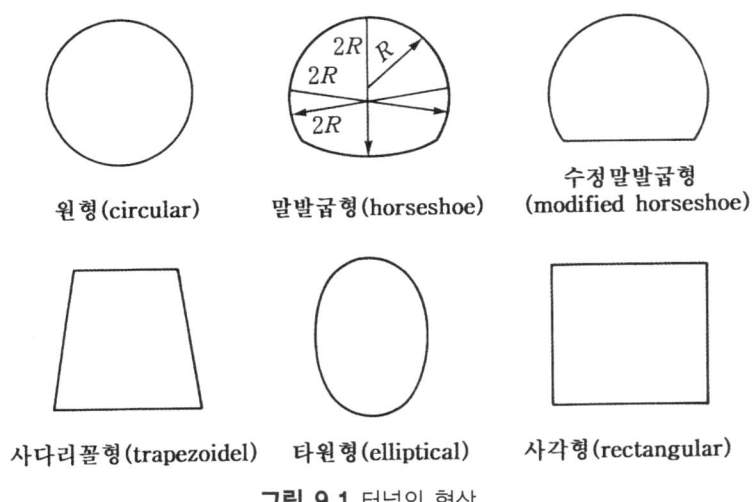

원형(circular)　　말발굽형(horseshoe)

수정말발굽형
(modified horseshoe)

사다리꼴형(trapezoidel)　　타원형(elliptical)　　사각형(rectangular)

그림 9.1 터널의 형상

9.1.2 굴착방법과 굴착공법

1) 굴착방법

굴착방법에는 인력굴착, 기계굴착, 발파굴착, 파쇄굴착 등이 있으며, 개략을 설명하면 다음과 같다.

(1) 인력굴착은 곡괭이, 삽, 착암기 등 간단한 굴착도구를 사용하여 인력으로 굴착하는 방법으로 자립시간이 짧은 토사지반을 소규모로 분할굴착하고 조기에 지보재를 설치하는 경우나, 진동영향을 크게 받는 지반을 소규모로 분할굴착하고 조기에 지보재를 설치하여야 하는 경우에 적용하는 방법이다.

(2) 기계굴착(mechanized tunnelling)은 쇼벨(shovel), 브레이커(breaker) 등 중장비 혹은 TBM이나 쉴드(shield) 등 터널굴진 장비를 사용하여 굴착하는 방법으로서, 물론 TBM과 쉴드터널이 기계화 시공의 주류를 형성한다.

(3) 발파굴착(drill-and-blasting)은 가장 일반적인 암반굴착 방법이다. 발파굴착은 경제성과 시공성은 양호하나 진동과 소음 등이 수반되기 때문에 지반조건 또는 주변여건에 따라서 적용 여부를 결정하여야 한다. 발파굴착 설계 시 다음 사항을 고려하여야 한다.

　① 굴착 단면의 크기 및 형상

　② 심발형식

　③ 심발공, 발파공 및 주변공의 직경, 배치, 각도 및 천공깊이

④ 화약의 종류와 장약량

⑤ 뇌관의 형식

⑥ 발파순서

⑦ 현장 시험발파 계획

(4) 파쇄굴착은 저진동으로 암을 파쇄굴착하는 방법으로 인력굴착 방법을 적용할 수 없는 견고한 암반에서 기계 또는 발파굴착을 채택하기 어려운 경우에 적용한다.

2) 굴착공법

터널의 굴착공법은 일반적으로 다음 표 9.2와 같이 분류되며, 막장의 자립성, 원지반의 지보능력, 지표면 침하의 허용값 등을 충분히 조사한 후에 시공성과 경제성을 고려하여 원칙적으로 다음 사항을 근간으로 선정하게 된다.

(1) 전단면 굴착은 지반의 자립성과 지보능력이 충분한 경우에 적용할 수 있으며, 주로 지반상태가 양호한 중소 단면의 터널에서 적용할 수 있다.

(2) 수평분할 굴착은 주로 지반상태가 양호하고 단면적이 큰 경우에 시공성을 높이기 위하여 적용하거나, 지반상태가 다소 불량한 경우에 막장의 자립성을 높이기 위하여 적용한다.

(3) 연직분할 굴착은 주로 지반상태가 불량하고 단면적이 큰 경우에 적용할 수 있으며 안전성 측면에서 임시 지보재를 설치할 수 있다.

(4) 선진도갱굴착 공법은 주로 단면적이 특히 크거나 하저 통과 등 특수한 조건하에서 막장 전방의 지반 및 지하수 상태를 확인하면서 굴착하여야 하는 경우에 적용할 수 있다.

표 9.2 굴착공법의 분류

굴착공법			정의	비고
전단면 굴착			전단면을 1회에 굴착	
분할 굴착	수평분할 굴착	롱 벤 치	벤치길이 : $3D$ 이상	D : 터널의 직경
		쇼트벤치	벤치길이 : $1D{\sim}3D$	
		미니벤치	벤치길이 : $1D$ 미만	
		다단벤치	벤치수 : 3개 이상	
	연직분할 굴착		연직방향으로 분할 굴착	
	선진도갱 굴착		단면의 일부분을 먼저 굴착	

9.1.3 지보재

지보재(support system)라 함은 지하구조물 굴착 후 안정성 증대를 도모하며 새로운 평형조건에 이르도록 인위적으로 설치되는 숏크리트(shotcrete), 록볼트(rock bolt) 및 강지보재(steel rib)를 말하며, 터널의 안정성에 직접적으로 영향을 미치므로 주지보재(primary support)라고 명명하기도 한다. 반면에 터널의 굴착이 완료된 후에 설치되는 콘크리트라이닝은 2차적인 기능을 주목적으로 하므로 2차지보재(secondary support)라고 불린다.

각 지보재의 특징 및 기능을 요약하면 다음과 같다.

1) 숏크리트(shotcrete)

숏크리트란 압축공기를 이용하여 굴착된 지반면에 뿜어 붙여지는 몰탈 혹은 콘크리트를 말하며, 지반자체를 터널의 지보재로 활용하는 터널공법에서 가장 중요한 지보부재이며 굴착면에 시공되어 콘크리트 아치를 형성함으로써 다음의 기능 발휘를 목표로 한다. 이와 같은 기능을 발휘하기 위해서는 굴착면에 밀착 시공하는 것이 필수적이다.

(1) 지반의 이완을 방지하여 원지반 강도유지
(2) 콘크리트 아치로서 하중을 분담
(3) 응력의 국부적인 집중방지
(4) 암괴의 이동방지 및 낙반의 방지
(5) 굴착면의 풍화방지 등의 기능을 발휘한다.

2) 록볼트(rock bolt)

록볼트는 이형철근 모양의 강재를 터널 지하공간 주위로 설치하는 것으로 다음의 기능발휘를 목표로 한다.

록볼트의 기능

(1) 봉합작용: 발파 등에 의해 이완된 암괴를 이완되지 않은 원지반에 고정하여 낙하를 방지하는 기능이다.
(2) 보형성작용: 터널주변의 층을 이루고 있는 지반의 절리면 사이를 조여줌으로써 절리면에서의 전단력의 전달을 가능하게 하여 합성보로서 거동시키는 효과이다.
(3) 내압작용: 록볼트의 인장력과 동등한 힘이 내압으로 터널벽면에 작용하면 2축 응력상태

에 있던 터널주변 지반이 3축 응력상태로 되는 효과가 있으며 이것은 3축압축시험 시 구속압력의 증대와 같은 의미를 가지며 지반의 강도 혹은 내하력 저하를 억제하는 작용을 한다.

(4) 아치형성 작용: 시스템 록볼트의 내압효과로 인해 굴착면 주변의 지반이 내공측으로 일정하게 변형하는 것에 의해 내하력이 큰 그랜드 아치를 형성한다.

(5) 지반보강 작용: 지반 내에 록볼트를 타설하면 지반의 전단저항능력이 증대되어 지반의 내하력을 증대시키고 지반의 항복 후에도 잔류강도 향상을 도모한다.

록볼트의 정착방법에는 선단 정착형과 전면 접착형이 있으며 특징은 다음과 같다.

록볼트의 정착방법

(1) 선단 정착형: 선단을 정착시킨 후 프리스트레스를 주어 지반의 붕락을 방지하는 방법이며, 절리와 균열이 적은 암반층에 효과적이다.

(2) 전면 접착형: 록볼트의 전면을 지반에 접착시키는 것으로서 접착재로서는 레진 혹은 시멘트 몰탈이 주로 쓰인다.

3) 강지보재(steel rib)

강지보재는 숏크리트가 경화할 때까지 즉시 지보효과를 발휘하며 숏크리트가 경화한 후에는 숏크리트와 연합하여 지지효과를 증진시킨다. 강지보의 종류로는 U형, H형, 래티스 거더(lattice girder) 등이 있으며 그 역할을 정리하면 다음과 같다.

(1) 숏크리트 타설 후 경화 시까지 임시 보강재 기능
(2) 무지보지반의 직접보강 및 숏크리트라이닝 하중분산 작용
(3) 훠폴링, 파이프 루프 시공 시 지지대 역할
(4) 터널 내공확인, 발파 천공의 지표(guide) 역할

4) 콘크리트라이닝(concrete lining)

콘크리트라이닝은 2차지보재로 불리며, 그 사용목적에 따라 구조체로서의 역학적 기능, 비배수형 터널에서의 내압기능, 영구구조물로서의 내구성 확보 및 미관유지기능 등을 가진다. 구조체로서의 역학적 기능을 발휘하게 되는 경우는 다음과 같다.

(1) 숏크리트 등으로 형성된 주지보재가 영구구조물로서 충분한 안전율이 없는 경우로서 지반응력이 콘크리트라이닝에 전달되는 경우

(2) 현장여건으로 인하여 지반변위가 수렴되기 전에 콘크리트라이닝을 시공하는 경우

(3) 토피가 작은 토사지반 등에서 주변 환경의 영향을 받기 쉬워 상재하중을 반영한 역학적 검토가 필요한 경우

(4) 비배수형 터널의 경우

9.1.4 터널 및 지하공간의 해석 및 설계법

지하구조물의 해석 및 설계법을 정리해 놓은 것이 표 9.3이다.

표 9.3 터널 및 지하공간의 해석 및 설계법

해석법		설계법	
		이론에 근거한 설계법	경험적인 설계법
붕괴(collapse)하중 또는 이완하중에 근거한 해석			Terzaghi의 이완하 중에 의한 설계법
평형이론에 근거한 터널해석	지질구조 지배의 (structurally-controlled) 경우 – 불연속면 역학	• 스테레오 투영법 이용 • 백터해법 • 블록이론 이용	
	응력지배 (stress-controlled)의 경우 – 연속체역학에 근거한 평형 • 탄성 평형 • 탄소성 평형 • 점탄성 평형	• NATM(New Austrian Tunnelling Method) – 지반반응곡선 (ground reaction curve)의 원리에 근거한 지보재 설계	• RMR 분류표에 근거한 경험 설계법 – NMT (Norwegian Method of Tunnelling) – Q – 분류법에 근거한 설계법

지하구조물에 작용되는 응력에는 기본적으로 다음의 두 가지 조건이 있다.

터널에 작용되는 응력

(1) 붕괴하중(collapse load) 또는 이완하중

주로 전통적인 재래식터널의 설계에서 적용된 하중으로 터널을 굴착하면 지반조건에 따라 터널천정(crown)위에 존재하는 지반이 이완되어 터널구조물에 하중으로 작용되는 경우이다. 이완하중을 견디기 위하여 재래식터널에서는 본격적인 지보재(heavy support)를 설치하여야 한다(예를 들어 H형의 강지보재로서 600mm × 600mm 등). Terzaghi가 제안한 이완하중

설계법이 이 범주에 속한다.

(2) 새로운 평형상태 응력

터널을 굴착하였다 하더라도, 초기의 지중응력상태에서 새로운 평형(equilibrium) 상태가 되도록 유도하는 개념으로서, 이는 새로운 평형상태로 바꾸어 갈 뿐, 지반의 붕괴(collapse)와는 거리가 멀다. 터널굴착 시 붕괴(collapse)를 방지하기 위하여, 어떤 방법이든 지반에 과도한 변위가 생기지 않도록 하는 것이 가장 중요하다.

만일의 경우, 터널굴착 시 부분적으로 소성상태(plastic state)에 이르렀다 하더라도, 제4장에서 서술한 잔류강도는 계속 유지한 채로, 소성평형을 이루도록 유지 하여야 하며, 과도한 변형을 방치하여 붕괴(collapse)되지 않도록 해야 한다.

앞서 서술한 주지보재의 중요성이 여기에 있다. 터널굴착 즉시 숏크리트를 타설해 주어, 지반에 과도한 변형 없이 평형상태가 되도록 유지해 주어야 하며, 록볼트 설치로 봉합작용을 해 주어 지반의 강도를 증진시키고, 취성파괴 지반을 연성파괴거동지반으로 바꾸어 주어 잔류강도를 갖도록 해 주어야 한다. 이렇게 초기의 평형상태에서 새로운 평형상태를 이루도록 유도하는 터널설계법을 소위 NATM(New Austrian Tunnelling Method)이라고 한다. 제7장에서 서술하였던 RMR 분류법 및 Q – 분류법에 근거한 경험적인 터널설계법도 새로운 평형상태를 이룰 수 있도록 지보재를 설치하는 방법임에 유의하여야 할 것이다.

이 교재의 성격상 설계법을 상세히 설명하는 것은 저자의 의도를 넘는 범위이므로 경험적인 설계법은 9.1.5절에서 간략하게 소개하는 정도로 하며, 9.2절 이후에는 새로운 평형이론에 근거한 터널의 거동에 주안점을 두고자 한다. 9.2절 이후에 서술할 내용들을 사건수목(event tree)으로 그려보면 다음과 같다.

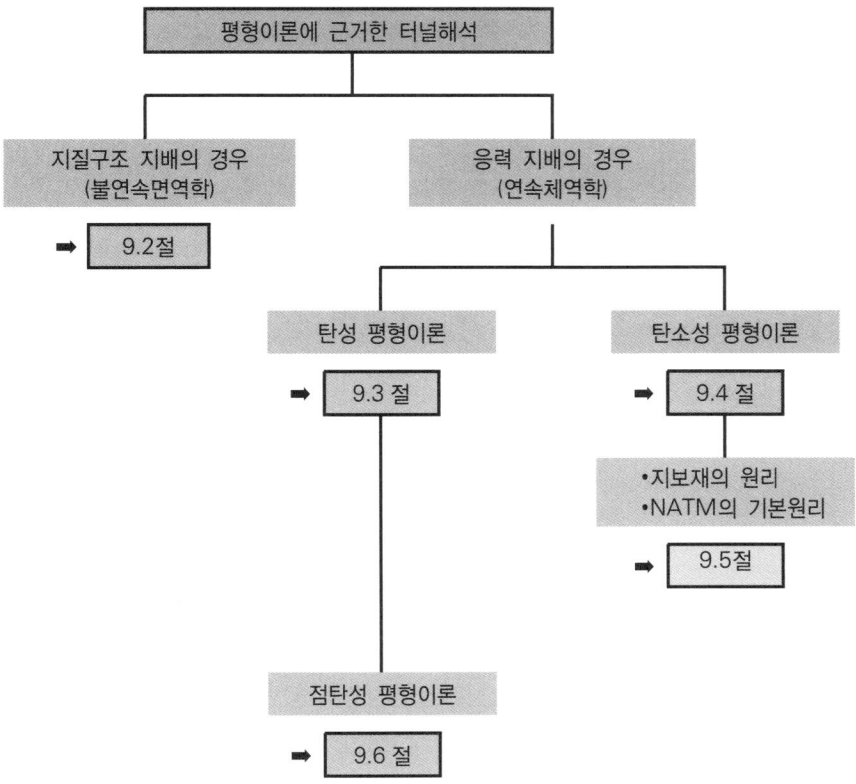

9.1.5 경험적인 터널설계법

1) Terzaghi의 이완하중

재래식터널의 설계에 이용되어 왔던 경험적인 방법으로 앞절에서 서술한 대로 붕괴이론(이완하중)에 근거한 설계법이다.

재래식터널이므로 강지보재(steel arch-supported)가 주지보재이다. 터널의 굴착에 의하여 그림 9.2에서와 같이 높이= H_p, 폭= B_1의 지반이 터널에 하중으로 작용되는 것으로 고려한다. 각 지반조건에 따른 H_p값의 개략이 표 9.4에 제시되어 있다.

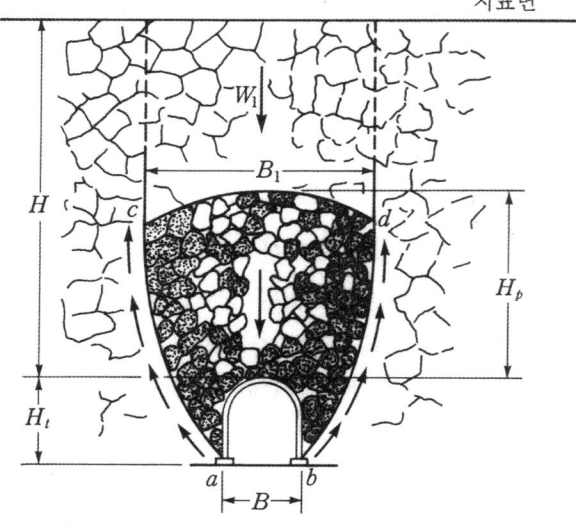

그림 9.2 Terzaghi가 제안한 이완 영역

표 9.4 터널에 작용되는 이완하중 영역(Terzaghi 제안, 강아치 지보재인 재래식 터널)

암반상태	암반하중 H_p(m)	비고
1. 견고하고 신선함	0	낙석이나 암석의 벗겨짐 현상이 있는 경우 부분적인 경지보
2. 견고한 층상 또는 편리	$0{\sim}0.5B$	경지보, 주로 낙석 방지, 하중이 장소마다 불규칙하게 변함
3. 보통 절리의 괴상	$0{\sim}0.25B$	
4. 보통정도의 블록상 및 층상	$0.25B{\sim}0.35(B+H_t)$	측압이 없음
5. 심한 블록상 및 층상	$(0.35{\sim}1.10)(B+H_t)$	측압이 없거나 조금 있음
6. 안전파쇄	$1.10(B+H_t)$	측압이 심하며 터널바닥이 출수에 의해 약화되므로 지보하부를 연결하거나 원형지보 설치
7. 압착성 암반(보통심도)	$(1.10{\sim}2.10)(B+H_t)$	심한 측압작용, 인버트 시공 필요, 원형지보 요망
8. 압착성 암반(깊은 심도)	$(2.10{\sim}4.50)(B+H_t)$	
9. 팽창 암반	76m까지$(B+H)$와 무관하게 하중작용	원형지보 필요, 팽창성이 심한 경우 가축지보 필요

2) RMR 분류법에 근거한 경험 설계법

제7장에서 서술한 RMR 값에 근거하여 경험적으로 터널을 설계하는 것으로 표 7.3에 한 예가 이미 제시되어 있다.

3) Q 분류법에 근거한 경험 설계법

역시 제7장에서 서술한 Q값에 근거한 경험 설계법으로 그림 7.2에 지보패턴 설계 예를 제시하였다.

NMT(Norwegian Methed of Tunnelling)

노르웨이의 Barton 박사는 Q값에 근거한 설계법을 오랜 경험을 축적하여 계속 발전 시키어 왔으며, 이를 NMT라 명명하였다. NMT의 설계법에서는 Q값과 굴착지보비(ESR)를 기본 요소로 하여 그림 7.2를 더욱 발전시켜서 제시한 그림 9.3을 근간으로 지보재를 설계하도록 제시하였다. NMT의 큰 특징중 하나는, 이 방법에서는 콘크리트라이닝을 타설하지 않고 강섬유보강 숏크리트(steelfiber-reinforced shotcrete)를 주 지보재로 한다는 것이다.

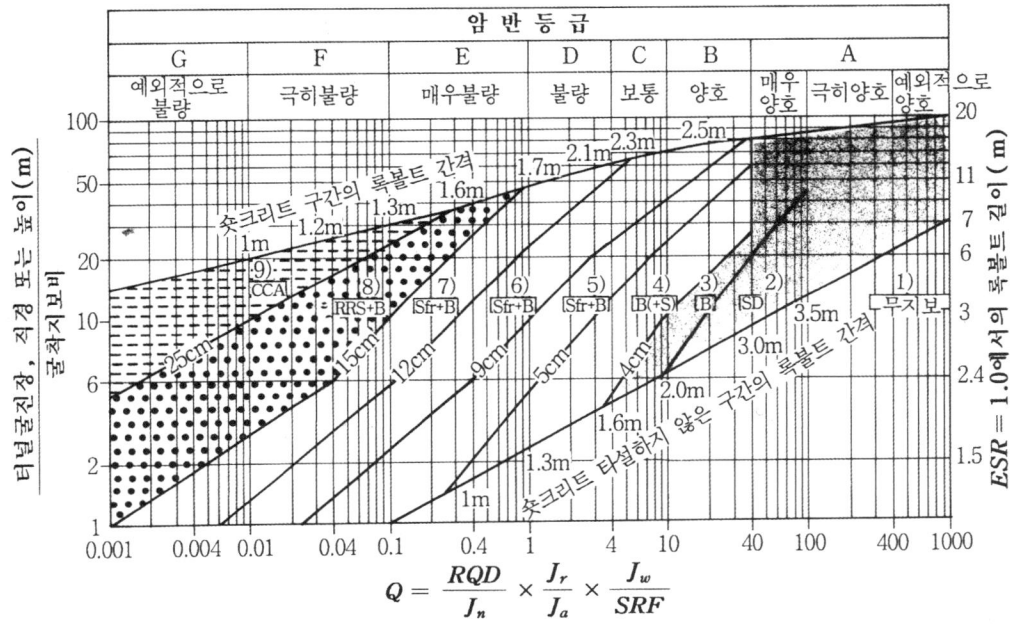

1) 무지보
2) 랜덤 볼트
3) 시스템 볼트
4) 시스템 볼트, 숏크리트(4~10cm)
5) 섬유보강 숏크리트(5~9cm)와 록볼트

6) 섬유보강 숏크리트(9~12cm)와 록볼트
7) 섬유보강 숏크리트(12~15cm)와 록볼트
8) 섬유보강 숏크리트>15cm, 록볼트, 강지보재
9) 보강 콘크리트라이닝

그림 9.3 Q-분류법에 근거한 터널지보재 설계(NMT의 근간임)

9.2 지질구조 지배의 해석법[*]

지질구조(structurally-controlled)가 지하구조물의 안정성을 지배하는 경우는, 역시 지하공간 상에 몇개의 불연속면이 존재하는 경우이며, 이 불연속면의 조합으로 이루어지는 블록의 이동가능성으로 안정성을 검토하게 된다. 물론 이 경우 제8장에서의 암반사면 안정해석과 마찬가지로 제5장에서 집중적으로 다루었던 불연속면역학이 안정성해석에 주로 사용된다. 그러나, 암반사면에서의 불연속면역학 적용과 지하구조물에서의 불연속면역학 이용에 있어서 근본적인 차이가 존재한다. 암반사면에서는 사면의 경사각이 ψ로 일정하였다. 즉, 자유면(또는 절취면)의 경사각이 하나이다. 그러나 터널의 경우 폐합형으로 이루어져 있으므로 자유면의 경사각도가 위치에 따라 계속 변하게 된다. 예를 들어서, 지하구조물의 형상을 편의상 그림 9.4와 같이 8각형으로 보는 경우에도 자유면의 경사각은 천정(crown)부터 인버트(invert, 바닥)까지 계속 변하게 된다는 것이다.

불연속면의 조합으로 이루어지는 블록은 최소 3개 이상의 불연속면과 1개 이상의 자유면으로 이루어지게 된다. 이때, 모든 블록이 파괴가능성을 갖는 것이 아니다. 그림 9.5에서 보여주는 바와 같이 블록의 형상은 여러 모양이 가능하며, 이때 문제가 되는 것은 그림 9.5(e)의 키블록(key block)이다. 제8장에서 서술한 대로 이러한 복합단면에서의 불연속면역학은 블록이론(block theory) 또는 벡터해법(vector analysis)으로만 풀 수 있으며, 수학적으로 블록의 모양과 체적을 구하고 이동가능성을 평가하는 것은 쉽지 않다. 이 교재에서는 독자들에게 불연속면역학의 이해를 돕는 의미에서 가장 단순한 경우에 대한 해석 예를 제시할 것이다. 불연속면역학으로 안정문제를 풀고자 할 때에는 물론 암반사면의 경우와 마찬가지로 '운동학적 평가(kinematic analysis)+안정해석(stability analysis)'의 단계를 거쳐야 한다.

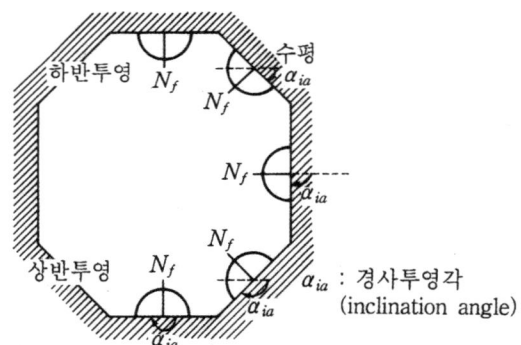

그림 9.4 터널의 단순화(8각형 터널)

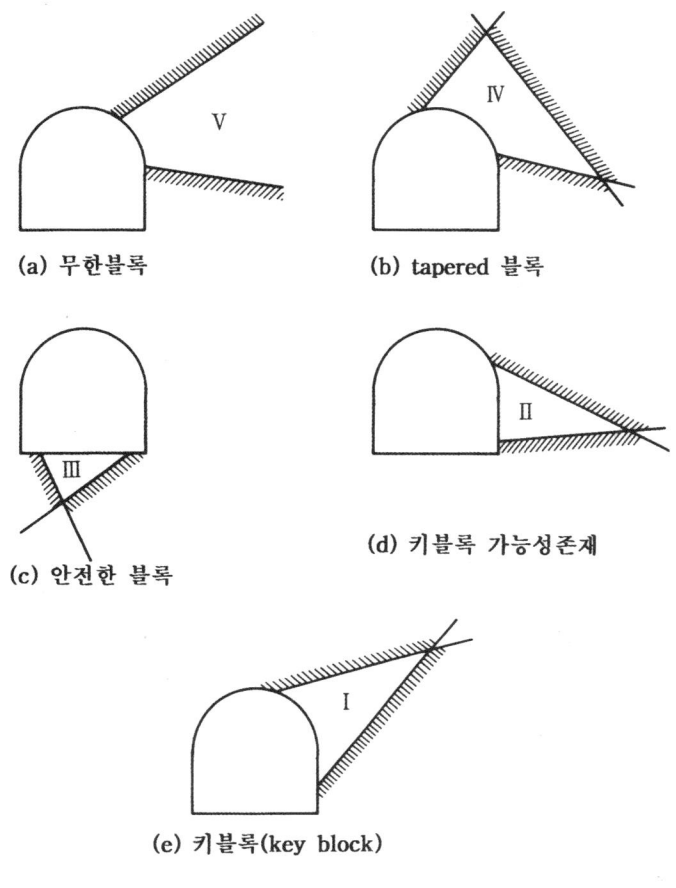

(a) 무한블록　　　　　　　(b) tapered 블록

(c) 안전한 블록　　　　　　(d) 키블록 가능성존재

(e) 키블록(key block)

그림 9.5 블록의 형상

1) 운동학적 평가

　가장 간단한 예로서 그림 9.4의 지하공간에 대하여 천정부에서의 블록파괴 가능성을 스테레오 투영법으로 평가해 보자. 블록은 가장 빈번하게 형성되는 사면체(tetrahedral block)로서 3면은 불연속면으로 형성되고 1면은 자유면(그림 9.4의 천정부와 같이 수평면)으로 형성된다. 자유면은 스테레오 네트 상에서 중심점에 극점이 위치할 것이다(수평면의 수직벡터는 하방향, $\beta_n = 90°$임). 블록의 운동학적 평가에서 고려되는 블록의 거동을 살펴보면 다음의 세 범주에 들 것이다.

　(1) 낙반(falling): 블록이 천정부에서 떨어지는 형상으로 그림 9.6과 같이 불연속면의 세대원 안에 중심점이 위치하면 낙반 가능성이 있다.

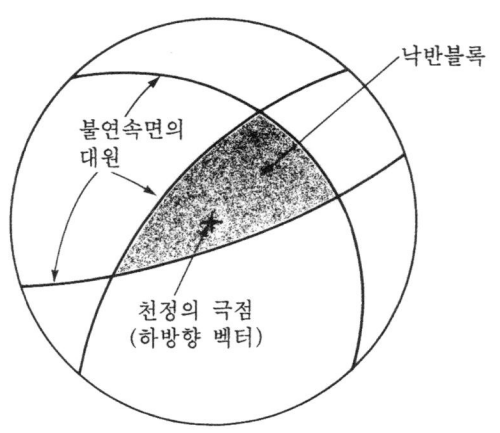

그림 9.6 낙반(falling) 가능 블록

(2) 미끄러짐(sliding): 미끄러짐에는 평면으로의 미끄러짐과 교선으로의 미끄러짐이 존재할 수 있다. 이는 그림 9.7에서와 같이 불연속면과 마찰원을 그려서 평가할 수 있을 것이다.

 – 그림 9.7(a): 블록 중에서 불연속면 2의 경사각이 ϕ보다 크므로 이 방향으로 평면 미끄러짐 가능성이 있다.

 – 그림 9.7(b): 교선 I_{31}의 각도가 ϕ보다 크므로 교선 I_{31}으로 쐐기형 미끄러짐 가능성이 있다.

(3) 안정한 블록(stable): 블록의 모든 불연속면이 마찰원 바깥에 존재하는 경우는 안정한 블록으로 볼 수 있다(그림 9.8).

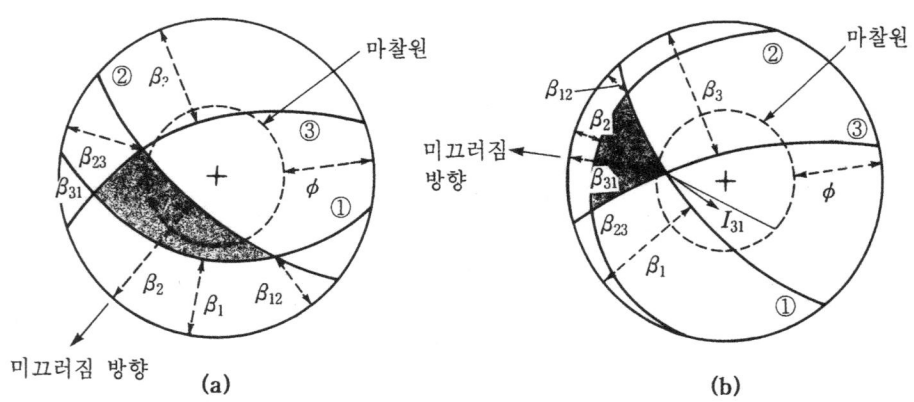

그림 9.7 미끄러짐 가능 블록

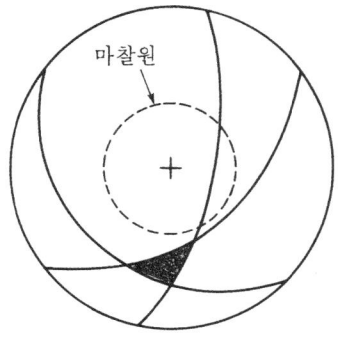
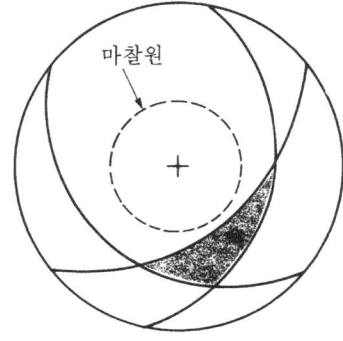

그림 9.8 안정된 블록

경사 스테레오 투영법 이용

이제까지 서술한 것은 터널 천정부에서의 블록이동 가능성(kinematic analysis)을 평가한 것이다. 그림 9.4에서 보여준 지하구조물의 어깨부나 측벽부에서의 평가는 쉽지가 않다. 그림 9.4를 보면 어깨부는 자유면이 천정부에 비하여 $45°$ 기울어져 있고, 측벽부는 $90°$, 하단부 양쪽은 $135°$, 인버트부는 완전히 $180°$ 기울어진 것으로 볼 수 있다. 경사 투영법(inclined stereographic projection)은 경사진 수직벡터 N_f를 천정에서와 같이 수직이 되도록 모든 불연속면의 극점을 똑같이 회전하는 방법이다(그림 9.9). 이 방법은 학부의 수준을 넘으며 실제로 현재 이용되지 않으므로 여기에서는 생략하고자 한다. 관심 있는 독자는 Priest(1985)의 책을 참조 바란다.

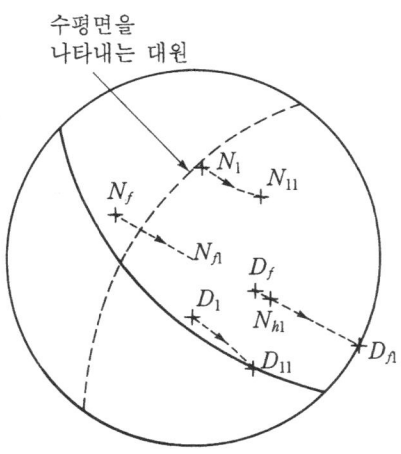

그림 9.9 경사 스테레오 투영법의 예

2) 안정해석(stability analysis)

단순해석

단순해석은 암반사면 안정해석에서의 경우와 같이, 블록의 무게가 파괴를 가져올 수 있는 원인으로 가정하는 경우이다.

(1) 낙반(falling)의 경우

천정부에서 낙반의 가능성이 있는 경우는 그림 9.10과 같이 블록의 체적과 중량을 알아야 하며, 이 중량을 견딜 수 있도록 록볼트 등으로 보강해 주어야 한다. 그림 9.10에 블록의 체적과 무게를 구하는 수식이 제시되어 있다.

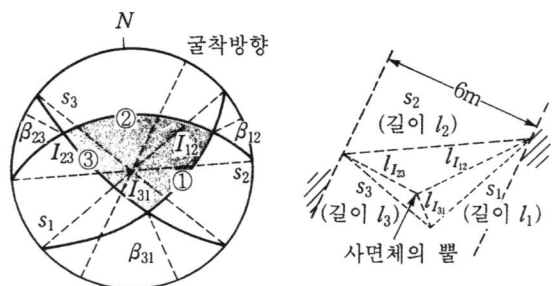

$$A_f = \frac{1}{2} l_1 l_2 \sin\theta_{12} = \frac{1}{2} l_2 l_3 \sin\theta_{23} = \frac{1}{2} l_3 l_1 \sin\theta_{31}, \quad h = l_{I_{12}} \tan\beta_{12} = l_{I_{23}} \tan\beta_{23} = l_{I_{31}} \tan\beta_{31}$$

블록의 체적 : $V = \frac{1}{3} hA_f$, 블록의 중량 : γV, 지보재 압력 : $p = \dfrac{W}{A_f} = \frac{1}{3} \gamma h$

($A_f = 10.07\,\text{m}^2$, $h = 1.48\,\text{m}$, $V = 4.97\,\text{m}^3$, $W = 114.3\,\text{kN}$, $p = 11.35\,\text{kPa}$)

그림 9.10 낙반 가능성이 존재하는 블록의 체적과 중량

(2) 미끄러짐(sliding)의 경우

그림 9.11과 같이 블록에 슬라이딩 가능성이 있는 경우 이를 방지할 수 있도록 역시 보강을 요한다. 암반사면의 경우와 동일하다.

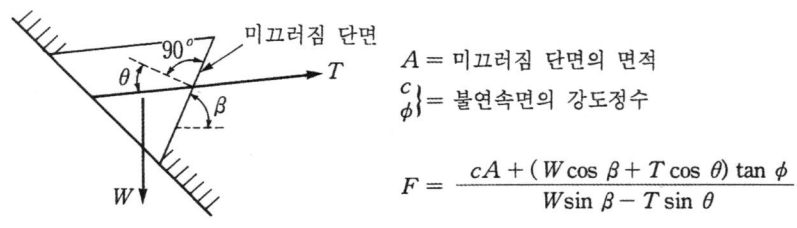

A = 미끄러짐 단면의 면적

$\left.\begin{matrix} c \\ \phi \end{matrix}\right\}$ = 불연속면의 강도정수

$$F = \frac{cA + (W\cos\beta + T\cos\theta)\tan\phi}{W\sin\beta - T\sin\theta}$$

(지중응력의 영향을 무시하는 경우)

그림 9.11 미끄러짐 파괴 가능성 블록에 대한 안정성 검토

초기지중응력의 영향

그림 9.12의 낙반 가능성이 있는 블록의 예를 들어 보자. 터널굴착 시 이미 블록이 상당히 움직였다면, 이 블록은 독립블록으로서 블록의 자중 W만이 작용될 것이다. 한편 터널주위의 힘을 살펴보면 초기지중수평하중= H_o이던 것이, 터널굴착으로 인하여 H로 하중이 바뀌게 된다. 다시 말하여 H는 초기하중에 굴착으로 인한 하중의 증가분을 더한 값이 된다. 이 하중으로 인하여 블록의 불연속면에 수직력 N과 전단력 S가 작용될 것이다.

이 힘으로 인한 저항력 P는 다음 식과 같다.

$$P = 2(S\cos\alpha - N\sin\alpha) \tag{9.1}$$

만일, 소성평형 시에 $S = N\tan\phi$라고 하면

$$P = 2N\sec\phi\sin(\phi-\alpha) \tag{9.2}$$

가 된다. 그림 9.12로부터

$$H = N\cos\alpha + S\sin\alpha \tag{9.3}$$

이므로, 이 식을 식 (9.2)에 대입하고 정리하면

$$P = 2H\tan(\phi-\alpha) \tag{9.4}$$

가 된다. 그렇다면, 하방향 하중은 '$W-P$'가 될 것이다. 만일 $W-P<0$이라면 낙반의 위험이 없는 것으로 간주할 수 있다.

불연속면역학에서 주변응력의 영향을 고려할 것인지 블록의 자중만을 고려할 것인지는 현

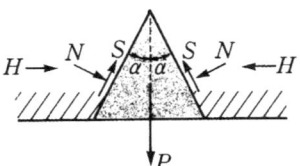

그림 9.12 낙반가능블록의 안정성에 지중응력이 미치는 영향

장여건에 따라 다르다. 발파에 의한 영향이 극소하고 지반이 잘 보전되어 있는 경우는 이를 고려할 수 있다. 그러나 이미 블록이 개개로 떨어져 있는 상태로 판단되면, 자중에 견딜 수 있도록 보강을 해 주어야 될 것이다. 토목구조물용 터널에서는 자중을 다 고려해주는 것이 일반적이다.

[예제 9.1] 변성암으로 이루어진 지반에 다음 그림과 같은 지하구조물을 건설하고자 한다. 이 암반에는 대표적으로 다음과 같은 5개의 불연속면군이 존재한다.

① 058/54   ② 195/70   ③ 127/81   ④ 160/32   ⑤ 335/64

천정부에서의 운동학적 파괴가능성을 평가하라. 단 이 지반에서 불연속면의 내부 마찰각은 30°로 가정한다.

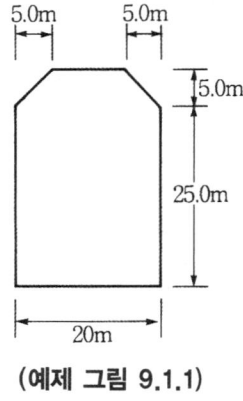

(예제 그림 9.1.1)

[풀 이] 이 문제를 풀기 위해 스테레오 투영도를 이용하여야 한다. 문제에서 주어진 5개의 불연속의 대원을 그리고 불연속면의 번호를 표시하고 또한 마찰원을 표시하면 다음 그림과 같다. 마찰원은 점선으로 표시하였다.

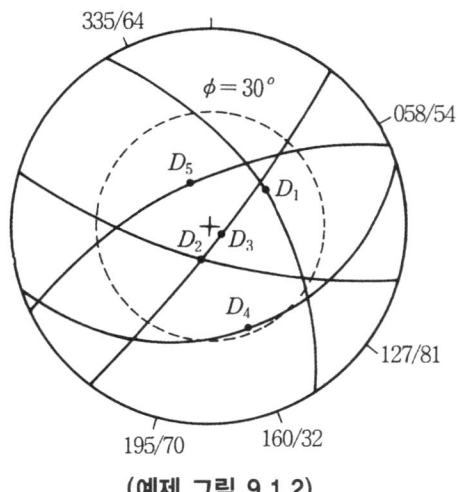

(예제 그림 9.1.2)

스테레오 투영도에서 3개의 불연속면으로 이루어진 면이 중심점을 포함하고 있으면 낙반의 가능성이 있고 마찰원 밖에 있으면 안정하며, 그 밖의 경우는 미끄러짐의 가능성이 있다. 각 블록의 번호와 안정성은 아래 표와 같다.

(예제 표 9.1.1)

블록 번호	안정성	블록 번호	안정성
123	미끄러짐	145	낙반
124	미끄러짐	234	미끄러짐
125	낙반	235	낙반
134	미끄러짐	245	미끄러짐
135	미끄러짐	345	낙반

또한 빗금 친 부분으로 표시한 각 블록의 스테레오 투영도는 다음 그림들과 같다.

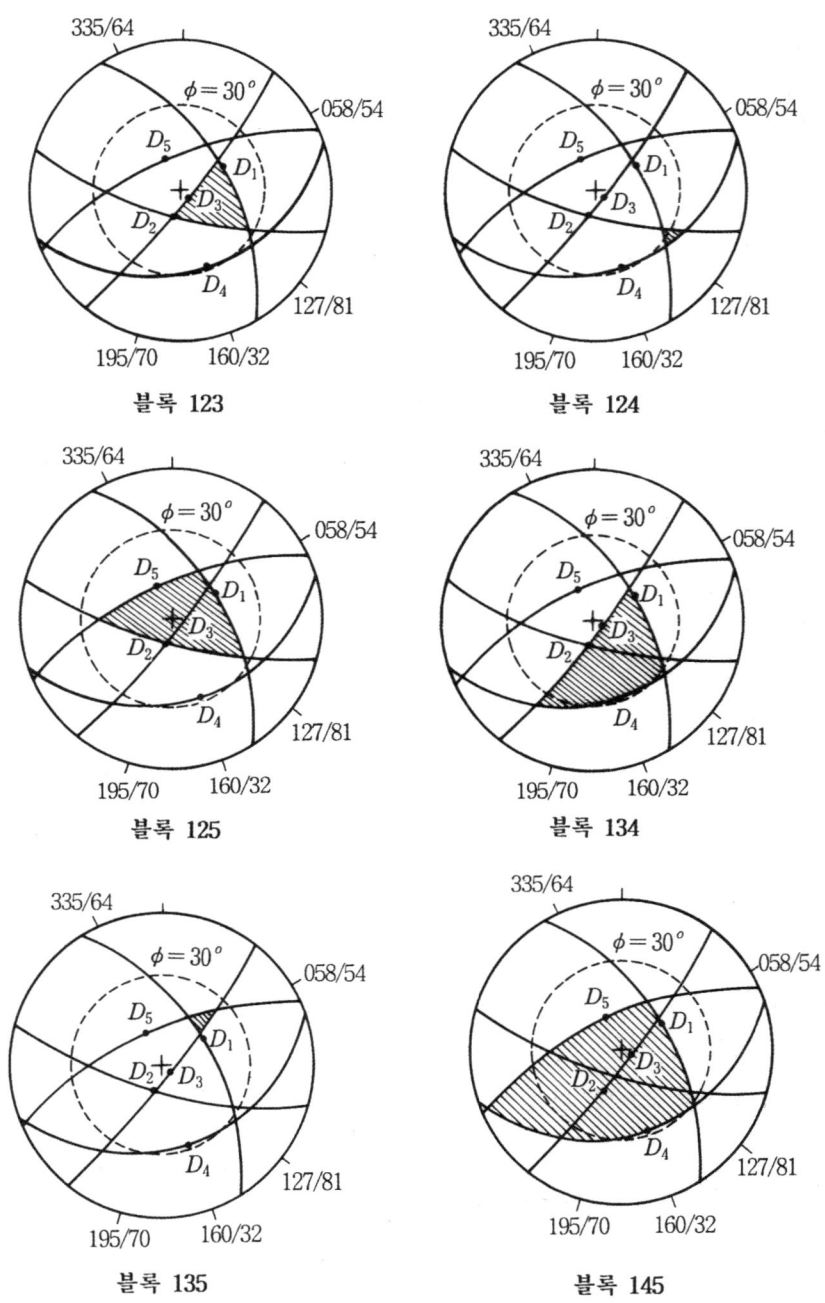

블록 123   블록 124

블록 125   블록 134

블록 135   블록 145

(예제 그림 9.1.3)

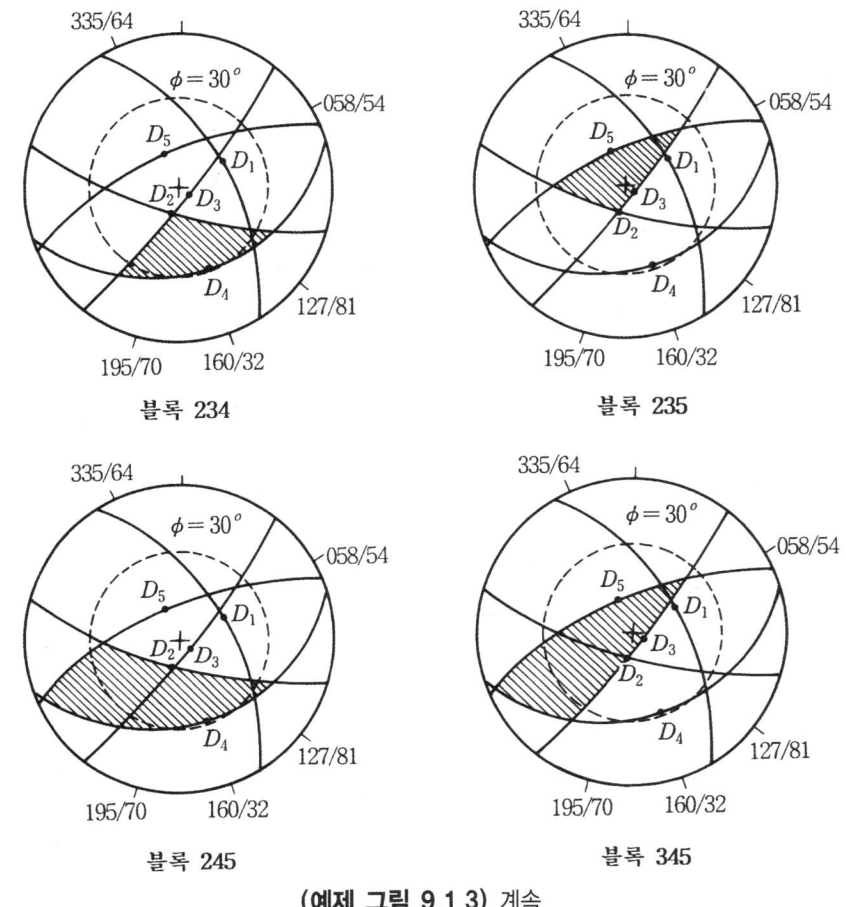

블록 234   블록 235

블록 245   블록 345

(예제 그림 9.1.3) 계속

9.3 탄성 해석법

이 경우는 지하공간의 거동에 영향을 미치는 것이 연속체로서 응력의 지배(stress-controlled)를 받게 되는 경우 중, 터널굴착으로 인하여 응력구조가 바뀌게 되었어도 결국 탄성거동을 보이는 지하구조물에 대한 경우이다. 이때 가장 기본적으로 이용되는 것이 소위 Kirsh의 해이다. 다음에 우선적으로 Kirsh의 해부터 서술할 것이다.

9.3.1 원형터널에서의 탄성해

1) Kirsh의 해

다음 그림 9.13(a)와 같이 등방탄성이고 연직방향의 초기지중응력이 σ_{vo}, 수평방향의 초기지중응력 $\sigma_{ho} = K_o \sigma_{vo}$를 받고 있는 암반지반에 반경 a인 원형의 터널을 굴착하였다고 하자. 굴착후의 최종응력은 탄성론으로부터 다음의 식으로 나타낼 수 있다. 단 θ는 그림에서 보는 바와 같이 수평축으로부터 반시계 방향으로 잰 각도이다.

(1) 반경방향 응력(radial stress)

$$\sigma_r = \frac{1}{2} \sigma_{vo} \left\{ (1+K_o) \left(1 - \frac{a^2}{r^2} \right) - (1-K_o) \left(1 - 4\frac{a^2}{r^2} + 3\frac{a^4}{r^4} \right) \cos 2\theta \right\} \tag{9.5}$$

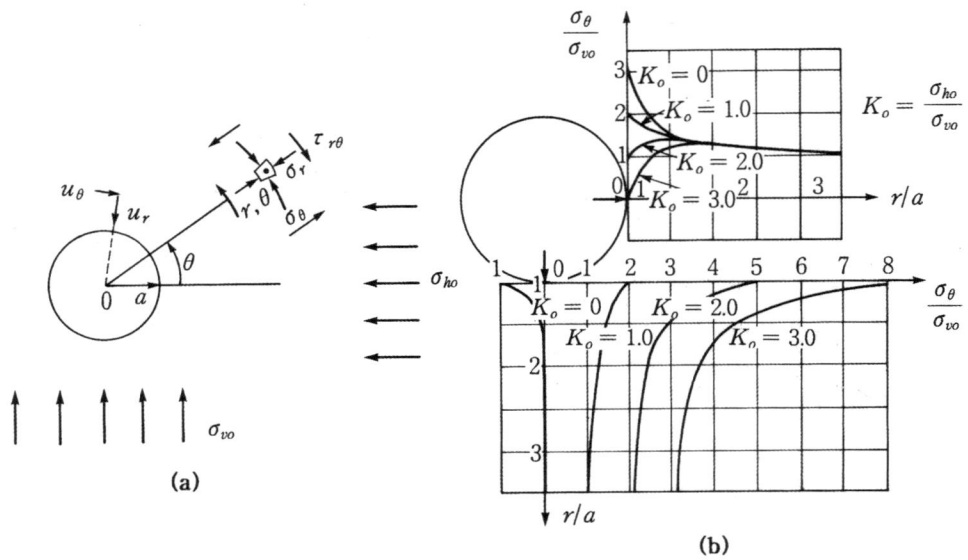

그림 9.13 Kirsh의 해

(2) 접선응력(tangential stress)

$$\sigma_\theta = \frac{1}{2} \sigma_{vo} \left\{ (1+K_o) \left(1 + \frac{a^2}{r^2} \right) + (1-K_o) \left(1 + 3\frac{a^4}{r^4} \right) \cos 2\theta \right\} \tag{9.6}$$

(3) 전단응력(shear stress)

$$\tau_{r\theta} = \frac{1}{2} \sigma_{vo} \left\{ (1-K_o) \left(1 + 2\frac{a^2}{r^2} - 3\frac{a^4}{r^4} \right) \sin 2\theta \right\} \tag{9.7}$$

(4) 반경방향의 변위(radial displacement)

$$u_r = \frac{\sigma_{vo} \cdot a^2}{4\,Gr} \left\{ (1 + K_o) - (1 - K_o) \left(4\,(1 - \mu) - \frac{a^2}{r^2} \right) \cos 2\theta \right\} \tag{9.8}$$

(5) 접선방향의 변위(tangential displacement)

$$u_\theta = \frac{\sigma_{vo} \cdot a^2}{4\,Gr} \left\{ (1 - K_o) \left(2\,(1 - 2\,\mu) + \frac{a^2}{r^2} \right) \sin 2\theta \right\} \tag{9.9}$$

> **Note** 위에서 제시된 응력들은 터널 굴착후의 최종응력임에 유의할 것. 또한 반경방향변위 u_r은 터널쪽으로 움직이는 변위를 ⊕로 가정하였음.

주응력과 방향

앞에서 표시한 입자에 작용하는 σ_r, σ_θ, $\tau_{r\theta}$의 응력에 대하여 최대 및 최소주응력, 그리고 주응력이 작용되는 방향은 다음 식으로 구할 수 있다.

$$\sigma_1 = \frac{\sigma_r + \sigma_\theta}{2} + \sqrt{\left(\frac{\sigma_r - \sigma_\theta}{2} \right)^2 + \tau_{r\theta}{}^2} \tag{9.10}$$

$$\sigma_3 = \frac{\sigma_r + \sigma_\theta}{2} - \sqrt{\left(\frac{\sigma_r - \sigma_\theta}{2} \right)^2 + \tau_{r\theta}{}^2} \tag{9.11}$$

$$\tan 2\,\alpha = \frac{2\,\tau_{r\theta}}{\sigma_\theta - \sigma_r} \tag{9.12}$$

접선응력의 양상

위에 제시한 식들만을 가지고는 물리적인 의미를 잘 이해하기 어렵다. 따라서, 다음의 몇 가지의 특수사항에 대한 응력양상을 서술함으로써 독자들에게 터널굴착시의 응력양상에 대한 이해를 돕고자 한다. 우선적으로 그림 9.13(b)에 표시한 측벽과 인버트(또는 천정)에서의 접선응력 σ_θ의 양상을 보면 물리적인 의미를 이해하는 데 도움이 된다. 이를 정리해 보면 다음과 같다.

(1) 접선응력은 터널 부근에서 응력이 집중됨을 알 수 있다.

(2) K_o값이 0에 가까울수록 측벽부에서의 접선응력은 집중되며, 반대로 천정(또는 인버트)에서의 접선응력은 감소한다.

(3) K_o값이 커질수록 천정(또는 인버트)에서의 접선응력은 증가하며, 반대로 측벽부에서의 접선응력은 감소한다.

터널벽면에서의 응력 양상

터널벽면에서의(즉, $r = a$인 경계점에서의) 응력은 다음과 같다.

$\sigma_r = 0$ (반경방향은 대기압과 접하고 있다). $\qquad\qquad$ (9.13)

$\sigma_\theta = \sigma_{vo}\{(1 + K_o) + 2(1 - K_o)\cos 2\theta\}$ $\qquad\qquad$ (9.14)

$\tau_{r\theta} = 0$ $\qquad\qquad$ (9.15)

$0 \leq K_o \leq 1$의 범위에서 측벽과 천정에 작용되는 접선응력의 양상을 그려보면 그림 9.14와 같다. 이 그림으로부터 다음의 사항을 알 수 있다.

(1) 터널굴착으로 인하여 터널벽면에서의 응력집중이 매우 큼을 알 수 있다.

(2) $K_o = 0$일 때, 측벽부에서는 초기지중응력(σ_{vo})의 3배의 응력집중이 발생되고, 천정부에서 $-\sigma_{vo}$의 인장응력이 발생된다.

(3) $K_o = 1$인 경우, 즉 초기지중응력이 방향에 상관없이 일정한 경우, 응력집중은 2배로 발생된다.

(4) $K_o < \dfrac{1}{3}$이면, 천정 및 인버트에서 인장응력이 발생된다.

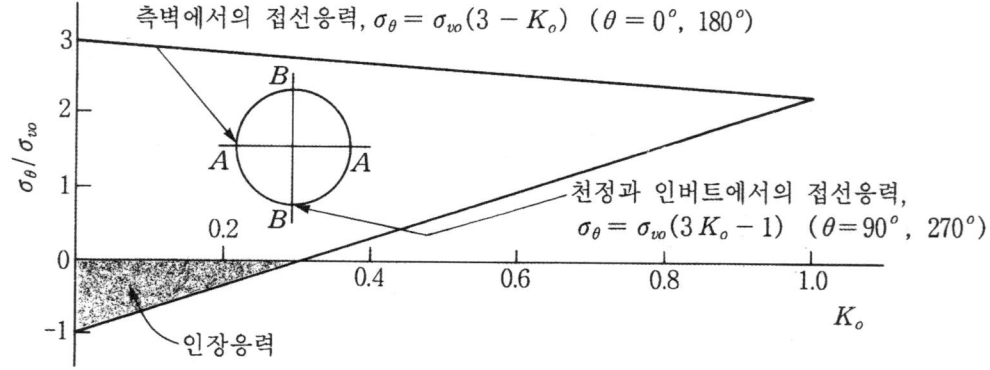

그림 9.14 터널주변의 접선응력 집중양상

$K_o = 1$인 경우

초기지중응력이 어느 방향에서나 동일한 경우는 $\tau_{r\theta}$와 u_θ는 항상 0이 되며, 응력 및 변위들은 다음 식으로 표시된다.

$$\sigma_r = \sigma_{vo}\left\{1 - \left(\frac{a^2}{r^2}\right)\right\} \tag{9.16}$$

$$\sigma_\theta = \sigma_{vo}\left\{1 + \left(\frac{a^2}{r^2}\right)\right\} \tag{9.17}$$

$$u_r = \frac{\sigma_{vo}\,a^2}{2\,Gr} \tag{9.18}$$

만일 이때, 터널의 안쪽에서 내압 $= p_i$를 터널벽면에 작용시키게 되면 이로 인하여 지중에서의 응력 및 변위의 증가량은 다음과 같이 된다.

$$\Delta\sigma_r = p_i\left(\frac{a^2}{r^2}\right) \tag{9.19}$$

$$\Delta\sigma_\theta = -p_i\left(\frac{a^2}{r^2}\right) \tag{9.20}$$

$$\Delta u_r = -\frac{p_i\,a^2}{2\,Gr} \tag{9.21}$$

따라서, $K_o = 1$이고, 터널 내에서 내압 p_i가 작용되는 경우의 응력은 다음 식으로 표시된다.

$$\sigma_r = \sigma_{vo}\left\{1 - \left(\frac{a^2}{r^2}\right)\right\} + p_i\left(\frac{a^2}{r^2}\right) \tag{9.19a}$$

$$\sigma_\theta = \sigma_{vo}\left\{1 + \left(\frac{a^2}{r^2}\right)\right\} - p_i\left(\frac{a^2}{r^2}\right) \tag{9.20a}$$

$$u_r = \frac{\sigma_{vo}\,a^2}{2\,Gr} - \frac{p_i\,a^2}{2\,Gr} = \frac{a^2}{2\,Gr}\left(\sigma_{vo} - p_i\right) \tag{9.21a}$$

여기에서, '내압 p_i가 터널벽면에 작용된다'는 것이 물리적으로 의미하는 바는 터널굴착 직후에 터널벽면에 지보재를 설치하여 내압을 유도하는 경우가 대표적이다. 숏크리트나 록볼트와 같은 지보재를 설치하는 것이 어떻게 내압을 가하는 효과와 같게 되는지에 대한 이론적 근거는 9.5절인 지보재의 원리편에서 상세히 설명할 것이다. 또한 터널자체가 압력형 터널로서 수압이 작용되는 경우도 역시 내압을 가한 효과가 있다.

터널굴착으로 인한 영향범위

그림 9.13에서 보여주는 바와 같이 터널굴착으로 인하여 터널주변에서 응력집중이 가장 많이 발생되며, 터널로부터 멀어질수록 영향을 벗어나서 $r = \infty$에서는 초기지중응력과 같게 된다. 터널굴착 후의 응력과 초기지중응력의 차이가 크면 클수록 영향을 받게 된다. 예를 들어서 5%의 영향범위를 고려하여 보면 다음의 응력차를 갖는 범위를 영향권으로 보면 될 것이다.

$$|\sigma_{after} - \sigma_o| \geq 0.05\,\sigma_o \tag{9.22}$$

여기서, σ_{after} : 터널굴착 후의 응력

σ_o : 초기지중응력

예를 들어서, $K_o = 1$인 경우(즉, $\sigma_{vo} = \sigma_{ho}$인 경우)를 보자. 식 (9.17)로부터

$$\sigma_{after} = \sigma_\theta = \sigma_{vo}\left\{1 + \left(\frac{a^2}{r^2}\right)\right\}$$

$$|\sigma_\theta - \sigma_{vo}| = \left|\sigma_{vo}\left\{1 + \left(\frac{a^2}{r^2}\right)\right\} - \sigma_{vo}\right|$$

$$= \sigma_{vo}\left(\frac{a^2}{r^2}\right) \geq 0.05\,\sigma_{vo} \tag{9.23}$$

$$\therefore r_{5\%} = a\sqrt{20} = 4.47a \tag{9.24}$$

식 (9.24)가 의미하는 바는, 지하에 터널을 굴착하였을 때 최종응력이 초기지중응력의 1.05배 이상되는 구역은 터널중심에서 4.47a 범위이며, 이를 영향범위라고 한다.

터널벽면에서의 변위양상

터널벽면에서의(즉, $r = a$에서의) 반경방향 변위는 다음 식으로 표시된다.

$$u_r = \frac{\sigma_{vo}a}{4G}\left\{(1+K_o)-(1-K_o)(3-4\mu)\cos 2\theta\right\} \tag{9.25}$$

암반의 포아송비 $\mu=0.25$로 가정하고, $K_o=0.2$와 $K_o=10.0$인 경우의 각각에 대하여 변위를 무차원값으로서 다음 식으로 구한 결과를 그림으로 표시하면 그림 9.15와 같다.

$$\Omega_r = \frac{u_r\,G}{\sigma_{vo}\,a} \tag{9.26}$$

또한 $K_o=0\sim10$까지 변화할 동안에 천정과 측벽에서의 변위양상을 그림 9.16 에 나타내었다. 그림 9.15와 그림 9.16으로부터 다음의 현상을 알 수 있다.

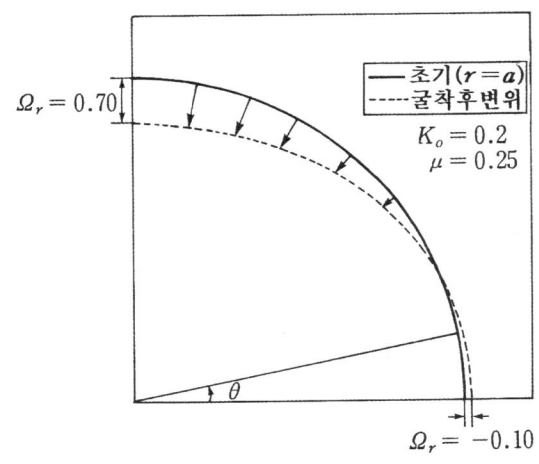

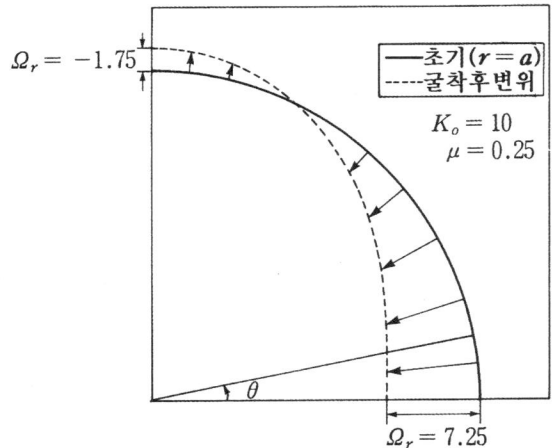

그림 9.15 초기응력비에 따른 내공변위의 양상

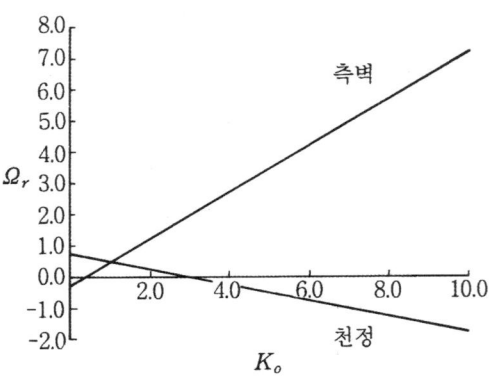

그림 9.16 초기응력비에 따른 천정과 측벽에서의 내공변위 변화

(1) K_o 값이 0에 접근하도록 작은 경우에는 천정에서의 침하량이 큰 반면에 측벽에서의 변위는 미세하다(측벽에서는 오히려 바깥쪽으로 변위가 발생할 수도 있다).

(2) K_o 값이 3보다 큰 값으로서 과다할수록, 측벽에서의 내공변위는 증가하고 천정부에서는 오히려 융기(상방향 변위)가 발생될 수 있다.

2) 주응력의 궤적

지하에 터널구조물을 굴착하였을 때의 응력양상은 주응력의 궤적을 이용하여서 표현할 수도 있다. 예를 들어서 그림 9.17은 $K_o = 0$인 지반에, 즉 연직응력만 작용되는 지반에 터널을 굴착하였을 때, 주응력의 궤적을 그린 것이다. 연직방향으로의 주응력이 터널 주위에 이를수록 회전을 하게 되며, 측벽부에서는 주응력 벡터가 상당히 커진 것을 알 수 있다.

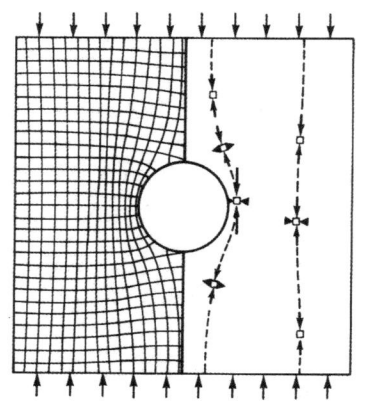

그림 9.17 주응력의 궤적 ($K_o = 0$)인 경우

유선(stream line)을 이용한 응력분석

그림 9.18과 같이 물이 하방향으로 흐르고 있을 때, 원형의 강봉을 수중에 설치하였다고 하면, 물은 아래로 흐르다가 A부분에서 멀어지게 된다. $K_o \leq \frac{1}{3}$인 경우 천정부에서 인장응력이 작용되는 현상을 쉽게 이해할 수 있다. 이때 퍼져나간 유선은 B 부분에서는 집중적으로 모이게 된다. 이는 $K_o \leq \frac{1}{3}$인 경우 측벽부분에서 접선응력 증가가 커지는 현상을 설명할 수 있다.

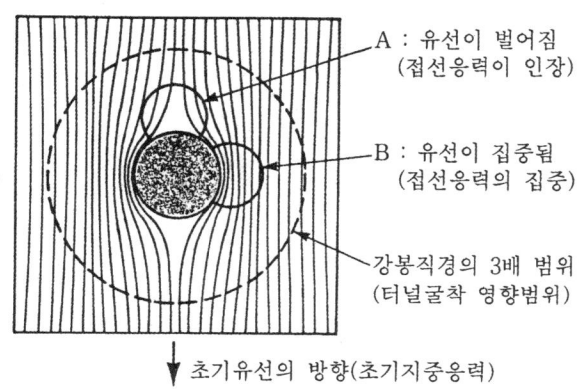

A : 유선이 벌어짐
(접선응력이 인장)

B : 유선이 집중됨
(접선응력의 집중)

강봉직경의 3배 범위
(터널굴착 영향범위)

↓ 초기유선의 방향(초기지중응력)

그림 9.18 유선(streamline)을 이용한 응력분석

주응력 등고선

지반에 원형터널을 굴착하였을 때의 응력변화 양상은 주응력 등고선을 그려보면 쉽게 물리적인 의미를 이해할 수 있게 된다. 그림 9.19의 오른쪽 부분이 $K_o = 0.5$인 경우의 주응력 등고선이다.

(1) 실선: 실선은 최대주응력 등고선이다. 천정부에서는 최대주응력이 연직응력의 1/2, 측벽부에서는 2.5배임을 알 수 있다.
(2) 점선: 점선은 최소주응력 등고선이다. 터널 주위에서의 최소주응력은 0이며(반경방향 응력 $\sigma_r = 0$), 외곽으로 나갈수록 증가한다.

3) 쌍굴터널 굴착 시의 응력

두 개의 터널을 근접하여 굴착하게 되면, 상호간섭 효과로 인하여 쌍굴터널 사이에 응력이 집중되게 된다(이 부분을 필러(pillar)라고 함). 이 효과는 그림 9.20과 같은 유선개념을 이용하면 쉽게 이해할 수 있다. 원형강봉(원형터널) 사이에는 물이 집중되게 모일 수밖에 없다.

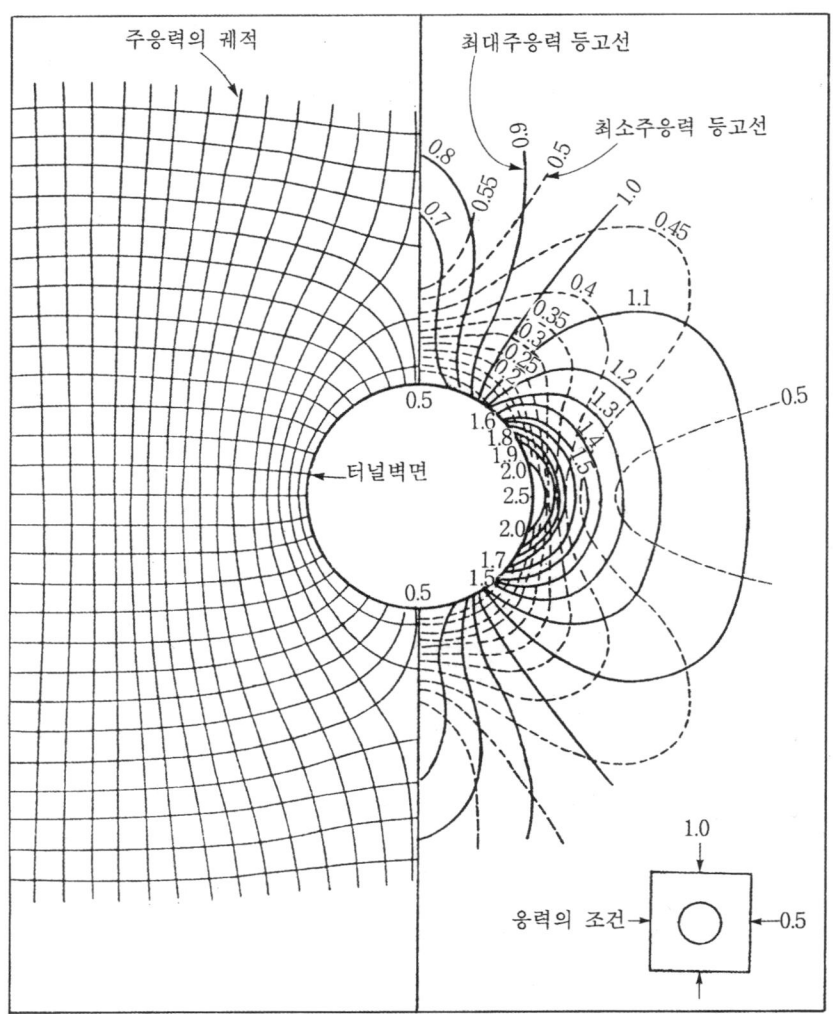

그림 9.19 주응력 궤적과 주응력 등고선(K_o = 0.5인 경우)

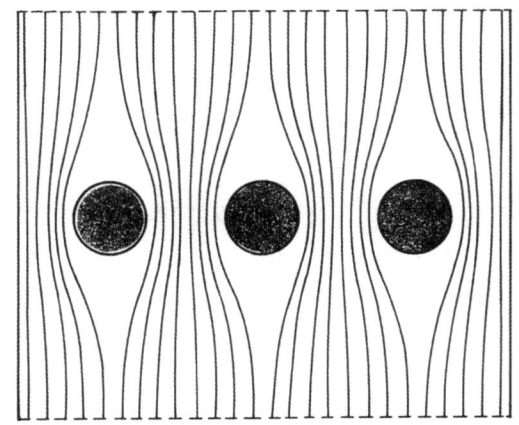

그림 9.20 병설터널의 응력집중(유선을 이용한 분석)

두 쌍굴터널의 근접효과가 그림 9.21에 잘 표시되어 있다. 그림에서 w_p 는 필러의 폭을, D 는 터널의 직경을 의미한다. 그림으로부터 다음을 알 수 있다.

(1) 터널이 근접할수록 필러에 작용되는 평균연직응력 σ_p 는 증가한다. 즉, 응력집중이 발생한다.
(2) 터널이 근접할수록 σ_θ / σ_p, 즉 터널면에 작용되는 접선응력과 필러에 작용되는 연직응력 의 비는 감소한다.

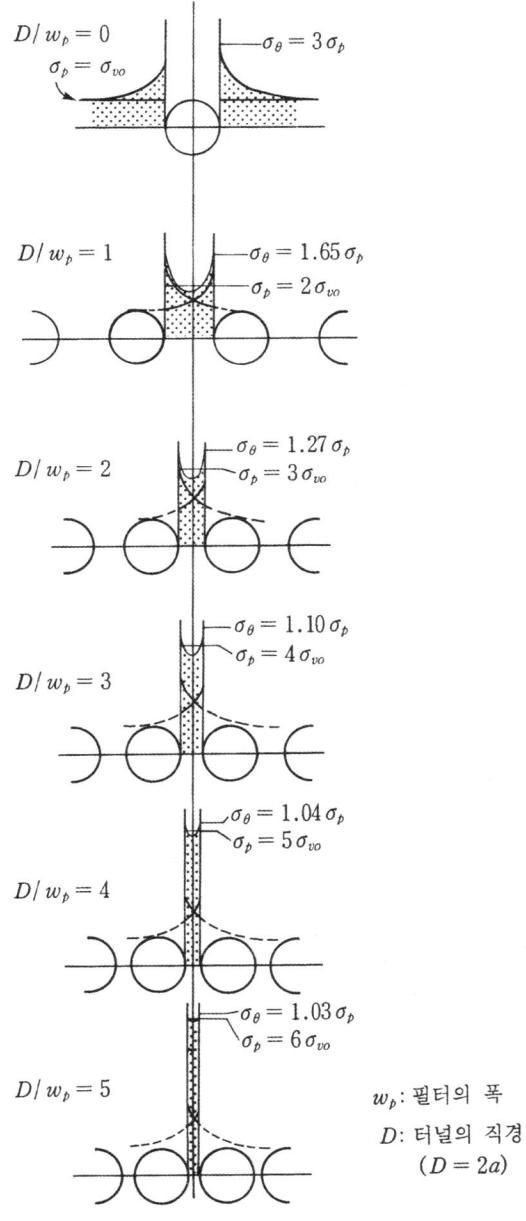

그림 9.21 쌍굴터널의 응력집중 양상

[예제 9.2] 지하 450m 깊이의 암반지반에 직경 3m의 터널을 굴착하였다(터널 I). 암반은 절리가 없는 신선암이며 $\gamma = 26\,kN/m^3$, $\sigma_c = 60\,MPa$, $\sigma_t = 3\,MPa$이다.

1) 다음 각각의 경우에 대하여 암석의 파괴 여부를 판단하라.

(1) $K_o = 0.3$인 경우, (2) $K_o = 2.5$인 경우

2) 직경 6m의 터널을 먼저 굴착한 터널의 수평방향으로 터널중심간격 = 10m 이격하여 추가로 굴착하였다(터널 II). 위의 두 경우 각각에 대하여 안정성을 논하라.

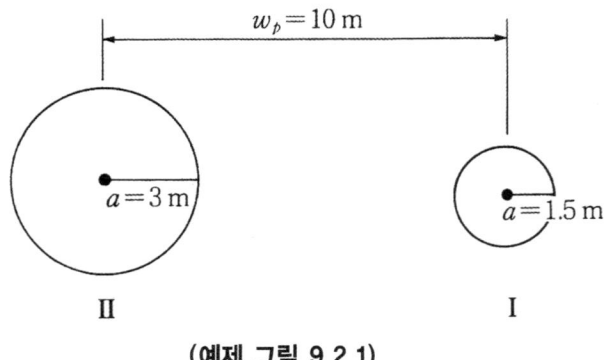

(예제 그림 9.2.1)

[풀이]

1) 식 (9.13)~(9.15)로부터

$r = a$에서,

$\sigma_r = 0$

$\sigma_\theta = \sigma_{vo} \left\{ (1 + K_o) + 2(1 - K_o) \cos 2\theta \right\}$

$\sigma_{vo} = \gamma \; z = 26 \times 450 = 11.70\,MPa$

(1) $K_o = 0.3$

$\sigma_{\theta(sidewall)} = 11.70 \left\{ (1 + 0.3) + 2(1 - 0.3) \cos 0^o \right\}$

$\qquad = 31.59\,MPa < 60\,MPa \; (\sigma_c)$

$\sigma_{\theta(roof)} = 11.70 \left\{ (1 + 0.3) + 2(1 - 0.3) \cos 180^o \right\}$

$\qquad = -1.17\,MPa > -3.0\,MPa \; (-\sigma_t)$

∴ 천정과 측벽에서 파괴에 이르지 않음

(2) $K_o = 2.5$

$$\sigma_{\theta(sidewall)} = 11.70 \left\{ (1 + 2.5) + 2(1 - 2.5) \cos 0^o \right\}$$

$$= 5.85\,\text{MPa} < 60\,\text{MPa}$$

$$\sigma_{\theta(roof)} = 11.70 \left\{ (1 + 2.5) + 2(1 - 2.5) \cos 180^o \right\}$$

$$= 76.05\,\text{MPa} > 60\,\text{MPa}$$

∴ 천정(또는 인버트)에서 일축압축강도를 초과하여 소성상태에 이름

2) 편의상 식 (9.24)를 사용하여 영향권을 살펴보면,

– 터널 I의 영향범위는 $r_{(5\%)} = 4.47 \times 1.5 = 6.7\,\text{m}$

– 터널 II의 영향범위는 $r_{(5\%)} = 4.47 \times 3.0 = 13.4\,\text{m}$

이격거리 $w_p = 10\text{m}$이므로 터널II의 굴착으로 인하여 터널 I이 영향을 받을 것이다. 터널 II의 굴착으로 인하여 터널 I 의 중심부에 작용되는 최종 응력은 다음과 같다.

(1) $K_o = 0.3$: 식 $(9.5)\sim(9.7)$에, $\theta = 0^o$, $a = 3\text{m}$, $r = 10\text{m}$, $K_o = 0.3$를 대입하면 다음과 같다.

$$\sigma_r = \frac{1}{2} \times 11.70 \left\{ (1 + 0.3) \left(1 - \frac{3^2}{10^2} \right) - (1 - 0.3) \left(1 - 4\,\frac{3^2}{10^2} + 3\,\frac{3^4}{10^4} \right) \right\}$$

$$= 4.20\,\text{MPa}$$

$$\sigma_\theta = \frac{1}{2} \times 11.70 \left\{ (1 + 0.3) \left(1 + \frac{3^2}{10^2} \right) + (1 - 0.3) \left(1 + 3\,\frac{3^4}{10^4} \right) \right\}$$

$$= 12.48\,\text{MPa}$$

$$\tau_{r\theta} = 0$$

터널 II의 굴착은 터널 I의 중심부에 작용되는 초기지중응력을 다음과 같이 변화시키는 효과가 있다.

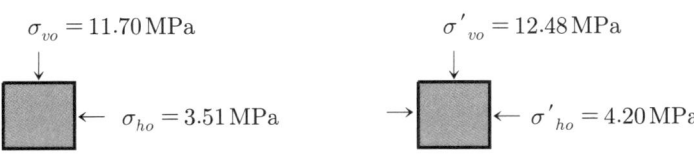

초기지중응력   터널II 굴착후의 터널 I 지반 지중응력

따라서, $K_o{}' = \dfrac{\sigma_{ho}{}'}{\sigma_{vo}{}'} = \dfrac{4.20}{12.48} = 0.336$

터널 I의 측벽과 천정에 작용되는 접선응력은 식 (9.14)로부터 구할 수 있다.

$$\begin{aligned}
\sigma_{\theta(sidewall)} &= \sigma_{vo}{}' \left\{ (1+K_o{}') + 2(1-K_o{}')\cos 2\theta \right\} \\
&= 12.48 \left\{ (1+0.336) + 2(1-0.336)\cos 0^o \right\} \\
&= 33.25\,\mathrm{MPa} < \sigma_c = 60\,\mathrm{MPa}
\end{aligned}$$

$$\begin{aligned}
\sigma_{\theta(roof)} &= 12.48 \left\{ (1+0.336) + 2(1-0.336)\cos 180^o \right\} \\
&= 0.10\,\mathrm{MPa} < \sigma_c = 60\,\mathrm{MPa}
\end{aligned}$$

(2) $K_o = 2.5$: 같은 방법으로 풀면 터널 II로 인한 터널 I에서의 변화된 초기지중응력은 다음 과 같다.

$$\sigma_{vo}{}' = \sigma_\theta = 13.33\,\mathrm{MPa}$$
$$\sigma_{ho}{}' = \sigma_r = 24.46\,\mathrm{MPa}$$
$$K_o{}' = \dfrac{24.46}{13.33} = 1.84$$

$$\begin{aligned}
\therefore\ \sigma_{\theta(sidewall)} &= 13.33 \left\{ (1+1.84) + 2(1-1.84)\cos 0^o \right\} \\
&= 15.46\,\mathrm{MPa} < \sigma_c = 60\,\mathrm{MPa}
\end{aligned}$$

$$\begin{aligned}
\sigma_{\theta(roof)} &= 13.33 \left\{ (1+1.84) + 2(1-1.84)\cos 180^o \right\} \\
&= 60.25\,\mathrm{MPa} > \sigma_c = 60\,\mathrm{MPa}
\end{aligned}$$

[예제 9.3] 다음의 그림과 같이 $\sigma_{vo} = \sigma_{ho} = 11$ 인 암반지반에 직경 3m의 쌍굴터널이 4m의 깊 이 차로 굴착되었다.

1) A점에서의 응력을 구하라.

2) 그림에서 A점을 중심으로 수평절리가 존재하며 이 절리의 $c = 0, \phi = 20^o$ 이다. A점에서의 전단파괴 여부를 판단하라.

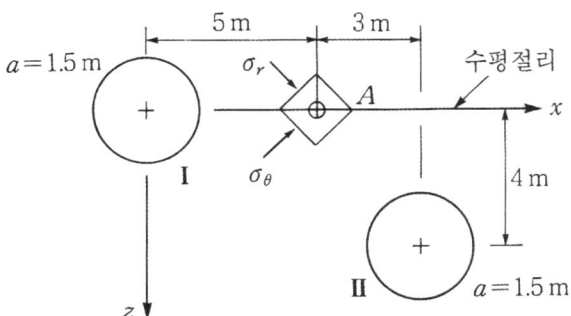

(예제 그림 9.3.1)

[풀 이]

(1) 터널 I로 인한 A점에서의 응력

$$\sigma_\theta = \sigma_z^{\mathrm{I}} = \sigma_{vo}\left\{1+\left(\frac{a^2}{r^2}\right)\right\} = 11\left\{1+\frac{1.5^2}{5^2}\right\} = 11.99\,\mathrm{MPa}$$

$$\sigma_r = \sigma_x^{\mathrm{I}} = \sigma_{vo}\left\{1-\left(\frac{a^2}{r^2}\right)\right\} = 11\left\{1-\frac{1.5^2}{5^2}\right\} = 10.01\,\mathrm{MPa}$$

$$\tau_{r\theta} = \tau_{xz}^{\mathrm{I}} = 0$$

(2) 터널 II로 인한 A점에서의 응력: 터널 I과 동일하다.

$$\sigma_\theta = 11.99\,\mathrm{MPa}$$

$$\sigma_r = 10.01\,\mathrm{MPa}$$

$$\tau_{r\theta} = 0$$

수평면에 작용되는 응력 $\alpha = \tan^{-1}\left(\dfrac{4}{3}\right) = 53.1^o$

$$\sigma_z^{\mathrm{II}} = \frac{\sigma_\theta+\sigma_r}{2} + \frac{\sigma_\theta-\sigma_r}{2}\cos 2\alpha$$

$$= \frac{11.99+10.01}{2} + \frac{11.99-10.01}{2}\cdot \cos 106.2^o = 10.72\,\mathrm{MPa}$$

$$\sigma_x^{\mathrm{II}} = \frac{\sigma_\theta+\sigma_r}{2} + \frac{\sigma_\theta-\sigma_r}{2}\cos 2(\alpha+90^o)$$

$$= \frac{11.99+10.01}{2} + \frac{11.99-10.01}{2}\cdot \cos 286.2^o = 11.28\,\mathrm{MPa}$$

$$\tau_{xz}^{\mathrm{II}} = \frac{\sigma_\theta - \sigma_r}{2} \sin 2\alpha = \frac{11.99 - 10.01}{2} \sin 106.2^o$$

$$= 0.95\,\mathrm{MPa}$$

(3) 두 터널로 인한 A점에서의 응력

$$\sigma_z = \sigma_z^{\mathrm{I}} + \sigma_z^{\mathrm{II}} - \sigma_{vo} = 11.99 + 10.72 - 11.0 = 11.71\,\mathrm{MPa}$$

$$\sigma_x = \sigma_x^{\mathrm{I}} + \sigma_x^{\mathrm{II}} - \sigma_{ho} = 10.01 + 11.28 - 11.0 = 10.29\,\mathrm{MPa}$$

$$\tau_{xz} = \tau_{xz}^{\mathrm{I}} + \tau_{xz}^{\mathrm{II}} = 0 + 0.95 = 0.95\,\mathrm{MPa}$$

(4) 불연속면에서의 전단파괴가능성 평가

$$\tau_f = \sigma_n \tan\phi = \sigma_z \tan\phi = 11.71 \times \tan 20^o = 4.26\,\mathrm{MPa}$$

$$\tau_f = 4.26\,\mathrm{MPa} > |\tau| = 0.95\,\mathrm{MPa}$$

전단응력이 전단강도에 못 미치므로 A점에서 미끄러짐 현상은 없을 것이다.

9.3.2 비원형 터널에서의 탄성해

이 절에서는 원형이 아닌 비원형 터널에 작용되는 응력의 양상에 대하여 서술할 것이다.

1) 타원형 터널에 작용되는 응력

그림 9.22와 같이 지중응력 σ_{vo}, $K_o\,\sigma_{vo}$ 인 암반지반에 타원형의 터널을 굴착하게 될 때 A 및 C에서의 접선응력은 다음 식으로 표시된다.

$$\sigma_{\theta A} = \sigma_{vo}\left\{1 + 2\frac{w}{h} - K_o\right\}$$

$$= \sigma_{vo}\left\{1 + \sqrt{\frac{2w}{\rho_A}} - K_o\right\} \tag{9.27}$$

$$\sigma_{\theta C} = \sigma_{vo}\left\{K_o\left(1 + 2\frac{w}{h}\right) - 1\right\}$$

$$= \sigma_{vo}\left\{K_o\left(1 + \sqrt{\frac{2h}{\rho_C}}\right) - 1\right\} \tag{9.28}$$

여기서, ρ_A와 ρ_C는 A점과 C점에서의 곡률반경을 의미하며, 식에서 보듯이 곡률반경이 작을수록 접선응력은 증가하는 것을 알 수 있다.

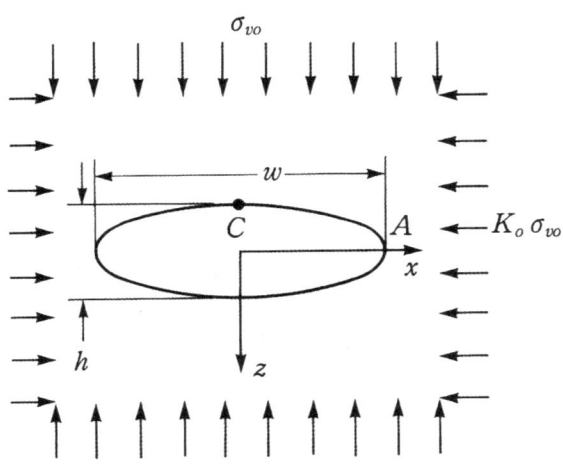

그림 9.22 타원형 터널에서의 접선응력

한편 같은 타원형의 터널이 그림 9.23과 같이 $K_o = 0$인 지반에서 어떤 방향으로 위치하고 있는가에 따른 접선응력의 변화양상을 보여주고 있다. 그림이 의미하는 바는 초기연직응력만 존재하는 경우는 타원형의 터널이 옆으로 누워 있는 것보다는 연직으로서 서 있는 경우에 응력집중이 적어짐을 보여주고 있다.

2) 터널의 형상이 접선응력에 미치는 영향

터널의 형상이 접선방향 응력에 미치는 영향을 정리해 보면 다음과 같이 요약된다.

(1) 터널의 곡률반경이 감소할수록 접선방향 응력은 집중된다. 다시 말하여, 지하구조물 설계 시 가능하면 뾰족한 코너를 두어서는 안 되며, 동글동글한 모양을 이루도록 하면 좋다.

(2) $K_o = 1$인 경우에 원형터널이 가장 응력집중이 적게 발생되는 터널형상이다.

(3) $K_o \neq 1$인 경우에 일반적으로 계란형의 터널이(그림 9.24(a)) 가장 응력집중이 적은 것으로 알려져 있다.

(4) 그림 9.24(b)에서 보여주는 대로 터널의 폭을 높이로 나눈 값(w / h)이 $K_o = \sigma_{ho} / \sigma_{vo}$와 같도록 터널형상을 설계하는 경우 응력집중을 최소화할 수 있다.

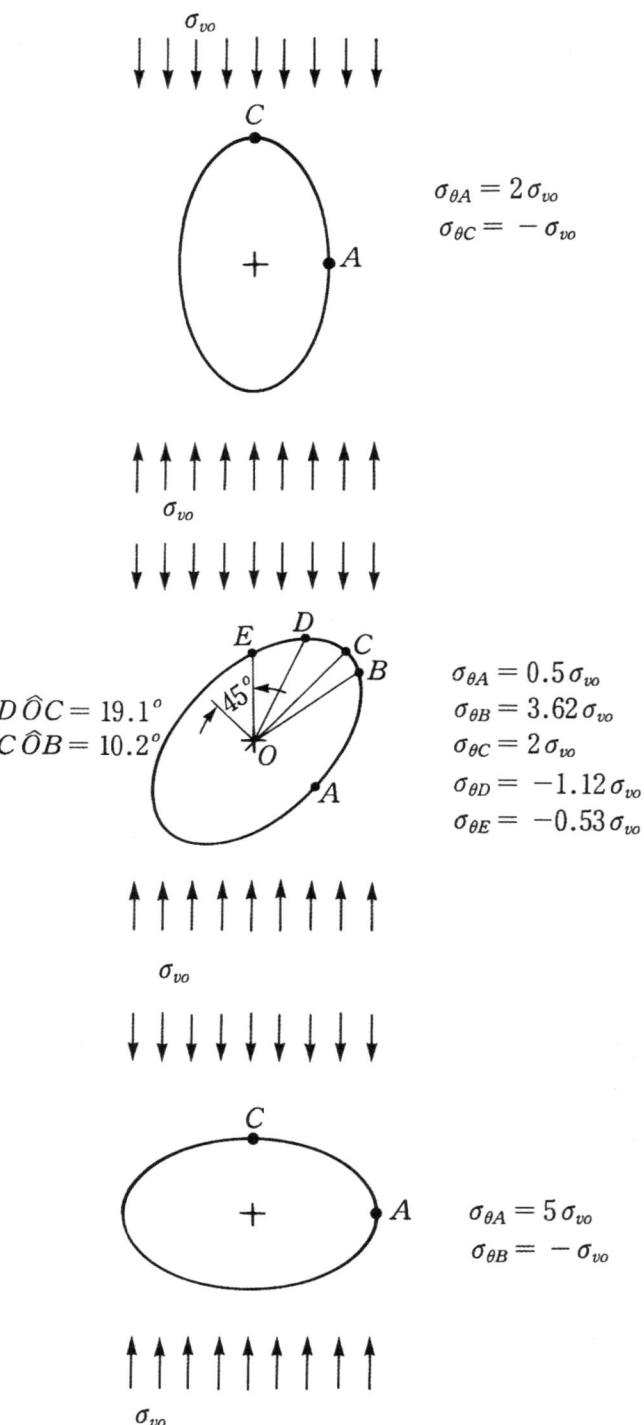

$\sigma_{\theta A} = 2\,\sigma_{vo}$
$\sigma_{\theta C} = -\,\sigma_{vo}$

$D\hat{O}C = 19.1^{\circ}$
$C\hat{O}B = 10.2^{\circ}$

$\sigma_{\theta A} = 0.5\,\sigma_{vo}$
$\sigma_{\theta B} = 3.62\,\sigma_{vo}$
$\sigma_{\theta C} = 2\,\sigma_{vo}$
$\sigma_{\theta D} = -1.12\,\sigma_{vo}$
$\sigma_{\theta E} = -0.53\,\sigma_{vo}$

$\sigma_{\theta A} = 5\,\sigma_{vo}$
$\sigma_{\theta B} = -\,\sigma_{vo}$

그림 9.23 타원형 터널의 기울기에 따른 접선응력($K_o = 0$)

(5) K_o 값이 아주 낮은 경우(예를 들어서 원형 터널에서 $K_o \leq \frac{1}{3}$ 인 경우) 터널의 형상을 불문하고 인장응력을 받는 부분이 항상 존재한다.

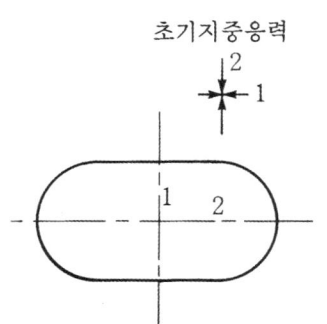

(a) 계란형터널(ovaloidal opening)이 응력집중 최소

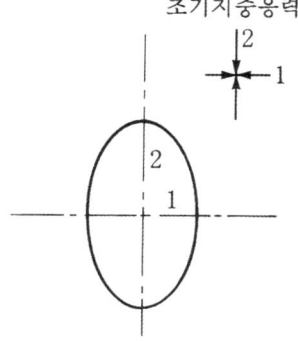

(b) 터널의 형상이 초기지중응력비와 일치하면 응력집중 최소

그림 9.24 터널의 형상에 따른 응력양상

3) 터널형상 및 초기지중응력의 영향

여러 가지 지하공간의 형상에 대하여 초기지중응력비 K_o 의 변화에 따른 접선응력의 변화양상을 그림 9.25에 정리해 놓았다. 그림 9.25로부터 다음의 사항들을 유추할 수 있다.

(1) K_o 값이 작은 경우는 천정부에, K_o 값이 과대한 경우는 측벽부에 인장력이 발생한다.
(2) 지하구조물의 형상이 응력집중에 지대한 영향을 미치며, 같은 형상의 경우도 가로로 누워 있는 경우와 세로로 세워져 있는 각각의 경우에 따라 완전히 다른 응력집중 양상을 보인다.

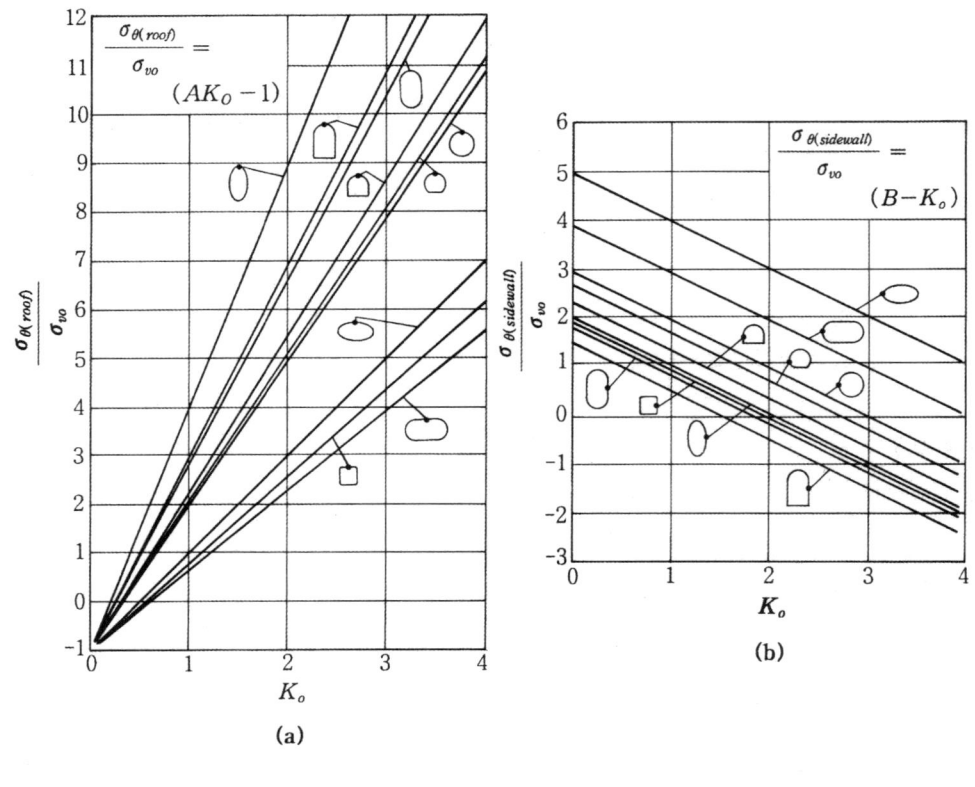

(a)

(b)

A, B 의 값									
A	5.0	4.0	3.9	3.2	3.1	3.0	2.0	1.9	1.8
B	2.0	1.5	1.8	2.3	2.7	3.0	5.0	1.9	3.9

(c)

그림 9.25 터널의 형상에 따른 접선응력 양상

[예제 9.4] 지하 300m 되는 곳에 지하 양수발전소를 건설하고자
한다. 지하공동 형상이 다음 그림과 같은 모양을 하고
있다고 하자. 지반조건은 다음과 같다.

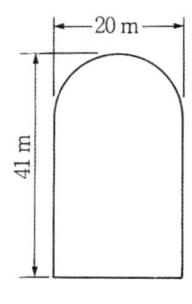

(예제 그림 9.4.1)

- 지반은 화강편마암으로서 불연속면은 1~2m의 간격으로 존재하며 불연속면은 거칠기가 양호하다.
- 지반조사결과 $RMR'_{89} = 70$, $Q = 12$이고 $\sigma_c = 150\,MPa$, $K_o = 2.0$, $\gamma = 0.027\,\mathrm{MN/m^3}$이다.

지하구조물의 천정, 측벽부, 그리고 (예제 그림 9.4.3)의 C점에서 주응력을 구하고 파괴 여부를 평가하라.

[풀 이]

(1) 지하구조물에 작용되는 응력
- 초기지중응력 $\sigma_{vo} = \gamma z = 0.027 \times 300 = 8.1\,MPa$

$$\sigma_{ho} = K_o\,\sigma_{vo} = 2 \times 8.1 = 16.2\,MPa$$

- 천정부에서의 응력(그림 9.25 참조) – 예제 그림 9.4.3의 A점

$$\sigma_{\theta(roof)} = (A\,K_o - 1)\,\sigma_{vo}$$
$$= (4 \times 2 - 1) \times 8.1 = 56.7\,MPa$$

$$\sigma_{r(roof)} = 0$$

- 측벽부에서의 응력(그림 9.25 참조) – 예제 그림 9.4.3의 B점

$$\sigma_{\theta(sidewall)} = (B - K_o)\,\sigma_{vo}$$
$$= (1.5 - 2.0) \times 8.1 = -4.05\,MPa$$

$$\sigma_{r\,(sidewall)} = 0$$

(2) Hoek – Brown 파괴기준

식 (4.13)으로부터

$$\sigma_{1f} = \sigma_3 + \sigma_c \left(m_b\,\frac{\sigma_3}{\sigma_c} + s \right)^a$$

$$m_b = m_i \exp\left(\frac{GSI - 100}{28} \right) = 33 \exp\left(\frac{70 - 5 - 100}{28} \right) = 9.45$$

$$s = \exp\left(\frac{GSI - 100}{9} \right) = \exp\left(\frac{70 - 5 - 100}{9} \right) = 0.02$$

$$a = 0.5$$

$$\therefore \; \sigma_{1f} = \sigma_3 + 150 \left(9.45 \frac{\sigma_3}{150} + 0.02 \right)^{0.5}$$

$$= \sigma_3 + 150 \left(0.063\,\sigma_3 + 0.02 \right)^{0.5}$$

(파괴포락선은 예제 그림 9.4.2 참조)

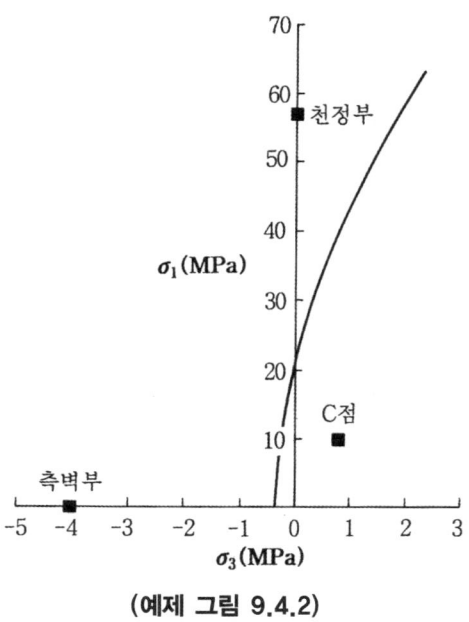

Hoek-Brown 파괴포락선

(예제 그림 9.4.2)

- 천정부에서의 응력

  $\sigma_{1f} = 0 + 150\,(0 + 0.02)^{0.5} = 21.2\,\mathrm{MPa}$

  $\sigma_{\theta(roof)} = 56.7\,\mathrm{MPa} > 21.2\,\mathrm{MPa} \quad \therefore \; 파괴$

- 측벽부에서의 응력(그림 9.25 참조)

  $\sigma_3 = \sigma_{\theta(sidewall)} = -4.05\,\mathrm{MPa}$

  $\sigma_1 = \sigma_{r(sidewall)} = 0$

예제 그림 9.4.2로부터 파괴포락선 밖에 있으므로 파괴(인장파괴).

- $K_o = 2.0$인 경우의 주응력 등고선은 예제 그림 9.4.3과 같다. 그림에서 C점에서의 응력을 판단하여 보자.

$$\frac{\sigma_1}{K_o\,\sigma_{vo}} = 0.6 \rightarrow \sigma_1 = 0.6\,K_o\,\sigma_{vo} = 0.6 \times 2.0 \times 8.1$$

$$= 9.72\,\text{MPa}$$

$$\frac{\sigma_3}{K_o\,\sigma_{vo}} = 0.05 \rightarrow \sigma_3 = 0.05\,K_o\,\sigma_{vo} = 0.05 \times 2.0 \times 8.1$$

$$= 0.81\,\text{MPa}$$

$$\sigma_{1f} = 0.81 + 150\,(0.063 \times 0.81 + 0.02)^{0.5}$$

$$= 40.79\,\text{MPa} > 9.72\,\text{MPa}$$

$$\therefore\ \sigma_1 << \sigma_{1f} \text{이므로 안전}$$

예제 그림 9.4.3에 파괴구역이 표시되어 있다. 특히 측벽부는 초기수평응력계수의 과다로 인장파괴가 발생된 지역으로서 지하구조물의 형상에 있어 측벽부가 직선이므로 인장파괴구역이 광범위 하다. 측벽부를 곡선형으로 바꾸면 인장파괴구역이 많이 줄어들 것이다.

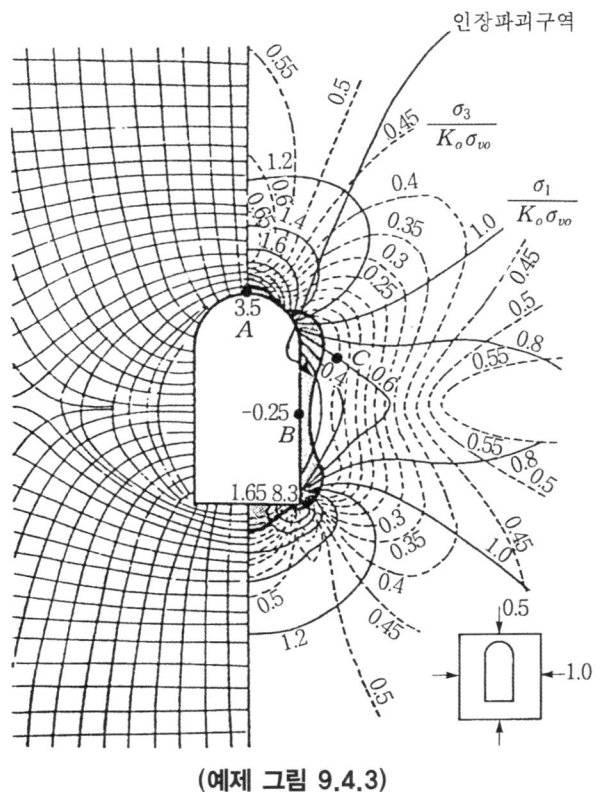

(예제 그림 9.4.3)

9.4 탄소성 해석법

터널주변의 암석/암반이 비교적 연약한 편이기 때문에 다음 그림 9.26과 같이 원형터널굴착으로 인하여 반경 $r = a$부터 $r = b$까지는 암석이 파괴(broken)되어 소성상태로 되었다고 하자. 제4장 강도론에서 서술한 대로 비록 소성상태가 발생되었다 하더라도, 파괴 후의 거동으로서 잔류강도가 존재하는 한, 터널이 완전히 붕괴(collapse)되는 것은 아니며 다만 탄성의 경우에 비하여 변형이 크게 발생되는 정도로 보면 된다.

바꾸어 말하면, 현대의 터널이론은 붕괴역학에 근거하지 않고 탄소성으로 새로운 평형상태에 이르도록 하는 탄소성평형이론에 근거한다. 터널주위가 소성상태에 이르게 될 가능성이 감지될 때, 소성영역을 최소화하는 방법은 그림 9.26에서와 같이 터널에 적절한 지보재를 설치하여 내압 p_i를 증가시켜 주는 것이다. 내압 p_i의 작용원리는 9.5절에서 자세히 서술할 것이다. 또한 본 해석에서는 $K_o = 1$인 경우에 국한된 지반조건을 가정으로 탄소성 터널이론을 전개할 것이다.

9.4.1 응력이론

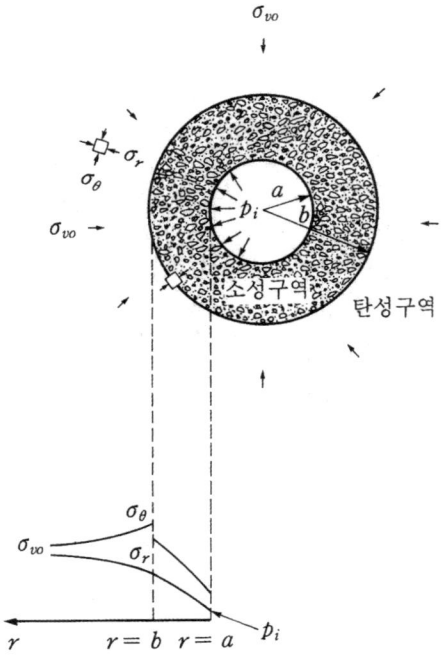

그림 9.26 터널의 탄소성 이론

소성구역 내에서의 평형이론($a \le r \le b$)

소성구역 내에서의 응력상태를 요약해 보면 다음과 같다.

(1) $a \le r \le b$인 구역은 이미 소성상태에 이르렀으므로 반경방향응력 σ_r 및 접선 방향응력 σ_θ는 Kirsh의 해를 따르지 않는다. 즉, 식 (9.5), (9.6)을 사용할 수가 없다.

(2) 반경방향응력 σ_r은 최소주응력, 접선방향응력 σ_θ는 최대주응력이 된다. Mohr - Coulomb의 파괴이론을 채택하면(제4장 4.4.2 참조), 파괴 후의 잔류강도 이론으로부터 σ_r과 σ_θ 사이에는(소성구역 내에 한하여) 식 (4.9a)로부터 다음 식이 성립되어야 한다.

$$\sigma_\theta = \sigma_{c(res)} + k_{res}\, \sigma_r \qquad (9.29)$$

       ↑   ↑

파괴 시 최대주응력 파괴 시 최소주응력

(3) 소성구역 내에서의 응력 σ_θ, σ_r은 소성평형이론으로 구할 수 있다. 축대칭 조건(axisymmetric)의 평형방정식은 다음과 같다.

$$\frac{d\sigma_r}{dr} + \frac{\sigma_r - \sigma_\theta}{r} = 0 \qquad (9.30)$$

식 (9.29)를 위 식에 대입하면

$$\frac{d\sigma_r}{dr} + \frac{(1 - k_{res})\,\sigma_r - (\sigma_c)_{res}}{r} = 0 \qquad (9.31)$$

식 (9.31)을 정리하고 적분식으로 표현하면

$$\int_{p_i}^{\sigma_r} \frac{d\sigma_r}{(k_{res} - 1)\,\sigma_r + (\sigma_c)_{res}} = \int_a^r \frac{dr}{r} \qquad (9.32)$$

위의 식을 적분하고 정리하면 σ_r은 다음 식과 같다.

$$\sigma_r = (p_i + c_{res} \cot \phi_{res}) \cdot \left(\frac{r}{a}\right)^\alpha - c_{res} \cot \phi_{res} \qquad (9.33)$$

여기서,

$$\alpha = \left[\frac{2 \sin \phi_{res}}{1 - \sin \phi_{res}} \right] \tag{9.34}$$

σ_θ는 식 (9.29)를 이용하여 구하면 된다.

탄성해에서는 터널 주위에서 접선응력 σ_θ가 최대로 되며($\sigma_\theta = 2\sigma_{vo}$) r값이 증가할수록 감소하는 현상을 보이나, 소성이 발생되면 그림 9.26에 그려준 바와 같이 터널 주위에서의 σ_θ값은 감소하고 r이 증가할수록 증가하는 양상을 보이게 되는 것이 특징이다.

탄성영역에서의 평형이론($r \geq b$)

탄성영역에서의 반경방향응력 σ_r과 접선방향응력 σ_θ는 탄성론으로부터 다음 식으로 구한다.

$$\sigma_r = \sigma_{vo} - \left(\frac{b}{r} \right)^2 [\sigma_{vo} - (\sigma_r)_{r=b}] \tag{9.35}$$

$$\sigma_\theta = \sigma_{vo} + \left(\frac{b}{r} \right)^2 [\sigma_{vo} - (\sigma_r)_{r=b}] \tag{9.36}$$

식 (9.36)에서 식 (9.35)를 빼면

$$\sigma_\theta - \sigma_r = 2 [\sigma_{vo} - (\sigma_r)_{r=b}] \tag{9.37}$$

$r = b$를 위의 식에 대입하고 $(\sigma_\theta)_{r=b}$에 관하여 정리하면

$$(\sigma_\theta)_{r=b} = 2\sigma_{vo} - (\sigma_r)_{r=b} \tag{9.38a}$$

또한 $r = b$에서는 소성평형도 만족해야 하므로 식 (4.9)로부터

$$(\sigma_\theta)_{r=b} = \sigma_c + k(\sigma_r)_{r=b} \tag{9.38b}$$

식 (9.38a)와 식 (9.38b)의 우항을 같다고 놓으면

$$(\sigma_r)_{r=b} = \frac{2\sigma_{vo} - \sigma_c}{1+k} \tag{9.39}$$

식 (4.10a, b)로부터 k 및 σ_c를 식 (9.39)에 대입하고 정리하면 $(\sigma_r)_{r=b}$는 다음 식이 된다.

$$(\sigma_r)_{r=b} = \sigma_{vo}(1-\sin\phi) - c\cos\phi \tag{9.40}$$

$r=b$에서의 연속성법칙

소성론에 근거하여 $r=b$에서의 $(\sigma_r)_{r=b}$값을 구해보자. 식 (9.33)에 $r=b$를 대입하면

$$(\sigma_r)_{r=b} = (p_i + c_{res}\cot\phi_{res}) \cdot \left(\frac{b}{a}\right)^{\alpha} - c_{res}\cot\phi_{res} \tag{9.41}$$

$r=b$에서 식 (9.40)=식 (9.41)이어야 하므로

$$p_i = [\sigma_{vo}(1-\sin\phi) - c\cdot\cos\phi + c_{res}\cot\phi_{res}]\cdot\left(\frac{a}{b}\right)^{\alpha} - c_{res}\cot\phi_{res} \tag{9.42}$$

여기서,

$$\alpha = \frac{2\sin\phi_{res}}{1-\sin\phi_{res}} \tag{9.43}$$

위의 식이 의미하는 바는 다음과 같다.

(1) p_i와 b는 상호 연관되어지는 함수로서 터널에 가해주는 내압 p_i에 따라 소성영역의 반경 b가 달라진다.
(2) 내압 p_i를 크게 줄수록 b값은 작아진다. 즉, 소성영역이 좁아진다.

9.4.2 변형 이론

탄소성 거동에 의한 반경방향의 변위 u_r(이를 내공변위라고 함)은 다음과 같이 탄성변위와

파괴 시 체적팽창으로 인한 변위증가량을 더한 값으로 단순화시킨다. 즉,

$$(u_r)_{r=a} = (u_r^e)_{r=a} + (\Delta u_r)_{r=a} \tag{9.44}$$

여기서, $(u_r^e)_{r=a}$: $r = a$에서의 탄성변형으로 인한 내공변위

$(\Delta u_r)_{r=a}$: 파괴 시 체적팽창으로 인한 내공변위 증가량

탄성 내공변위 : $(u_r^e)_{r=a}$

식 (9.21a)로부터

$$(u_r)_{r=a} = \frac{a}{2G} (\sigma_{vo} - p_i) \tag{9.45}$$

내공변위 증가량 : $(\Delta u_r)_{r=a}$

터널 주위의 $a \leq r \leq b$ 구역이 소성상태에 이르면 암석이 깨지게 되므로(broken), 체적이 팽창할 것이다. 암석의 체적변형 양상은 그림 4.4 또는 그림 9.27과 같다.

소성파괴 시의 체적변형률 $\varepsilon_v = \delta$라고 가정하면 체적팽창계수 $c_{\exp}$는 다음 식으로 표시할 수 있다.

$$c_{\exp} = 1 + \delta \tag{9.46}$$

일반적으로 $c_{\exp}$값은 $1.01 \sim 1.05$ 사이에 존재하는 것으로 알려져 있다.

그림 9.26에서 $a \leq r \leq b$ 사이의 띠모양 구역의 파괴전의 초기체적 V_o는

$$V_o = \pi (b^2 - a^2) \tag{9.47}$$

소성파괴 후의 체적을 V_f라고 하면 V_f는

$$V_f = \pi (b^2 - a^2) \cdot c_{\exp} \tag{9.48}$$

소성파괴 후에 체적팽창으로 인하여 반경은 다음 식과 같이 줄어들 것이다.

$$r_p = a - (\Delta u_r)_{r=a} \tag{9.49}$$

그렇다면, 다음 식이 성립된다.

$$\pi (b^2 - a^2) c_{\exp} = \pi \left\{ b^2 - [a - (\Delta u_r)_{r=a}]^2 \right\} \tag{9.50}$$

이제 $(\Delta u_r)_{r=a}$는 다음 식으로 표시할 수 있다.

$$(\Delta u)_{r=a} = \frac{(b^2 - a^2)(c_{\exp} - 1)}{2a} = \frac{(b^2 - a^2) \cdot \delta}{2a} \tag{9.51}$$

총 내공 변위량은 다음 식과 같이 표현될 것이다.

$$
\begin{aligned}
(u_r)_{r=a} &= (u_r^e)_{r=a} + (\Delta u_r)_{r=a} \\
&= \underset{\uparrow}{\frac{a}{2G}} (\sigma_{vo} - p_i) + \underset{\uparrow}{\frac{(b^2 - a^2) \cdot \delta}{2a}}
\end{aligned} \tag{9.52}
$$

식 (9.45)   식 (9.51)

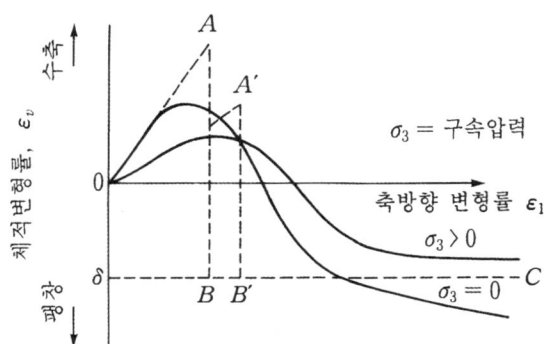

그림 9.27 암석의 파괴로 인한 체적팽창

9.4.3 지반반응곡선

이제까지 두 가지 기본 방정식을 구하였다. 이를 다시 한 번 정리하여 보면 다음의 두 식이다.

$$p_i = [\sigma_{vo}(1 - \sin\phi) - c \cdot \cos\phi + c_{res}\cot\phi_{res}] \cdot \left(\frac{a}{b}\right)^{\alpha} - c_{res}\cot\phi_{res} \qquad (9.42)$$

여기서,

$$\alpha = \frac{2\sin\phi_{res}}{1 - \sin\phi_{res}} \qquad (9.43)$$

$$(u_r)_{r=a} = \frac{a}{2\,G}(\sigma_{vo} - p_i) + \frac{(b^2 - a^2)\,\delta}{2a} \qquad (9.52)$$

위의 두 식이 의미하는 바를 정리하여 보면 다음과 같다.

(1) 초기지중응력 σ_{vo}를 받고 있던(σ_{ho}도 역시 σ_{vo}와 동일)암반에 터널을 굴착하면 반경방향 응력은 감소하기 마련이며, 지반이 완전탄성으로 거동한다면 터널벽면에서(즉, $r = a$에서) $\sigma_r = 0$가 될 것이다.

(2) 만일 암반지반이 비교적 연약하여 터널 주위로 $a \le r \le b$ 범위에 소성파괴의 가능성이 존재하면 터널의 안쪽으로부터 내압 p_i를 가해주어 소성평형을 이루도록 해야 하며, 이 때의 지반에서의 반경방향응력은 $\sigma_{vo} \rightarrow 0$로 감소하는 것이 아니라, $\sigma_{vo} \rightarrow (\sigma_r)_{r=a} = p_i$까지만 감소되는 효과로 보면 될 것이다.

(3) 내압 p_i의 값에 따라서 소성영역의 범위가 정해진다.
즉, p_i가 증가할수록 b의 값은 작아진다(즉, 소성영역이 좁아진다). 물론 p_i가 증가할수록 내공변위$(u_r)_{r=a}$도 작아지게 된다.

(4) 지반반응곡선
터널에서 가해준 내압 p_i와 $(u_r)_{r=a}$의 관계식을 지반반응곡선(ground reaction curve 또는 ground convergence curve)이라고 하며, NATM(New Austrian Tunnelling Method)설계법의 기초가 되는 이론이다. 터널 측벽부에서의 지반반응곡선의 예가 그림 9.28에 예시되어 있다.

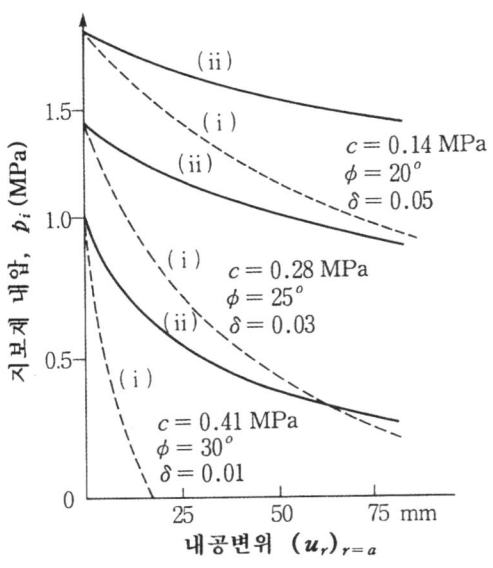

(i) 점선 : $\phi_{res}=\phi$, $c_{res}=c$ 인 경우

(ii) 실선 : $\phi_{res}<\phi$, $c_{res}<c$ 인 경우

그림 9.28 지반반응곡선의 예시

지반반응곡선을 그리는 방법

(1) 기본자료: 암반의 물성치로서 c, ϕ, c_{res}, ϕ_{res}, δ (소성파괴 시의 체적변형률), 터널의 반경 a

(2) 그리는 순서

① p_i값을 가정한다(단, $0 \le p_i \le \sigma_{vo}$ 로서 큰 값을 먼저 취한다).

② 식 (9.42)로 b를 구한다.

③ 식 (9.52)로 $(u_r)_{r=a}$를 구한다.

④ ($r=a$ p_i 의 관계 그래프상에 이점을 표시한다.

⑤ 새로운 p_i값에 대하여 ①~④를 반복한다.

단, 여기서 가정한 p_i값은 측벽에서의 내압을 의미하며, 천정 및 인버트에서의 p_i값은 다음 식으로 구한다.

$$p_{i(roof)} = p_i + \gamma(b-a) \tag{9.53}$$

$$p_{i(invert)} = p_i - \gamma(b-a) \tag{9.54}$$

여기서, γ: 암반의 단위중량

9.4.4 지보재의 거동

지압이 p_i로 남게 되면 이 지압은 지보재에 압력으로 작용되게 된다. 그림 9.29와 같이 링 모양의 지보재에 지압 p_i가 작용되면 지보재에서 변위 u_s가 다음에 제시된 식으로 발생된다.

$$u_s = \frac{p_i \, a \, (1 + \mu_s)}{E_s \, [a^2 - (a - t)^2]} \left\{ a^2 (1 - 2\mu_s) + (a - t)^2 \right\} \tag{9.55}$$

여기서, u_s: 지압 p_i로 인한 지보재의 변위

$\quad\quad a$: 지보재의 외측 반경(터널의 반경)

$\quad\quad E_s, \mu_s$: 지보재의 탄성계수, 포아송비

$\quad\quad t$: 지보재의 두께

다음 식과 같이 지압과 지보재의 변위비를 지보재 강성이라고 한다.

$$k_s = \frac{p_i}{u_s} \tag{9.56}$$

여기서, k_s: 지보재 강성

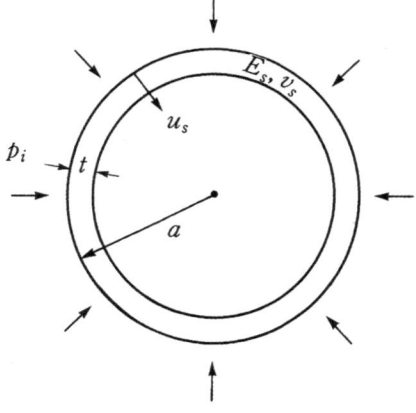

그림 9.29 압력 p_i를 받는 지보재의 거동

9.5 지보재의 작용원리

앞절의 지반반응곡선의 원리를 설명하면서 터널굴착 후 숏크리트, 록볼트, 강지보재를 설치하면 터널에 p_i의 내압을 주는 효과가 있다고 하였다. 만일 완전히 전구간에 걸쳐 터널굴착을 완료한 후에 숏크리트를 타설하였다면 타설된 지보재는 오히려 자중으로 인하여 천정부에서는 하중으로 작용될 뿐, 터널 바깥쪽 방향으로 압력 p_i가 작용될 리가 없다. 지보재 설치로 인하여 내압을 주는 효과를 얻으려면, 지반의 아칭현상(arching effect)을 십분 이용하여야 한다.

아칭현상: 아칭이란, 지반의 한부분에서는 변형이 발생되고 나머지 부분은 발생되지 않을 때 변형이 발생되는 지반에 존재하던 토압이 변위가 발생되지 않는 지반쪽으로 전이되는 현상을 말하며, 지하구조물이 성립될 수 있는 가장 중요한 원리이다.

9.5.1 터널의 굴진과 지보재 역할

1) 지반반응곡선과 지보재의 거동원리

터널의 굴착, 지보재의 설치, 다음 막장의 진행에 따른 각 단계마다의 지반반응 곡선이 그림 9.30에 표시되어 있다. 각 단계별로 지하구조물의 거동양상을 서술하고자 한다.

(1) 제1단계: 터널의 막장(막장(face)이란 터널의 앞부분을 의미)이 아직도 XX 기준단면에 이르지 않았으므로 그림 9.30(b)에서 A점에 해당되며 $p_i = \sigma_{vo}$를 그대로 유지한다.

(2) 제2단계: 터널을 이제 갓 굴착하고 아직 지보재를 설치하지 않은 경우이다. 이때 굴착 주변에는 아칭효과로 인하여 상당한 하중이 종단상의 터널막장 앞부분이나 횡단상의 터널단면 바깥쪽으로 전이되게 되며, 전이되지 못한 응력만이 이완된다(그림 9.30(b)의 B 또는 C).

(3) 제3단계: 지보재의 설치단계이다. 이때 반경방향응력은 완전히 이완되었으므로 지보재에는 응력이 작용되지 않는다(그림 9.30(b)의 D점). 그림에서 보듯이 터널굴착과 동시에 어느 정도의 지반변위는 발생되므로 초기변위 발생을 인위적으로 막을 수는 없다.

(4) 제4단계: 다음 막장까지 굴착을 하는 단계이다. 이때 XX 단면을 중심으로 생각해 보면 제2단계에서 아칭현상으로 막장 앞부분으로 전이되었던 하중이 아칭이 없어지면서 추가로 지반에 작용되며, 이 하중은 역시 추가 변위를 발생시키며 상당한 양만큼 이완되어 p_i에 이른다. 이때 발생되는 추가 변위로 인하여 지보재에는 $p_i = k_s \cdot (\delta u_r)_{r=a}$만큼 압력

이 작용되며, 이 지보재에 작용되는 압력으로 인하여 터널에는 내압 p_i가 작용되는 효과가 발생된다. 물론 이때 지보재의 종류에 따라 강성이 다르므로 내압 p_i도 달라지게 된다.

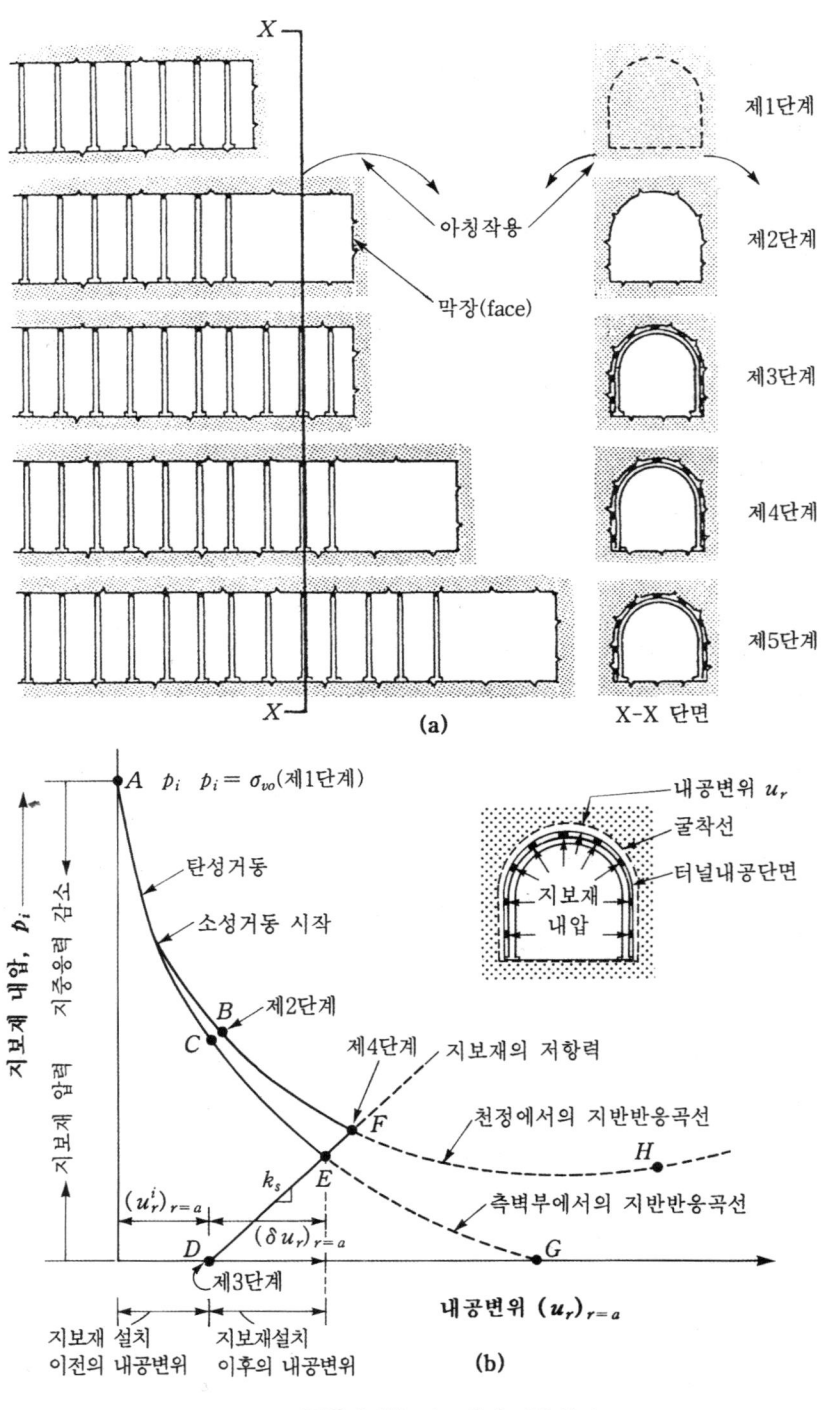

그림 9.30 지보재의 작용원리

2) 터널의 굴진에 따른 내공변위 양상

앞에서 서술한 대로 터널의 굴착즉시 내공변위가 발생되는 것이 아니라, 아칭작용에 의하여 서서히 발생됨을 알 수 있다. 그림 9.31에 터널굴진에 따른 내공변위가 발생되는 양상을 모식도로 표시하여 놓았다. 그림에서 보여주는 내용을 정리하여 보면 다음과 같다.

(1) 터널굴진 시 암반지반에 발생되는 변위는 터널막장으로부터 1.5D(D는 터널의 직경) 전방에서 변형이 발생되기 시작한다.
(2) 터널굴착 직후에 막장면에서 전체 내공변형량의 1/3가량만 변형이 발생된다.
(3) 터널막장면으로부터 1.5D 후방에서 거의 모든 변형이 발생되며, 더 이상의 추가변형은 막장이 진행되어도 거의 발생되지 않는다(이를 변위가 수렴되었다고 한다).
(4) 터널굴착 시 반경방향으로 내공변위가 발생될 뿐 아니라, 종단 방향으로도 변형이 발생됨이 일반적이다.

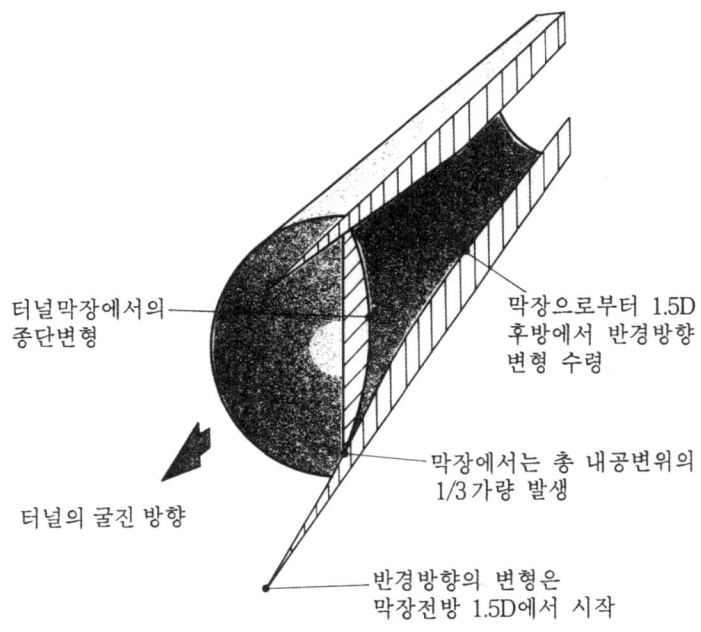

그림 9.31 터널굴진에 따른 내공변위 발생 양상

9.5.2 지보재의 설치원리

앞절에서 서술한 대로 지보재의 종류에 따라, 강성(k_s)과 최대지보압($p_{\max}$)값이 다르다. 그

림 9.32는 지보재의 종류와 설치시기에 따른 지보재의 역할의 예를 들어본 것이다.

지보재를 설치하기 전에 발생되는 초기변위 $(u^i_r)_{r=a}$는 25mm, 75mm, 100mm로 각각 가정하였다.

- ③, ④는 초기변위 25mm가 발생되었을 때, 각각 숏크리트와 록볼트를 설치한 경우이다. 록볼트로 이루어진 ④의 경우는 이상적인 지보재 거동으로 볼 수 있으나, ③의 숏크리트는 강성이 너무커서 지보응력 p_i가 과다하다.
- ①, ②는 초기변위 75mm가 발생되었을 때 강지보재를 설치한 경우이며, ①의 경우엔 지보에 큰 무리가 없으나 ②의 경우는 지보재 강성이 상대적으로 작아서 지보재 응력을 충분히 발휘하지 못한 경우이다.
- ⑤는 초기변위 100mm가 발생된 후에 록볼트 지보재를 설치하였으므로 천정에서는 이미 과다변위가 발생되어 지보재가 제 역할을 하기전에 붕괴(collapse)가 발생된 경우이다.

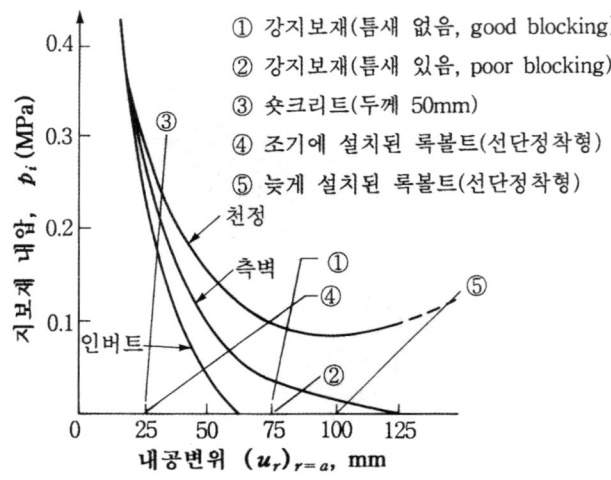

그림 9.32 지반반응곡선과 지보재 작용하중 예시

지보재의 선택과 설치시기

앞에서 서술한 대로, 새로운 터널의 개념은 붕괴역학(collapse mechanism)이 아니라 소성평형이론이다. 다시 말하여 그림 9.30의 지반반응곡선 및 지보재반응곡선에서, 지보재는 지반반응곡선의 최저점에 도달하기 전에 내압 p_i가 발휘되도록 해야 하며, 저점을 지나도록 지보재의 기능이 발휘되지 못하면 터널은 소성평형상태를 넘어 붕괴상태로 가게 된다. 따라서, 지보재는 터널굴착 즉시 설치하여야 하며, 또한 비교적 강성이 커서, 변위를 받는 즉시 압력이

작용되는 재료이어야 한다. 작금 터널설계 개념에서 숏크리트가 가장 중요하다고 보는 이유가 숏크리트는 타설이 빠르며, 조강재이므로 강성도 비교적 이른 시기에 발휘되기 때문이다. 지보재의 종류에 따른 강성과 최대지보압의 예가 표 9.5에 표시되어 있다.

표 9.5 지보재의 종류에 따른 강성과 최대 지보압

지보재 종류	터널직경 - m	4	6	8	10	12
매우 가벼운 록볼트[1], $\phi\,16$ 인발력 = 0.11MN	최대압력 – MPa	0.25	0.11	0.06	0.04	0.03
	최대탄성변위 – mm	10	12	13	14	15
가벼운 록볼트[1], $\phi\,19$ 인발력 = 0.18MN	최대압력 – MPa	0.40	0.18	0.10	0.06	0.04
	최대탄성변위 – mm	12	14	15	17	18
중간 정도의 록볼트[1], $\phi\,25$ 인발력 = 0.27MN	최대압력 – MPa	0.60	0.27	0.15	0.10	0.07
	최대탄성변위 – mm	15	16	17	19	20
무거운 록볼트[1], $\phi\,34$ 인발력 = 0.35MN	최대압력 – MPa	0.77	0.34	0.19	0.12	0.09
	최대탄성변위 – mm	19	21	22	23	24
1일 양생 숏크리트, 50 mm[2] σ_c' = 14MPa, E_c' = 8500MPa	최대압력 – MPa	0.35	0.23	0.17	0.14	0.12
	최대탄성변위 – mm	3	5	6	8	10
28일 양생 숏크리트, 50 mm[2] σ_c' = 35MPa, E_c' = 21000MPa	최대압력 – MPa	0.86	0.58	0.43	0.35	0.29
	최대탄성변위 – mm	3	5	6	8	9
28일 양생 콘크리트, 300 mm σ_c' = 35MPa, E_c' = 21000MPa	최대압력 – MPa	4.86	3.33	2.53	2.04	1.71
	최대탄성변위 – mm	3	4	6	7	9
가벼운 강지보재 6I12[3] 1.5m 간격, 틈새 없음(well blocked)	최대압력 – MPa	0.33	0.18	0.12	0.08	0.06
	최대탄성변위 – mm	7	7	8	8	9
중간 정도의 강지보재 8I23[4] 1.5m 간격, 틈새 없음(well blocked)	최대압력 – MPa		0.37	0.25	0.17	0.13
	최대탄성변위 – mm		8	9	10	10
무거운 강지보재 12W65[5] 1.5m 간격, 틈새 없음(well blocked)	최대압력 – MPa			0.89	0.66	0.51
	최대탄성변위 – mm			9	11	12

주: 1) 선단 정착형(그라우팅 미 실시), 길이는 터널직경의 1/3, 간격은 길이의 1/2
    2) 완전 폐합된 숏크리트의 경우, 천정부나 측벽부에만 타설된 숏크리트의 경우
       최대지보압 1/10 이하로 감소
    3) 높이 6", 무게 12lb/ft
    4) 높이 8", 무게 23lb/ft
    5) 높이 12", 무게 65lb/ft

[예제 9.5] 암반의 $c = 0.3\,\text{MPa}$, $\phi = 30^o$, $c_{res} = 0$, $\phi_{res} = 30^o$, $E = 1000\text{MPa}$, $\mu = 0.25$이고 터널에서의 초기지중응력은 1.2MPa이며 터널의 직경은 6m이다. 지보재로는 일일 양생 숏크리트 50mm를 택하였고, 초기변위는 25mm이다. 지반반응곡선과 지보재반응곡선을 그려라. 단, 소성파괴 시의 체적변형률은 3%로 가정한다.

[풀 이] 식 (9.42), (9.52)를 이용하여 지반반응곡선을 그리기 위해서 문제에서 주어진 값들로 α와 G를 구하면 다음과 같다.

$$\alpha = \frac{2\sin\phi_{res}}{1-\sin\phi_{res}} = \frac{2 \times \sin 30^o}{1-\sin 30^o} = 2$$

$$G = \frac{E}{2(1+\mu)} = \frac{1000}{2 \times (1+0.25)} = 400\text{MPa}$$

또한 탄성과 소성의 경계점(r=b)에서의 반경방향의 응력은 식 (9.40)으로 구할 수 있다.

$$(\sigma_r)_{r=b} = \sigma_{vo}(1-\sin\phi) - c \cdot \cos\phi$$
$$= 1.2 \times (1-\sin 30^o) - 0.3 \times \cos 30^o = 0.34\text{MPa}$$

내압 p_i가 0.34MPa보다 크면 탄성거동을 하여 식 (9.52)를 이용하여 $(u_r)_{r=a}$을 구할 때 $b=a$로 놓고 풀면 될 것이다. 즉 탄성변위만을 고려하게 된다.

p_i값을 가정하여 b를 구해야 하므로 식 (9.42)를 b에 대해 정리하면 다음과 같다.

$$b = \left[\frac{\sigma_{vo}(1-\sin\phi) - c \cdot \cos\phi + c_{res}\cot\phi_{res}}{p_i + c_{res}\cot\phi res} \right]^{(1/\alpha)} \cdot a$$

지반반응곡선을 그리기 위해서 p_i, b, $(u_r)_{r=a}$을 구하면 다음 표와 같다.

(예제 표 9.5.1)

p_i(MPa)	b(m)	$(u_r)_{r=a}$(mm)
0.00	4.559	63.423
0.05	4.175	46.463
0.10	3.874	34.165
0.15	3.630	24.822
0.20	3.427	17.470
0.25	3.255	11.524
0.30	3.106	6.606
0.34	3	3.225
0.40	3	3.000
0.45	3	2.813
0.50	3	2.625
0.55	3	2.438
0.60	3	2.250
0.65	3	2.063
0.70	3	1.875
0.75	3	1.688
0.80	3	1.500
0.85	3	1.313
0.90	3	1.125
0.95	3	0.938
1.00	3	0.750
1.05	3	0.563
1.10	3	0.375
1.15	3	0.188
1.20	3	0.000

지보재반응곡선을 그리기 위해서 표 9.5를 이용하여 지보재 강성을 구하면 다음과 같다.

$$k_s = \frac{p_i}{u_s} = \frac{0.23}{5} = 0.046 \text{MPa/mm}$$

위에서 구한 k_s는 지보재반응곡선의 기울기이고 문제에서 초기변위가 25mm로 주었으므로 지보재반응곡선의 가로축 절편은 25mm가 된다.

지반반응곡선과 지보재반응곡선을 그리면 다음 그림과 같다.

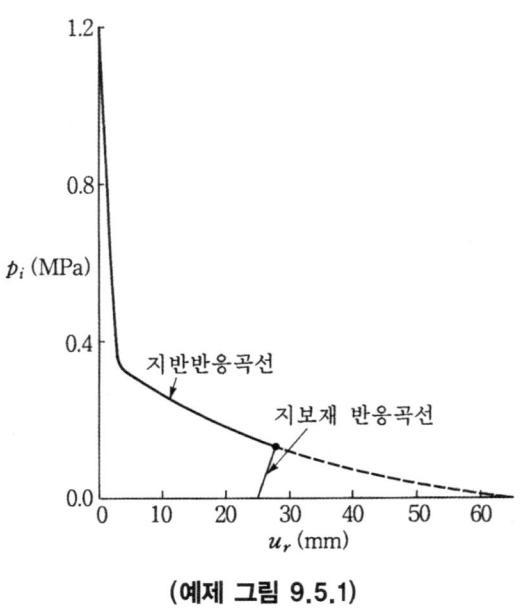

(예제 그림 9.5.1)

9.5.3 NATM의 기본원리

NATM(New Austrian Tunnelling Method)은 현재 전 세계적으로 가장 많이 채택되고 있는 터널설계·시공법으로서 NATM은 한마디로 표현하여, 이완하중 이론에 근거하여 설계·시공되던 재래식 터널에 반하여 탄성 또는 탄소성상태로서 새 평형상태에 이르게 유도하는 평형이론에 기초한 방법으로 볼 수 있다. 터널에 붕괴 또는 이완현상 없이 새로운 평형상태에 도달하기 위하여는 다음에 주안점을 두어야 한다.

(1) 터널을 지보하는 것은 근본적으로 주변지반 자체이다. 따라서 터널은 지보재와 지반이 일체화된 구조물이다.
(2) 그러므로 암반이 원래부터 가지고 있던 강도를 될 수 있으면 손상하지 말아야 한다. 재래식 터널에서 주로 사용하던 목재 및 강아치 지보공은 지반의 이완을 피할 수 없었다. 이에 반하여, 굴착 직후에 타설하는 숏크리트는 굴착면을 밀봉하여 느슨함을 방지할 수 있다.
(3) 터널굴착 시 지반의 변형은 최대한 억제하여야 한다. 그러기 위해서는 지보재를 적절한 시기에 설치하여야 한다. 너무 빨라도, 너무 늦어도 안 되며, 지보의 강성 또한 너무 커도, 너무 연해도 안 된다. 어느 경우에도 지반반응곡선의 저점을 넘도록 변형이 발생되어서는 안 된다(그림 9.33).

(4) 지보재의 설치시기는 현장에서 계속적인 계측을 실시하고 그에 따라 최적으로 결정해
    주어야 한다.

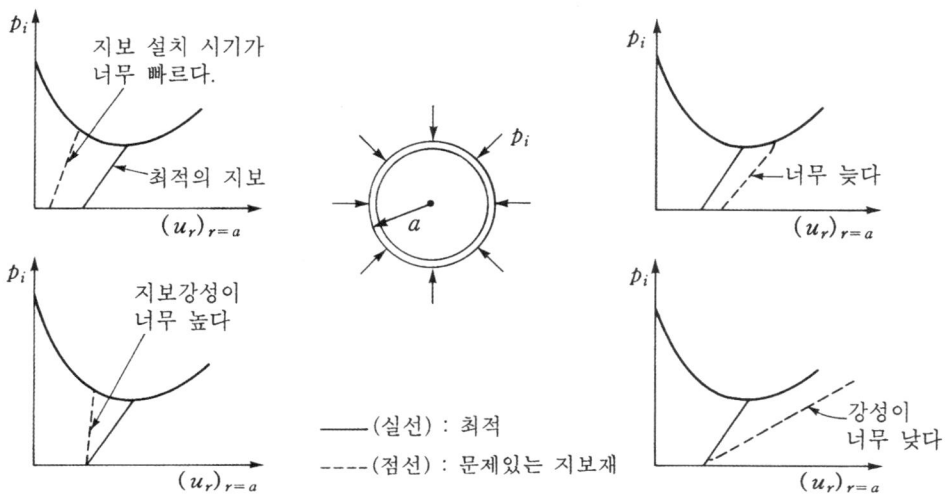

그림 9.33 지보재의 설치시기와 강성

9.6 터널의 시간의존성 거동[*]

9.6.1 서론

제6장에서 암석의 시간의존성 거동을 상세히 서술하고 대표적으로 버거모델에 소요되는 정수들을 일축압축탄점성시험으로부터 구하는 방법을 서술하였다. 버거모델에 필요한 탄성계수는 K, G_1, G_2, η_1, η_2,의 다섯 가지이다.

일반적으로 터널은 굴착을 완료한 후에 최종적으로 2차지보재로서 콘크리트라이닝을 설치하게 된다. 따라서, 굴착을 완료한 시점은 이미 탄성변형이 완료된 상태로서 콘크리트라이닝에는 자중을 제외하고는 응력이 작용되지 않는다. 결론적으로 말하여 버거모델에서 맥스웰에 해당되는 부분의 스프링은 필요없게 된다. 즉, 일반적인 맥스웰모델(Generalized Maxwell)로도 충분하다(그림 6.13(c) 참조).

터널구조물에서 점탄성이론으로 지중응력의 변화를 수학적으로 푸는 것은 아주 복잡하며,

또한 학부수준을 넘는다. 이 교재에서는 다음 절에 원형터널에서의 점탄성거동 양상을 소개하고자 하며, 상세한 유도는 생략한다.

9.6.2 원형터널의 시간의존적 거동*

1) 라이닝에 작용되는 시간의존적 응력

터널의 반경 $r = a$이며, 콘크리트라이닝의 내경 $r = a_i$인 터널에 작용되는 점탄성 거동을 구해보자. 암반과 라이닝의 소요설계 정수값들은 다음과 같다.

$$\underline{\text{일반 맥스웰모델 정수}}$$
$$K, \ G_1, \ \eta_1, \ \eta_{2,}$$

$$\underline{\text{콘크리트라이닝 정수}}$$
$$G', \ \mu'$$

라이닝과 주변 암반의 경계선인 $r = a$에서 시간의존성 거동으로 인하여 라이닝에 작용되는 추가응력은 다음과 같다.

$$p_i(t) = \sigma_{vo}\left(1 + Ce^{r_1 t} + De^{r_2 t}\right) \tag{9.57}$$

여기서,

$$C = \frac{\eta_2}{G_1}\, r_2 \left[\frac{r_1\left(1 + \eta_1/\eta_2\right) + G_1/\eta_2}{\left(r_1 - r_2\right)}\right] \tag{9.58}$$

$$D = \frac{\eta_2}{G_1}\, r_1 \left[\frac{r_2\left(1 + \eta_1/\eta_2\right) + G_1/\eta_2}{\left(r_2 - r_1\right)}\right] \tag{9.59}$$

r_1과 r_2는 다음 식의 실근이다.

$$\eta_1 B s^2 + \left[G_1 B + \left(1 + \frac{\eta_1}{\eta_2}\right)\right] s + \frac{G_1}{\eta_2} = 0 \tag{9.60}$$

$$B = \frac{1}{G'} \left(\frac{(1-2\mu')\,a^2 + a_i^2}{a^2 - a_i^2} \right) \qquad (9.61)$$

2) 라이닝에 작용되는 응력과 변위

라이닝에 작용되는 응력과 변위는 다음 식과 같다$(a_i < r < a)$.

$$\sigma_r(t) = p_i(t)\,\frac{a^2}{a^2 - a_i^2}\left(1 - \frac{a_i^2}{r^2}\right) \qquad (9.62)$$

$$\sigma_\theta(t) = p_i(t)\,\frac{a^2}{a^2 - a_i^2}\left(1 + \frac{a_i^2}{r^2}\right) \qquad (9.63)$$

$$u_r(t) = \frac{a^2\,r\,p_i(t)\,(1 - 2\mu' + a_i^2/r^2)}{2\,G'\,(a^2 - a_i^2)} \qquad (9.64)$$

3) 암반지반에 작용되는 응력과 변위

시간의존성을 고려한 지중응력과 변위는 다음 식과 같다$(r \geq a)$.

$$\sigma_r(t) = \sigma_{vo}\left(1 - \frac{a^2}{r^2}\right) + p_i(t)\,\frac{a^2}{r^2} \qquad (9.65)$$

$$\sigma_\theta(t) = \sigma_{vo}\left(1 + \frac{a^2}{r^2}\right) - p_i(t)\,\frac{a^2}{r^2} \qquad (9.66)$$

$$u_r(t) = \frac{a^2}{r}\,p_i(t)\left\{\frac{(1-2\mu')\,a^2 + a_i^2}{2\,G'\,(a^2 - a_i^2)}\right\} \qquad (9.67)$$

[예제 9.6] 터널의 직경$= 9\,\mathrm{m}$이며, 라이닝과 암반의 정수들은 다음과 같다.

콘크리트라이닝: 두께$= 0.3\,\mathrm{m}$

$$E' = 2.45 \times 10^7\ \mathrm{kPa}, \quad \mu' = 0.2$$

암반지반: $\sigma_{vo} = 7000$ kPa

$$G_1 = 3.5 \times 10^5 \text{ kPa}$$

$$\eta_1 = 3.5 \times 10^{11} \text{ kPa/min}$$

$$\eta_2 = 7.0 \times 10^{13} \text{ kPa/min}$$

$$K = \infty \ (\mu = 0.5)$$

위의 터널에 대하여 콘크리트라이닝과 암반지반에 작용되는 시간의존적 응력과 변형을 구하라.

[풀 이] 콘크리트 라이닝과 암반지반에 작용되는 시간의존적 응력과 변형을 구하기 위해 먼저 라이닝에 작용되는 시간의존적 추가응력을 구해야 한다. 이 과정은 다음과 같다.

콘크리트 라이닝의 G'는 아래와 같다.

$$G' = \frac{E'}{2(1+\mu')} = \frac{2.45 \times 10^7}{2 \times (1+0.2)} = 1.02 \times 10^7 \text{kPa}$$

문제에서 주어진 η_1, η_2의 분 단위를 일(day) 단위로 바꾸면 다음과 같다.

$$\eta_1 = 2.43 \times 10^8 \text{kPa/day}$$

$$\eta_2 = 4.86 \times 10^{10} \text{kPa/day}$$

식 (9.60)의 실근 r_1과 r_2를 구하기 위해 B는 식 (9.61)로 구할 수 있다.

$$B = \frac{1}{G}\left[\frac{(1-2\mu')a^2 + a_i^2}{a^2 - a_i^2}\right]$$

$$= \frac{1}{1.02 \times 10^7}\left[\frac{(1-2\times0.2)\times 4.5^2 + 4.2^2}{4.5^2 - 4.2^2}\right] = 1.12 \times 10^{-6}(\text{kPa}^{-1})$$

위에서 구한 B값과 η_1, η_2, G_1값들로 식 (9.60)을 정리하면 다음과 같다.

$$272.16s^2 + 1.397s + 7.2 \times 10^{-6} = 0$$

r_1, r_2는 위식의 실근이므로 다음과 같다.

$$r_1 = -5.51 \times 10^{-6}, r_2 = -5.13 \times 10^{-3}$$

C와 D는 식 (9.58), (9.59)로 구할 수 있다.

$$C = -0.231, \quad D = -0.769$$

위에서 구한 값들을 가지고 시간의존성 거동으로 인하여 라이닝에 작용되는 추가 응력은 식 (9.57)을 이용해 구할 수 있다.

$$p_i(t) = \sigma_{vo}(1 + Ce^{r_1 t} + De^{r_2 t})$$
$$= 7000(1 - 0.231e^{-5.51 \times 10^{-6}t} - 0.769e^{-5.13 \times 10^{-3}t})$$

1) 콘크리트 라이닝에 작용되는 시간의존적 응력과 변형

식 (9.62), (9.63), (9.64)를 이용하여 r=a에서의 응력과 변위을 구하면 아래 표와 같다.

(예제 표 9.6.1)

시간(days)	$\sigma_r(t)$(kPa)	$\sigma_\theta(t)$(kPa)	u_r(mm)
0	0	0	0
1	27.6	400.0	0.069
7	189.9	2757.4	0.478
28	720.5	10459.6	1.814
56	1344.6	19520.2	3.385
183	3279.3	47606.9	8.257
356	4558.6	66178.8	11.477
712	5249.8	76212.3	13.218
3650	5415.2	78613.7	13.634

예제 표 9.6.1의 표를 그래프로 표현하면 아래 그림과 같다.

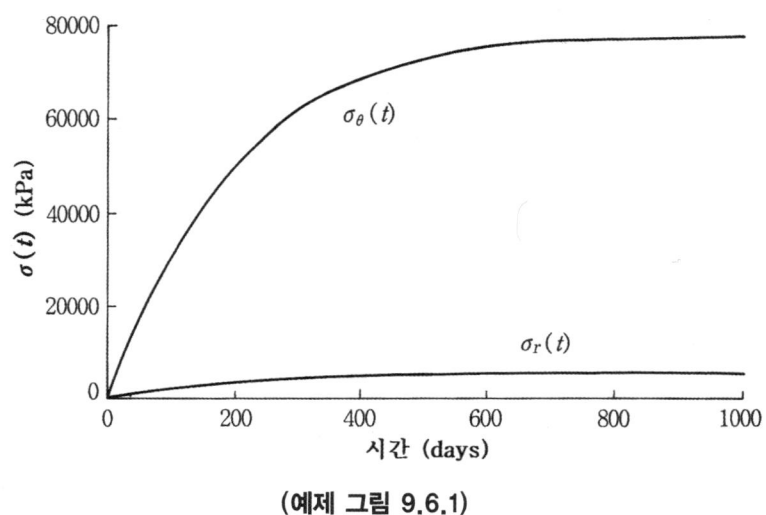

(예제 그림 9.6.1)

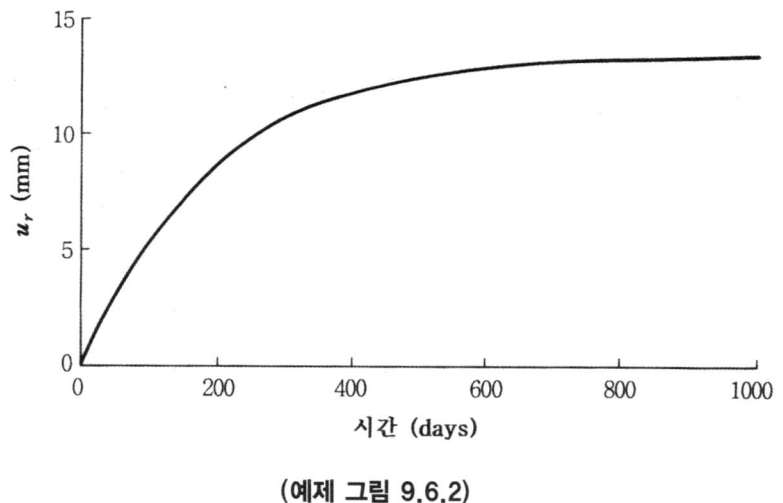

(예제 그림 9.6.2)

2) 암반지반에 작용되는 시간의존적 응력과 변형

식 (9.65), (9.66), (9.67)를 이용하여 $r = a$에서의 응력과 변위을 구하면 아래 표와 같다.

(예제 표 9.6.2)

시간(days)	$\sigma_r(t)$ (kPa)	$\sigma_\theta(t)$ (kPa)	u_r (mm)
0	0	140000	0
1	27.6	13972.4	0.069
7	189.9	13810.1	0.478
28	720.5	13279.5	1.814
56	1344.6	12655.4	3.385
183	3279.3	10720.7	8.257
356	4558.6	9441.4	11.477
712	5249.8	8750.2	13.218
3650	5415.2	8584.8	13.634

위의 표를 (예제 표 9.6.1)과 비교하면 콘크리트 라이닝과 암반지반의 접촉면 ($r = a$)에서는 접선방향응력만 다른 것을 알 수 있다. 그리하여 변위에 대한 그래프는(예제 그림 9.6.2)와 같으므로 생략하고 응력에 관한 그래프는 아래 그림과 같다.

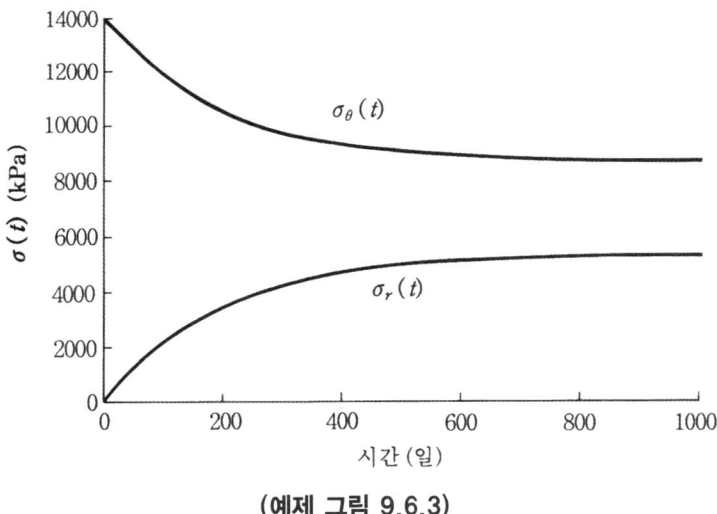

(예제 그림 9.6.3)

참 고 문 헌

- Brady, B.H.G. and Brown, E.T.(1985), Rock Mechanics for Underground Mining, George Allen & Unwin, London
- Hoek, E. and Brown, E.T.(1980), Underground Excavations in Rock, Institution of Mining and Metallurgy, London
- Sinha, R.S.(Ed., 1991), Underground Structures, Vol. A&B, Elsevier, Amsterdam

제10장

파동역학과 발파

제10장*

파동역학과 발파

10.1 서 론

파동역학(wave mechanics)은 동역학의 기본으로서 지반에서의 충격하중, 지진하중 등에 의하여 응력파(stress wave)가 발생되었을 때, 생성된 파가 어떻게 퍼져나가는가를 규명하는 학문이다. 암반역학에서 파동역학의 원리가 이용되어야 하는 분야는 발파(blasting), 터널과 지하공간에서의 내진문제, 지구물리탐사 중 탄성파를 이용한 경우를 대표적으로 들 수 있다. 그러나 학부과정에서는 일반적으로 파동역학을 다루지 않으므로 발파나 지진하중에 의한 파동문제를 기본원리부터 이해하는 것은 쉽지가 않다.

발파(blasting)는 암반지역에서의 공사의 성패를 좌우하는 중요한 문제이다. 그러나 발파는 경험에 의존해야 하는 면이 많고 또 화약학에 대한 지식도 필요로 하므로 그 원리가 복잡한 것으로 알려져 있으며, 또한 역학적으로 규명되지 못한 부분이 너무도 많은 분야로 알려져 있다.

본 장에서는 발파(blasting)분야 중에서 시공학에서 다룰 수 있는 요소들은 전부 생략하기로 하고 발파공학에서 필연적으로 이해해 두어야 하는 기본 역학들만을 소개하고자 한다.

10.2 파동역학의 근간

10.2.1 기본 이론

파동역학(wave mechanics)을 원리적으로 풀어가려면 물리학부터 이해해야 하므로 여기에서는 대부분 생략하기로 하고 기본적인 의미만을 독자들에게 전달하고자 한다.

정역학과 동역학의 기본적인 차이점

정역학의 근간은 모든 방향의 힘의 합이 '0'가 되어야 한다는 것이다.

즉,

$$\sum F_x = 0, \quad \sum F_y = 0, \quad \sum F_z = 0$$

의 3식이 성립하여야 지구상의 물체가 움직이지 않는다. 즉, 'rigid body motion'이 발생하지 않는다. 또한,

$$\sum M = 0$$

의 식이 성립하여야 우력이 발생되지 않아, 물체가 빙글빙글 돌아가는 현상이 생기지 않는다.

반면에 동역학이란 힘의 합이 '0'가 되는 것이 아니라, 관성력이 된다는 것이다. 즉, 다음 식이 성립한다.

$$\sum F = m\,a \tag{10.1}$$

여기서, m = 입자의 질량

$\qquad a$ = 입자의 가속도

식 (10.1)을 Newton의 2차 운동법칙이라고 한다. 그림 6.1(c)와 같은 입자에 작용되는 응력에 대하여 이 법칙을 적용하여 이를 수식으로 나타내면 다음과 같다.

$$\frac{\partial \sigma_x}{\partial x} + \frac{\partial \tau_{yx}}{\partial y} + \frac{\partial \tau_{zx}}{\partial z} = -\rho \frac{\partial^2 u_x}{\partial t^2}$$

$$\frac{\partial \tau_{xy}}{\partial x} + \frac{\partial \sigma_y}{\partial y} + \frac{\partial \tau_{zy}}{\partial z} = -\rho \frac{\partial^2 u_y}{\partial t^2} \tag{10.2}$$

$$\frac{\partial \tau_{xz}}{\partial x} + \frac{\partial \tau_{yz}}{\partial y} + \frac{\partial \sigma_z}{\partial z} = -\rho \frac{\partial^2 u_z}{\partial t^2}$$

식 (10.2) 중에서 x방향으로만 전파하는 파동방정식은 다음 식과 같이 표시될 수 있다(상세한 유도는 생략하고자 하며 관심 있는 독자들은 Kolsky(1963의 책을 참조하기 바란다).

$$c_p^2 \frac{\partial^2 u_x}{\partial x^2} = \frac{\partial^2 u_x}{\partial t^2} \tag{10.3a}$$

$$c_s^2 \frac{\partial^2 u_y}{\partial x^2} = \frac{\partial^2 u_y}{\partial t^2} \tag{10.3b}$$

$$c_s^2 \frac{\partial^2 u_z}{\partial x^2} = \frac{\partial^2 u_z}{\partial t^2} \tag{10.3c}$$

식 (10.3a)를 보면 파가 전파되는 방향도 x이며(분모가 ∂x임) 입자에 변위가 발생되는 방향도 x이다(u_x). 파가 전파되는 방향과 입자가 움직이는 방향이 같은 파를 종파 또는 P파라고 한다. 반면에 식 (10.3b)과 (10.3c)를 보면 파가 전파되는 방향은 역시 x방향인데 반하여 입자가 움직이는 방향은 y 또는 z방향(u_y, u_z)이다. 즉, 파가 전파되는 방향과 입자가 움직이는 방향이 직각을 이룬다. 이러한 파를 횡파 또는 S-파라고 한다.

식 (10.3)에서 c_p는 종파의 파전파 속도로서 다음 식으로 표시된다.

$$c_p = \sqrt{\frac{\lambda + 2G}{\rho}} \tag{10.4}$$

여기서, λ와 G는 Lame의 정수이다(제6장의 식 (6.9) 참조). 또한 c_s는 횡파의 파전파 속도로서 다음 식으로 표시된다.

$$c_s = \sqrt{\frac{G}{\rho}} \tag{10.5}$$

Note 파의 전파속도(wave velocity)와 입자의 속도(particle velocity)

파의 전파속도는 파가 퍼져가는 속도를 나타내는 것으로 'c'의 기호로 표현할 것이다. 반면에 입자의 속도는 실제 물체가 움직이는 속도를 의미하며, 'v'= $\frac{du}{dt}$로 표시할 것이다. 조용한 호수에 돌을 던졌다고 하자 물결이 퍼져나가는 것은 파의 전파를 의미하고 이때 실제로 호수물이 밖으로 퍼져나가는 것은 아니다. 실제로 돌을 던짐으로 인하여 충격을 받은 물이 실제로 움직이는 속도가 입자의 속도이다.

종파 및 횡파의 진행 방향과 입자의 이동방향에 대한 개략도가 그림 10.1(a),(b)에 그려져 있다. 그림 10.1(c) 및 10(d)는 표면파로서 지표면을 따라 전파되는 파들이다.

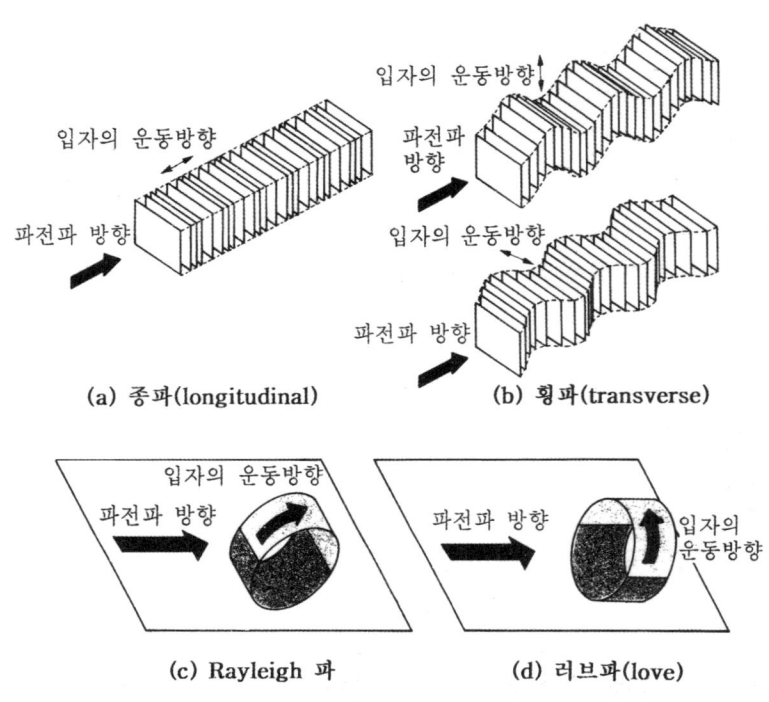

(a) 종파(longitudinal)   (b) 횡파(transverse)

(c) Rayleigh 파   (d) 러브파(love)

그림 10.1 응력파의 종류와 개요

10.2.2 강봉을 따라 전파되는 압축파

다음 그림과 같이 단면적 A인 강봉에 응력을 가했을 때, 응력파의 전파원리를 서술하여 기본원리를 이해하는 데 도움을 주고자 한다.

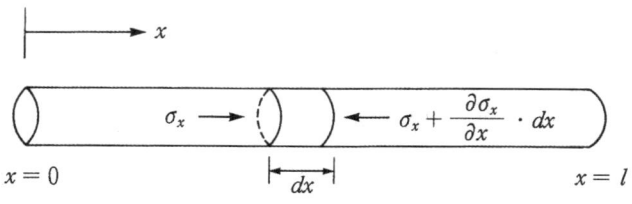

그림 10.2 강봉에서의 압축파 거동

그림 10.2에서 응력 σ_x가 작용될 때 식 (10.2)를 적용하면

$$
\begin{aligned}
\sum F_x &= \left(\sigma_x + \frac{\partial \sigma_x}{\partial x}\, dx \right) A - \sigma_x \cdot A \\
&= \frac{\partial \sigma_x}{\partial x} \cdot A \\
&= \rho\, A\, dx\, \frac{\partial^2 u_x}{\partial t^2} \\
&= m \cdot a
\end{aligned}
\tag{10.6}
$$

한편,

$$
\begin{aligned}
\sigma_x &= E \varepsilon_x \\
&= E \frac{\partial u_x}{\partial x}
\end{aligned}
\tag{10.7}
$$

이므로 이 식을 식 (10.6)에 대입하고 정리하면 1차원 파동방정식을 다음과 같이 나타낼 수 있다.

$$
\frac{\partial^2 u_x}{\partial t^2} = \frac{E}{\rho}\, \frac{\partial^2 u_x}{\partial x^2}
\tag{10.8}
$$

식 (10.8)은 1차원 파동방정식으로서, 기초공학에서 다루는 파일 항타 시의 응력전파를 나타내는 이론이기도 하다.

여기서, 파의 전파속도 c는 다음 식으로 나타낼 수 있다.

$$
c = \sqrt{\frac{E}{\rho}}
\tag{10.9}
$$

식 (10.8)의 일반해는 다음 식으로 표시될 수 있다.

$$
u(x,\, t) = f(ct - x) + F(ct + x)
\tag{10.10}
$$

여기서, f는 x가 증가되는 방향으로 가는 파를, F는 x가 감소되는 방향으로 오는 파를 나타낸다.

응력과 속도와의 관계

강봉에서의 응력과 속도와의 관계식은 다음과 같다(유도는 생략하며 Kolsky(1963)의 책을 참조할 것).

$$\sigma_x = \rho\, c\, v_x$$
$$= \rho\, c\, \frac{\partial u_x}{\partial t} \tag{10.11}$$

식 (10.11)을 보면 강봉에 가해지는 응력은 입자의 속도에 비례하며, 비례상수는 ρc 로서 이 비례상수를 특성 임피던스(characteristic impedance)라고 한다.

경계조건에 따른 응력

(1) 자유단에서의 거동

다음과 같이 강봉의 끝인 $x = l$에서 완전 자유단으로 공기와 접하게 되는 경우의 거동은 다음과 같다.

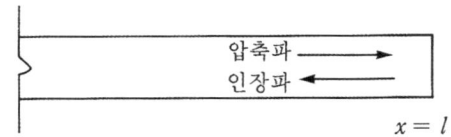

- 압축파가 $x = l$에 다다르면 크기는 같고 부호가 반대인 인장파가 되돌아온다. 압축파가 자유면을 만나면 인장파로 되돌아온다는 사실은 발파의 원리에서 가장 핵심이 되는 중요사항이다.
- 가는 압축파 및 돌아오는 인장파의 중첩으로 인하여 $x = l$에서의 변위는 2배로 된다.

(2) 고정단에서의 거동

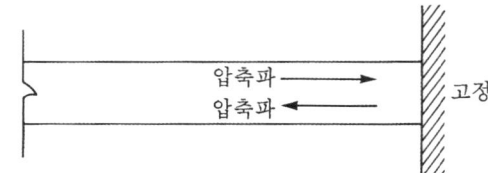

- 압축파가 $x = l$ 에 다다르면 크기는 같고 부호도 동일한 압축파가 되돌아온다.
- 따라서 $x = l$ 에서의 응력은 2배로 증가된다. 말뚝의 선단을 견고한 지반에 놓고 말뚝을 항타하면 선단부에 응력이 집중되어 선단부가 찌그러지는 것은 이로 인한 원인이다. 응력이 집중된다는 사실은 또한 다음 절에서 서술하는 제어발파에서 중요한 역할을 한다.

10.3 발파공학

10.3.1 기본사항

암반의 굴착방법으로 가장 빈번히 이용되는 것이 천공과 발파(drill-and-blasting)이다. 발파는 다음과 같이 이루어지는 것이 가장 이상적이다.

(1) 발파는 예정된 선까지 완전히 제거되어야 하며, 발파로 인한 부석(fragment)은 운반하기 용이한 크기이어야 한다.
(2) 발파 예정선 외의 암반은 손상이 최소가 되도록 하여야 한다.

발파공학에 필요한 기본사항이 화약과 뇌관이다.

화약
화약에는 다이너마이트, 초유폭약(ANFO), 에멀젼 폭약, 슬러리 폭약, 정밀 폭약 등이 있으며 참고문헌을 참조바란다.

뇌관
화약을 폭발시키는 장치로서 전기뇌관과 비전기뇌관이 있다.

굴착순서

발파굴착은 다음과 같은 순서로 이루어지게 된다. 즉,

천공(drilling) → 장약(charge) → 결선 → 발파 → 버력처리

10.3.2 발파의 기본원리와 자유면 형성

1) 기본 메커니즘

화약을 장약하고 발파시키면 발파공 주위의 형태는 그림 10.3과 같이 나타낼 수 있다. 그림 10.3(a)에서 ①은 발파를 위한 천공직경을 나타내며, ②는 완전히 파괴되는 분쇄구역을, ③은 반경방향으로 크랙이 생성되는 것을 보여준다. 발파하중에 의하여 발파공벽에 내압이 작용되면 발파공 주변의 암석입자에는 반경방향으로는 압축응력이 작용되나, 접선방향으로는 인장응력이 작용되어(식 (9.19), (9.20) 참조), 암석에 크랙이 발생한다. 한편 압축응력이 그림 10.3(b)에서와 같이 자유면을 만나면 인장파로 되돌아오게 되고 인장파로 인하여 암석의 표면부터 떨어져 나간다.

발파 시점부터 위에서 서술한 현상이 발생되는 것을 통틀어 응력파의 효과(stress wave effect)라고 한다. 한편 발파로 인하여 발파공에는 고압 가스가 발생되며, 이 고압 개스가 이미 생성된 크랙 사이로 들어가서 고압으로 암석을 밀어주면 암석이 완전히 분쇄되고 만다. 이

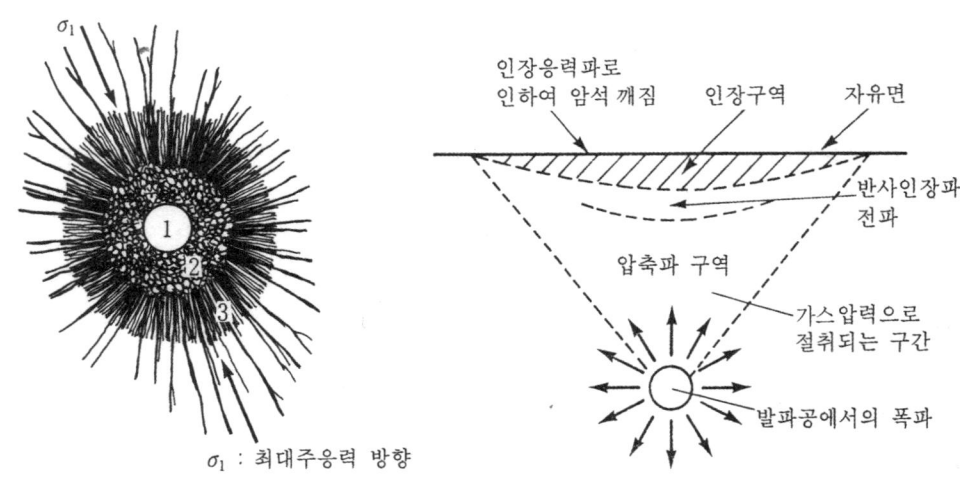

σ_1 : 최대주응력 방향

1. 발파공
2. 분쇄구역
3. 발파하중으로 인한 크랙발생

(a) 발파공 주위의 거동

(b) 응력파 효과와 가스압력 효과

그림 10.3 발파의 개요

를 가스압력효과(gas pressure effect)라고 한다. 발파로 인하여 생성되는 주된 파는 종파로서 압축파이며, 횡파의 생성은 크지 않은 것으로 알려져 있다.

2) 자유면 형성

앞서 서술한 바와 같이 발파문제에서 인장파로 되돌아오도록 유도하기 위하여 자유면을 갖는 것이 핵심이라고 할 수 있다. 노천공 발파에서는(그림 10.4), 자유면이 자연적으로 존재하므로, 자유면에서 가까운 열부터 차례로 발파하면 되나 (자유면과 발파공 사이의 거리를 최소저항선이라고 한다), 터널 발파 시에는 자유면이 존재하지 않는다.

따라서, 터널의 본발파 이전에 자유면을 형성하기 위하여 실시하는 발파를 심발공(cut)이라고 한다. 심발공에는 대표적으로 경사심발공(그림 10.5)과 평행심발공(그림 10.6)이 있다.

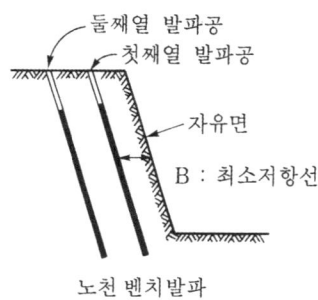

그림 10.4 노천발파의 개요

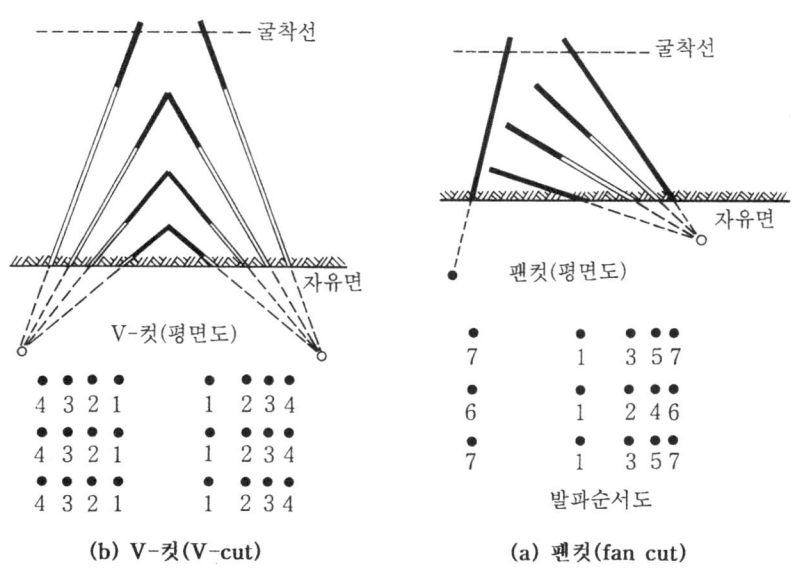

그림 10.5 경사심발공

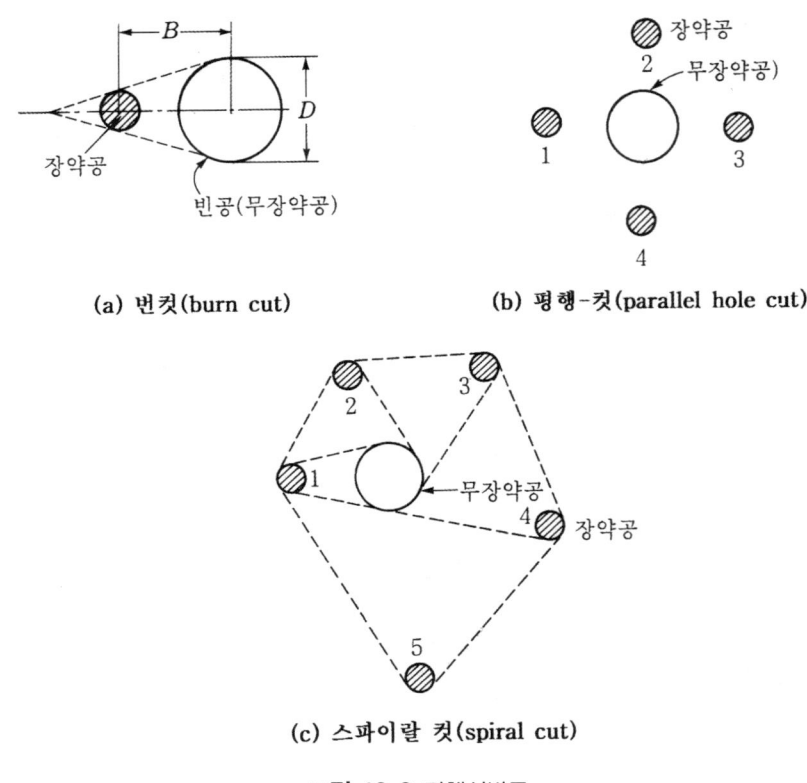

(a) 번컷(burn cut)

(b) 평행-컷(parallel hole cut)

(c) 스파이럴 컷(spiral cut)

그림 10.6 평행심발공

10.3.3 제어발파

발파 시 예정지역의 암반은 완전히 절취시켜야 하나 남아 있는 주위 암반으로는 에너지 전달을 최소화하여 손상을 가능한 한 좁은 범위로 국한시키도록 하여야 하는 양면성을 가지고 있다. 굴착공간의 설계나 지보시스템 설계가 현지조건을 충분히 고려하여 안정한 형태로 이루어졌다 해도 굴착과정에서 주위 암반에 과도한 손상을 준다면 안정성 저해요인이 될 수 있기 때문이다.

주위의 암반의 손상은 최소화하고, 굴착면이 잘 형성되도록 하기 위한 것이 제어발파이다. 굴착면 형성을 위한 제어발파의 기본개념은 발파에 의한 파쇄메커니즘에서 공 주위의 파쇄대와 원주방향의 균열의 생성을 최대한 억제하고 공과 공사이의 파단면만을 형성시키도록 제어하는 것이다. 일반발파에서는 파쇄효율을 높이기 위하여 폭약과 공벽의 커플링을 좋게 하고 장약밀도를 높이는 방법을 이용하는 반면, 공 주위에 균열생성을 억제하기 위하여 폭발력이 직접 주위의 암반으로 전달되지 않도록 장약 주위에 공간을 형성함으로써 공기가 초기 화약에너지를 흡수하여 고압의 충격효과를 완화시키는 디커플링(decoupling)방법을 이용한다.

발파공 직경과 폭약의 직경 비를 디커플링 지수라 하며 폭약과 암반의 특성에 따라 적정한 수치를 선택한다(그림 10.7 참조).

$$\text{디커플링 지수} = \frac{d}{d_e} \qquad\qquad (10.12)$$

여기서, d_e = 폭약의 직경
$\qquad\quad d$ = 발파공의 직경

그림 10.7에서와 같이 디커플링 장약을 하게 되면 발파로 인한 압력은 크게 줄게 되나, 압력의 지속시간은 가스압력으로 인하여 증가한다.

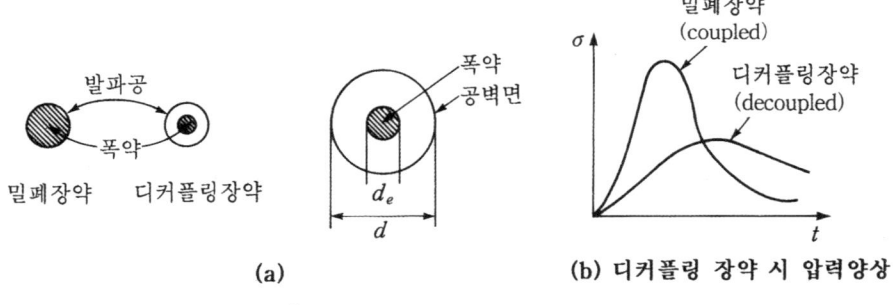

그림 10.7 디커플링 장약과 압력양상

공과 공 사이에 깨끗한 파단면을 형성하기 위하여는 전술한바와 같이 장약밀도를 작게 하고 인접한 공의 발파 시 공 주위에 형성되는 인장응력이 서로 보강되게 하여 두 공을 잇는 선과 수직한 방향의 인장응력을 이용하여 두 공을 연결하는 인장 파단면을 형성하는 것이다. 이러한 발파 방법들로서 대표적으로 프리스플리팅(pre-splitting)과 스무스블라스팅(smooth blasting)이 있다.

1) 프리스플리팅(pre-splitting)

작업 마무리 면의 암반보호 및 매끈한 굴착면을 형성하기 위하여 굴착 예정선에 발파공을 천공한 다음 이 발파공을 본 발파에 앞서 발파함으로써 미리 파단면을 형성시키고 나머지 부분을 발파하는 방법이다. 이 발파공들의 간격은 좁게 천공한다. 즉, 일반적으로 본 발파 최소저항선의 50% 정도로 실시하고 장약량도 적게 사용한다.

이 방법의 원리는 인접되는 두 개의 공을 동시에 발파하면 충격파가 방출되면서 발파공 사이의 지역에서 인장력이 서로 중첩되는 것을 이용한다. 이 인장력에 의해 발생되는 균열이 발파공과 공 사이에서 서로 만나 하나의 파단면을 형성하도록 하는 것이다. 그림 10.8은 그 원리를 도식화한 것이다.

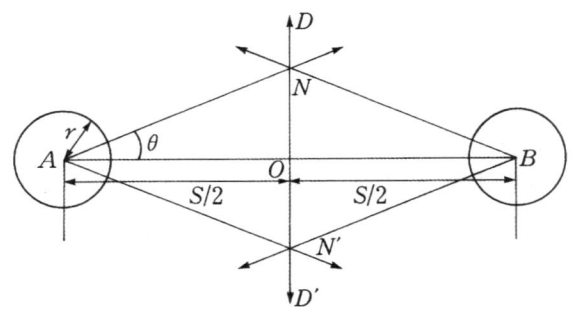

그림 10.8 프리스플리팅의 원리

2) 스무스블라스팅(smooth blasting)

이 발파방법은 노천이나 지하터널작업 모두에서 사용할 수 있지만 주로 지하터널작업에서 많이 사용되는 발파법이다. 일반 발파방법과 마찬가지로 예상 굴착면의 발파공을 맨 나중에 발파시키는 점에서는 같지만 천공형태는 정상적인 발파작업에 비해 공 간격을 좁게 하고 다른 공보다 작은 지름과 낮은 장약 밀도를 가진 폭약을 사용하는 점에서 차이가 있다.

스무스 블라스팅과 프리스플리팅의 주된 차이점은 전자는 심빼기 발파공으로부터 인접공 발파공까지 주 발파공을 먼저 발파하고 디커플링 장약을 한 주변공을 가장 나중에 발파하는 방법이고 후자는 주변공을 먼저 발파하는 방법이다. 스무스발파가 암반 중에 터널을 굴착하는 경우에 주로 적용되고 프리스플리팅이 노천에 적용되는 것은 먼저 외곽공을 발파할 경우 지압이 높게 작용하고 있을 때에는 실패할 확률이 높기 때문이다.

스무스발파의 효과를 좌우하는 중요한 요소는 그림 10.9에서 공 간격(S) 대 최소저-항선(B)의 비이며, 일반적으로 공 간격은 최소저항선의 $0.7 \sim 0.8$ 정도로 하면 양호한 결과를 얻을 수 있다고 알려져 있다.

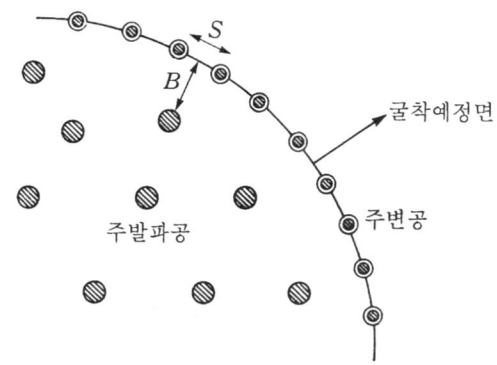

그림 10.9 굴착예정면의 천공패턴

10.4 터널발파에 따른 영향

10.4.1 손상영역 평가

발파가 주변암반에 미치는 영향을 터널굴착에 따른 영향에 비교하여 설명하면 다음과 같다. 즉 정역학적 평형방정식으로부터 파악된 굴착시의 응력변화가 암반의 강도보다 작은 경우, 그 응력은 지속되며 주변암반은 안정한 상태를 유지하나. 그러나 발파하중은 동적인 충격하중으로 매우 짧은 시간에 소산되기 때문에 이로 인한 주변암반에서의 응력변화는 없다고 할 수 있다. 다만 큰 충격하중으로 인해 주변암반에 손상이 가해지며 이로 인해 강도가 저하된다. 다시 말하면 굴착에 의해 발생되는 정적하중은 주변지반의 응력상태를 변화시키지만 강도와는 무관하고 반대로 동적하중은 주변지반의 강도를 저하시키고 응력은 변화시키지 않는다고 할 수 있다. 따라서 발파에 의한 영향은 주변암반의 강도저하의 크기 및 범위를 예측함으로써 파악할 수 있으며 이는 굴착암반의 상태, 사용화약, 천공 및 발파패턴 등 여러 가지 요소에 의해 결정된다.

발파에 의한 강도저하현상을 이론적으로 규명하기는 매우 어렵기 때문에 현재 사용되고 있는 방법은 대부분 경험적인 방법이나 현장에서의 계측 등을 통해 강도특성이 크게 변하는 영역을 손상영역(damage zone)으로 정의하고 다음과 같은 방법들을 사용하여 이를 정량화해서 시공에 반영하고 있다.

- 전체 천공길이에 대한 발파 후 남아 있는 천공자국(half casting)의 길이 비율
- 발파진동의 크기(vibration level)

- 발파 전, 후에 채취한 시편(core)의 균열정도
- 현장에서 단면을 절단하여 균열정도 파악

또한 경험적으로 장약밀도와 발파원으로부터의 거리에 따른 입자의 최대진동속도를 식 (10.13) 등으로부터 예측한다. 그림 10.10은 식 (10.13)을 나타낸 그래프이며 손상이 발생하기 시작하는 진동영역이 표시되어 있다.

$$v_{max} = 700 \times \frac{W^{0.6}}{D^{1.5}} \text{ (mm/sec)} \qquad (10.13)$$

v_{max} : 입자의 최대진동속도(mm/sec)
W : 지발당 최대장약량(kg)
D : 폭원으로부터의 거리(m)

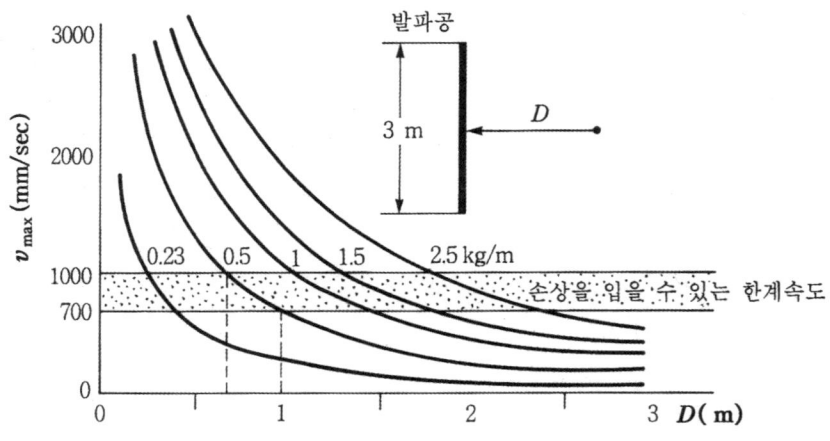

그림 10.10 장약량을 달리하여 거리(D)에 관한 함수로 나타낸 최대진동속도

터널의 경우 굴착면 주위의 암반강도저하를 최소화하고 미려한 굴착단면을 확보하는 것은 여굴량과 지보수량에 밀접한 관계가 있기 때문에 굴착공사의 안정성 및 경제성에 매우 큰 영향을 미친다. 그러므로 사용화약 및 발파패턴 등 여러 가지 요소를 굴착대상암반의 조건에 따라 적절히 변경함으로써 손상영역을 최소화시키려는 노력이 계속되고 있다. 설계굴착선공의 화약 및 발파패턴을 변경하여 발파시키는 스무스블라스팅 및 프리스프리팅이 이러한 노력의 일환으로 보면 된다. 또한 그림 10.11에서 보듯이 설계굴착선공에 인접한 발파공도 주변암반에

손상을 줄 수 있기 때문에 천공 및 장약패턴을 다른 발파공과 다르게 설정할 필요가 있다.

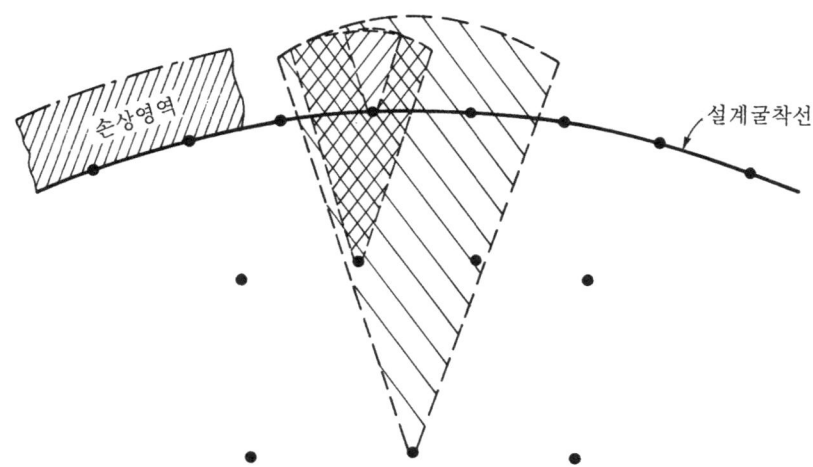

그림 10.11 외곽공 및 인접공에 의한 손상영역(damage zone)

10.4.2 발파로 인한 진동문제

발파로 인하여 발파공에서 어느 정도 떨어진 암반에서는 탄성파가 발생되고, 발생된 탄성파의 전파로 인하여 지반은 진동을 하게 된다.

발파 진동의 수준을 예측할 수 있는 전파식은 진동의 속도성분으로 표시하는 것이 일반적이며, 장약량 및 발파원으로부터의 거리를 주요변수로 하여 다음 식과 같은 일반적인 유형이나 환산거리를 이용하는 방법이 많이 사용되고 있다(그림 10.12).

$$v_{\max} = K D^a \, W^c; \qquad\qquad v_{\max} = K\left(\frac{D}{W^b}\right)^n = K(SD)^n \qquad\qquad (10.14)$$

일반식   환산거리 이용식

여기서, $v_{\max}$: 입자의 최대진동속도(peak particle velocity, mm/sec 또는 cm/sec)

　　　　D : 폭원으로부터의 거리(m)

　　　　W : 지발당 최대장약량(kg)

　　　　K, a, c: 자유면 상태, 화약의 성질, 암질, 발파방법 등에 따르는 상수

n: 감쇠지수

b: 1/2 또는 1/3

SD: 환산거리(scaled distance)

이 식에서 지반의 공학적 성질이나 발파조건 등에 따른 진동감쇠 특성이 결국 상수 K, n에 반영되어 표시되므로 안전발파 설계를 위해서는 대상지역에서 시험발파를 통한 K, n 상수 값을 도출하는 것이 중요하다. 환산거리로 표시되는 식 (10.14) 중 후자의 형태가 가장 많이 사용되고 있으며 지수 b를 1/2로 하느냐(제곱근 환산거리) 또는 1/3로 하느냐(세제곱근 환산거리)는 자료처리 결과 적합도가 높은 편을 택하면 된다. 이 식의 양변에 로그를 취하면 다음 식과 같이 1차식이 되므로 간단히 자료를 대표하는 회귀직선을 구할 수 있다.

$$\log V = \log K + n \log (SD) \tag{10.15}$$

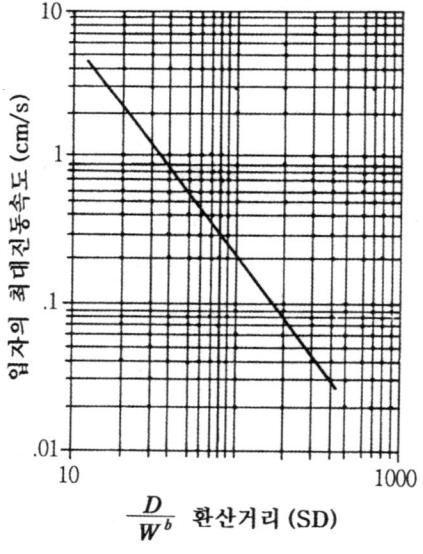

그림 10.12 최대진동속도와 환산거리

구조물의 종류에 따른 진동속도의 허용치의 예가 표 10.1에 표시되어 있다(이 값은 터널설계기준에서 발췌한 것임).

표 10.1 구조물 손상기준 발파진동 허용치

구분	진동예민 구조물	조적식(벽돌, 석재 등) 벽체와 목재로 된 천정을 가진 구조물	지하기초와 콘크리트 슬래브를 갖는 조적식 건물	철근콘크리트 골조 및 슬래브를 갖는 중소형 건축물	철근 콘크리트, 철근골조 및 슬래브를 갖는 대형 건축물
	문화재 등	재래가옥, 저층 일반가옥 등	저층 양옥, 연립주택 등	중, 저층 아파트, 중소상가 및 공장	내진구조물, 고층아파트, 대형 건물 등
허용입자 속도 (cm/sec)	0.3	1.0	2.0	3.0	5.0

참 고 문 헌

• 류창하(2000), 터널발파로 인한 진동 및 소음발생과 제어, 한국지반공학회 터널 기술위원회 워크샵(발파분야), pp102-122

• 한국지반공학회(2000), 토목기술자를 위한 암반공학 − 제 12장(토목구조물 건설을 위한 발파설계), pp581-635

• Dowding, C.H.(1985), Blast Vibration Monitoring and Contral, Prentice-Hall, London

• Kolsky, H.(1963), Stress Waves in Solids, Dover, New York

찾아보기

■ 저자소개

이 인 모(李寅模)

서울대학교 토목공학과(공학사)
미국 Ohio 주립대학교 토목공학과 대학원(공학석사, 공학박사)
한국과학기술원 토목공학과 조교수 역임
국제 터널학회(ITA) 회장 역임
현 고려대학교 건축사회환경공학부 교수

암반역학의 원리(제2판)

초 판 발 행 2000년 1월 3일(도서출판 새론)
초 판 5 쇄 2010년 1월 25일
2판 1쇄 2013년 12월 20일(도서출판 씨아이알)
2판 2쇄 2016년 8월 22일
2판 3쇄 2019년 5월 28일
2판 4쇄 2022년 8월 10일

저   자 이인모
펴 낸 이 김성배
펴 낸 곳 도서출판 씨아이알

책임편집 최장미
디 자 인 송성용, 박진아
제작책임 김문갑

등록번호 제2-3285호
등 록 일 2001년 3월 19일
주   소 (04626) 서울특별시 중구 필동로8길 43(예장동 1-151)
전화번호 02-2275-8603(대표)
팩스번호 02-2265-9394
홈페이지 www.circom.co.kr

I S B N 979-11-5610-011-9 93530
정   가 28,000원